西门子工业自动化技术丛书

深入浅出西门子运动控制器
——SIMOTION 实用手册

西门子（中国）有限公司　组编
主　编　王　薇
副主编　吕其栋　张雪亮

机械工业出版社

本书基于编者多年从事运动控制工作的体会，从西门子运动控制器的实际应用出发，以清晰易懂的运动控制功能描述、典型的应用实例，并结合多年的实践经验，全面地介绍了西门子运动控制器——SIMOTION。

本书共分 14 章，第 1 章为西门子运动控制产品的硬件系统及软件说明；第 2 章详细描述了 SIMOTION 的项目创建、驱动配置及调试；第 3 章以具体应用为例详细地介绍了如何完成一个实际的 SIMOTION 项目；第 4~9 章介绍了工艺包、轴工艺对象以及工艺功能，这些内容是运动控制系统的精髓，也是运动控制系统最重要的组成部分；第 10 章介绍了 SIMOTION 执行系统与编程；第 11~14 章介绍了 SIMOTION 的各种通信功能。

本书条理清晰、内容完整，并配有大量的例图，深入细致地阐述了 SIMOTION，便于读者学习和掌握。随书附带的光盘提供了书中的项目实战及技术文档。

本书对于广大工业产品用户、系统工程师、现场工程技术人员、大专院校相关专业师生，以及工程设计人员，具有较强的实用价值。

图书在版编目（CIP）数据

深入浅出西门子运动控制器：SIMOTION 实用手册/王薇主编. —北京：机械工业出版社，2013.6（2024.6 重印）
（西门子工业自动化技术丛书）
ISBN 978-7-111-43580-8

Ⅰ.①深… Ⅱ.①王… Ⅲ.①运动控制－控制器－手册 Ⅳ.①TP24-62

中国版本图书馆 CIP 数据核字(2013)第 180057 号

机械工业出版社（北京市百万庄大街 22 号　邮政编码 100037）
策划编辑：林春泉　责任编辑：林春泉
责任校对：张晓蓉　封面设计：鞠　杨
责任印制：刘　媛
涿州市般润文化传播有限公司印刷
2024 年 6 月第 1 版第 8 次印刷
184mm×260mm・25 印张・616 千字
标准书号：ISBN 978-7-111-43580-8
　　　　　ISBN 978-7-89433-992-8（光盘）
定价：78.00 元（含 1CD）

凡购本书，如有缺页、倒页、脱页，由本社发行部调换

电话服务　　　　　　　　　　　网络服务
服务咨询热线：010-88361066　　机工官网：www.cmpbook.com
读者购书热线：010-68326294　　机工官博：weibo.com/cmp1952
　　　　　　　010-88379203　　金书网：www.golden-book.com
封面无防伪标均为盗版　　　　　教育服务网：www.cmpedu.com

序

  我国是一个制造业大国,同时也是全球制造业的中心,随着人力成本的上升以及人们对产品品种要求的不断更新,各行各业对生产设备提出了越来越高的要求,如高效、灵活、节能等。传统复杂的机械设计已越来越难以满足这样的要求,由电气来实现运动控制的自动化设备已成为生产机械制造商必然的选择。

  早期的运动控制是通过机械设计来实现的,随着科学技术的发展,电气自动化水平的不断提高,传统的机械运动控制已被精度更高、速度更快的电气运动控制所替代,同时也降低了机械设计的复杂性。运动控制不仅应用在数控行业、机器人行业,也越来越广泛地应用于其他各行各业中。

  运动控制起源于伺服控制,其发展经历了从液压到电气,从直流到交流,从开环到闭环,从模拟到数字,直到基于网络的发展过程。随着运动控制技术的广泛应用,以及设备性能的提高、功能的增强,市场对以运动控制为核心并且兼容了 PLC 逻辑运算和 PID 运算的专有的运动控制系统的需求越来越强烈。SIMOTION 是西门子公司推出的一款具有创新功能的运动控制系统,它是世界上第一款针对生产机械而设计的控制系统。它将运动控制、逻辑控制和工艺控制功能集成于一身,为生产机械提供了完整的解决方案。面向的行业主要是包装机械、印刷机械、锻压机械、纺织机械以及其他生产机械领域。SIMOTION 可按任务层次划分系统,具有多种多样的硬件平台及灵活丰富的功能库和应用实例,并且深入结合了广受好评的 SINAMICS 驱动器产品,真正地实现了一个自动化设备中各种功能的完美融合。

  自从西门子公司的运动控制器——SIMOTION 系统上市以来,在各行各业已取得了一系列的成功应用案例,并被广大客户所接受。希望《深入浅出西门子运动控制器——SIMOTION 实用手册》一书能为更多的运动控制用户提供有力的支持和有效的解决方案,助力我国的制造业更上一层楼。

龚静波

西门子(中国)有限公司

工业业务领域驱动技术集团

运动控制事业部产品管理和市场战略部经理

前　言

运动控制技术是推动新的技术革命和新的产业革命的关键技术，随着机械制造业的不断发展，特别是那些依赖于运动控制的机器，电子元器件正逐步取代机械部件，而且机械运动越来越复杂，对速度及准确度的要求也越来越高，必须应对诸如高产品质量、循环率不断提高的生产能力和最低生命周期成本的挑战。因此，在生产机械中，伺服电动机、伺服驱动器以及运动控制系统的应用会越来越广泛，对运动控制系统的要求也会越来越高，即必须能够承担更多复杂的处理任务，控制更多的轴以应对更短的创新周期，跟上快速变化的市场需求。在这个背景以及市场要求的驱动下，西门子公司根据市场需求于 2005 年推出了新一代的运动控制产品——SIMOTION。借助数字和网络技术开发的全新硬件及软件平台，用户能够快速地实现生产机械的运动控制。随着用户应用的不断深入，西门子公司在 2012 年又推出了一系列性能更高，稳定性更好的第 2 代 SIMOTION 系列产品以满足更高的用户需求。

SIMOTION 运动控制器适用于所有执行运动控制任务的机器，从简单机器到高性能机器。其目的是为众多运动控制任务提供一个简便且灵活的解决方案。SIMOTION 将运动控制功能与大多数机器中所具有的另外两种控制功能（即 PLC 和工艺功能）结合在一起。通过这种方法，可以在同一个系统内实现轴的运动控制和机器逻辑控制。这也适用于对液压轴进行压力控制等工艺功能，位置控制定位模式和压力控制之间可实现无缝切换。将运动控制、PLC 和工艺功能这三种控制功能组合在一起具有以下优点：

- 降低工程组态开销，提高机器性能；
- 节省了各个控制部件之间的数据传输时间；
- 可对整个机器进行简便、统一和透明的编程和诊断。

SIMOTION 提供了开放性的通信接口，完美支持 PROFINET 通信模式，具有灵活、高效、性能强大的优点。SIMOTION 是西门子公司全集成自动化产品中的一个重要组成部分，使控制器、人机界面（HMI）、传动系统均具有极高的兼容性。这将大大降低设备自动化解决方案的复杂性。通过全集成自动化的连续诊断功能还可提高设备的使用效率。

西门子公司全新的运动控制系统 SIMOTION 目前已广泛应用于印刷、包装、纺织、连续物料加工、金属成型等行业。

本书是基于编者多年从事这方面工作的体会，详细介绍了西门子运动控制产品的性能特点及应用技术。在内容的编写上力求实用性与先进性并举，避免过多的抽象概念，更加偏重实用性，从产品综述、调试、项目实战、编程及通信等方面为工程应用人员做了全面介绍，是一本非常好的实际应用参考书。本书可作为自动化与驱动领域的工程技术人员及高等院校师生的参考书，也可作为培训教材。

在本书即将出版之际，特别要感谢西门子（中国）有限公司工业业务领域驱动技术集团运动控制事业部产品管理和市场战略部经理龚静波先生为本书撰写序言。还要感谢西门子（中国）有限公司工业业务领域服务集团产品生命周期服务部相关领导及众多同事的大力支持和指导。本书主编是王薇女士，副主编是吕其栋先生、张雪亮先生，参加编写的人员还有朱兵先生、姚鹏先生、徐凯先生、徐清书先生，他们对本书的编写和审核付出了辛勤汗水，在此一并表示深深的谢意。

由于时间紧迫、资料有限，且受技术能力及编纂水平所限，书中难免存在错漏和不足之处，欢迎各位专家、学者、工程技术人员以及广大读者给予批评指正。

徐清书

西门子（中国）有限公司

高级技术专家

目　录

序
前言
第1章　SIMOTION 系统概述 …………… 1
1.1　概述 …………………………………… 1
1.1.1　运动控制发展趋势 ………………… 1
1.1.2　SIMOTION 系统简介 ……………… 2
1.1.3　TIA 集成 …………………………… 5
1.2　SIMOTION 硬件平台 …………………… 6
1.2.1　SIMOTION C 硬件介绍 …………… 6
1.2.2　SIMOTION D 硬件介绍 …………… 8
1.2.3　SIMOTION P 硬件介绍 …………… 18
1.3　SIMOTION 软件与存储结构 …………… 20
1.3.1　SIMOTION 软件结构 ……………… 20
1.3.2　SIMOTION 存储结构 ……………… 22
1.3.3　SIMOTION 存储区访问过程 ……… 24
1.4　SIMOTION 配置方案 …………………… 25
1.4.1　SIMOTION C 配置方案 …………… 25
1.4.2　SIMOTION D 配置方案 …………… 26
1.4.3　SIMOTION P 配置方案 …………… 31
1.5　软件安装及连接 ………………………… 32
1.5.1　SIMOTION SCOUT 软件介绍 …… 32
1.5.2　SIMOTION SCOUT 软件安装 …… 33
1.5.3　PG/PC 与 SIMOTION 设备的
　　　　连接 ………………………………… 34

第2章　SIMOTION 的项目创建、
　　　　驱动配置及调试 ………………… 36
2.1　概述 ……………………………………… 36
2.2　项目中使用的硬件和软件 ……………… 36
2.3　创建项目并组态硬件 …………………… 38
2.4　配置 SINAMICS 驱动器 ………………… 43
2.4.1　SIMOTION D435 内部集成驱
　　　　动器的配置 ………………………… 44
2.4.2　通过控制面板测试驱动运行 ……… 56
2.4.3　电动机模型参数识别和控制
　　　　器优化 ……………………………… 58
2.5　配置 SIMOTION 轴 ……………………… 66
2.5.1　创建轴 ……………………………… 66

2.5.2　使用"Control panel"调试轴 …… 69
第3章　SIMOTION 项目实战 …………… 70
3.1　概述 ……………………………………… 70
3.2　项目中使用的硬件和软件 ……………… 71
3.2.1　项目中使用的硬件 ………………… 71
3.2.2　项目中使用的软件及版本 ………… 71
3.3　配置驱动器 ……………………………… 71
3.4　配置 TO ………………………………… 72
3.4.1　轴 TO 的配置 ……………………… 73
3.4.2　电子齿轮同步 TO 的配置 ………… 77
3.4.3　电子凸轮 TO 的配置 ……………… 77
3.4.4　电子凸轮同步 TO 的配置 ………… 80
3.4.5　快速点输出 TO 的配置 …………… 81
3.5　编写程序并分配执行系统 ……………… 84
3.5.1　声明变量 …………………………… 86
3.5.2　编写程序 …………………………… 90
3.5.3　分配执行系统 ……………………… 99
3.6　连接 HMI 设备 ………………………… 100
3.6.1　配置网络并插入 HMI 设备 ……… 100
3.6.2　配置连接、标签和 HMI 画面 …… 102

第4章　工艺包与工艺对象 ……………… 105
4.1　概述 …………………………………… 105
4.2　工艺包与工艺对象的概念 …………… 105
4.2.1　工艺包与工艺对象概述 ………… 105
4.2.2　工艺对象的实例化 ……………… 107
4.2.3　工艺包介绍 ……………………… 108
4.3　工艺对象的组态、编程及互联 ……… 109
4.3.1　工艺对象的组态和实例化 ……… 109
4.3.2　与工艺对象相关的编程 ………… 110
4.3.3　工艺对象的互联 ………………… 118
4.4　各种工艺对象简介 …………………… 119
4.4.1　常用工艺对象 …………………… 119
4.4.2　附加工艺对象 …………………… 121

第5章　轴工艺对象 ……………………… 122
5.1　概述 …………………………………… 122
5.2　轴的基本概念 ………………………… 122
5.3　轴的机械参数设置 …………………… 126

5.4 轴的默认值设置 …………………… 128
5.5 轴的限制值设置 …………………… 129
5.6 轴的回零设置 ……………………… 132
 5.6.1 概述 ……………………………… 132
 5.6.2 主动回零 ………………………… 132
 5.6.3 被动回零 ………………………… 137
 5.6.4 直接回零/设置零点位置 ……… 138
 5.6.5 相对直接回零 …………………… 138
 5.6.6 绝对值编码器回零 ……………… 138
 5.6.7 其他信息 ………………………… 141
5.7 轴的监视功能 ……………………… 142
5.8 轴的位置控制器 …………………… 144
5.9 轴控制命令 ………………………… 146

第 6 章 轴同步工艺对象 ……………… 149
6.1 概述 ………………………………… 149
6.2 同步的基本概念 …………………… 149
6.3 同步运行过程 ……………………… 153
 6.3.1 建立同步 ………………………… 153
 6.3.2 解除同步 ………………………… 157
6.4 同步功能的配置与编程 …………… 160
 6.4.1 电子齿轮同步的配置与编程 …… 160
 6.4.2 速度同步的配置与编程 ………… 163
 6.4.3 电子凸轮同步的配置与编程 …… 165
6.5 其他相关内容 ……………………… 171
 6.5.1 同步状态监视 …………………… 171
 6.5.2 同步运行监视 …………………… 173
 6.5.3 主值切换 ………………………… 174
 6.5.4 叠加同步 ………………………… 175

第 7 章 快速测量输入工艺对象 ……… 177
7.1 概述 ………………………………… 177
7.2 快捷测量输入的基本概念 ………… 177
7.3 配置快速测量输入工艺对象 ……… 179
 7.3.1 全局快速测量输入配置 ………… 179
 7.3.2 本地快速测量输入配置 ………… 183
7.4 快速测量输入工艺对象的编程 …… 184

第 8 章 快速输出工艺对象 …………… 186
8.1 概述 ………………………………… 186
8.2 快速输出工艺对象的基本概念 …… 188
8.3 配置快速输出工艺对象 …………… 192
8.4 快速输出工艺对象的编程 ………… 199

第 9 章 路径工艺对象 ………………… 202
9.1 概述 ………………………………… 202
9.2 路径对象的基本概念 ……………… 204
9.3 配置路径对象 ……………………… 208
9.4 路径对象的编程 …………………… 211

第 10 章 SIMOTION 执行系统与编程 ………………………………… 219
10.1 SIMOTION 执行系统 …………… 219
 10.1.1 任务介绍 ………………………… 219
 10.1.2 任务执行的优先级 ……………… 221
 10.1.3 执行系统的配置 ………………… 224
10.2 SIMOTION 编程 ………………… 230
 10.2.1 各种编程环境简介 ……………… 230
 10.2.2 变量定义 ………………………… 253
 10.2.3 FB 与 FC ………………………… 263
 10.2.4 功能库 …………………………… 282

第 11 章 SIMOTION 的 PROFIBUS DP 通信 ……………………… 284
11.1 概述 ……………………………… 284
11.2 SIMOTION D 作为 DP 主站 …… 285
11.3 SIMOTION D 作为 DP 从站 …… 289
11.4 SIMOTION 连接 IM174 进行轴扩展 ………………………………… 295
 11.4.1 概述 ……………………………… 295
 11.4.2 SIMOTION 连接 IM174 ………… 295
 11.4.3 IM174 的设置 …………………… 296
 11.4.4 IM174 轴组态 …………………… 301
11.5 SIMOTION 通过 DP 连接 SINAMICS S120 驱动单元 …………………… 304
 11.5.1 驱动控制单元扩展连接概览 …… 304
 11.5.2 驱动控制单元扩展组态 ………… 304
11.6 SIMOTION 连接分布式 IO 模块 ET200 …………………………… 306

第 12 章 SIMOTION 的 PROFINET 通信 ………………………………… 308
12.1 概述 ……………………………… 308
 12.1.1 PROFINET IO 系统 …………… 308
 12.1.2 PROFINET IO 的 RT 和 IRT …… 309
 12.1.3 IO Device 的地址 ……………… 312
12.2 SIMOTION 的 PROFINET 通信简介 … 313
12.3 SIMOTION 与 SINAMICS S120 的 PROFINET IRT 通信配置 ………… 314
 12.3.1 概述 ……………………………… 314
 12.3.2 硬件组态以及设备名称分配 …… 315

12.3.3	配置拓扑结构 ··············	322
12.3.4	配置同步域、发送时钟和更新时间 ··············	323
12.3.5	完成报文与轴的配置 ······	328
12.4	SIMOTION 设备间基于 PROFINET IRT 的直接数据交换 ··············	329
12.4.1	概述 ··············	329
12.4.2	硬件组态配置步骤 ··········	330
12.4.3	配置收发数据 ··············	331
12.5	SIMOTION 与 PLC 之间通过 I-Device 进行通信 ··············	335
12.5.1	概述 ··············	335
12.5.2	通过 I-Device 进行 RT 通信 ······	335
12.5.3	配置 SIMOTION 为 I-Device	337
12.5.4	通过 I-Device 进行 IRT 通信 ······	340
12.6	SIMOTION 通过 PROFINET 连接 ET200 从站 ··············	345
12.6.1	SIMOTION 与 ET200 的 RT 通信配置 ··············	345
12.6.2	SIMOTION 与 ET200 的 IRT 通信配置 ··············	348

第 13 章　SIMOTION 的非实时通信 ··· 350

13.1	SIMOTION 以太网通信 ········	350
13.1.1	概述 ··············	350
13.1.2	SIMOTION 以太网通信配置 ···	350
13.1.3	SIMOTION 以太网通信编程 ···	352
13.1.4	SIMOTION 以太网通信库 LCOM 简介 ··············	356
13.2	SIMOTION 的 MPI 通信 ··············	357
13.2.1	概述 ··············	357
13.2.2	网络设置 ··············	358
13.2.3	编程 ··············	358
13.3	SIMOTION 与人机界面的连接 ······	361
13.3.1	概述 ··············	361
13.3.2	SIMOTION 与 HMI 的连接配置 ··············	363
13.4	SIMOTION 的 OPC 通信 ··············	368
13.4.1	概述 ··············	368
13.4.2	从 SIMOTION 项目中导出 OPC 数据 ··············	370
13.4.3	在 Windows XP 操作系统中配置 OPC 服务器 ··············	374
13.4.4	在 Windows 7 操作系统中配置 OPC 服务器 ··············	375
13.4.5	OPC 通信测试 ··············	378
13.4.6	SIMOTION 与 WinCC 采用 OPC 方式进行通信测试 ··············	381

第 14 章　SIMOTION D 通过 DRIVE-CLiQ 扩展 CX32-2 驱动控制单元 ·············· 383

14.1	概述 ··············	383
14.2	CX32-2 硬件介绍 ··············	383
14.3	CX32-2 的配置步骤 ··············	384

参考资料 ·············· 388
资料下载链接 ·············· 389
推荐网址 ·············· 389

第1章 SIMOTION 系统概述

1.1 概述

1.1.1 运动控制发展趋势

运动控制起源于早期的伺服控制,简单地说,运动控制就是对机械运动部件的位置、速度等进行实时的控制管理,使其按照预期的轨迹和规定的运动参数完成相应的动作。随着计算机技术和微电子技术的发展,机电一体化技术得到迅速发展,运动控制技术作为其关键的组成部分,也得到了前所未有的发展,各种运动控制的新技术和新产品层出不穷,使产品结构和系统结构都发生了质的变化,西门子公司的 SIMOTION 系统就是在这种环境下诞生的。

在机械制造领域中,尤其是那些依赖于运动控制的机器,它们的运动以往是依靠机械元件以及若干电子装置来完成的,比如齿轮、凸轮、位控模块等,这也意味着,即使是一个很小的功能变化或者额外的功能需求都将需要进行更换元件、更新结构、重新编程等工作。同时由于机械磨损在所难免,系统控制准确度会逐渐降低,需要大量的备件库存。而在市场竞争日益激烈的今天,势必要求产品多样、质量提高、产能增加,这就使得生产机械的运动越来越复杂,对速度及准确度的要求也越来越高,而传统的生产机械越来越难满足这些要求。能够取代这些独立元件的方法是使用一种功能全面的自动化系统,它必须能够提供针对不同控制任务的解决方案,如图 1-1 所示,并具有如下特点:

1) 由一个系统来完成所有的运动控制任务;
2) 适用于具有许多运动部件的机器。

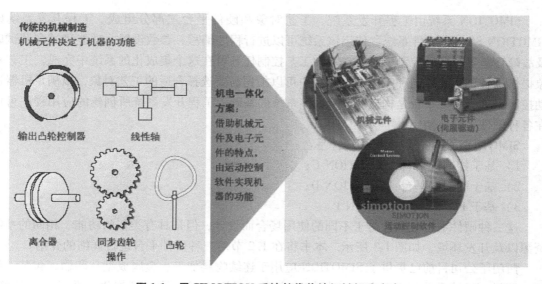

图 1-1 用 SIMOTION 系统替代传统机械解决方案

西门子公司提供了 SIMOTION 系统（见图 1-2）可实现这些要求。

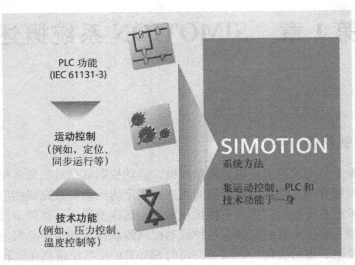

图 1-2　SIMOTION 系统

SIMOTION 适用于所有执行运动控制任务的机器，从简单机器到高性能机器，其目的是为众多运动控制任务提供一个简便而灵活的解决方案。SIMOTION 将运动控制功能与大多数机器中所具有的另外两种控制功能（即 PLC 功能和工艺控制功能）结合在一起。通过这种方法，可以在同一个系统内同时实现轴的运动控制和机器逻辑控制。这也适用于对液压轴进行压力控制等工艺功能，位置控制定位模式和压力控制之间可实现无缝切换。将运动控制、PLC 和工艺功能这三种控制功能组合在一起可以降低工程组态开销、提高机器性能，同时也节省了各个控制部件之间的数据传输时间，便于对整个机器进行统一和透明的编程和诊断。

1.1.2　SIMOTION 系统简介

SIMOTION 系统由工程开发系统、工艺对象和硬件平台三部分组成。工程开发系统即 SIMOTION SCOUT 软件系统，使用该系统可以进行程序编写、参数设置、功能测试和调试以及故障诊断等，运动控制、PLC 功能和工艺控制任务可在这个集成化的系统中完成。工艺对象提供了各种运动控制和工艺功能，用户可以根据需要选择合适的工艺对象，以满足机器运动控制要求。硬件平台是构成 SIMOTION 系统的基础，工程开发系统所创建的应用程序可以在各种硬件平台上使用。

SIMOTION 提供了以下三种硬件平台：
1）基于控制器平台：SIMOTION C；
2）基于驱动器平台：SIMOTION D；
3）基于 PC 平台：SIMOTION P。

这三种硬件平台分别针对于不同的使用场合而设计，但是具有类似的功能、相同的系统资源以及开发环境，如图 1-3 所示。本书将在 1.2 节对三种硬件平台进行详细的介绍。

西门子公司目前已提供 SIMOTION 应用于连续物料加工、金属成型、印刷、包装、纺织、塑料、机械手等行业的标准应用解决方案（见图 1-4），同时还提供了收放卷、轮切、

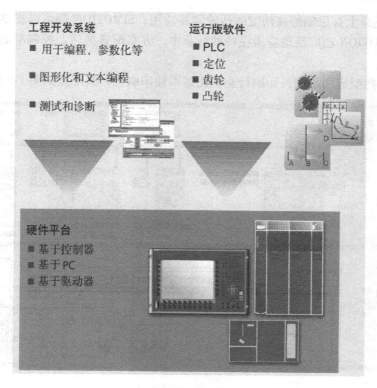

图1-3 三种硬件平台系统资源以及开发环境

飞锯、卷绕等标准功能包,可灵活用于各种机器类型,从而使工程技术人员降低工程组态成本,缩短项目时间,更快地实现完整自动化解决方案。

无论是简单的轴速度控制应用,还是复杂的多轴路径插补应用;无论是几个轴的电子齿

图1-4 SIMOTION应用解决方案

轮同步应用,还是上百根轴的高精度的凸轮同步应用,SIMOTION 都可以提供相应的解决方案。目前,SIMOTION 已广泛地应用在各种行业中,方案配置灵活,控制准确度高,使用可靠。

SIMOTION 典型应用示例:印刷行业,比如柔性印刷机,其配置如图 1-5 所示。

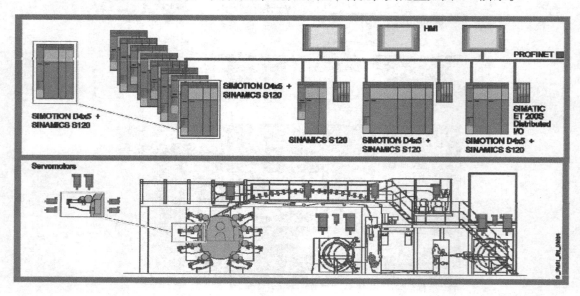

图 1-5 SIMOTION 在柔性印刷机中的应用

SIMOTION 典型应用示例:机械加工行业,比如通用压机,如图 1-6 所示。

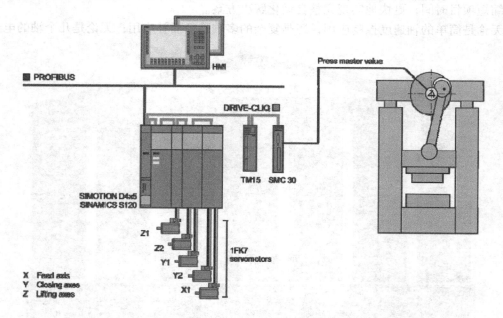

图 1-6 SIMOTION 在通用压机中的应用

SIMOTION 典型应用示例:连续物料加工,比如纸尿裤生产线,如图 1-7 所示。

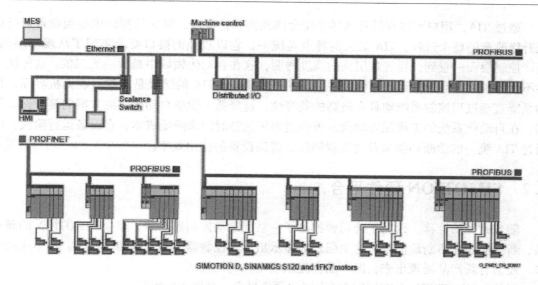

图 1-7　SIMOTION 在纸尿裤生产线中的应用

1.1.3　TIA 集成

SIMOTION 设备作为西门子公司全集成自动化（Totally Integrated Automation，TIA）中的组件，可方便地集成在 TIA 网络中。而 SIMOTION SCOUT 工程师站是通过 SIMOTION 实现机械工程中统一自动化的基础，它按照 TIA 的标准集成到 SIMATIC 环境中，如图 1-8 所示。

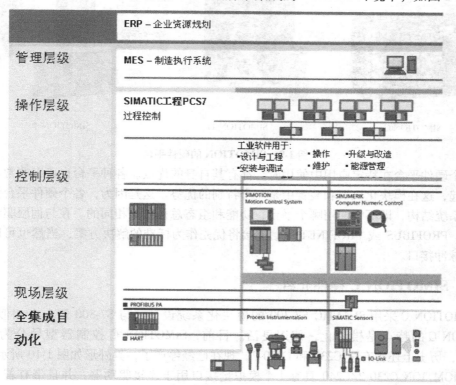

图 1-8　TIA 全集成自动化

通过TIA，用户可以在设备的整个生命周期内获益匪浅，贯穿从初始规划到设备运行以至升级改造的整个过程。TIA最大的特点是统一，它以较低的接口要求实现了从现场层面、生产控制层面一直到公司管理层面的高度透明，这在自动化领域中是独一无二的。这种统一性不仅体现在产品上，而且还体现在系统的开发阶段。TIA的结果是控制器、人机界面、传动系统直至过程控制系统均具有极高的兼容性，这降低了设备自动化解决方案的复杂性。例如，在自动化系统的工程配置阶段，可通过缩短选型时间来降低成本；在设备运行阶段，可通过TIA统一的诊断功能来及时发现问题，提高设备的使用效率。

1.2 SIMOTION 硬件平台

随着时间的推移，西门子公司曾推出了一系列运动控制器产品，至今SIMOTION的新产品、新功能还在不断地涌现，这也强烈地显示出运动控制器产品旺盛的生命力。在不久的将来，还会有新产品涌现出来，旧产品会逐渐淡出我们的视线。

目前，SIMOTION可以使用三种不同的硬件平台，如图1-9所示。
1）控制器平台：C240；
2）驱动器平台：D410，D410-2，D4x5，D4x5-2；
3）PC平台：P320-3，P350-3。

图1-9　SIMOTION 的硬件平台

每个硬件平台在特定应用中使用时，都有其自身的优点。各种平台也可以非常容易地组合到一起，这在模块化机器和装置中是一个特别的优势。这是因为，各个硬件平台始终具有相同的系统结构，即不管使用哪个平台，功能和组态总是完全相同的。在与伺服驱动器进行连接时，PROFIBUS或PROFINET通信连接将优先作为标准的解决方案，当然也可以通过模拟量或脉冲接口。

1.2.1 SIMOTION C 硬件介绍

SIMOTION C采用SIMATIC S7-300的模块化系统设计，与S7-300 PLC有相似的外观。SIMOTION C的特点是模块化，使用灵活。目前，SIMOTION C控制器型号分为C240和C240PN，历史上还曾有过C230和C230-2，现在已经停产了，其外形如图1-10所示。

SIMOMTION C230-2/C240具有4个模拟量接口用于连接驱动器，并且带有若干个数字量输入及输出端口。此外，SIMOTION C可以扩展S7-300的I/O模板及功能模板。C230-2/

第 1 章 SIMOTION 系统概述

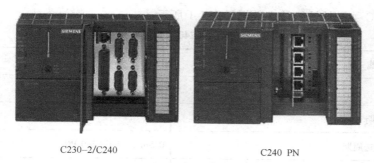

C230-2/C240   C240 PN

图 1-10 SIMOTION C 外观图

C240 带有两个具有时钟同步功能的 PROFIBUS 接口以及一个以太网接口，提供了多种通信方式的选择。通过 PROFIBUS 接口可以连接分布式的驱动器及 I/O 模板。此外，PROFIBUS 接口也可以用于与操作面板（例如 SIMATIC HMI）或上一级的控制器（例如 S7 系统）进行通信。

SIMOTION C 最多可以带 32 个轴，具体应用中可连接的最大轴数与系统的 CPU 利用率有关，可以用 SIZER 软件进行计算。

SIMOTION C240 和 C240PN 集成的接口如图 1-11 和图 1-12 所示。

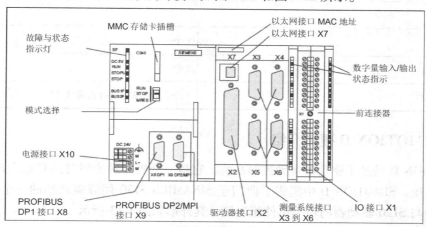

图 1-11 SIMOTION C 240 的接口

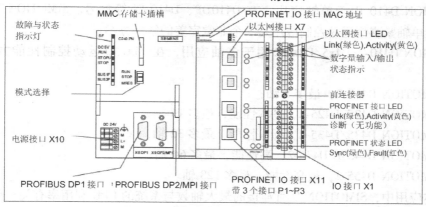

图 1-12 SIMOTION C 240PN 的接口

SIMOTION C 关键的性能技术数据见表 1-1 所示。

表 1-1　SIMOTION C240/C240PN 的技术数据

PLC 及运动控制性能	
最大控制轴数	32 个
最小 PROFIBUS 周期	1ms
最小 PROFINET 发送周期	0.5ms，对于 C240 PN
最小 servo/interpolator 循环时钟	0.5ms
存储器	
RAM	35MB
RAM disk（装载内存）	23MB
Retentive memory（保持性数据）	107KB
Persistent memory（永久性数据）（MMC 卡上的用户数据）	52MB
通信	
Ethernet 接口	1 个
PROFIBUS 接口	2 个
PROFINET 接口	1 个，带有 3 个交换机端口（仅对于 C240 PN）

1.2.2　SIMOTION D 硬件介绍

SIMOTION D 是基于驱动的运动控制系统，它是一个极其紧凑同时具有强大控制功能的运动控制系统。SIMOTION D 中集成了西门子 SINAMICS S120 伺服驱动器的一个控制单元，可以方便地与 S120 驱动器的功率组件相连接，其外形如图 1-13 所示。

SIMOTION D 具有若干种规格，具有不同的性能。

SIMOTION D410 用于单轴应用，有 D410DP、D410PN 等型号。SIMOTION D410 对于 PLC 功能及单轴紧凑型运动控制应用是一个非常完美的解决方案。

SIMOTION D410-2/D4x5/D4x5-2 用于多轴应用，在 PLC 及运动控制性能方面存在差别：

1）SIMOTION D410-2，最多 8 轴；
2）SIMOTION D425/D425-2，基本性能，最多 16 轴；
3）SIMOTION D435/D435-2，标准性能，最多 32 轴；
4）SIMOTION D445-1/D445-2，高性能，最多 64 轴；
5）SIMOTION D455-2，最高性能，最多 128 轴。

在具体应用中，SIMOTION D 可连接的最大轴数与系统的 CPU 利用率有关，可以用 SIZER 软件进行计算。

第 1 章 SIMOTION 系统概述

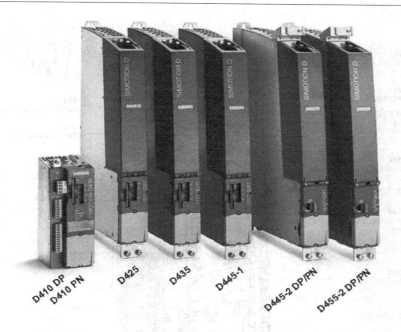

图 1-13　SIMOTION D 外观图

1. SIMOTION D410/D410-2 硬件介绍

SIMOTION D410 内部集成了一个 S120 的控制单元 CU310，而 SIMOTION D410-2 内部集成了一个 S120 的新一代控制单元 CU310-2。SIMOTION D410/D410-2 本身集成的接口，有一部分是从内部集成的 S120 控制单元继承过来的，比如编码器接口、DRIVE-CLiQ 接口、IO 接口等。其外形如图 1-14 所示。

图 1-14　SIMOTION D410/D410-2 外观图

SIMOTION D410 根据总线接口的不同，分两款产品——D410 DP 和 D410 PN，两者基本性能相同，只有总线接口不同。SIMOTION D410 DP 的接口如图 1-15 所示。

SIMOTION D410 DP 端子连接如图 1-16 所示。

SIMOTION D410 关键的技术性能指标见表 1-2 所示。

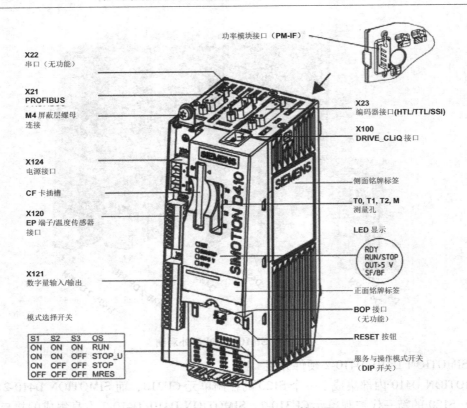

图 1-15 SIMOTION D410 DP 接口图

表 1-2 SIMOTION D410 的技术数据

PLC 及运动控制性能	
最大控制轴数	1 个实轴
最小 PROFIBUS 周期	2ms，对于 D410 DP
最小 PROFINET 发送周期	0.5ms，对于 D410 PN
最小 servo/interpolator 循环时钟	2ms
集成的驱动控制	
集成驱动控制的最大轴数（servo / vector / V/f）	1/1/1
存储器	
RAM	38MB
RAM disk（装载内存）	26MB
Retentive memory（保持性数据）	9KB
Persistent memory（永久性数据）（CF 卡上的用户数据）	300 MB
通信	
DRIVE-CLiQ 接口	1 个
PROFIBUS 接口	1 个，对于 D410 DP
PROFINET 接口	1 个，带有两个交换机端口，仅对于 D410 PN

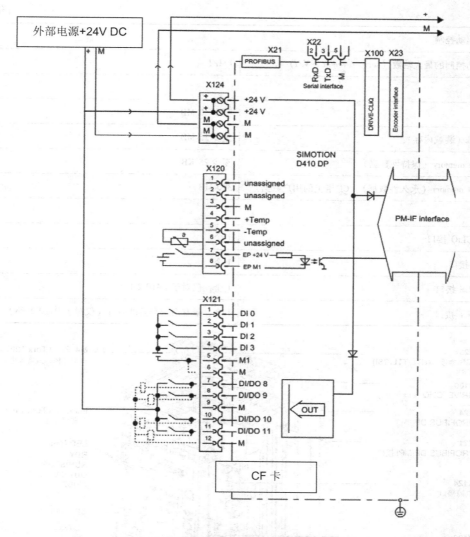

图 1-16　SIMOTION D410 DP 接线端子图

SIMOTION D410-2 根据总线接口的不同，也分为两款产品——D410-2 DP 和 D410-2 PN，两者基本性能相同，只是总线接口不同。SIMOTION D410-2 DP 的接口如图 1-17 所示。

SIMOTION D410-2 DP 端子连接如图 1-18 所示。

SIMOTION D410-2 关键的技术性能指标见表 1-3 所示。

表 1-3　SIMOTION D410-2 的技术数据

PLC 及运动控制性能	
最大控制轴数	8 个
最小 PROFIBUS 周期	0.5 ms，对于 D410-2 DP 内部集成的 SINAMICS 1 ms，对于外部扩展的 SINAMICS
最小 PROFINET 发送周期	0.5 ms，对于 D410-2 PN
最小 servo/interpolator 循环时钟	0.5 ms（1 ms，使用轴 TO 和内部集成的 SINAMICS 时）

（续）

集成的驱动控制	
集成驱动控制的最大轴数（servo / vector / V/f）	1/1/1
存储器	
RAM	至少 40 MB
RAM disk（装载内存）	至少 25 MB
Retentive memory（保持性数据）	至少 25 KB
Persistent memory（永久性数据）（CF 卡上的用户数据）	300 MB
通信	
DRIVE-CLiQ 接口	1 个
Ethernet 接口	1 个
PROFIBUS 接口	1 个，仅对于 D410-2 DP
PROFINET 接口	1 个，带有两个交换机端口（仅对于 D410-2 PN）

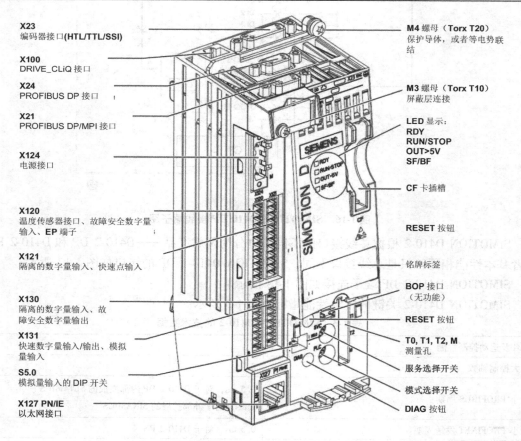

图 1-17　SIMOTION D410-2 DP 接口图

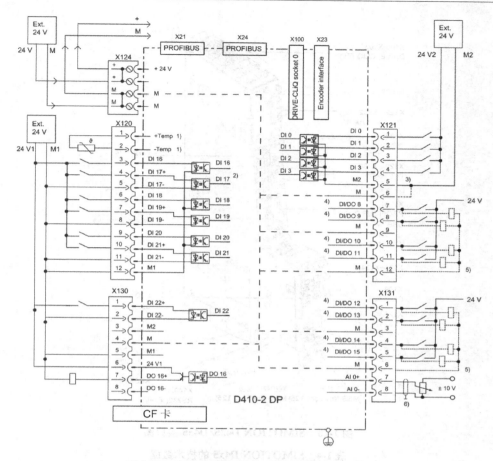

图 1-18　SIMOTION D410-2 DP 的接线端子图

2. SIMOTION D4x5/D4x5-2 硬件介绍

SIMOTION D4x5 内部集成了一个 S120 的控制单元 CU320，而 SIMOTION D4x5-2 内部集成了一个 S120 的新一代控制单元 CU320-2。SIMOTION D4x5/D4x5-2 本身集成的接口，有一部分是从内部集成的 S120 控制单元继承过来的，比如 DRIVE-CLiQ 接口、IO 接口等。

SIMOTION D4x5 根据性能的不同，分为 D425、D435、D445/D445-1 几款产品，它们的性能依次增强，但外观接口相同，如图 1-19 所示。

SIMOTION D425/D435 的接口如图 1-20 所示，D445 的顶部比它们多了两个 DRIVE-CLiQ 接口。

SIMOTION D4x5 的端子连接，如图 1-21 所示。

SIMOTION D4x5 关键的技术性能指标见表 1-4 所示。

图 1-19　SIMOTION D4x5 外观图

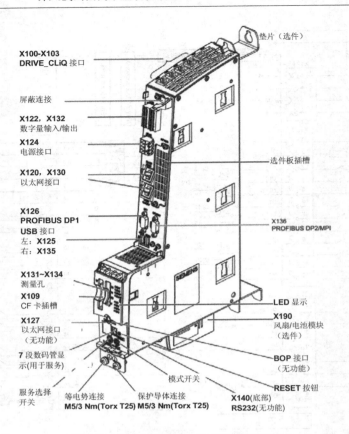

图 1-20　SIMOTION D425/D435 接口图

表 1-4　SIMOTION D4x5 的技术数据

	D425	D435	D445-1
PLC 及运动控制性能			
最大控制轴数	16 个	32 个	64 个
最小 PROFIBUS 周期	2ms	1ms	1ms
最小 PROFINET 发送周期	0.5ms	0.5ms	0.5ms
最小 servo/interpolator 循环时钟	2 ms	1ms	0.5ms
集成的驱动控制			
集成驱动控制的最大轴数（servo / vector / V/f）		6/4/8	
存储器			
RAM	35 MB	35 MB	70 MB
RAM disk（装载内存）	23 MB	23 MB	47 MB
Retentive memory（保持性数据）	364 KB	364 KB	364 KB
Persistent memory（永久性数据）（CF 卡上的用户数据）	300 MB	300 MB	300 MB

（续）

通信			
DRIVE-CLiQ 接口	4个	4个	6个
Ethernet 接口	2个		
PROFIBUS 接口	2个		
PROFINET 接口	无，可以通过 CBE30 扩展 PN 接口		

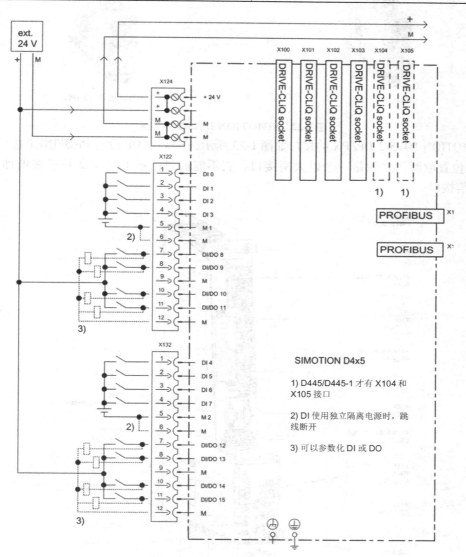

图 1-21 SIMOTION D4x5 接线端子图

SIMOTION D4x5-2 有两个版本，分为 D4x5-2 DP 和 D4x5-2 DP/PN，后者自带 1 个 PN 接口（相当于 1 个 3 口交换机）。SIMOTION D4x5-2 根据性能的不同，可分为 D425-2、D435-2、D445-2 和 D455-2 几款产品，它们的性能依次增强，如图 1-22 所示。

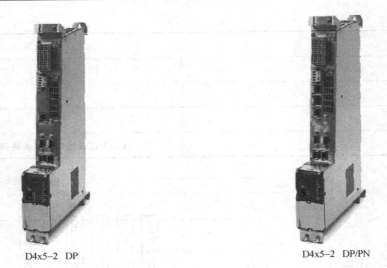

图 1-22 SIMOTION D4x5-2 外观图

SIMOTION D4x5-2 DP/PN 的接口如图 1-23 所示，D4x5-2 DP 没有 PROFINET 接口，但在 X150 的位置取而代之的是一个以太网接口，它不能通过扩展 CBE30-2 板子来增加 PROFINET 通信接口。

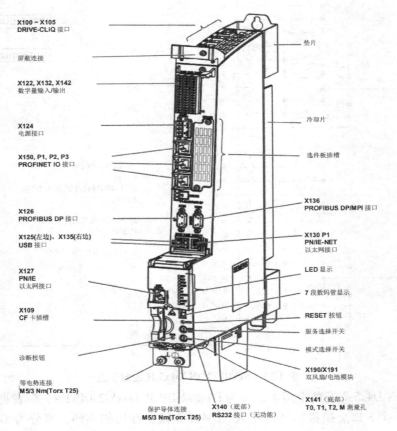

图 1-23 SIMOTION D4x5-2 DP/PN 接口图

SIMOTION D4x5-2 的端子连接,如图 1-24 所示。

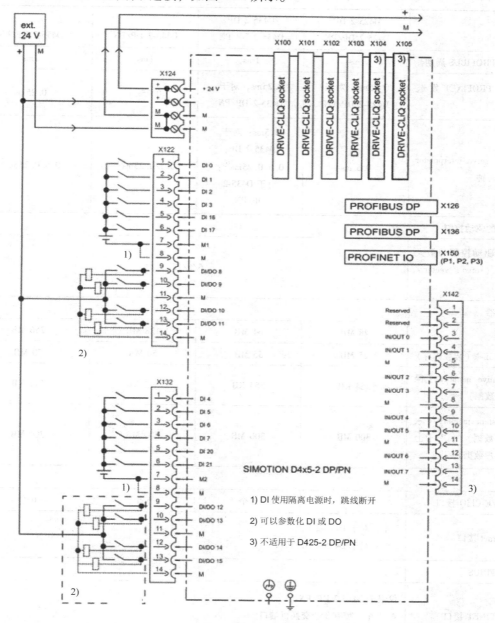

图 1-24 SIMOTION D4x5-2 DP/PN 接线端子图

SIMOTION D4x5-2 关键的技术性能指标见表 1-5 所示。

表 1-5 SIMOTION D4x5-2 的技术数据

	D425-2 DP D425-2 DP/PN	D435-2 DP D435-2 DP/PN	D445-2 DP/PN	D455-2 DP/PN
PLC 及运动控制性能				
最大控制轴数	16	32	64	128

（续）

	D425-2 DP D425-2 DP/PN	D435-2 DP D435-2 DP/PN	D445-2 DP/PN	D455-2 DP/PN
最小 PROFIBUS 周期	1ms	1ms	1ms	1ms
最小 PROFINET 发送周期	0.25ms，对于 D425-2 DP/PN	0.25ms，对于 D435-2 DP/PN	0.25ms	0.25ms
最小 servo/interpolator 循环时钟	0.5 ms	0.5ms：对于 D435-2 DP； 0.5/0.25ms[①]：对于 D435-2 DP/PN	0.5/0.25ms[①]	0.5/0.25ms[①]
集成的驱动控制				
集成驱动控制的最大轴数（servo / vector / V/f）	6/6/12			
存储器				
RAM	48 MB	64 MB	128 MB	256 MB
RAM disk（装载内存）	25 MB	35 MB	50 MB	70 MB
Retentive memory（保持性数据）	364 KB	364 KB	512 KB	512 KB
Persistent memory（永久性数据）（CF 卡上的用户数据）	300 MB	300 MB	300 MB	300 MB
通信				
DRIVE-CLiQ 接口	4个	6个	6个	6个
Ethernet 接口	3个：对于 D4x5-2 DP 2个：对于 D4x5-2 DP/PN			
PROFIBUS	2个			
PROFINET 接口	仅限于 D4x5-2 DP/PN： ● 1个，带有 3 个交换机端口 ● 可以通过 CBE30-2 扩展第二个 PN 接口			

① 配合 SINAMICS S120 使用时（包括集成的 S120 或通过 CX32-2 扩展的 S120），最小为 0.5ms。进行高速 IO 信号处理或高性能液压应用时，使用 SERVOfast 和 IPOfast 时，最小为 0.25ms。

1.2.3 SIMOTION P 硬件介绍

SIMOTION P 是一个基于 PC 的运动控制系统。它使用 Windows 操作系统，同时带有 SIMOTION 的实时运行系统。这样就可以在任何时刻将 PC 应用程序与 SIMOTION 机器应用程序一起运行。例如，可以同时运行 SIMOTION 工程开发系统、操作员控制应用程序、过程数据分析程序以及标准 PC 应用程序等。另外，还可以通过不同尺寸的面板来操作 SIMOTION P，这些面板可通过键盘、鼠标或触摸屏来操作。

SIMOTION P 现有两款产品：P320-3 和 P350-3。相比之下，P320-3 的外形结构显得更为紧凑，但其现场总线接口只有 PROFINET；而 P350-3 根据总线接口的不同，分 PROFIBUS 和 PROFINET 两个版本，可以根据实际需求进行选择。SIMOTION P 外形如图 1-25 所示。

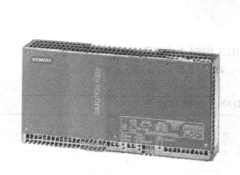
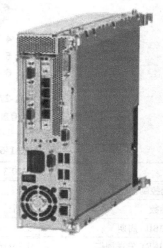

P320-3　　　　　　　　P350-3

图 1-25　SIMOTION P 外形

SIMOTION P320-3 的接口如图 1-26 所示。

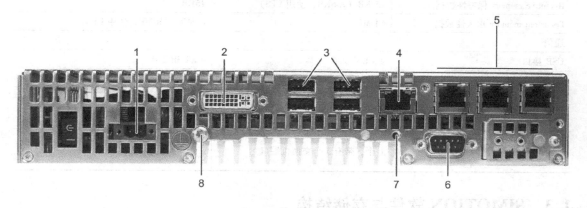

图 1-26　SIMOTION P320-3 接口图

1—24V 电源接口　2—DVI/VGI 显示器接口　3—USB×4　4—以太网接口
5—PROFINET 接口　6—COM 串口　7—USB 电缆固定端子
8—PE 端子

SIMOTION P350-3 接口如图 1-27 所示。

SIMOTION P 关键的技术性能指标见表 1-6 所示。

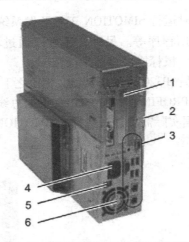

图1-27 SIMOTION P350-3 接口图

1—扩展槽　2—CF 卡槽盖板　3—接口：PROFIBUS×1，USB×4，Ethernet×2
4—24V 电源接口　5—开关　6—风扇

表1-6　SIMOTION P 的技术数据

	P320-3	P350-3
PLC 及运动控制性能		
最大控制轴数	64 个	64 个
最小 PROFIBUS 周期	无	1ms，对于 PROFIBUS 版本
最小 PROFINET 发送周期	0.25ms	0.25ms，对于 PROFINET 版本
最小 servo/interpolator 循环时钟	0.25 ms	0.25ms
存储器		
RAM	2GB DDR3 SDRAM	512MB SDRAM，可升级至 2GB
Retentive memory 保持性数据	15 KB（256KB，使用 UPS）	15KB
Persistent memory 永久性数据	64 MB	64MB（256MB，使用 UPS）
通信		
USB 接口	4×USB 2.0	4×USB 2.0
Ethernet 接口	1 个	2 个
PROFIBUS 接口	无	PROFIBUS 版本：2 个，其中一个可作为 MPI
PROFINET 接口	1 个，带有 3 个交换机端口	PROFINET 版本：1 个，带有 4 个交换机接口

1.3　SIMOTION 软件与存储结构

1.3.1　SIMOTION 软件结构

SIMOTION 的内部软件运行系统包括内核（Kernel）、工艺包（TP）与工艺对象（TO）、功能库、用户程序等。SIMOTION Kernel 是 SIMOTION 的基本功能，包括逻辑和数学运算、开闭环控制等，如图 1-28 所示。程序可以周期执行、时间触发或中断事件触发执行。Kernel

实际上可以完成 PLC 的必要的功能，满足 IEC61131-3 的标准，同时还有各种组件的系统功能，比如输入输出。不带 TP 和 TO 的 SIMOTION 与 PLC 一样，可完成 IEC61131-3 中规定的功能。

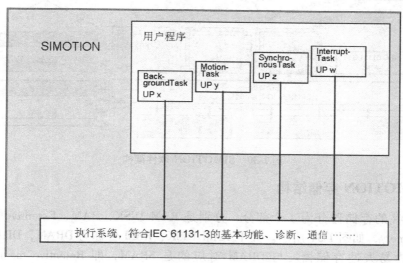

图 1-28　SIMOTION Kernel

TP 是工艺包（Technology Package），在项目下载时，一同下载到运行系统中，如图 1-29 所示。在 SCOUT 软件中通过插入工艺对象 TO（Technology Object）可以创建一个与相应的 TO 类型相关的实例，包括数据、参数、报警列表等。关于 TP 与 TO 的介绍，详见本书第 4 章。

此外，SIMOTION 中还有包括系统功能和运动控制功能的库。功能库包括了访问 TO 变量的功能，并在 SCOUT 软件里建立了连接。一些特殊任务（比如闭环控制功能）可以通过工艺控制图表 DCC 来编写。用户程序就是在基本功能、工艺包和各种功能库的基础上开发出来的。SIMOTION 的软件架构如图 1-30 所示。

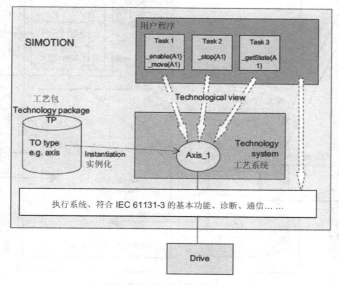

图 1-29　SIMOTION TP

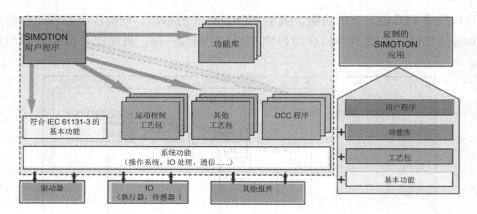

图 1-30　SIMOTION 软件架构

1.3.2　SIMOTION 存储结构

SIMOTION 的存储器分为 4 个部分，分别是 RAM DISK、RAM、Retentive memory 以及 Persistent Memory，如图 1-31 所示。其中 RAM DISK、RAM 合称为 DRAM，DRAM 的数据掉电即丢失，为易失性存储器。与 DRAM 对应的是 SRAM，即 Retentive memory，也称为 NVRAM，为非易失性存储器，可掉电保持。Persistent Memory 就是存储卡或硬盘，它相当于 EEPROM，内存数据可以永久保存。

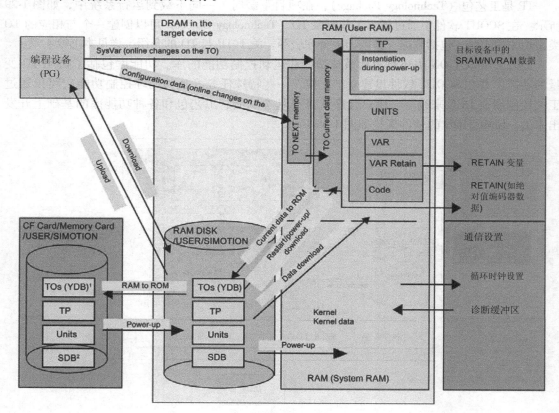

图 1-31　SIMOTION 存储器结构

1. RAM DISK

RAM DISK 就是装载存储器，SIMOTION D 下载的数据首先存于该区域，包括组态、工艺包 TP、用户程序等。执行 Copy RAM to ROM 时也是将其数据复制到 CF 卡中。执行上载操作时，也是将 RAM Disk 中的内容上载至 PC。需要注意的是，RAM DISK 中的内容在执行 Copy RAM to ROM 或在上电完成后，会自行释放，因而在线诊断时经常看到其内容非常少。

2. RAM

RAM 包括 User RAM 和 System RAM。User RAM 中保存工艺包 TP 和用户程序。User RAM 内含 TO Current data memory 和 TO Next memory。TO Current data memory 中存的是 TO 当前运行的数据，TO Next memory 中保存的数据为在线修改且需要 TO 重启后才生效的组态数据。

System RAM 中保存的数据包括 SIMOTION 内核（Firmware）和内核数据，如诊断信息、通信参数等。

3. Retentive Memory（SRAM/NVRAM）

Retentive memory 用于保存掉电保持的数据。掉电时，保持性数据由 RAM 复制到该区域进行保存。Retentive memory 中保存的数据见表 1-7。

表 1-7 Retentive memory 数据内容

数据类型	内容
内核数据	· 上次的操作模式 · IP 参数（IP 地址、子网掩码、路由器地址） · DP 参数（PROFIBUS DP 地址、波特率） · 诊断缓冲区信息
保持性变量	· 程序单元变量（interface 或 implementation）中定义为 VAR_GLOBAL_RETAIN 的变量 · 全局变量（Global device variables）中设置了 RETAIN 属性的变量
TO 保持性数据	绝对值编码器的偏差数据
DCC 功能块	通过 SAV 功能块保存的数据或用户自定义的保持型数据

4. Persistent Memory（CF/MMC 卡或硬盘）

CF/MMC 卡就相当于 EEPROM 卡，内存数据可以永久保存，其中保存的内容包括：

1）SIMOTION Kernel（SIMOTION 的固件）；
2）工艺包；
3）用户数据，比如组态数据、程序、参数设置、任务配置等；
4）SINAMICS 驱动参数（SIMOTION D）；
5）通信数据，包括 IP 参数（IP 地址、子网掩码、路由器地址等）和 DP 参数（DP 地址、波特率等）；
6）通过系统函数备份到 CF 卡中的内容，如使用_savePersistentMemoryData 时在 CF 卡中产生的备份文件；
7）授权。

SIMOTION D 设备必须要安装 CF 卡，SIMOTION C 设备必须要安装 MMC 卡，卡中包含 SIMOTION 内核，并存储工艺包和用户数据，比如程序、组态数据、参数分配等。需要注意的是 CF/MMC 卡不随控制单元提供，必须单独订购。

CF/MMC 卡只有在 SIMOTION 断电后才可插入或取出。

在使用 SIMOTION 运动控制功能时，对于 SIMOTION 使用的 CF/MMC 卡，工艺对象的授权与 CF/MMC 卡的序列号相关联，因此可将 CF/MMC 卡插入到另一个控制器中继续使用，而无需更换授权。从 SIMOTION V4.1 固件版本之后的授权号存储在 CF/MMC 卡的"KEYS"目录中，授权号在第一次启动控制器时被写入卡的引导区，从而防止丢失。即使对卡执行格式化或是重写引导区也不会删除授权号，这也意味着授权一旦与 CF/MMC 卡关联，就不能再转移到别的 CF/MMC 卡上使用。SIMOTION D CF 卡的文件结构如图 1-32 所示。

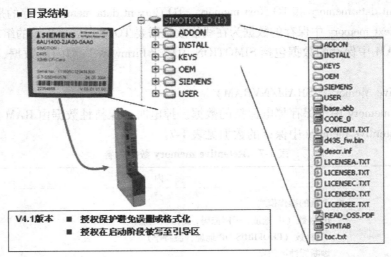

图 1-32　SIMOTION D CF 卡文件结构

1.3.3　SIMOTION 存储区访问过程

在系统上电时，或者手动对存储区进行操作时（比如下载、Copy RAM to ROM 等操作），数据会在各存储区之间传递。比如在使用 SIMOTION D 时，系统一上电就会自动装载引导区，并从 CF 卡中读取数据；在进行 Copy RAM to ROM 操作时，用户数据会保存到 CF 卡上。在进行不同的操作时，存储区的数据访问过程各不相同。

1. 下载过程中的数据传递

执行下载操作时，先下载以下内容到 RAM DISK 中：

1) 用户数据；
2) 工艺包；
3) 通信数据，包括 IP 参数和 DP 参数。

其中硬件组态、保持性变量、通信数据等内容会同时保存到 SRAM 中。再将 RAM DISK 中的相应数据复制到 DRAM 中。其中工艺包 TP，以及用户程序等复制到 User RAM 中，再从 User RAM 复制工艺包 TP、TO 到 TO Current Data Memory 中。

2. 掉电后存在的数据

系统掉电后 SIMOTION D 只有 CF 卡和 SRAM 两个地方的数据仍然存在，数据内容参考 1.3.2 节。

3. 上电过程数据传递

在系统上电后，首先会从 CF 卡中复制数据：

1) 将工艺包 TP 和用户数据（如果 CF 卡中有备份程序）复制到 RAM DISK 中；
2) 将 IP 参数和 DP 参数等通信参数复制到 SRAM 中。

然后从 SRAM 中复制以下数据到 DRAM 中的 System RAM 中（如果 SRAM 中的数据丢失或无效时）：

1) IP 参数和 DP 参数等通信数据；
2) 诊断信息。

最后再从 RAM DISK 中复制工艺包以及用户程序到 User RAM 中，再从 User RAM 复制工艺包、工艺对象到 TO Current Data Memory 中，然后释放掉 RAM DISK 中的内容。

1.4 SIMOTION 配置方案

1.4.1 SIMOTION C 配置方案

SIMOTION C 可以使用自带的模拟量接口或步进电动机驱动器接口控制驱动器，也可以通过 PROFIBUS 或 PROFINET 通信接口连接驱动器。SIMOTION C 控制器可以作为主站与下游的驱动器和 IO 进行通信，同时可以与上位机或操作屏进行通信，共同组成一个完整的自动化系统。SIMOTION C 配置方案示例如图 1-33 所示。

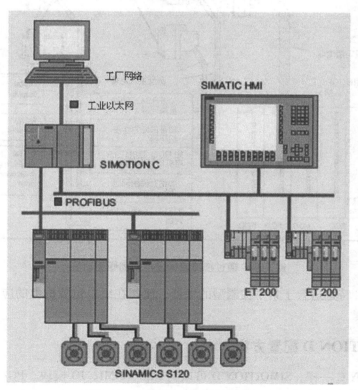

图 1-33 SIMOTION C 配置方案

SIMOTION C240 与驱动器的接口可能是模拟量、脉冲信号或 PROFIBUS，C240 PN 与驱动器的接口是 PROFINET 或 PROFIBUS。比如 C240 通过模拟量输出控制模拟量伺服驱动器时，配置如图 1-34 所示。

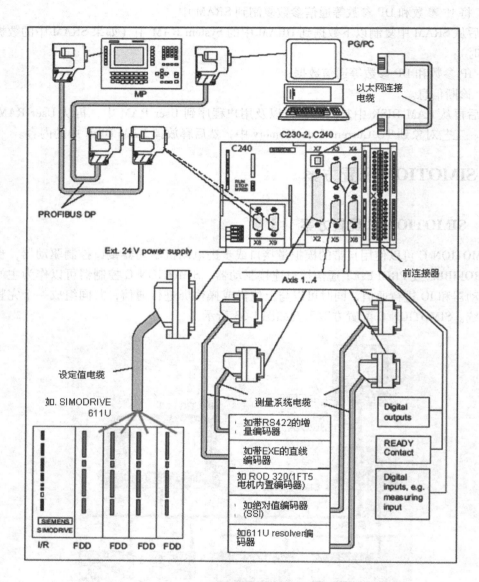

图 1-34 通过模拟量输出控制伺服驱动器

SIMOTION C 特别适合于集中控制型的机器，比如在纸巾包装机上的应用实例如图 1-35 所示。

1.4.2 SIMOTION D 配置方案

与 SIMOTION C 一样，SIMOITION D 可以与 PLC、HMI、IO 模块、PG/PC、驱动器等设备组成一个完整的应用系统。SIMOTION D4x5 的控制结构如图 1-36 所示。

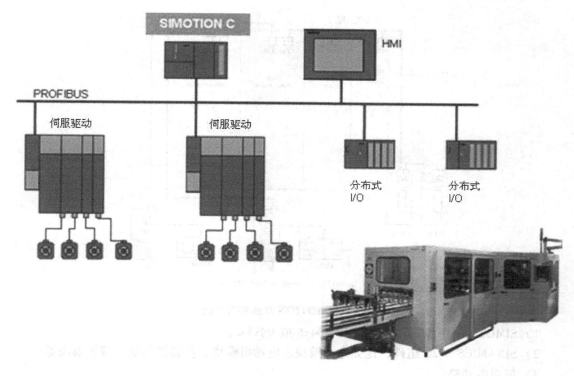

图 1-35　SIMOTION C 在纸巾包装机上的应用

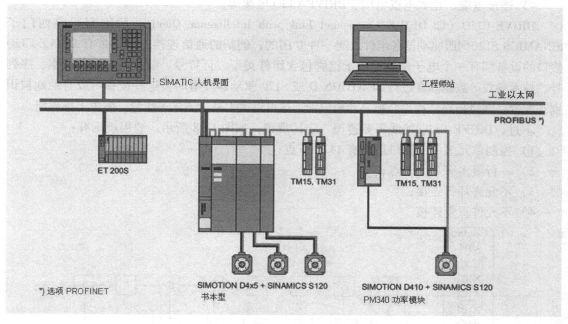

图 1-36　SIMOTION D4x5 控制结构

由于 SIMOTION D 中集成了一个 SINAMICS S120 驱动器的控制单元，所以只需要 S120 驱动器功率部分就可以构成一个完整的控制系统。一个典型的 SIMOTION D 控制系统（见图 1-37）可以由以下部件组成：

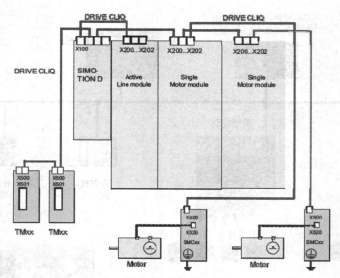

图 1-37 SIMOTION D 控制系统组成

1) SIMOTION D 控制器 SIMOTION D4x5 或 D4x5-2；
2) SINAMICS S120 组件，比如电源模块、电动机模块、传感器模块、端子模块等；
3) 伺服电动机；
4) 连接电缆，比如电机电缆、DRIVE-CLiQ 电缆等。

DRIVE-CLiQ（即 DRIVE Component Link with Intelligence Quotient 的缩写）是西门子 SINAMICS S120伺服驱动器各组件之间一种专用的、创新的通信连接方式。带有 DRIVE-CLiQ 接口的设备都有一个电子铭牌，电子铭牌包含组件类型、订货号、制造商、硬件版本、序列号、技术参数等数据。在进行 SIMOTION D 或 S120 驱动器配置时，这些设备可以自动地被识别和配置，网络拓扑结构也会被自动地识别，这可以大大减少调试工作量，缩短工程周期。

不过，DRIVE-CLiQ 接线需要遵循一定的规则，如图 1-38 所示。通用规则有：
1) 控制单元上一个接口最多有 14 个节点；
2) 一行最多有 8 个节点；
3) 不允许环行连接；
4) 不允许重复连接。

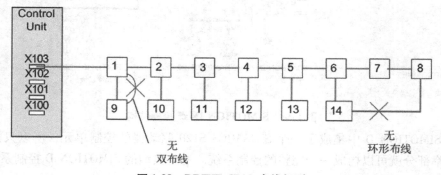

图 1-38 DRIVE-CLiQ 布线规则

SIMOTION D410 是单轴运动控制器,它与 D4x5 有着不同的外观和结构,通常与 SINAMICS S120 AC/AC功率模块 PM340 配合使用,形成单轴运动控制系统,如图1-39 所示。

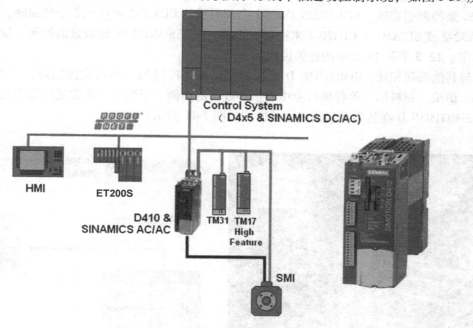

图1-39　SIMOTION D410 控制结构

SIMOTION D410-2 是新一代运动控制器,可以实现最多 8 轴的运动控制。一个使用 SIMOTION D410-2的典型配置如图 1-40 所示。图中,①为 SIMOTION D410-2 DP,②为

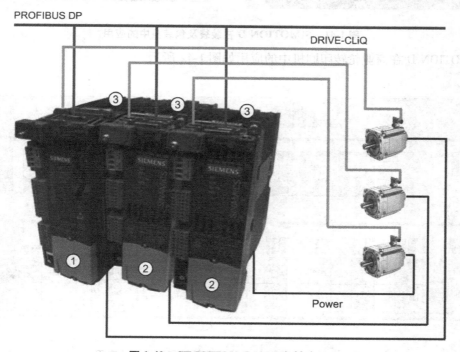

图1-40　SIMOTION D410-2 多轴应用

SINAMICS S120 CU310-2 DP，③为 SINAMICS S120 PM340。

　　SIMOTION D4x5 内部集成的 CU320 可控制 6 个伺服轴，可通过扩展 CX32 或 SINAMICS CU320 来控制更多轴。SIMOTION D4x5-2 内部集成的 CU320-2 可控制 6 个伺服轴，可通过扩展 CX32-2 或 SINAMICS CU320-2 来控制更多轴。关于 SIMOTION 轴数量的扩展，请参阅本书 11.5 节，12.3 节及 14 章中的相关说明。

　　与其他系列相比，SIMOTION D 是目前应用最为广泛的一类运动控制器，已经在包装、印刷、纺织、物料加工等各种行业中有很多成功的案例，下面是一些常见应用配置举例。

　　SIMOTION D 在装袋及包装机中的应用如图 1-41 所示。

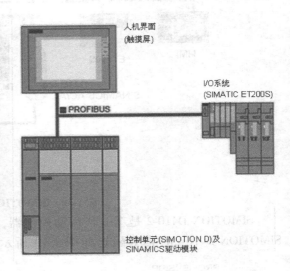

图 1-41　SIMOTION D 在装袋及包装机中的应用

SIMOTION D 在商业轮转印刷机中的应用如图 1-42 所示。

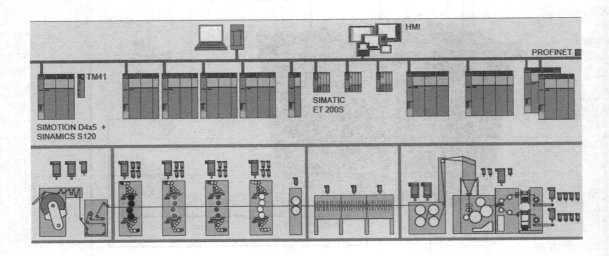

图 1-42　SIMOTION D 在商业轮转印刷机中的应用

SIMOTION D 在纺织机械——高速卷绕头中的应用如图 1-43 所示。

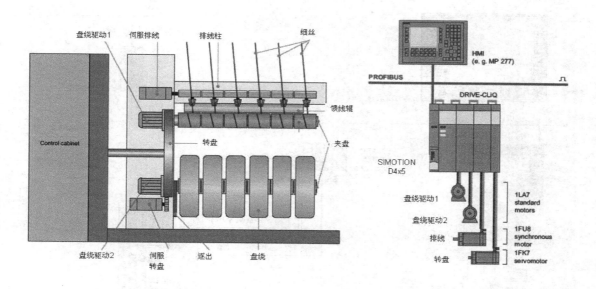

图 1-43　SIMOTION D 在高速卷绕头中的应用

SIMOTION D 在简单机械手中的应用如图 1-44 所示。

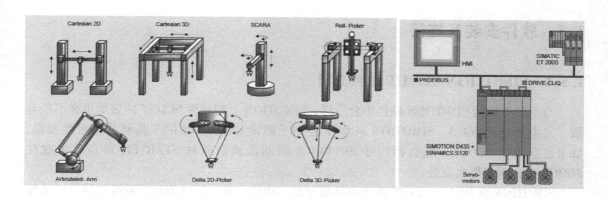

图 1-44　SIMOTION D 在简单机械手中的应用

1.4.3　SIMOTION P 配置方案

SIMOTION P 中集成了 Windows XP 操作系统，所以基于 PC 的各种应用都可以方便地实现，比如使用 MS OFFICE 软件对数据进行整理和分析；使用 IE 导航栏基于 SIMOTION IT 功能进行系统诊断；使用 SIMOTION SCOUT 软件直接进行设备调试；使用 WinCC flexible 软件组态操作界面并直接进行操作等。

SIMOTION P 配置方案示例如图 1-45 所示。

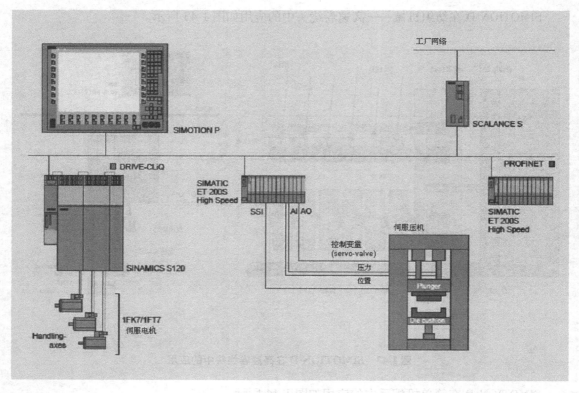

图 1-45　SIMOTION P 配置方案示例

1.5　软件安装及连接

1.5.1　SIMOTION SCOUT 软件介绍

与不断更新的 SIMOTION 硬件平台一样，SIMOTION 工程软件 SCOUT 的版本也在不断升级，目前版本是 V4.3。SIMOTION SCOUT 是用于调试 SIMOTION 的工具软件，需要授权。如果已安装了 SCOUT，那么西门子 SINAMICS 驱动器调试软件 STARTER 将自动集成在 SCOUT 中，无需再次安装。

SIMOTION SCOUT 工程开发系统的界面友好，功能丰富。运动控制、逻辑控制与工艺控制的工程开发，以及驱动器的组态与调试均由统一的系统完成。所有任务的处理均可用画面方式完成，包括组态、编程、测试及调试。友好的用户提示信息，实用的帮助功能，自动的检查功能简化了任务的完成过程，即使是新用户也能很快上手。SIMOTION SCOUT 所有工具均被集成在一起，并具有统一的形式，如图 1-46 所示。

集成在 SIMOTION SCOUT 中的 STARTER 主要能实现以下功能：

1）硬件组态和识别；

2）驱动参数的设置；

3）电动机动态特性的调试；

4）故障诊断；

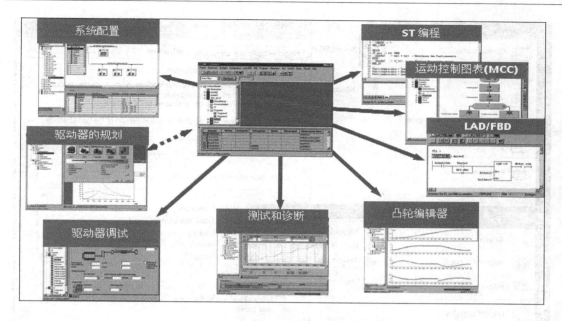

图1-46 SIMOTION SCOUT 软件功能概览

5)驱动器项目的下装和上载。

作为控制系统的工程工具，SIMOTION SCOUT 除了能实现以上功能外，还能进行以下工作：

1)轴控制参数的设定，包括轴的机械参数、回零点方式及运动性能参数的设定；
2)控制程序的编辑，包括运动控制、逻辑控制以及工艺控制；
3)凸轮曲线的设定，在 SCOUT 基本软件包中已经包含了简单的凸轮文本编辑器，此外作为可选软件包，CamTool 还可以为 SCOUT 提供全图形化的凸轮编辑及优化工具，可以集成在 SCOUT 的图形化用户接口中。

1.5.2 SIMOTION SCOUT 软件安装

在安装 SIMOTION SCOUT 软件之前需要注意与操作系统及其他西门子软件之间的兼容性，以 SCOUT V4.3 的安装为例，兼容的操作系统有：

1)Windows XP Professional SP3 英文系统；
2)Windows 7 Professional 32-bit 和 64-bit；
3)Windows 7 Enterprise 32-bit 和 64-bit。

另外，与 SCOUT V4.3 兼容的 STEP7 版本是 V5.5 SP2，WinCC flexible 版本是 2008 SP3。关于其他版本的 SCOUT 软件及其他软件的安装兼容性详细信息请参考网络链接：http://support.automation.siemens.com/CN/view/en/18857317。

在软件安装前，要注意所有软件安装包均为英文安装包。另外，在安装这些软件时，需要将 Windows 操作系统的默认语言切换到英文，否则在安装后软件运行过程中可能会出现意外的错误。比如，在 Windows XP 操作系统中，在控制面板的"区域与语言选项"的"高级"标签中可以对语言进行选择，如图1-47所示。

下面以在 Windows XP 系统中安装 SCOUT V4.3 SP1 软件为例进行说明，其安装基本顺

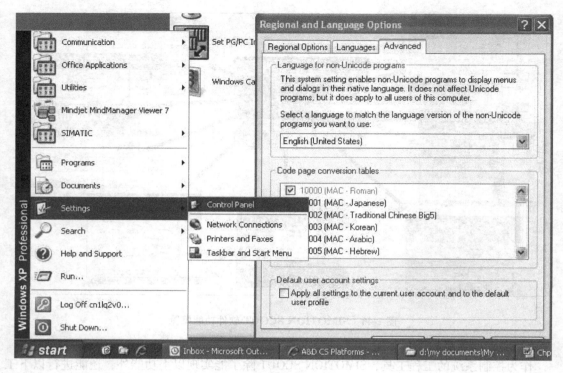

图 1-47 修改操作系统语言

序如下:

1) 将 Windows XP SP3 控制面板中区域及语言中的"高级"标签中的语言选择为"英文",修改后重启计算机。

2) 安装 STEP7 V5.5 SP2,注意勾选帮助语言 English(英语)和 German(德语),完成后重启计算机。

3) 安装 SCOUT V4.3 SP1,如安装文件不含 Drive ES 及 CamTools,请在向导中不要勾选。完成后重启计算机。

4) 安装 WinCC flexible2008 SP3,完成后重启计算机。

5) 若需要,可安装附加软件包 Drive ES、CamTools。

1.5.3 PG/PC 与 SIMOTION 设备的连接

使用 SIMOTION SCOUT 软件调试 SIMOTION 设备时,调试用的 PG/PC 可通过下述方式与 SIMOTION 连接。

1. Ethernet 以太网通信方式

使用 PG/PC 上的以太网接口与 SIMOTION 设备上的 IE1/IE2 以太网口相连接,如图 1-48 所示。

2. PROFIBUS 通信方式

PG/PC 上需要安装 CP5611(台式机)、CP5512(笔记本)或 CP5711 PROFIBUS 通信卡,与 SIMOTION 设备上的 PROFIBUS 接口相连接,如图 1-49 所示。

3. PROFINET 通信方式

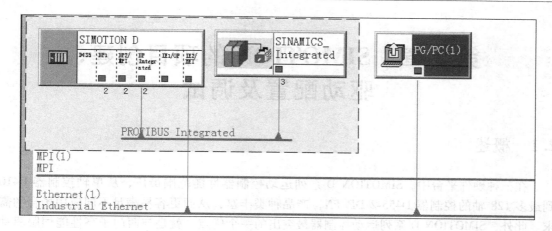

图 1-48 PG/PC 通过以太网连接 SIMOTION

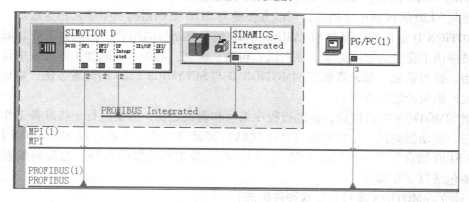

图 1-49 PG/PC 通过 PROFIBUS DP 网络连接 SIMOTION

PG/PC 上的以太网接口与 SIMOTION 设备上 PROFINET IO 接口相连接，如图 1-50 所示。对于 SIMOTION D4x5 需要选件板 CBE30，对于 SIMOTION D4x5-2 DP/PN 只需连接本机自带 PROFINET IO 接口即可。

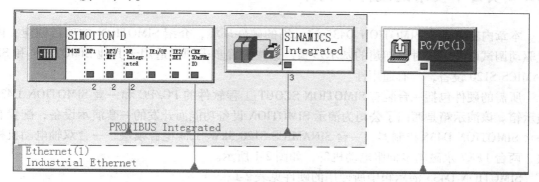

图 1-50 PG/PC 通过 PROFINET 网络连接 SIMOTION

第 2 章　SIMOTION 的项目创建、驱动配置及调试

2.1　概述

在三种硬件平台中，SIMOTION D 系列运动控制器性能范围最广，从单轴控制器 D410 到最多 128 轴的控制器 D455-2 DP/PN，产品种类丰富，从而更容易满足不同应用场合的需求。此外，SIMOTION D 系列运动控制器最突出的一个优点，就是与西门子高性能伺服驱动器 SINAMICS S120 的高度集成。SIMOTION D 内部集成了一个 S120 的控制单元，产品外形和接口也与 S120 的控制单元相似，可以方便地与 S120 驱动器的功率单元相连接。

SIMOTION D 运动控制器与 SINAMICS S120 伺服驱动器的结合，已经为工业领域的各类生产机械提供了完美的解决方案，在造纸、包装、印刷、纺织、金属加工等行业中得到了广泛的应用。换句话说，如果掌握了 SIMOTION D 与 SINAMICS S120 的配置方法，也就掌握了大多数生产机械的解决方案。

创建 SIMOTION 项目以后，在进行程序编写和调试之前，需要进行一些准备工作，比如项目组态、驱动器调试、工艺对象（如电气轴）调试等工作。本章将以 SIMOTION D 与 SINAMICS S120 结合创建一个项目为例，介绍这些准备工作的操作步骤，为后期编程做好准备，主要包括以下几部分：

1）建立 SIMOTION 项目并完成硬件组态；
2）配置 SINAMICS 驱动器；
3）配置 SIMOTION 位置轴。

2.2　项目中使用的硬件和软件

本章内容将基于 SIMOTION D435 演示箱的硬件环境，介绍 SIMOTION 的项目创建、内置驱动调试以及工艺对象创建的基本步骤，这些配置步骤同样适用于其他 SIMOTION 和 SINAMICS S120 设备，具有通用性。

所需的硬件包括一台装有 SIMOTION SCOUT 工程软件的 PG/PC 和一套 SIMOTION D435 演示箱。该演示箱是西门子公司为演示 SIMOTION 设备功能而开发的一套演示设备，配置有一台 SIMOTION D435 控制器、一台 SINAMICS S120 5kW SLM 电源模块、一台双轴电动机模块、两台 1FK7 永磁同步伺服电动机等，如图 2-1 所示。

SIMOTION D435 演示箱中所使用的硬件见表 2-1。

表 2-1　演示箱所使用的硬件

序号	说　　明	订货号
1	SIMOTION D435	6AU1435-0AA00-0AA1

(续)

序号	说　　明	订货号
2	CF 卡	6AU1400-2PA01-0AA0
3	整流单元 SLM	6SL3130-6AE15-0AB0
4	双轴电动机模块	6SL3120-2TE13-0AA0
5	带 DRIVE-CLiQ 接口的伺服电动机，额定转速为 6000r/min，绝对值编码器 512P. /4096Rev	1FK7022-5AK7-1LG3
6	不带 DRIVE-CLiQ 接口的伺服电动机，额定转速为 6000r/min，sin/cos 增量编码器 2048P	1FK7022-5AK7-1AG3
7	SMC20 编码器模块，用于转换 1FK7022-5AK7-1AG3 电动机编码器信号为 DRIVE-CLiQ 信号	6SL3055-0AA00-5BA3
8	24V SITOP 电源	

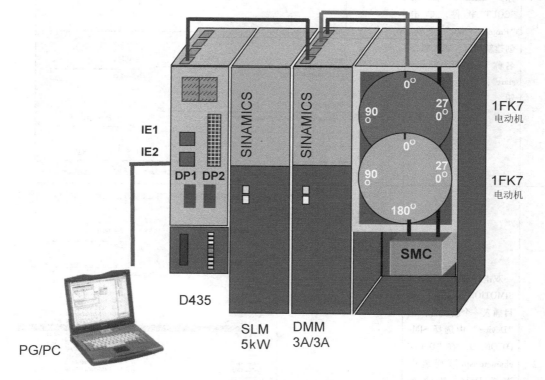

图 2-1　SIMOTIOND435 演示箱示意图

本章项目中使用的软件见表 2-2。

表 2-2　项目中使用的软件

编号	名　　称	版　　本
1	Windows 7	Professional
2	STEP7	V5.5 SP2
3	SIMOTION SCOUT	V4.3 SP1HF9
4	SIMOTION D435 Firmware	V4.3，with SINAMICS V2.6.2

2.3 创建项目并组态硬件（见表2-3）

表2-3 创建项目并组态的具体步骤

序号	说明	图示
1	用鼠标双击桌面上图标 ![SIMOTION图标]，启动 SCOUT 软件，单击"Project→New"菜单，创建新项目，输入项目名称"SIMOTION easy start"，单击"OK"按钮	
2	双击导航中的"Insert SIMOTION device"条目插入一个新设备，在"Device"中选择 SIMOTION D，在"Device characteristic"列表中选择 D435，版本为4.3，如果使用了 CBE30 的通信卡，则需要勾选"insert CBE30"，单击"OK"按钮	

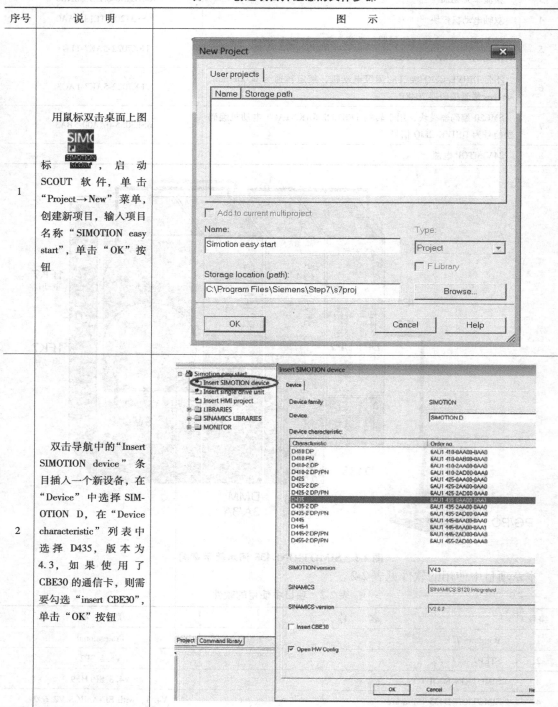

序号	说 明	图 示
3	设置计算机连接SIMOTION使用的通信接口，若使用DP接口，则选择所连接的DP接口。本例使用标准以太网接口IE2（X130端口，IE2/NET），单击"OK"按钮	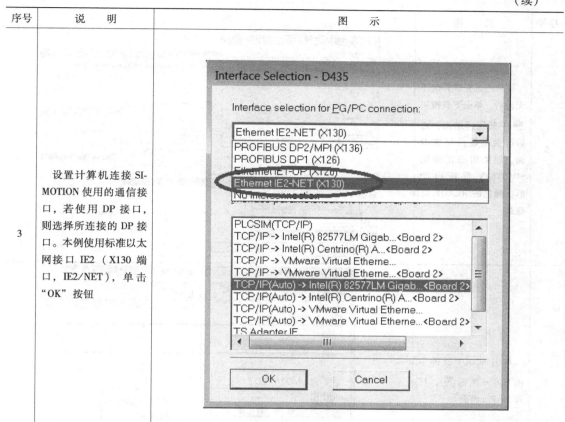
4	自动打开硬件组态画面后用鼠标双击IE2通信接口对其IP进行配置，本例使用默认的IP地址169.254.11.22。注意编程使用的计算机需要与SIMOTION D435属于同一网段。如果使用DP的方式进行连接则可对使用的端口进行速率和通信地址设置，单击"OK"按钮	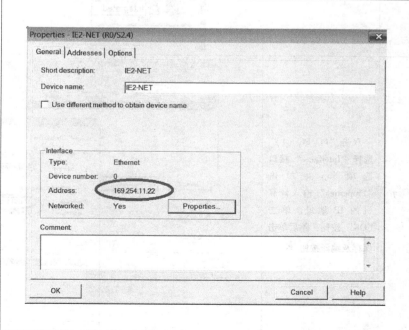

(续)

序号	说明	图示
5	硬件组态完成并编译无误后，单击下载按钮 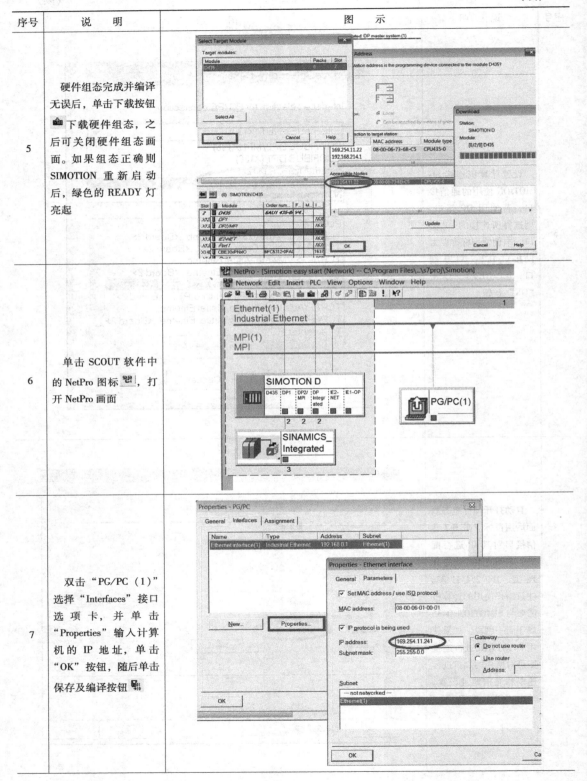 下载硬件组态，之后可关闭硬件组态画面。如果组态正确则 SIMOTION 重新启动后，绿色的 READY 灯亮起	
6	单击 SCOUT 软件中的 NetPro 图标，打开 NetPro 画面	
7	双击 "PG/PC（1）"选择"Interfaces"接口选项卡，并单击"Properties"输入计算机的 IP 地址，单击"OK"按钮，随后单击保存及编译按钮	

(续)

序号	说 明	图 示
8	设置 PG/PC 以太网的路由功能。在右图中选择 PC/PC 的以太网通信板卡后,单击"Assign"按钮	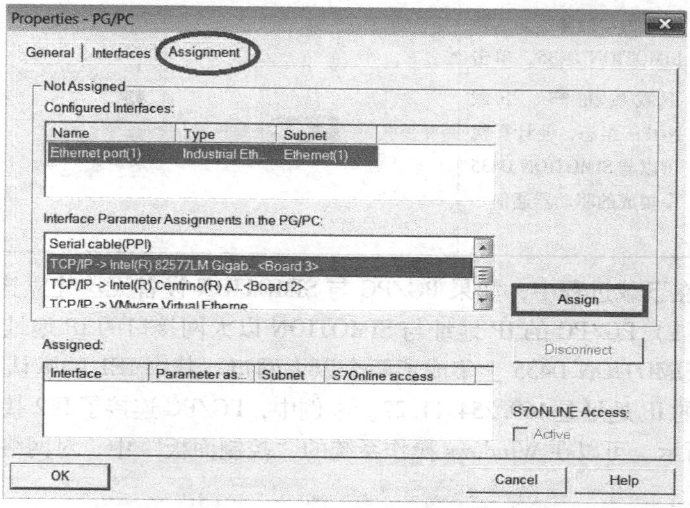
9	设置完成后如右图所示	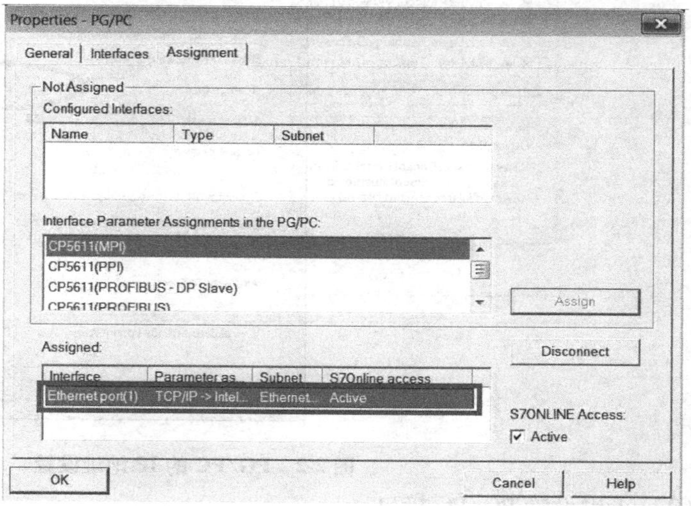

(续)

序号	说 明	图 示
10	观察 PG/PC 与网络的连线应变成黄色, 表示路由功能激活。选择 SIMOTION D435, 单击下载按钮 ![icon], 下载 NetPro 组态, 使计算机可以与 SIMOTION D435 中集成的驱动器通信	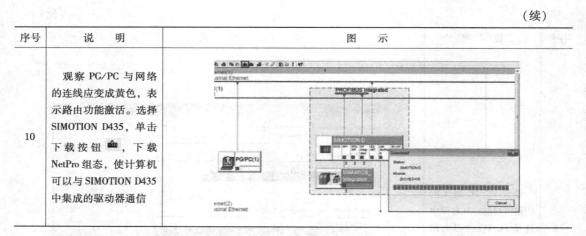

在下载过程中, 如果 PG/PC 与 SIMOTION 设备无法建立连接, 请检查如下设置:

(1) PG/PC 的 IP 地址与 SIMOTION 以太网接口的 IP 地址应该为同一网段

SIMOTION D435 上集成了两个以太网口, 其中 IE1 的默认 IP 地址是 192.168.214.1, IE2 默认的 IP 地址是 169.254.11.22。本例中, PG/PC 连接了 IE2 接口, 其 IP 地址的设置方法如图 2-2 所示。可以在 Windows 操作系统的"控制面板"中, 对网络连接的属性进行修改。

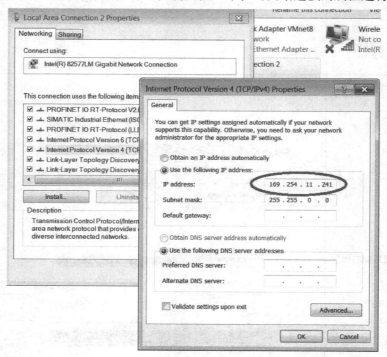

图 2-2 PG/PC 的 IP 地址设置

(2) 正确设置 PG/PC 接口

在 SCOUT 软件中, 从主菜单选择 "Option" → "Set PG/PC Interface", 可以打开接口设置窗口, 可以按照图 2-3 所示进行设置。注意 TCP/IP 所指向的硬件为 PG/PC 所使用的以太网卡。

第 2 章　SIMOTION 的项目创建、驱动配置及调试

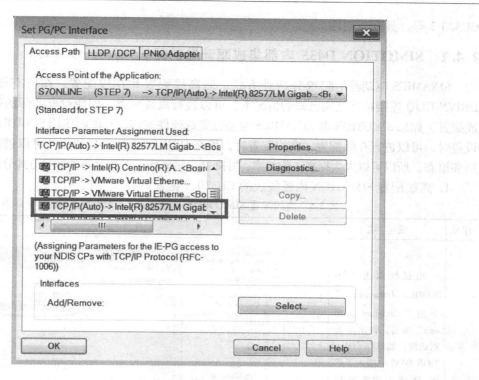

图 2-3　接口网卡设置

（3）正确设置在 NetPro 中的网络连接

实际连接的通信接口需要和 NetPro 中的配置一致，本例中 NetPro 的连接如图 2-4 所示。

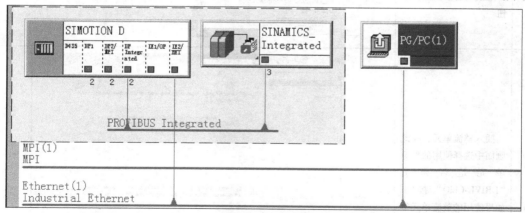

图 2-4　在 NetPro 中的网络连接

2.4　配置 SINAMICS 驱动器

SIMOTION D435 内部集成了一个 S120 的控制单元 CU320，在项目中默认的名称为 SINAMICS_Integrated。这个集成的 CU320 与普通的 CU320 性能相同，功能类似，配置方法也是一致的。集成的 CU320 的配置方法也同样适用于 S120 的其他控制单元，比如 CU310、

CU320-2 等，具有通用性。

2.4.1 SIMOTION D435 内部集成驱动器的配置

SINAMICS 驱动器的配置分两种方式，即离线配置和在线配置。在所有硬件订货号及 DRIVE-CLiQ 连接拓扑结构已知的情况下，可以进行离线配置，即使没有实际的硬件也可以完成配置。如果 SIMOTION 和 SINAMICS 设备已完成硬件安装，并能够使用 SCOUT 软件在线连接设备时，可以进行在线配置。在线配置时，带有 DRIVE-CLiQ 接口的设备可以被系统自动地识别和组态，所以可以大大提高工作效率，并降低出错概率。下面对两种配置方式分别进行介绍。

1. 离线配置 SIMOTION 内置集成的 CU320（见表 2-4）

表 2-4 离线配置 SIMOTION 内置集成 CU320 的步骤

序号	说　明	图　示
1	用鼠标双击 "SINAMICS_Integrated" 下的 "Configure drive unit" 条目，弹出配置对话框，如果在 SIMOTION D435 中插入了扩展 IO 使用的选件板 TB30，则在下拉菜单中选择 TB30，如果没有直接单击 "Next" 按钮	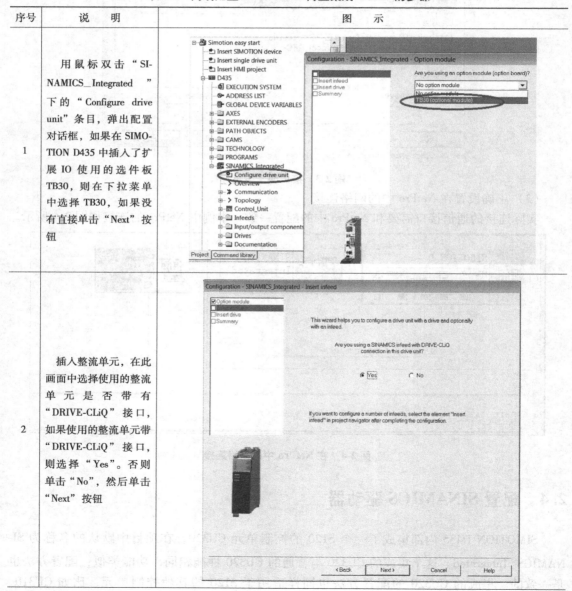
2	插入整流单元，在此画面中选择使用的整流单元是否带有 "DRIVE-CLiQ" 接口，如果使用的整流单元带 "DRIVE-CLiQ" 接口，则选择 "Yes"。否则单击 "No"，然后单击 "Next" 按钮	

(续)

序号	说　明	图　示
3	如果使用的整流单元带"DRIVE-CLiQ"接口，则在下述画面中选择整流单元的类型：Active infeed、Smart infeed 或 Basic infeed，本例选择 Active infeed。单击"Next"按钮	
4	根据实际使用的产品订货号，选择整流单元	

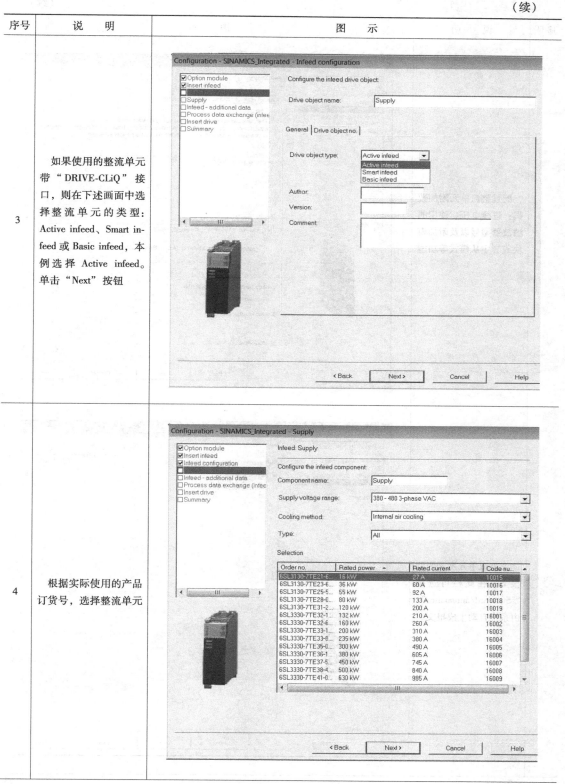

(续)

序号	说明	图示
5	配置整流单元附加数据：进线电压、使用的滤波器型号以及附加模块或者主从模式等功能	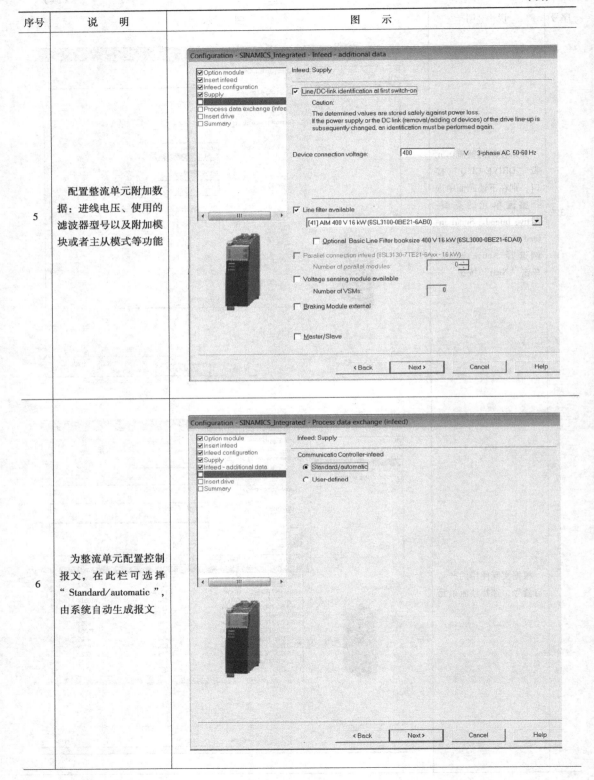
6	为整流单元配置控制报文，在此栏可选择"Standard/automatic"，由系统自动生成报文	

(续)

序号	说　明	图　示
7	选择是否配置驱动，在此选择"Yes"	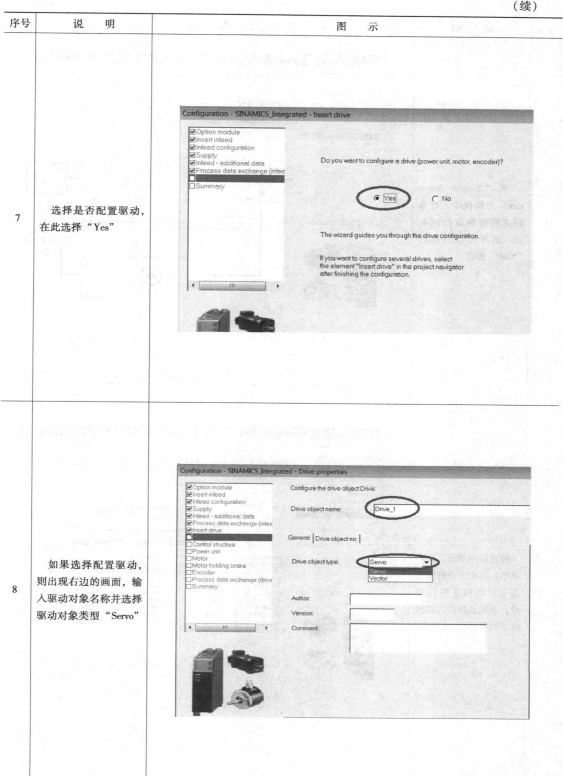
8	如果选择配置驱动，则出现右边的画面，输入驱动对象名称并选择驱动对象类型"Servo"	

(续)

序号	说明	图示
9	在"Control Structure"对画框中，可选择功能模块及控制类型，选择完成后单击"Next"按钮	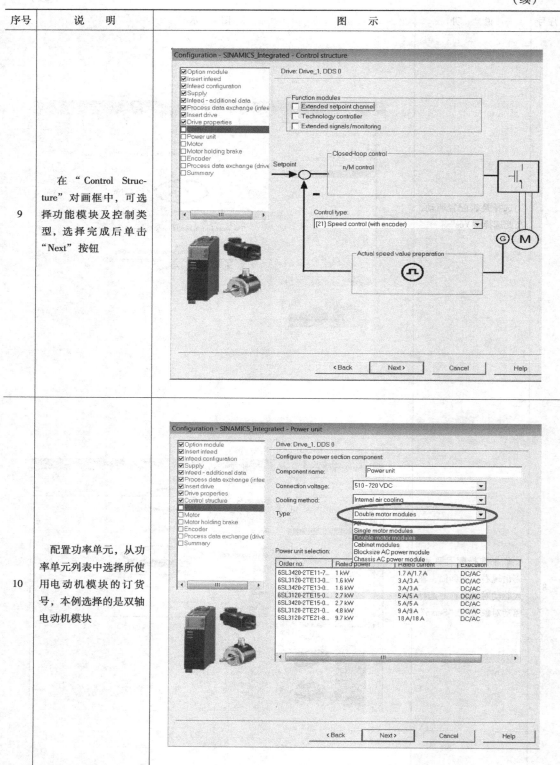
10	配置功率单元，从功率单元列表中选择所使用电动机模块的订货号，本例选择的是双轴电动机模块	

(续)

序号	说　　明	图　　示
11	如果使用的整流单元不带 DRIVE-CLiQ 接口，则会出现右图所示画面。注意：功率单元的驱动参数 p0864 需要关联电源模块的运行就绪信号，有 DRIVE-CLiQ 接口的电源模块可以使用电源模块的 r863.0 参数，对于没有 DRIVE-CLiQ 接口的电源模块可以使用 SIMOTION 内置驱动单元的数字量输入信号通过 BICO（二进制互联）的方式关联在 p0864 参数上。在这里暂用"1"关联到 p864	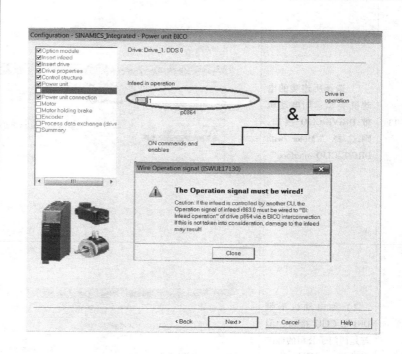
12	双轴电动机模块需要选择当前连接的电动机接口。本例选择电动机的连接接口为 X1	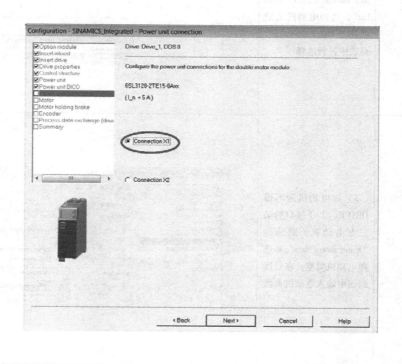

(续)

序号	说明	图示
13	1）选择所连接的电动机类型：如电动机带 DRIVE-CLiQ 接口，则选择"Motor with DRIVE-CLiQ interface"	
14	2）如电动机不带 DRIVE-CLiQ 接口，但若是西门子公司的标准电动机，则选择"Select standard motor from list"，选择电动机类型后在"Motor selection"列表中进行选择	
15	3）如电动机为不带 DRIVE-CLiQ 接口的第三方电动机，则选择"Enter motor data"并选择电动机类型，在后续画面中输入电动机参数	

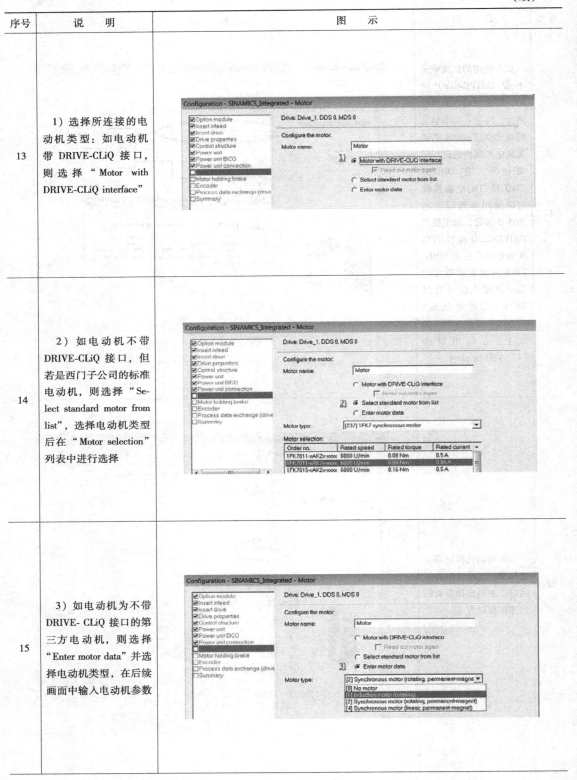

(续)

序号	说　明	图　示
16	如果是第三方电动机，则需要输入电动机铭牌上的电动机参数	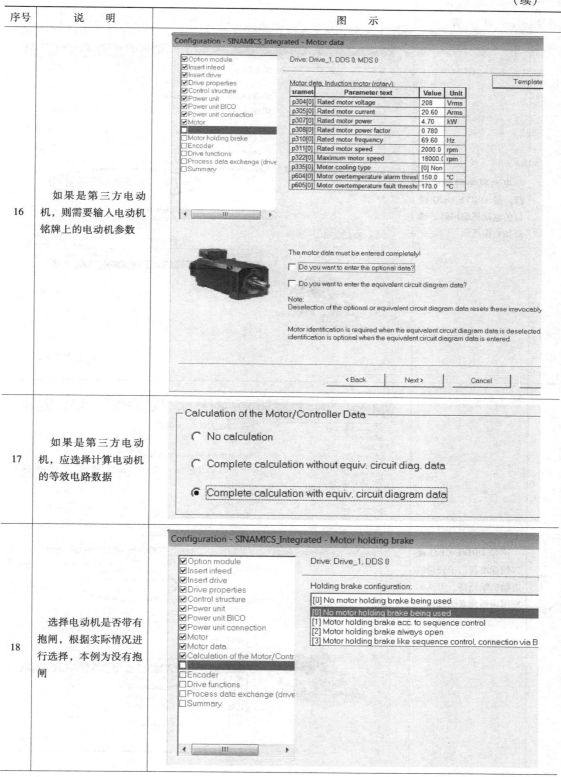
17	如果是第三方电动机，应选择计算电动机的等效电路数据	
18	选择电动机是否带有抱闸，根据实际情况进行选择，本例为没有抱闸	

（续）

序号	说明	图示
19	电动机编码器的选择。带 DRIVE-CLiQ 接口的电动机编码器，选择如右图所示	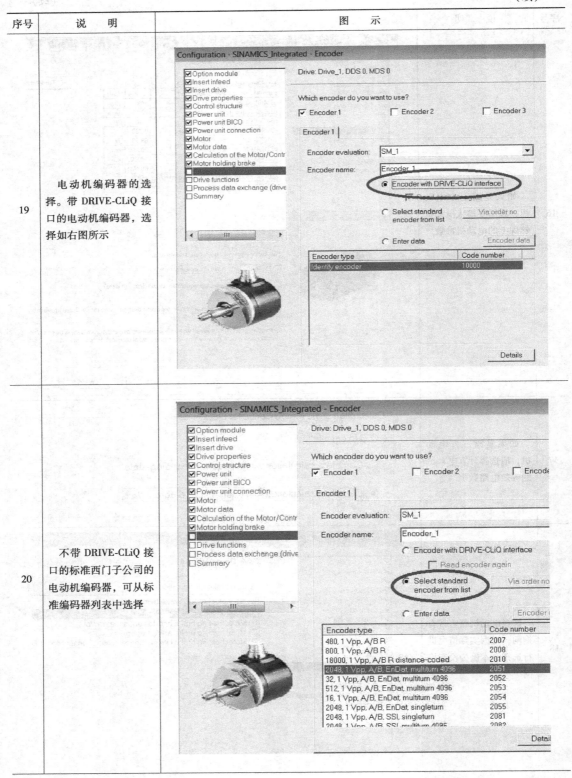
20	不带 DRIVE-CLiQ 接口的标准西门子公司的电动机编码器，可从标准编码器列表中选择	

第 2 章　SIMOTION 的项目创建、驱动配置及调试　　·53·

(续)

序号	说　　明	图　　示
21	非标准西门子公司的电动机编码器，可以通过 SMC30 等编码器转换模块接入，需要手动输入编码器数据：选择使用编码器类型、电压，以及接线方式等配置信息	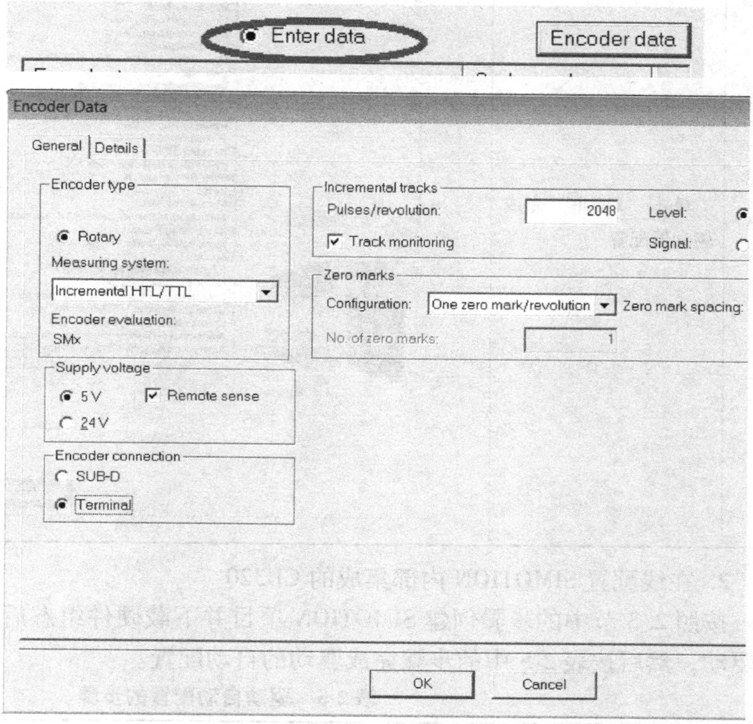
22	驱动通信设置：可选择 "Standard/automatic"，建议使用此设置，由工程系统自动进行通信报文的设置	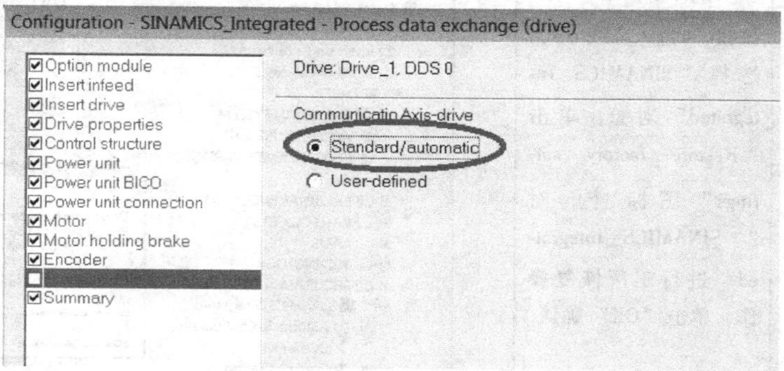

(续)

序号	说明	图示
23	单击"Finish"完成驱动器配置	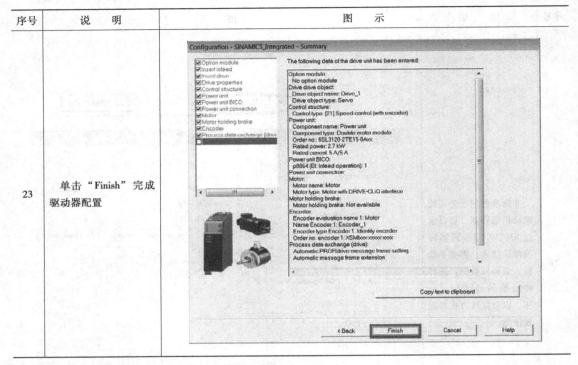

2. 在线配置 SIMOTION 内部集成的 CU320

按照 2.3 节中的步骤创建 SIMOTION 项目并下载硬件组态后,可以在线连接 SIMOTION 及驱动,然后按表 2-5 中的步骤完成驱动的自动配置。

表 2-5 驱动自动配置的步骤

序号	说明	图示
1	用鼠标单击连接对象按钮 进入在线方式,选择"SINAMICS_Integrated"对象,单击"Restore factory settings"图标,对"SINAMICS_Integrated"进行工厂恢复操作,单击"OK"确认	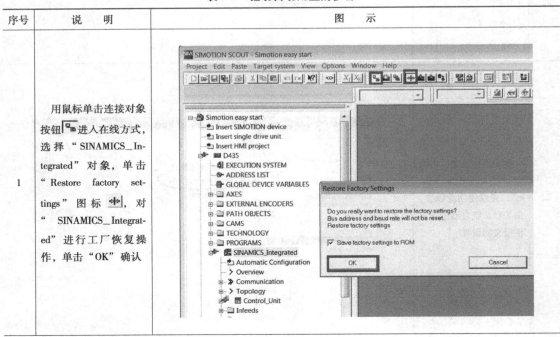

（续）

序号	说　明	图　示
2	工厂复位完成后，用鼠标双击"SINAMICS_Integrated"下的"Automatic Configuration"条目，出现右图所示对话框后，单击"Configure"按钮	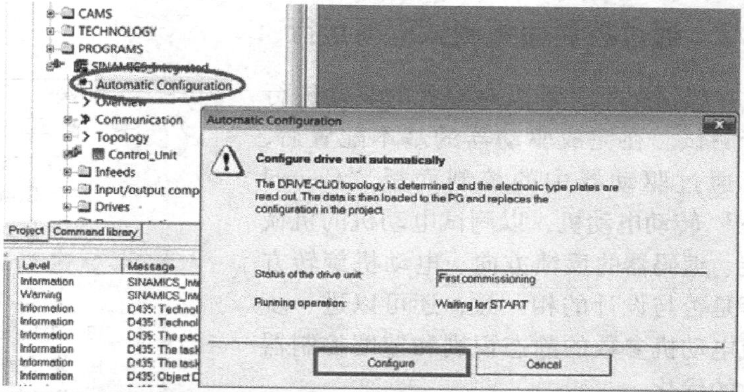
3	选择驱动控制类型：驱动对象可选择"Servo"或"Vector"类型，单击"Create"按钮开始自动配置，配置完成后会自动执行"Load to PG"	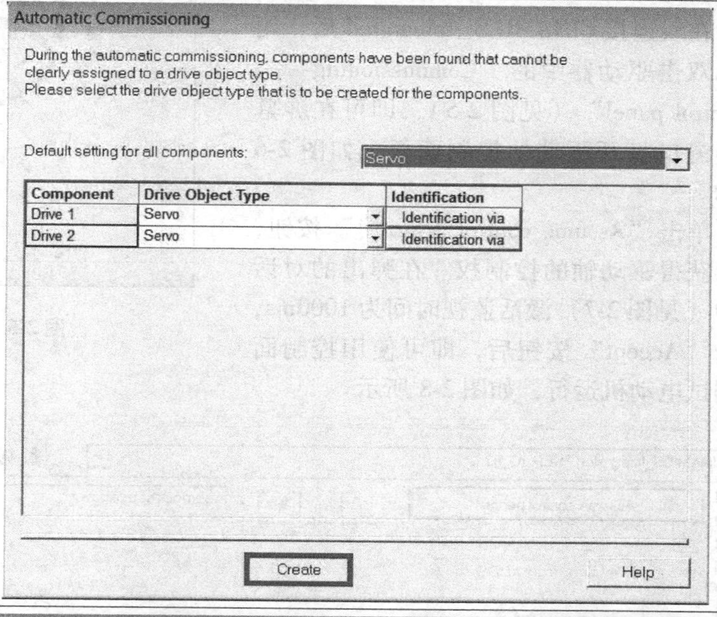
4	自动配置结束后，出现需要驱动单元是"Go OFFLINE"还是"Stay ONLINE"的提示画面，如果驱动器没有在线配置完成，可以选择"Go OFFLINE"继续进行离线配置	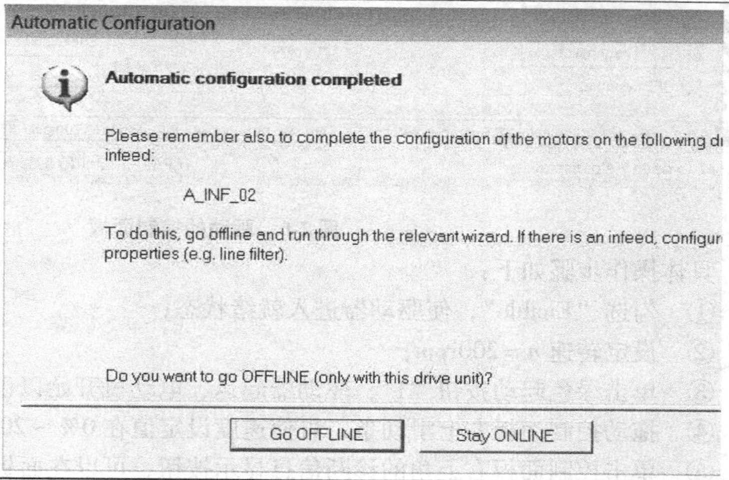

配置完成下载后需执行"Copy RAM to ROM …"的操作，将项目保存至 CF 卡，掉电后数据可保持。

2.4.2 通过控制面板测试驱动运行

在线情况下，可以对配置的驱动进行运行测试。在完成驱动器的基本配置后，即可通过驱动器中的控制面板"Control Panel"转动电动机，以测试电动机的机械安装、编码器的反馈方向、电动机旋转方向等是否与设计的相一致，还可以进一步完成电动机参数的静态识别和速度控制器参数的优化。

在线连接 SINAMICS_Integrated 后，用鼠标双击驱动器中的"Commissioning"→"Control panel"（见图 2-5），即可在屏幕下半窗口打开驱动的控制面板，如图 2-6 所示。

单击"Assume control priority!"按钮，可以获得驱动轴的控制权。在弹出的对话框中（见图 2-7）激活监视时间为 1000ms，单击"Accept"按钮后，即可使用控制面板测试电动机运行，如图 2-8 所示。

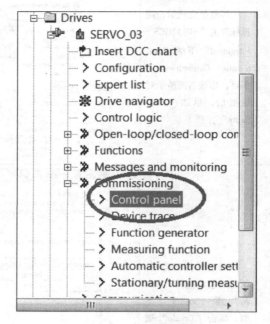

图 2-5　选择控制面板

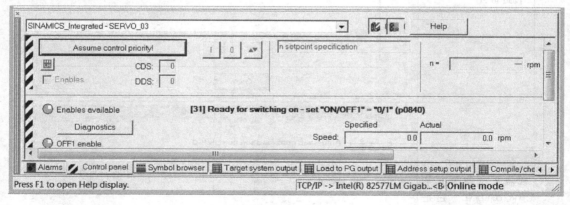

图 2-6　驱动的控制面板

具体操作步骤如下：

① 勾选"Enable"，使驱动器进入就绪状态；
② 设定转速 $n = 200$rpm；
③ 单击绿色起动按钮"I"，驱动器起运，电动机开始以设定转速运行；
④ 拖动控制面板右上滑动条，可使速度设定值在 0%～200% 范围内变化；
⑤ 单击控制面板右上角的诊断信息显示按钮，可以在面板上显示更多诊断信息；

⑥ 测试完毕后，单击红色停止按钮"0"停止驱动器；
⑦ 最后单击"Give up control priority!"按钮放弃控制权；
⑧ 可能在下拉菜单中选择其他驱动，重复以上步骤进行测试。

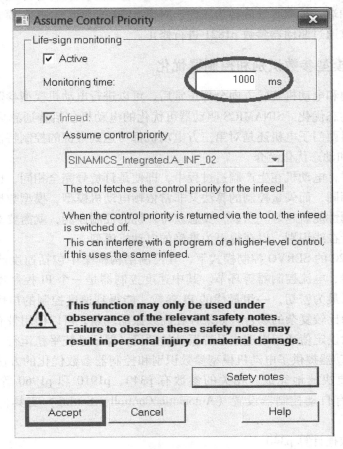

图 2-7 确认监控时间

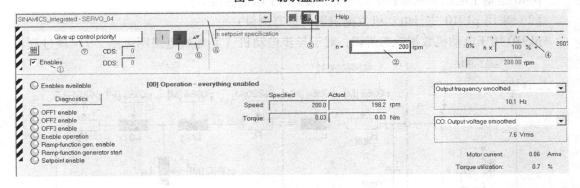

图 2-8 驱动当前信息

通过控制面板测试驱动器运行状态，并检查编码器信号方向及旋转方向。如果编码器信号 AB 相接反了，可能会出现电动机堵转的现象，同时会有 F07900 错误提示。对于 S120 的 SERVO 控制模式，通过修改控制模式 p1300 = 20 或 p1317 = 1，可以在不带编码器的情况下旋转电动机。在电动机旋转过程中，通过 r61 可以读取编码器反馈的速度值，这样可以进一步验证编码器 AB 相是否接反。如果编码器 AB 相接反了，可以修改编码器的硬件接线，也可以修改驱动器参数 p410.0 来翻转编码器速度反馈的方向。关于电动机的旋转方向，一般规定面向电动机轴端，轴顺时针旋转为正向。对于 S120 的 SERVO 控制模式，如果电动机旋转方向反了，可以通过驱动器参数 p1821 进行修正。

2.4.3 电动机模型参数识别和控制器优化

在编码器方向和电动机旋转方向全部正常后，可以进行电动机模型参数的静态识别和速度控制器参数的动态优化。SINAMICS 驱动器可优化的电动机包括普通感应电机和同步伺服电动机，无论是对西门子电机还是对第三方电动机都可达到最优的控制特性。

1. 静态识别和动态优化简介

严格意义上讲，电动机在生产制造过程中，即使是订货号完全相同，也很难将所有参数和性能做得完全相同，而矢量控制的算法又非常依赖电动机模型，模型数据越准确，控制准确度就越高，控制性能就越好。所以，要想获得最优的控制性能，就需要对每一台电动机的模型数据全部进行在线识别，以获得更为准确的电动机模型。

SINAMICS S120 的 SERVO 控制模式下，其控制结构框架中包括速度滤波器、速度控制器、电流环滤波器、电流控制器等环节。其中速度控制器是一个 PI 控制器，它的参数设置与控制的性能关系最为密切，一组最优的 PI 参数，能得到速度控制的最优性能。另外，在一些负载机械结构比较复杂的场合，如果存在高频振动现象，可以使用带有带阻滤波器的电流环滤波器，消除设定值通道中造成系统振动的频段，保证系统平稳运行。

SINAMICS 驱动器提供了电动机模型参数识别和控制器参数优化的方法，通过参数和工具的设置可以方便快捷地完成。相关的参数有 p340、p1910 和 p1960 等，优化工具（在 SERVO 模式下）有自动控制器设置（Automatic Controller Setting）工具，下面分别进行介绍。

（1）电动机数据计算 p340

p340 是基于电动机铭牌数据的计算（定/转子阻抗感抗等）。

（2）采用 p1910 进行电动机数据识别（静态测量）

p1910 用于电动机数据静态辨识，对于异步电动机（其等效电路图见图 2-9）该过程将

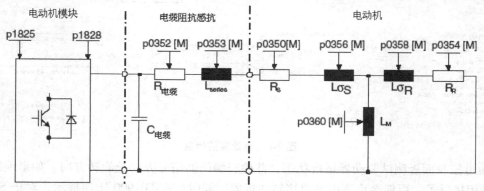

图 2-9　异步电动机等效电路图

计算以下参数：

1）定子冷态阻抗 p350；
2）转子冷态阻抗 p354；
3）定子漏感 p356；
4）转子漏感 p358；
5）主电感 p360。

对于同步电动机（其等效电路见图 2-10）将计算：p0350 电动机定子冷态电阻与 p0352 电缆电阻、p0356 电动机定子漏电感、p0353 电动机串联电感等参数。

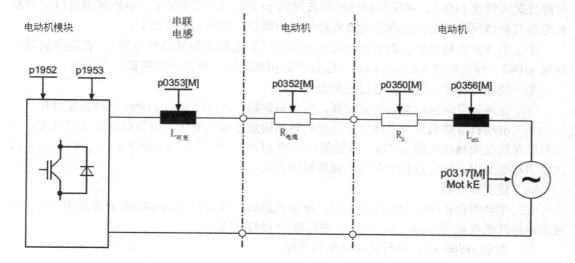

图 2-10　同步电动机等效电路图

（3）采用 p1960 进行旋转测量

对于 SERVO 控制模式，p1960 用于电动机数据动态识别，辨识过程将完成以下的工作：

1）转动惯量测量；
2）计算各种感抗；
3）电动机转矩常数测量；
4）计算电动机励磁电流与磁化感抗；
5）识别转换角与旋转方向。

（4）自动控制器设置工具（Automatic Controller Setting）

自动控制器设置工具是 S120 SERVO 控制模式特有的一个动态优化控制器参数的工具，通过自动优化功能可以自动进行正反向机械负载测量，自动设置电流环和速度环参数等。

2. 静态识别和动态优化步骤

在 S120 SERVO 控制模式下，进行电动机识别与控制器优化时，一般可以依次进行 p340、p1910、p1960，最后进行自动控制器设置。

优化的具体步骤如下：

1）完成驱动器的配置。通过向导完成项目配置并在过程中依照电动机铭牌正确输入电动机额定数据及编码器类型，检查编码器方向和电动机旋转方向。

2）执行电动机数据计算 p340。设置 p340 参数值为 1，该过程不必使能变频器。计算完成后 p340 自动恢复为 0。

3）电动机数据静态辨识 p1910。进行静态识别前，要求电动机处于冷态、抱闸没有闭合，并具有有效措施确保机械系统无危险。此时设置 p1910 参数值为 1，然后使能驱动器（可以通过控制面板使能驱动器）。辨识结束后 p1910 自动恢复为 0，驱动器会自动去使能。在电动机辨识过程中，变频器有输出电压，输出电流，电动机可能转动最大 210°。

4）电动机数据及控制数据动态辨识和优化 p1960。在进行旋转测量 p1960 = 1 时，电动机会以加速度时间 p1958 达到最大转速 p1082，在进行伺服电动机优化时，可以根据实际情况降低最大转速 p1082，并延长加减速斜坡时间 p1958，以确保安全。动态辨识可以分空载和带载两种情况做两遍，以确定所带负载的转动惯量。识别的步骤如下：

① 电动机空载测量。识别电动机动态数据（如电动机的转动惯量等），首先限制最大转速 p1082，延长加减速时间 p1958，然后设定 p1960 = 1，激活动态辨识。

② 使能驱动器，这可以通过控制面板进行。

③ 变频器自动执行动态优化过程，电动机旋转，优化结束后 p1960 自动恢复为 0。

④ 电动机带载测量。带载后系统总的转动惯量等发生变化，需根据负载及机械设备的实际情况延长加减速时间 p1958，降低最高转速 p1082，然后执行 p1960 = 1、p1959 = 4，再次激活动态辨识，优化过程中电流及速度限幅有效。

⑤ 使能驱动器。

⑥ 驱动器自动执行动态优化过程，电动机旋转，优化结束后 p1960 自动恢复为 0，完成后根据两次测量获得的结果 p1969，进行修改 p342 参数。

⑦ 设定 p1960 = 3，进行电动机带载优化

⑧ 使能 ON/OFF1 并保持该位为 "1"。

⑨ 变频器自动执行动态优化过程，电动机旋转，优化结束后 p1960 自动恢复为 0，完成全部自动优化过程。

动态优化完成后需执行 "Copy RAM to ROM..." 的操作，将项目保存至 CF 卡，这样掉电后数据可保持。

需要注意：在电动机辨识过程中，电动机会加速至最大转速，优化过程中只有最大电流 p640 和最大转速 p1082 有效。若机械系统没有条件执行电动机空载优化，可直接进行带载优化，此时必须考虑机械条件的限制（如机械负载惯性、机械强度、运动速度、位移的限制等）。在前三种有限制的情况下，可适当调整 p1958、p640、p1082，通过使用斜坡上升/下降时间、速度限制、电流限制来减少机械承受的压力做辅助保护，如机械位置有限制则考虑不做动态优化，或可通过 p1959.14 和 p1959.15 做限位。

5）自动控制器设置

在 SCOUT 软件中，在其左侧导航栏中找到驱动器，双击其中的 "Commissioning" → "Automatic Controller Setting" 可以打开自动控制器设置工具，如图 2-11 所示。

接下来，可以按以下步骤，完成自动控制器的设置。

1）单击 "Assume control priority!" 获取控制权，进行自动优化，如图 2-12 所示。

2）单击 "Accept" 按钮，进行监控时间的确认，如图 2-13 所示。

3）单击工具栏上的 按钮进行自动优化，随后单击执行所有步骤按钮 开始测量，在

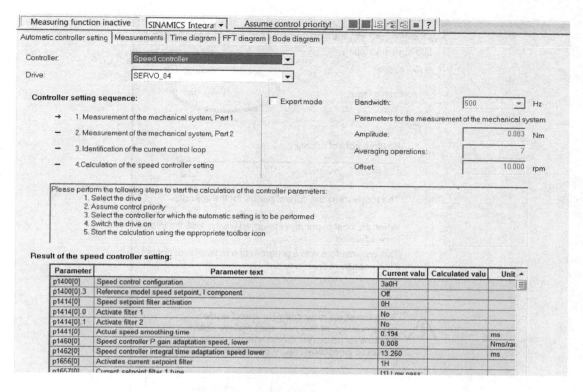

图 2-11 自动控制器设置工具

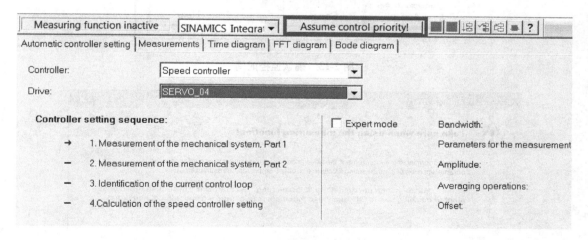

图 2-12 获取控制权

弹出的警告窗口中单击"Yes"按钮,如图 2-14 所示。

4)测量结束后,得到优化后的速度环及电流环参数与当前值对比,如图 2-15 所示。单击右下角的"Accept Values"按钮接受计算结果。系统会自动提示在放弃控制权后要"Copy RAM to ROM"和"Upload to PG"。

系统在自动优化完成后,可以满足一般伺服控制场合的动态要求,如果需要进一步优化系统,可以手动修改速度控制器参数 p1460 与 p1462,并通过伯德图来判断优化特性。

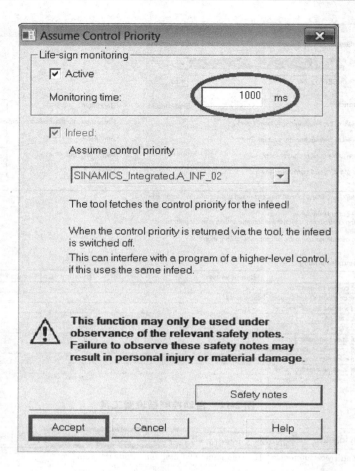

图 2-13　确认监控时间

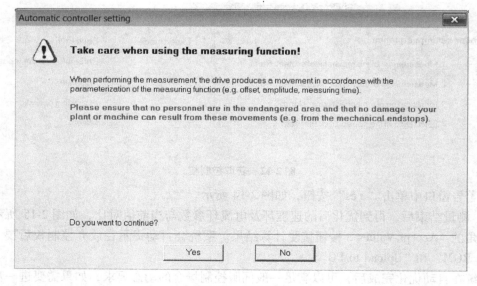

图 2-14　安全提示

Parameter	Parameter text	Current valu	Calculated valu	Unit
p1400[0]	Speed control configuration	3a0H	3a0H	
p1400[0].3	Reference model speed setpoint, I component	Off	Off	
p1414[0]	Speed setpoint filter activation	0H	0H	
p1414[0].0	Activate filter 1	No	No	
p1414[0].1	Activate filter 2	No	No	
p1441[0]	Actual speed smoothing time	0.194	0.194	ms
p1460[0]	Speed controller P gain adaptation speed, lower	0.008	0.032	Nms/rad
p1462[0]	Speed controller integral time adaptation speed lower	13.260	6.851	ms
p1656[0]	Activates current setpoint filter	1H	1H	
p1657[0]	Current setpoint filter 1 type	[1] Low pass:	[1] Low pass: PT	
p1658[0]	Current setpoint filter 1 denominator natural frequency	1999.000	1999.000	Hz
p1659[0]	Current setpoint filter 1 denominator damping	0.700	0.700	
p1660[0]	Current setpoint filter 1 numerator natural frequency	1999.000	1999.000	Hz
p1661[0]	Current setpoint filter 1 numerator damping	0.700	0.700	
p1662[0]	Current setpoint filter 2 type	[1] Low pass:	[1] Low pass: PT	
p1663[0]	Current setpoint filter 2 denominator natural frequency	1999.000	1999.000	Hz

图 2-15 接受优化结果

3. 速度环优化后的校验

SIMOTION SCOUT 软件提供了 Trace 工具，可以记录一组随时间变化的信号曲线，它是一个非常方便且实用的诊断调试工具。另外，在 SERVO 控制模式下，还提供了一个测量功能（Measuring function），可以获得控制系统的伯德图（Bode Diagram），以便于在频域对控制器性能进行判断，下面对两种工具进行简单介绍。

（1）Trace 工具的使用

使用 Trace 工具可以对驱动器以及电动机的各种状态参数进行记录，方便故障诊断以及性能判断。在 SCOUT 软件中，可在其左侧导航栏中找到驱动器，用鼠标双击其中的"Commissioning"→"Trace"，即可打开 Trace 工具，如图 2-16 所示。

使用 Trace 工具的步骤如下：

1）选择要 Trace 的驱动器；
2）选择要 Trace 的信号参数；
3）设置 Trace 记录数据的采样时间；
4）设置 Trace 总时间长度（或者无限 Trace）；
5）选择 Trace 的触发条件；
6）开始 Trace。

Trace 工具停止后，在其 Time diagram 选项卡下可以看到实际的运行曲线，如图 2-17 所示。通过此曲线可以判断系统的动态特性，如超调、稳定时间等。也可以在触发条件里选择位触发或者是故障触发，这样可以记录事件发生时各种状态的变化过程。

如果需要手动调整速度环的比例增益及积分，可用鼠标双击项目导航栏中的"Speed controller"，在右侧的窗口中可以改变比例增益系数"P gain"和积分时间"Reset time"，从而得到不同的电动机动态特性，如图 2-18 所示。

（2）测量功能的使用

测量功能可以用来测量速度环或者电流环的伯德图，从而判断系统的动态响应能力。在系统调试过程中才会用到此功能，利用测量功能时需要注意，在测量过程中电动机会微微旋

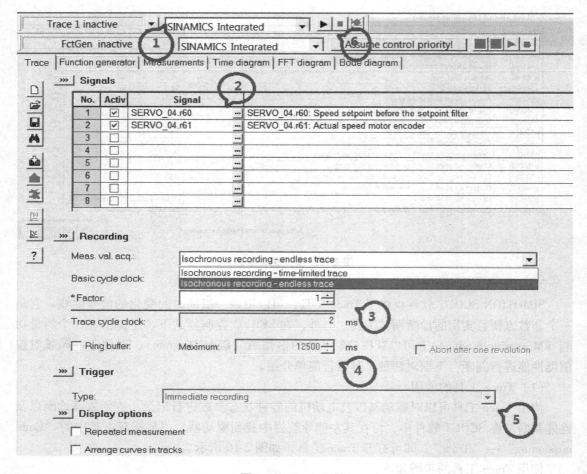

图 2-16 Trace 工具

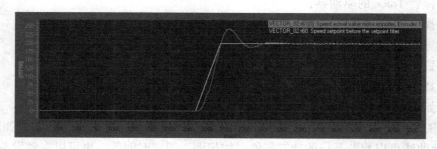

图 2-17 Trace 曲线图

转。在 SCOUT 工具中,在左侧导航栏中找到驱动器,用鼠标双击其中的"Commissioning"→"Measuring Function"可以打开测量功能,如图 2-19 所示。

其具体使用的步骤如下:

1) 可以通过工具栏图标,打开测量功能;

2) 选择驱动器;

3) 选择测量点回路,图 2-19 中选择了速度环设定点,即测量速度闭环的频响特性;

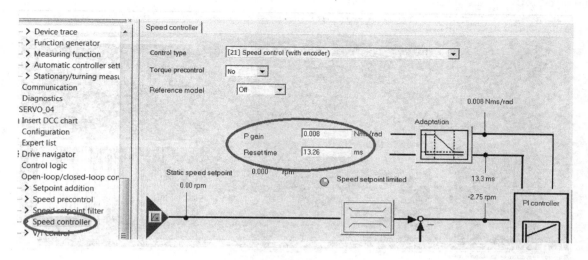

图 2-18 修改速度控制器的比例增益及积分时间

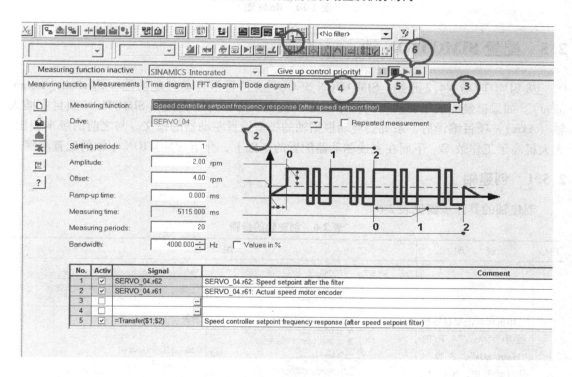

图 2-19 测量功能

4）获取控制权限；

5）使能轴；

6）开始测量。

测量结束后，系统会弹出 Bode diagram 窗口，显示系统速度闭环的伯德图，如图 2-20 所示。通过伯德图可以判断速度环在整个频域范围内的特性，如带宽、高频谐振等。对于造成系统发散的频率点，可以通过电流环滤波器滤掉。

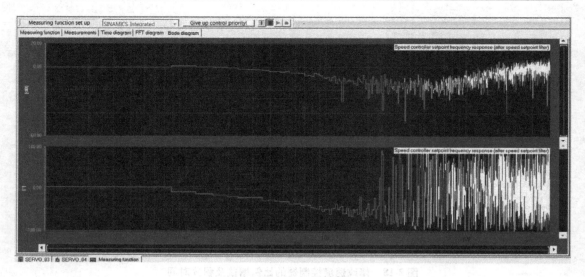

图 2-20 Bode 图

2.5 配置 SIMOTION 轴

从 SIMOTION V4.2 开始，SIMOTION SCOUT 支持符号自动分配功能（Symbolic Assignment）。如果已经完成了驱动器的基本配置和优化，那么可以直接在 SIMOTION 项目中插入轴（Axis），项目编译后，系统会自动根据轴的类型设置驱动器的报文。与之前的版本相比，大大提高了工作效率。下面在完成驱动器配置的基础上，介绍 SIMOTION 中轴的配置步骤。

2.5.1 创建轴

创建轴的具体步骤见表 2-6。

表 2-6 创建轴的步骤

序号	说　明	图　示
1	用鼠标双击项目导航栏中"Axis"下的"Insert axis"，在弹出的对话框中，Name 栏中输入轴的名称，如 Axis_1；之后选择轴的控制方式（速度方式、位置方式、同步方式、插补方式）	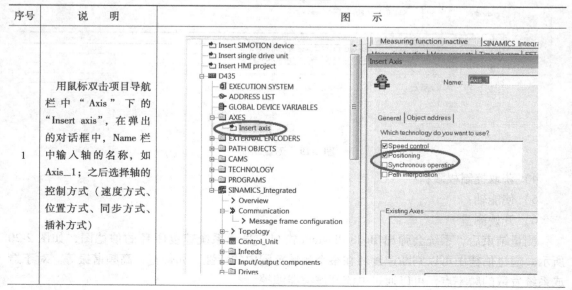

(续)

序号	说　明	图　示
2	选择轴的控制类型：线性轴或者旋转轴 选择轴的属性：电气轴、液压轴或者虚轴	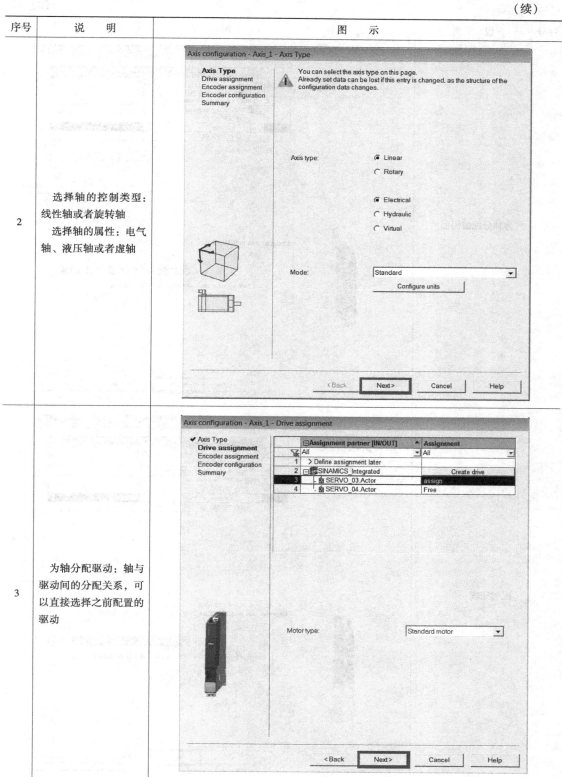
3	为轴分配驱动：轴与驱动间的分配关系，可以直接选择之前配置的驱动	

(续)

序号	说明	图示
4	为轴分配编码器	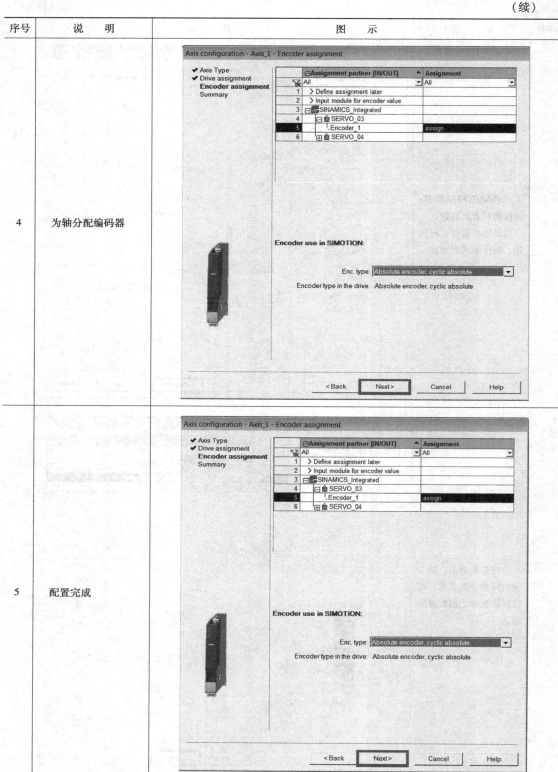
5	配置完成	

(续)

序号	说 明	图 示
6	编译项目，在线并下载配置到 SIMOTION D435 和 SINAMICS_Integrated	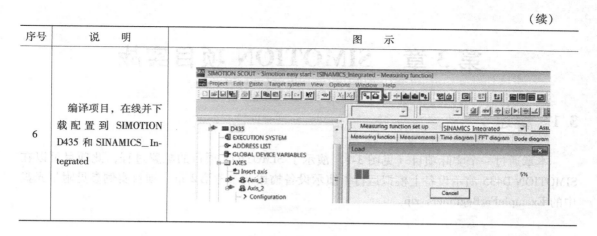

2.5.2 使用"Control panel"调试轴

与 SINAMICS 驱动器类似，轴也有一个控制面板，可以对轴进行旋转测试。在 SCOUT 软件中，在线连接设备后，用鼠标双击"Axis_2"中的"Control panel"，在屏幕上将出现调试控制面板。

对于控制面板的具体操作步骤如下：

1）用鼠标单击"Assume Control Priority!"获取控制权。

2）按图 2-21 所示，进行轴操作：

① 使能"Axis_2"；
② 选择一种运行方式；
③ 启动轴（Axis_2）运行；
④ 停止轴（Axis_2）运行；
⑤ 放弃控制权限。

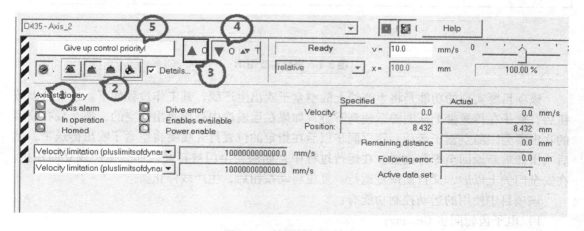

图 2-21 控制面板的操作

如果通过控制面板操作轴能正常运行，则证明轴的配置正确。在实际应用中，还需根据实际情况对轴（Axis）的"Machanics"、"default"、"Limits"、"Homing"等进行设置，具体内容请参见本书第 5 章。

第3章 SIMOTION 项目实战

3.1 概述

本章通过一个实际项目（见图3-1）演示了 SIMOTION 项目的配置过程，此项目可以在 SIMOTION D435 演示设备上模拟运行，演示设备描述请参考第2章，项目实例参见附带光盘中的 ExampleForBeginners.zip。

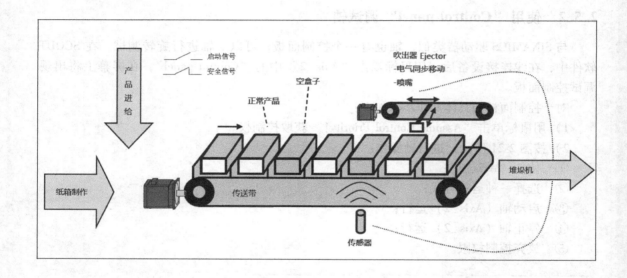

图3-1 项目实战图示

该项目要实现的功能是将生产线上的空盒子吹出生产线，其工作过程如下：按下启动按钮后，盒子在传送带上从上游运输到下游，如果在运输途中被检测出是空的，那么载有喷嘴的吹出器会跟随空盒子运动，建立同步以后在指定的位置打开喷嘴将空盒子吹出传送带，然后吹出器重新返回至等待位置。在运行过程中，如果安全门被打开，那么生产线立即停止，在安全门关上以后，又自动恢复运行。复位启动按钮后，生产线停止。

该项目中使用的运动控制功能有：
1）电子齿轮同步 Gearing；
2）电子凸轮同步 Camming；
3）快速点输出 Output Cam。

3.2 项目中使用的硬件和软件

3.2.1 项目中使用的硬件

项目使用的硬件见表 3-1。

表 3-1 项目中使用的硬件

编号	名称	数量	订货号/备注
1	SIMOTION D435	1	6AU1435-0AA00-0AA1
2	CF 卡	1	6AU1400-2PA01-0AA0
3	SIMOTION 多轴授权包	1	6AU1820-0AA43-0AB0
4	端子板 TB30	1	6SL3055-0AA00-2TA0
5	智能型整流模块 SLM 5kW	1	6SL3130-6AE15-0AB0
6	双轴电动机模块 DMM 2×1.6 kW	1	6SL3120-2TE13-0AA3
7	传送带电动机	1	1FK7022-5AK71-0LG0
8	吹出器电动机	1	1FK7022-5AK71-0AG0
9	启动按钮	1	数字量输入，常开触点，接 CU
10	安全门	1	数字量输入，常闭触点，接 CU
11	空盒子检测传感器	1	数字量输入，常开触点
12	吹出器喷嘴阀门	1	数字量输出
13	连接电缆	若干	动力电缆、信号电缆等

3.2.2 项目中使用的软件及版本

项目使用的软件见表 3-2。

表 3-2 项目中使用的软件

编号	名称	版本
1	Windows 7	Professional
2	STEP7	V5.5 SP2 HF1
3	SIMOTION SCOUT	V4.3 SP1 HF9
4	WinCC flexible	2008 SP2 Upd12
5	SIMOTION D435 Firmware	V4.3

3.3 配置驱动器

本项目中有两台电动机，由双轴电动机模块驱动，可以参考第 2 章中的操作步骤完成驱动器的配置与优化，配置完成以后，可以将驱动重命名为"conveyor"和"eject"，如图 3-2 所示。

配置完成以后，重新对 SIMOTION 和 SINAMICS 进行下载并保存数据（Copy RAM to

ROM）。此时，本项目中 SINAMICS_Integrated 的基本配置已结束。接下来的工作要在 SIMOTION D435 中继续配置 TO。

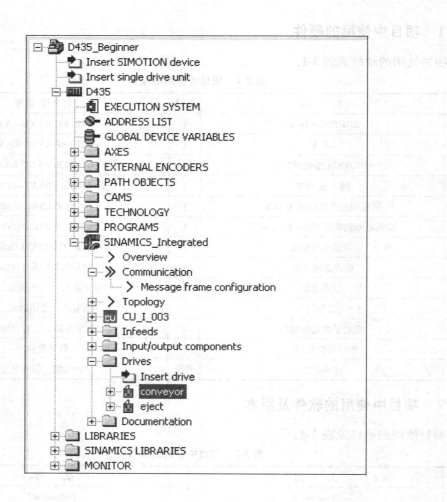

图 3-2　项目中驱动器的配置

3.4　配置 TO

本项目中有两个实轴 Conveyorbelt 和 Ejector，分别对应 SINAMICS_Integrated 中的两个驱动 conveyor 和 eject。另外，为了提高系统可靠性，引入一个虚轴作为整个系统的主轴 MasterAxis，Conveyorbelt 轴与 MasterAxis 轴作电子齿轮同步，Ejector 轴与 Conveyorbelt 轴作电子凸轮同步，凸轮曲线需要根据工艺要求绘制。快速点输出（CamOutput TO）根据 Ejector 轴的位置控制吹出器的喷嘴。

注意在每个 TO 配置完成以后，应及时进行项目编译，以便于发现配置过程中的错误。在编译无误后，可以对 SIMOTION 和 SINAMICS_Integratcel 进行下载，并执行 Copy RAM to

ROM 操作，将数据保存在 CF 卡上。

本项目中使用的 TO 如下：

1）轴 TO：MasterAxis、Conveyorbelt、Ejector；
2）电子齿轮同步 TO：Conveyorbelt 与 MasterAxis 之间的电子齿轮同步；
3）电子凸轮 Cam：Ejctor 与 Conveyorbelt 之间的位置凸轮曲线；
4）电子凸轮同步 TO：Ejector 与 Conveyorbelt 之间的电子凸轮同步；
5）快速点输出 TO：Valve，由 Ejector 的位置决定喷嘴的通断。

3.4.1 轴 TO 的配置

在创建轴 TO 的过程中，需要指定轴的名称、类型、工艺、单位、连接的驱动、编码器等信息。根据工艺要求，需要配置的三个轴的属性见表 3-3。

表 3-3 轴 TO 的属性配置

名称（Name）	类型（Type）	工艺（Technology）	连接的驱动（Drive）
MasterAxis	虚轴，旋转轴	位置轴	无
Conveyorbelt	实轴，旋转轴	跟随轴	Conveyor
Ejector	实轴，直线轴	跟随轴	Eject

1. 创建虚主轴 MasterAxis

在离线情况下，在 SCOUT 软件中依次打开 "D435" → "AXES"，用鼠标双击 "insert axis" 可以插入一个轴。在弹出的窗口中配置轴的名称为 MasterAxis，工艺为 Positioning（即为位置轴）如图 3-3 所示。

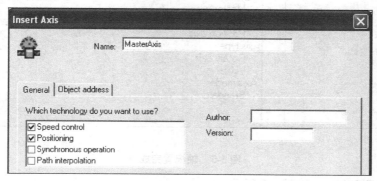

图 3-3 插入轴

单击 "OK" 按钮进入下一步，选择轴的类型为旋转轴 Rotary、虚轴 Virtual，单位采用默认单位，如图 3-4 所示。

单击 "Next" 按钮进入下一步，这里可以看到所有配置的摘要信息，单击 "Finish" 按钮结束配置如图 3-5 所示。

2. 创建实轴 Conveyorbelt

在离线情况下，在 SCOUT 软件中依次打开 "D435" → "AXES"，用鼠标双击 "insert axis" 可以插入一个轴。在弹出的窗口中配置轴的名称为 Conveyorbelt，工艺为 Synchronous

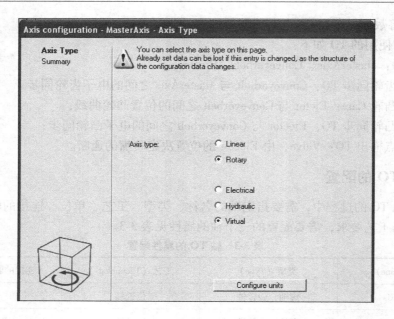

图 3-4 选择轴类型

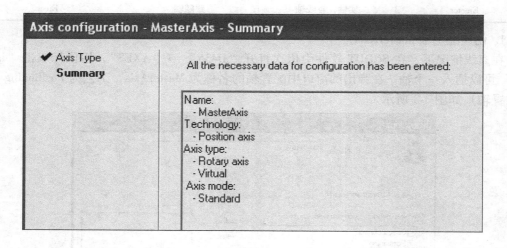

图 3-5 轴配置完成

operation（即为跟随轴），如图 3-6 所示。

单击"OK"按钮进入下一步，选择轴的类型为旋转轴 Rotary，电气轴 Electrical，模式为标准轴 Standard，单位采用默认单位，如图 3-7 所示。

单击"Next"按钮进入下一步，选择需要连接的驱动为 SINAMICS_Integrated 中的 conveyor，如图 3-8 所示。

单击"Next"按钮进入下一步，编码器的数据会自动识别出来，默认选择使用的编码器为驱动器的 Encoder_1，该编码器为绝对值编码器，如图 3-9 所示。

单击"Next"按钮进入最后一步，这里可以看到所有配置的摘要信息，单击"Finish"按钮结束配置，如图 3-10 所示。

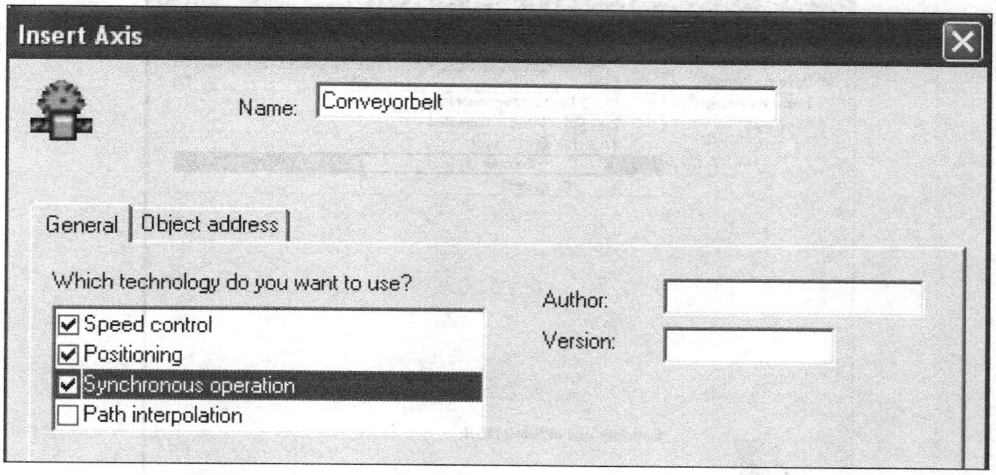

图 3-6　插入同步轴

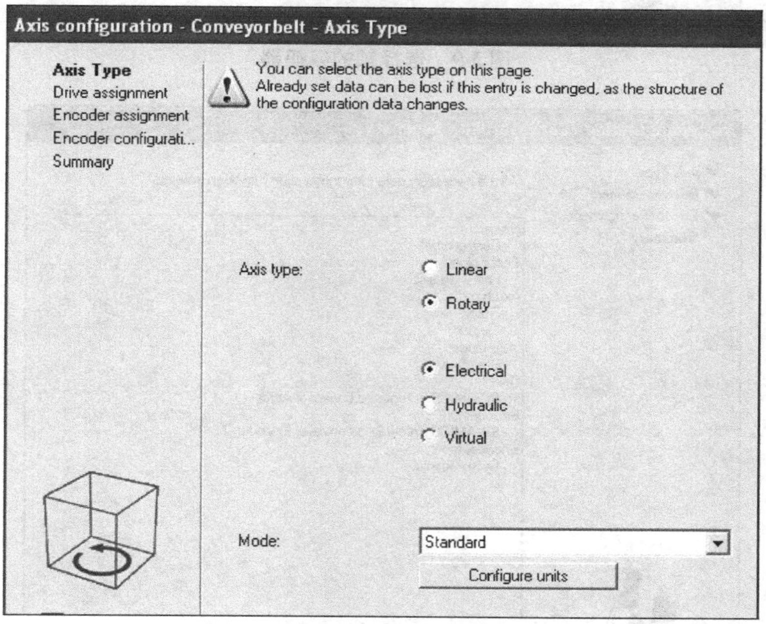

图 3-7　选择轴类型

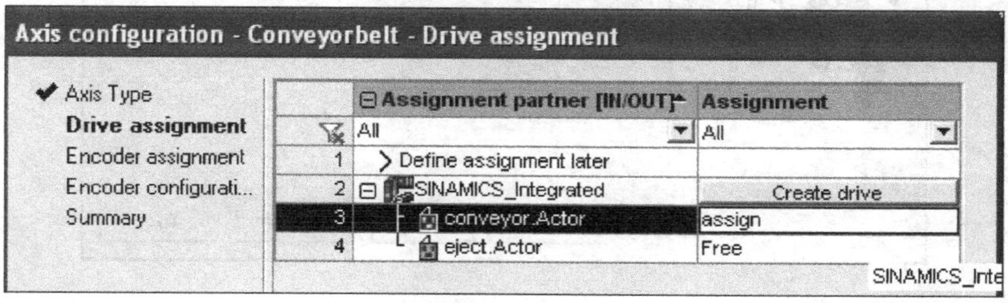

图 3-8　选择轴的驱动

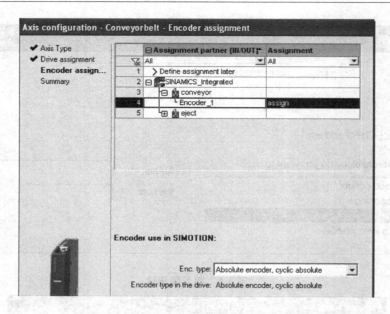

图 3-9　选择轴的编码器

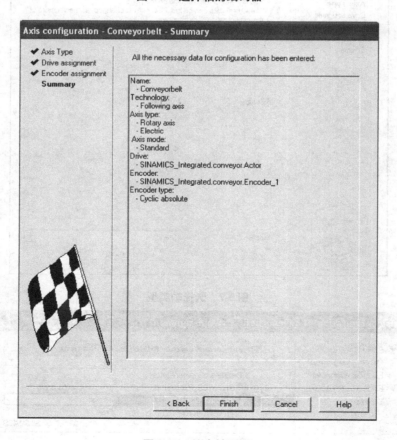

图 3-10　结束轴配置

3. 创建实轴 Ejector

创建实轴 Ejector 的步骤与 Conveyorbelt 相同，但要注意修改轴的类型为直线轴，这里不再赘述。

3.4.2　电子齿轮同步 TO 的配置

在轴 TO 配置完成以后，需要配置跟随轴 Conveyorbelt 与主轴的互联，在 SCOUT 软件中，依次打开 "D435" → "AXES" → "Conveyorbelt" → "Conveyorbelt_SYNCHRONOUS_OPERATION（Conveyorbelt_GLEICHLAUF）"，用鼠标双击其中的 "Interconnections"，在右侧窗口选择使用虚主轴 MasterAxis 的设定值 Setpoint，如图 3-11 所示。

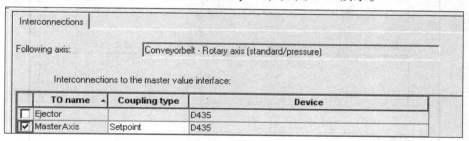

图 3-11　同步 TO 互联的配置

3.4.3　电子凸轮 TO 的配置

在配置 Ejector 轴与 Conveyorbelt 轴之间的凸轮同步操作之前，需要先定义凸轮曲线。根据工艺要求，如果检测到有空盒子，那么 Ejector 轴开始跟随传送带移动，在 1mm 处建立同步以后，喷嘴打开吹出盒子，然后在 4mm 处关闭喷嘴，同时 Ejector 轴开始返回初始位置。在这个操作过程中，Ejector 轴与 Conveyorbelt 轴的位置关系可以用图 3-12 所示的曲线（横纵坐标显示为位置）来描述。

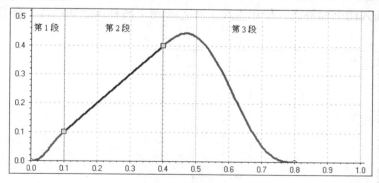

图 3-12　凸轮曲线

图 3-12 中，第 1 段表示建立同步过程中；第 2 段表示已建立同步；第 3 段表示返回初始位置。

可以使用凸轮绘制工具 CamTool 来绘制这条曲线，CamTool 软件需要预先安装好。在 SCOUT 软件中，依次打开 "D435" → "CAMS"，用鼠标双击 "Insert cam with CamTool" 即可打开编辑器，输入 Cam 曲线的名称为 CAM_Ejector，如图 3-13 所示。

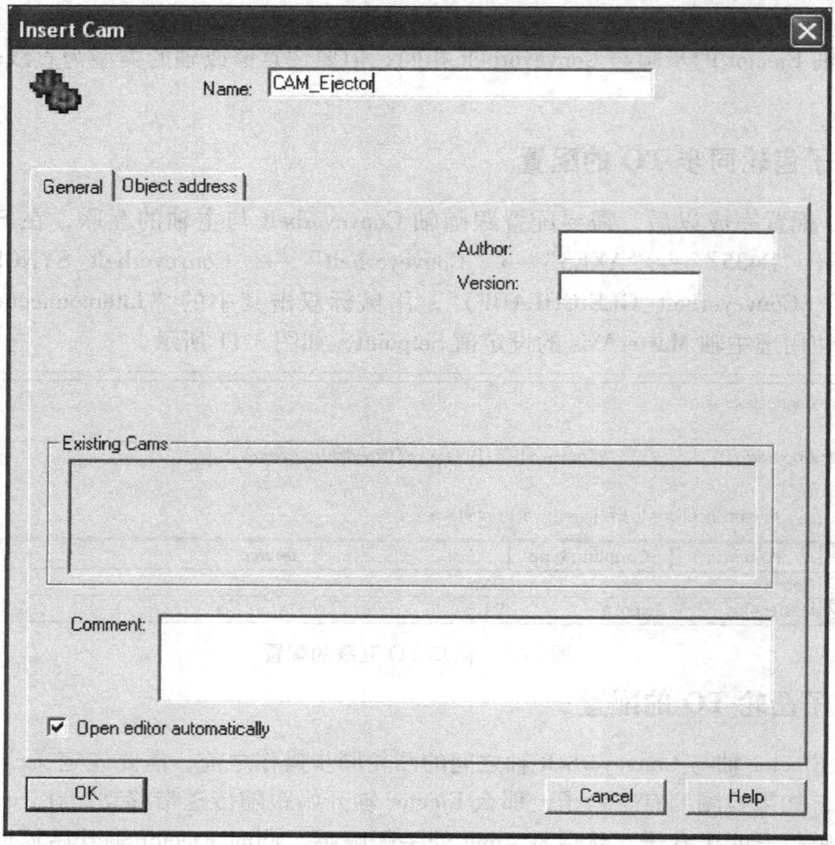

图 3-13 创建 Cam 曲线

在编辑窗口插入两个插补点和一个线段。用鼠标单击工具栏上的插补点工具 ⊙ ，在起点和终点附近插入两个插补点，使用直线工具 ∕ 在两个插补点之间插入一条直线，如图3-14所示。

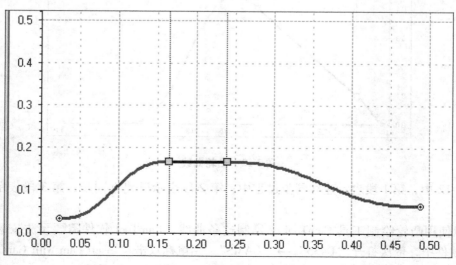

图 3-14 创建 Cam 曲线

在画出雏形以后，使用工具栏上的箭头工具，设定插入的各个对象的参数。双击第一个插补点，在弹出的属性窗口中指定其参数为 x = 0，y = 0。同理可以设定直线段和第二个插补点的参数，如图 3-15 所示。

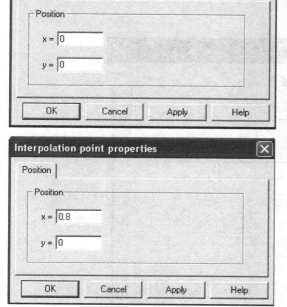
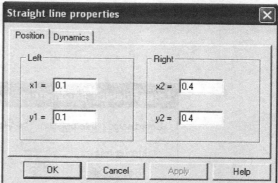

图 3-15　设定插入各个对象的参数

在参数修改完成以后，曲线如图 3-16 所示。

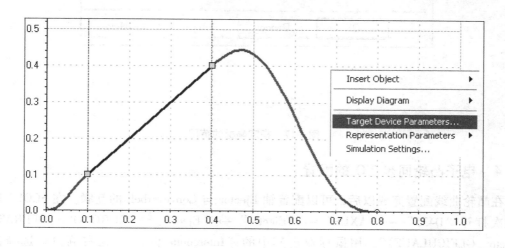

图 3-16　完成后的 Cam 曲线

最后指定坐标的范围，在工作区的右键菜单中选择"Target Device Parameters"，在 Scaling 选项卡中设置主轴范围为 360，从轴范围为 10，如图 3-17 所示。这样，就将 Ejector 轴与 Conveyorbelt 轴的位置对应了起来，在 Conveyor 轴到 36°（0.1）时，Ejector 轴到达 1mm（0.1）位置，此时即已建立同步，同理在 4mm（0.4）位置处开始解除同步，并返回初始位置。

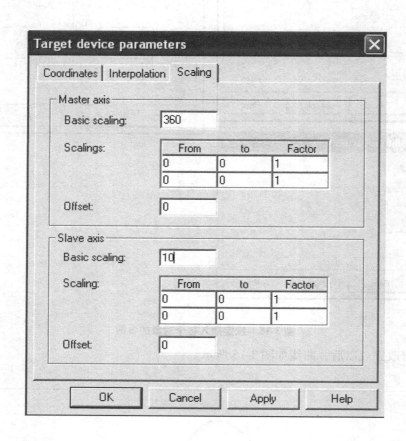

图 3-17　指定坐标的范围

3.4.4　电子凸轮同步 TO 的配置

在凸轮曲线配置完成以后，可以配置轴 Ejector 与 Conveyorbelt 的互联。在 SCOUT 软件中依次打开"D435"→"AXES"→"Ejector"→"Ejector_SYNCHRONOUS_OPERATION（Ejector_GLEICHLAUF）"，用鼠标双击其中的"Interconnections"，在右侧窗口选择使用 Conveyorbelt 轴的设定值，并选择互联的 Cam 曲线为 Cam_Ejector，如图 3-18 所示。

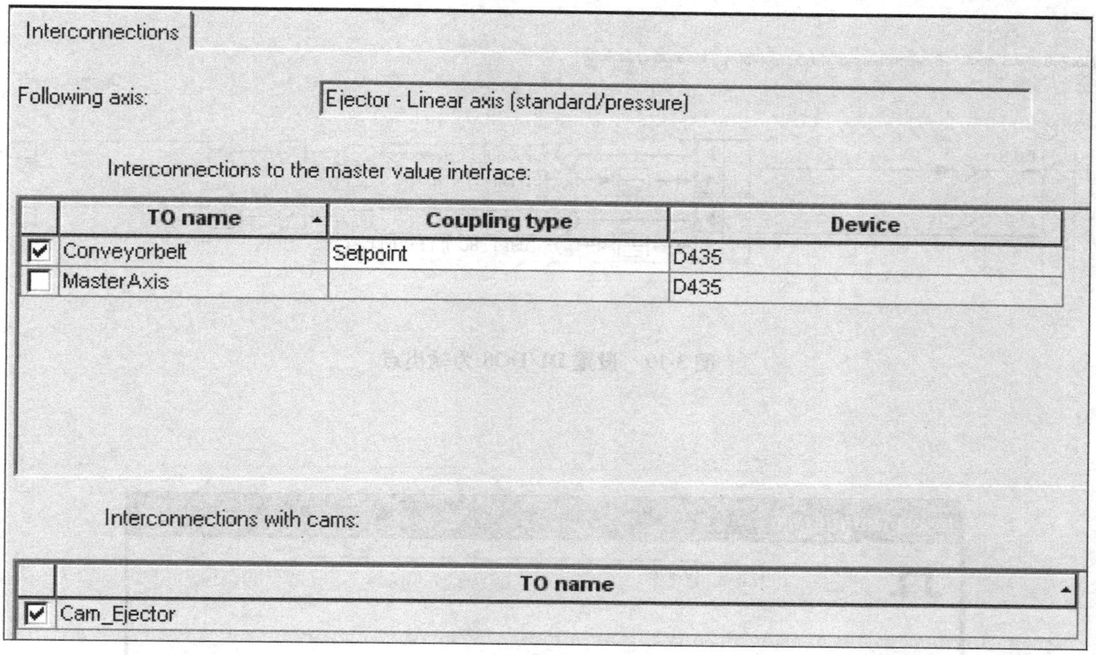

图 3-18　配置轴的 Cam 互联

3.4.5　快速点输出 TO 的配置

OUTPUT CAM 是 SIMOTION 中用于快速输出的 TO。本项目中吹出器喷嘴的控制信号可以使用 OUTPUT CAM 功能实现，喷嘴的通断由 Ejector 轴的位置决定，所以需要为 Ejector 轴配置一个 OUTPUT CAM TO。该 TO 通过 SIMOTION D435 集成的 CU320 上的 DO 点输出。

本项目中使用 DI/DO 8 作为该 OUTPUT CAM 的输出通道，所以首先要将该通道配置为数字量输出。在 SCOUT 软件中，依次打开"D435"→"SINAMICS_Integrated"→"CU_I_003"，双击其中的"Inputs/outputs"，在右侧窗口中 Bidirectional digital inputs/outputs 选项卡下，设置 DI/DO8 为输出点，如图 3-19 所示。

然后插入快速点输出 TO。在 SCOUT 软件中，依次打开"D435"→"AXES"→"Ejector"→"OUTPUT CAM"，双击其中的"Insert Output cam"，创建一个名称为"Valve"的 OUTPUT CAM TO，如图 3-20 所示。

然后配置该 TO 通过 SINAMICS_Integrated 中的 DO 8 输出。在 SCOUT 软件中，依次打开"D435"→"AXES"→"Ejector"→"OUTPUT CAM"→"Valve"，双击其中的"Configuration"，在右侧窗口中，选择激活输出 Activate output，然后单击 Output 中的 按钮，可以浏览

到 SINAMICS_Integrated 中配置的 DO 8，如图 3-21 所示。

在 OUTPUT CAM TO 配置完毕以后，如图 3-22 所示。

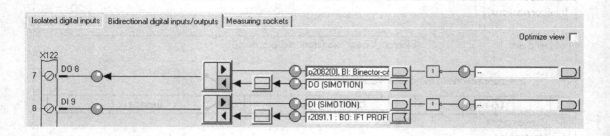

图 3-19　设置 DI/DO8 为输出点

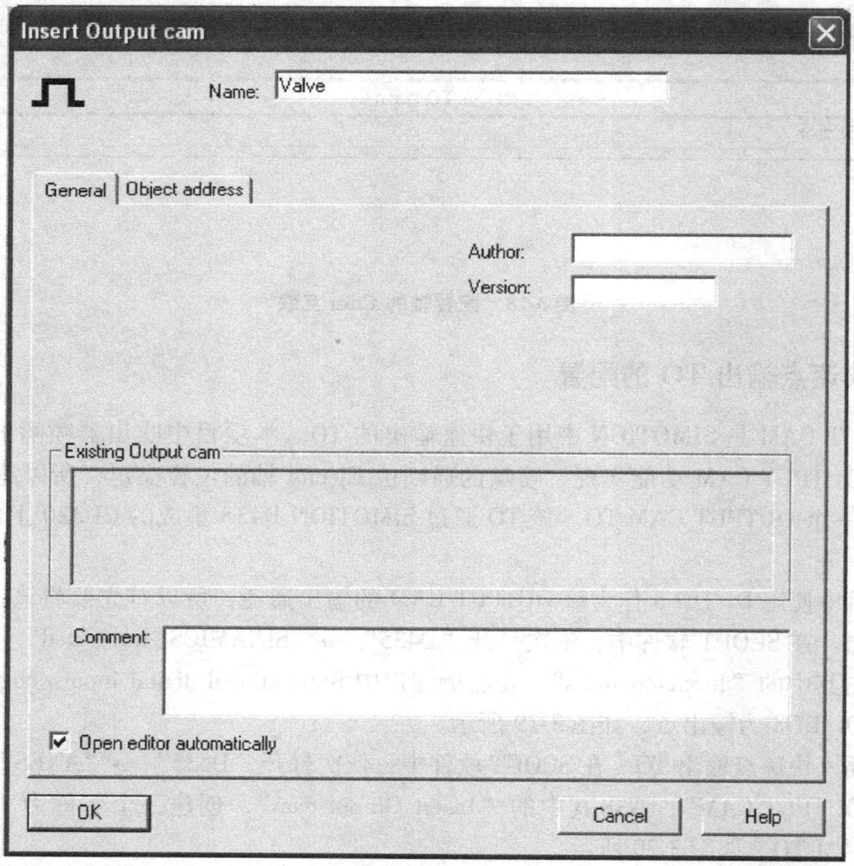

图 3-20　插入快速点输出 TO

第 3 章 SIMOTION 项目实战

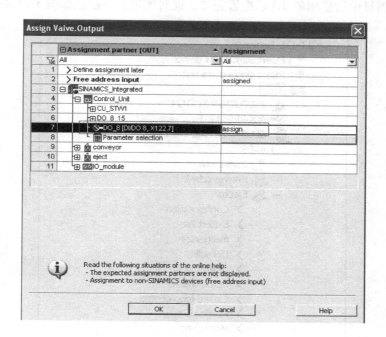

图 3-21 配置 TO

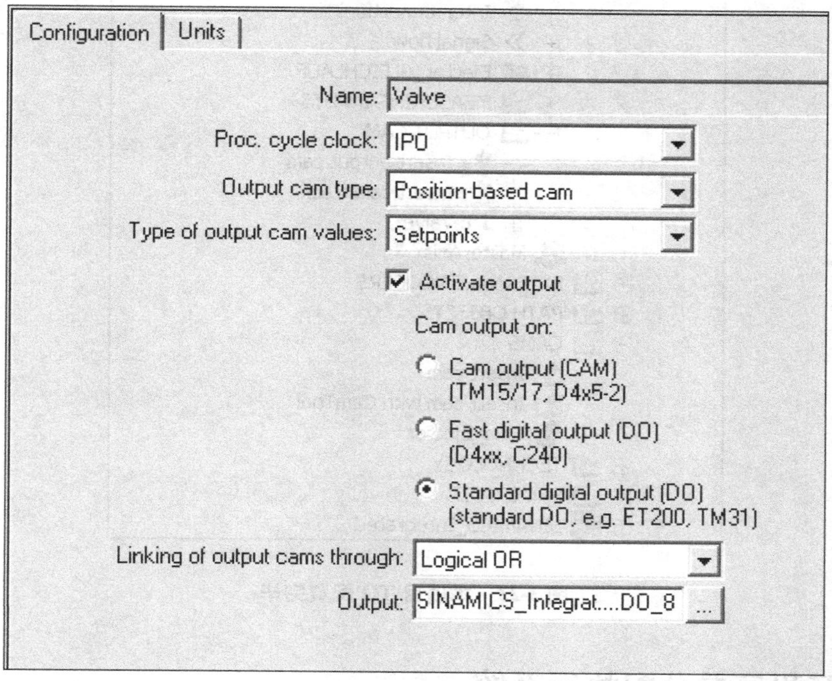

图 3-22 TO 配置完毕

这样，本项目中所使用的 TO 已配置完成，此时的项目导航栏如图 3-23 所示。

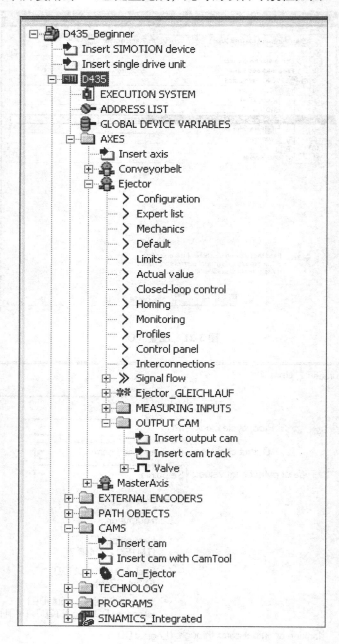

图 3-23　本项目 TO 配置完毕

3.5　编写程序并分配执行系统

SIMOTION 提供的编程环境方便而灵活，可以使用不同的编程语言实现相同的功能，这完全取决于个人的编程习惯。SIMOTION 程序的执行系统清晰而全面，无论是周期性执行，还是单次执行，无论是时间触发，还是事件触发，都可以按照优先级高低顺序进行程序的分配。通过程序在执行系统中的合理分配，可以方便地实现各种运动控制功能。

在使用 SIMOTION 完成项目时，首先需要根据工艺要求，将所需的功能分解，编写成多个独立的程序，再将程序分门别类地分配到执行系统中。在本项目中，根据工艺的要求，可以将程序分成几部分，再将程序分配到相应的执行系统中，如图 3-24 所示。

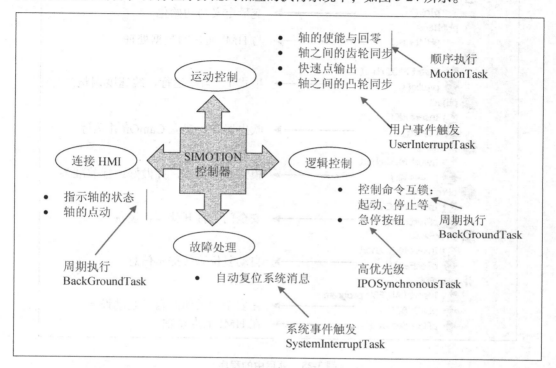

图 3-24 项目功能分解

SIMOTION 设备支持的程序语言有 DCC、MCC、LAD/FBD、ST 等，这些编程语言各有特点，其中使用 MCC 编程语言可以方便地编写运动控制程序，使用 LAD/FBD 编程语言可以方便地实现逻辑控制功能，使用 DCC 可以方便地实现工艺控制功能，使用 ST 编程语言可以方便地实现复杂的运动、逻辑和工艺控制功能。在 SCOUT 软件中，依次打开"D435"→"PROGRAMS"即可插入程序。

本项目中使用了 ST、MCC 和 LAD/FBD 三种编程语言。在使用 MCC 和 LAD/FBD 时，需要先插入程序单元（Unit），再在单元中插入程序（Program）。本项目中，使用 ST 编写了 pInit（）和 pHMIaus（）程序，使用 MCC 编写了 pAuto（）、pEject（）、pHoming（）、pProtDoor（）、pTecFault（）程序，使用 LAD/FBD 编写了 pLADFBD（）、pPLCopenProg（）程序，如图 3-25 所示。

在程序编写并编译完成以后，再分门别类地将它们分配到执行系统中。在 SCOUT 软件中，依次打开"D435"→"Execution System"即可以打开分配执行系统的画面，本项目中程序的分配如图 3-24 所示。然后在线连接设备，编译并下载项目后，系统就可以正常运行了。

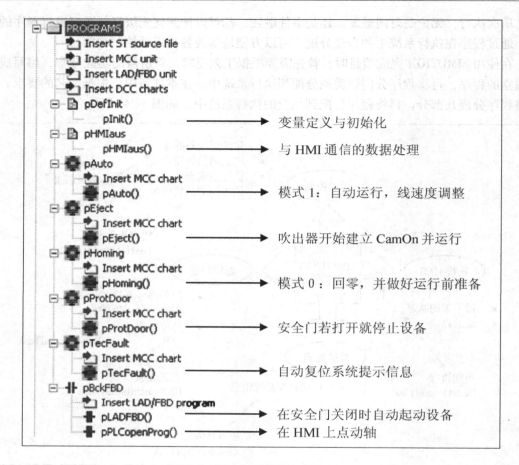

图 3-25 项目中的程序

3.5.1 声明变量

在编写程序之前，需要声明变量。SIMOTION 设备中的变量分为系统变量、全局变量和局部变量，如图 3-26 所示。其中系统变量在 TO 创建完成后由系统自动生成，比如轴 TO 的运行状态等。全局变量包括 IO 变量、设备全局变量和程序单元变量，其中 IO 变量可以通过 SCOUT 软件中的 ADDRESS LIST 来创建，设备全局变量可以通过 GLOBAL DEVICE VARIABLES 来创建（本项目中没有使用），而程序单元变量需要在程序单元中创建，可以在程序单元内使用。一个程序单元中的全局变量通过互联，也可以用于其他程序单元。局部变量在单个程序中创建，只可以在本程序中使用。

1. 创建 IO 变量

在 SCOUT 软件中，用鼠标双击"D435"下的"ADDRESS LIST"，即可在软件下半窗口中配置全局的 IO 变量。在 Name 列输入变量名称，在 I/O address 一列指定输入输出类型以后，就可以直接在 Assignment 列单击 ... 按钮浏览到系统中的 IO 变量。本项目中的 IO 变量配置如图 3-27 所示。其中 iboEject 为空盒子传感器的 DI 信号，iboProtDoor 为安全门的 DI 信号，iboStartBelt 为生产线启动的 DI 信号。

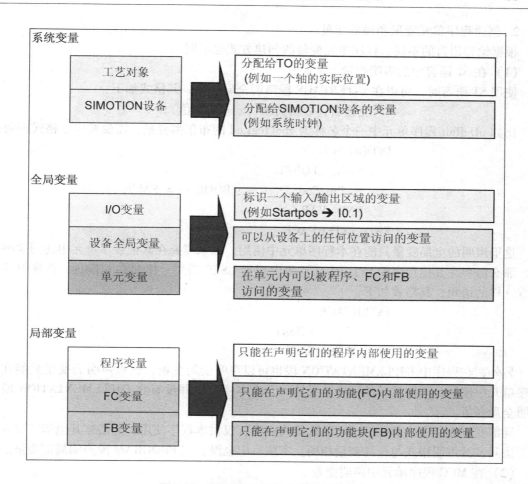

图 3-26　SIMOTION 程序中变量的分类

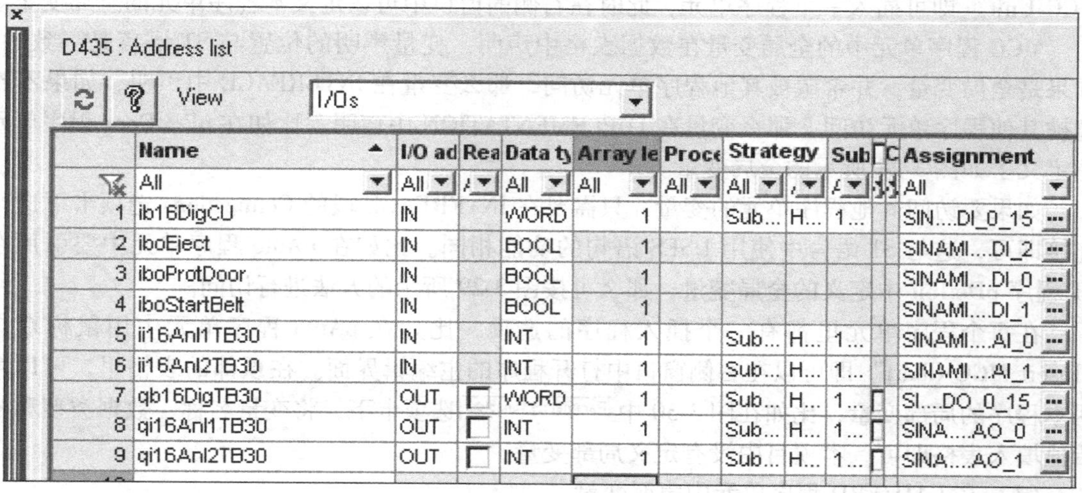

图 3-27　创建 IO 变量

2. 创建程序单元变量和局部变量

根据编程语言的不同，程序单元变量的创建方式也不同。

(1) 在 ST 语言中的声明变量

使用 ST 语言时，可以在 INTERFACE 段声明全局变量，其格式如下：

变量名：数据类型（：=初始值）；

比如 pDefInit 程序单元中一个名称为 gboProgEnd 的布尔型变量，需要按以下格式声明：

```
INTERFACE
    VAR_GLOBAL
        gboProgEnd          : BOOL : = FALSE;
    END_VAR
END_INTERFACE
```

这里声明的全局变量只能在本程序单元中使用。如果需要在其他程序单元中访问这些变量，那么需要在其他程序的 INTERFACE 段内添加 USES 语句，比如在 pHMIaus 程序单元中就有这样的语句，其格式如下：

```
INTERFACE
    USES pDefInit;
END_INTERFACE
```

另外，在程序中 IMPLEMENTATION 段也可以声明全局变量，这里声明的变量只能在本程序单元中使用，无法被其他程序单元访问，在本项目中并没有在 IMPLEMENTATION 段中声明全局变量。

局部变量在程序内部的 PROGRAM 段内声明，仅供本程序使用，无法被其他程序或程序单元访问，其声明格式与全局变量相同。本项目中也没有在 PROGRAM 段声明局部变量。

(2) 在 MCC 程序单元中声明变量

在 SCOUT 软件中，依次打开 "D435" → "PROGRAM"，用鼠标双击其中的 "Insert MCC Unit" 即可插入一个程序单元，此时在右侧的窗口中可以定义本程序单元的全局变量。

MCC 程序单元中的全局变量在数据表格中声明，变量声明的位置与 ST 语言是一致的。如果是全局变量，并希望被其他程序单元访问，那么变量在 INTERFACE 中声明，如果不希望被其他程序单元访问，那么变量在 IMPLEMENTATION 中声明。比如在 pProtDoor 程序单元中定义了如图 3-28 所示的全局变量。

如果要访问其他程序单元的变量，只需要在 INTERFACE 段的 Connections 选项卡下进行连接即可，这与 ST 语言中使用 USES 语句的功能相同。比如在 pAuto 程序单元中要引用在 ST 程序 pDefInit 中定义的全局变量，那么可按图 3-29 所示的方法进行访问。

在每个程序单元里都有一个插入程序的选项，比如在 pAuto 程序单元中用鼠标双击 "Insert MCC Chart" 即可以在右侧窗口中打开程序的主编辑界面。在顶部的表格里，可以声明本程序的局部变量，比如在图 3-30 中 Parameters/variables 选项卡下，将变量名称、数据类型和初始值填入表格即可，本项目中没有定义局部变量。

(3) 在 LAD/FBD 程序单元中声明变量

LAD/FBD 程序单元中声明变量的操作与 MCC 类似，这里不再赘述。

此外，在 LAD/FBD 或 MCC 程序编辑窗口中也可以直接声明不存在的变量，这个功能

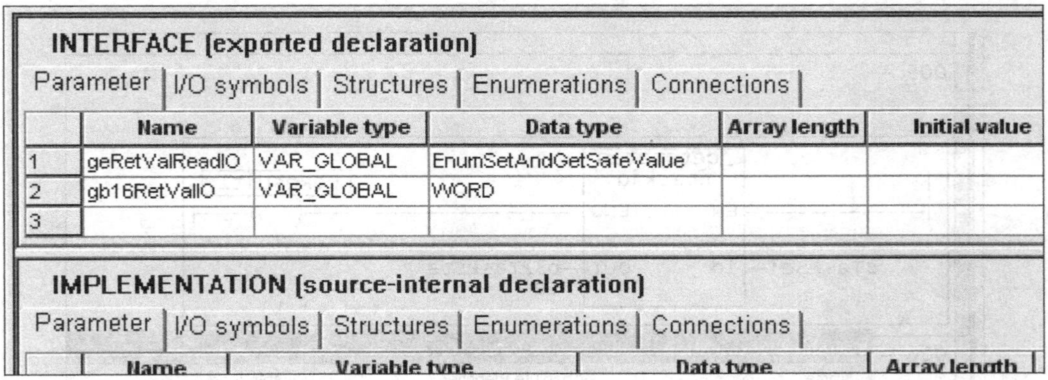

第 3 章 SIMOTION 项目实战

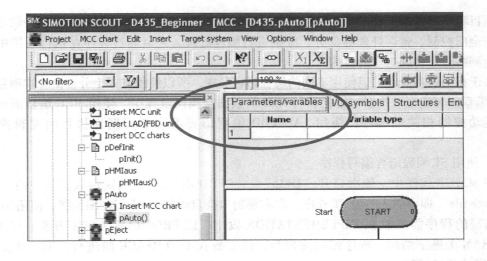

图 3-28 MCC 程序单元中声明变量

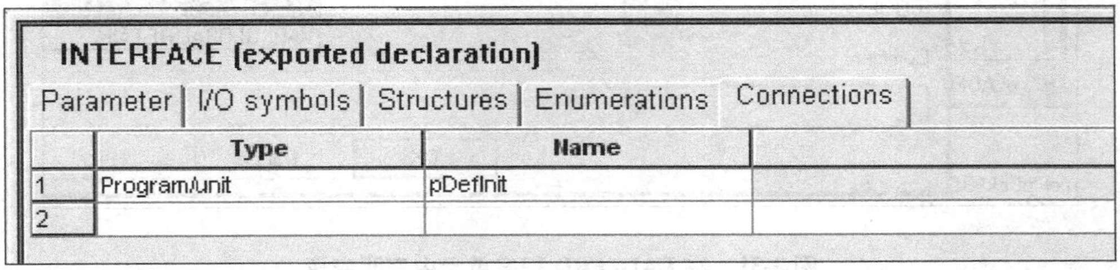

图 3-29 连接需访问变量的程序单元

图 3-30 本项目无局部变量

称为"on-the-fly" variable declaration 功能,即变量随时声明功能。比如在 pLADFBD() 程序中,将局部变量 boResult 修改为 boResult1,此时系统会自动弹出一个变量 boResult1 的声明窗口,如图 3-31 所示,在这里可选择数据类型和变量类型等。这种声明变量的方式非常方便。

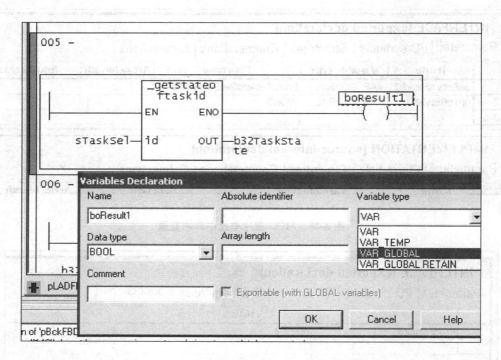

图 3-31　在 LAD/FBD 程序单元中声明变量

3.5.2　编写程序

项目程序需要根据实际工艺编写，本项目中将工艺分解为回零、传送带运行、吹出器动作、安全门控制、错误处理等部分，分别进行编程处理，之后通过程序在执行系统中的分配，达到各程序协调工作的目的。

由于相同的功能，可以使用不同的编程语言实现，所以编程方式十分自由。本项目中使用 ST 编程语言编写了数据初始化和与 HMI 的数据交换两段程序，使用 MCC 编程语言编写了与运动控制相关的程序，使用 LAD/FBD 编程语言编写了周期性执行的逻辑控制程序。

1. 使用 ST 编程语言编写程序

在 SCOUT 软件中，依次打开 "D435" → "PROGRAMS"，用鼠标双击其中的 "Insert ST source file" 即可插入一段 ST 程序，在右侧窗口会自动打开 ST 程序编程器。使用 ST 编程语言编写的程序需要放在 IMPLEMENTATION 段中，以 PROGRAM 关键字开头，以 END_PROGRAM 关键字结尾。程序编写完成后，还需要在 INTERFACE 段进行声明。比如 pInit() 程序的 ST 程序如下。

```
INTERFACE
  VAR_GLOBAL                //声明全局变量
    gboProgEnd              : BOOL ：= FALSE；
    gboProtDoorOpen         : BOOL ：= FALSE；
    gr64VMasterAxis         : LREAL ：= 360；
```

```
            gr64VMasterAxisOld        : LREAL  : = 0;
            gi16Mode                  : INT    : = 0;
            gboDriveActive            : BOOL   : = FALSE;
            gboStartConveyor          : BOOL   : = FALSE;
            gboStartEjector           : BOOL   : = FALSE;
        END_VAR
        PROGRAM   pInit;           //声明程序 pInit
        END_INTERFACE

        IMPLEMENTATION
        PROGRAM pInit;             //程序 pInit 开始
            gboProgEnd               : = FALSE;        //赋值语句,初始化变量,下同
            gboProtDoorOpen          : = FALSE;
            gr64VMasterAxis          : = 360;
            gr64VMasterAxisOld       : = 0;
            gi16Mode                 : = 0;
            gboDriveActive           : = FALSE;
        END_PROGRAM     //程序 pInit 结束
        END_IMPLEMENTATION
```

用相同方法可编写 pHMIaus() 程序,这里不再赘述。

2. 使用 MCC 编程语言编写程序

在 SCOUT 软件中,依次打开 "D435" → "PROGRAMS",用鼠标双击其中的 "Insert MCC Unit",即可创建一个 MCC 程序单元,然后双击其中的 "Insert MCC Chart" 即可插入一段 MCC 程序,在右侧窗口中会自动打开 MCC 编辑器,此时在工具栏上会出现 MCC 编程工具条 ▆▆▆▆▆▆▆,所有的 MCC 指令都可以通过单击工具条上的按钮插入。下面以 pAuto() 程序为例,介绍 MCC 编辑器的操作。pAuto() 是用于控制生产线自动运行的程序,在所有轴都回零以后,即开始执行 pAuto() 中的程序。按照工艺要求,需要先将虚主轴 MasterAxis 使能,在接到起动信号 iboStartBelt 以后,传送带轴 Conveyorbelt 开始跟随主轴做电子齿轮同步,同时将喷嘴阀门的 OUTPUT CAM 功能使能。由于此时轴 Ejector 仍处于停止状态,所以喷嘴阀门一直关闭。然后启动虚主轴,如果虚主轴的速度设定值发生变化则要立即生效,因此在程序中需要循环判断设定值是否有变化。在虚主轴启动以后,传送带轴也开始运动。当检测到有停止信号 gboProgEnd 时,程序结束。

首先插入一个新程序,用鼠标单击编程窗口中的 ▆START▆,然后选择工具栏上的轴使能命令 ▆ 即可插入该功能块,如图 3-32 所示。

用鼠标双击 Switch axis enable 命令,在弹出窗口中设置其属性,如图 3-33 所示。

同理插入 ▆Waiting for signal 命令,并设置其属性如图 3-34 所示。

然后插入 ▆Gearing On 命令,并设置其 Parameter 和 Synchronization 选项卡内参数如图 3-35 和图 3-36 所示。

然后插入 ▆Switch output cam on 命令,并设置其参数如图 3-37 所示。

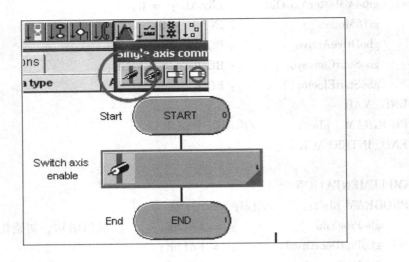

图 3-32 轴使能命令

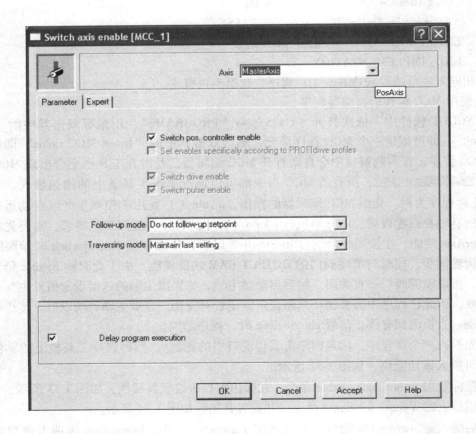

图 3-33 设置轴使能命令属性

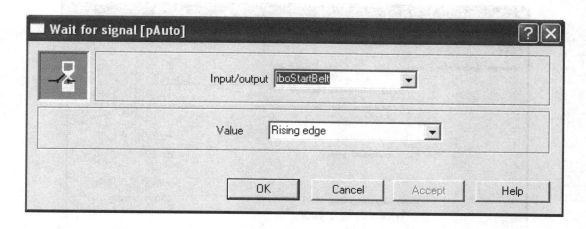

图 3-34 Waiting for signal 命令

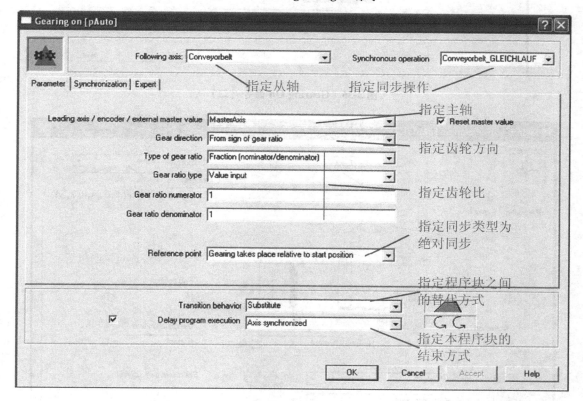

图 3-35 Gearing On 命令（一）

同理插入其他命令块并设置其属性，程序编写完毕后，如图 3-38 所示。

单击工具栏上的编译按钮 ■ 完成编译。在 SCOUT 软件底部 Compile/check output 信息栏可以查看编译状态，如图 3-39 所示。

同理完成其他 MCC 程序的编写和编译。

3. 使用 LAD/FBD 编程语言编写程序

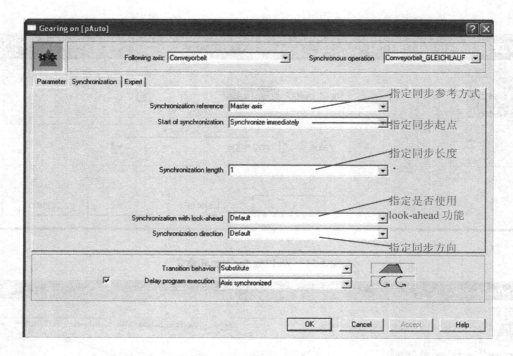

图 3-36 Gearing On 命令（二）

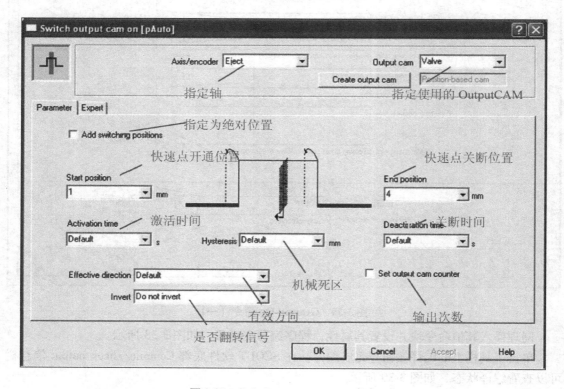

图 3-37 Switch output cam on 命令

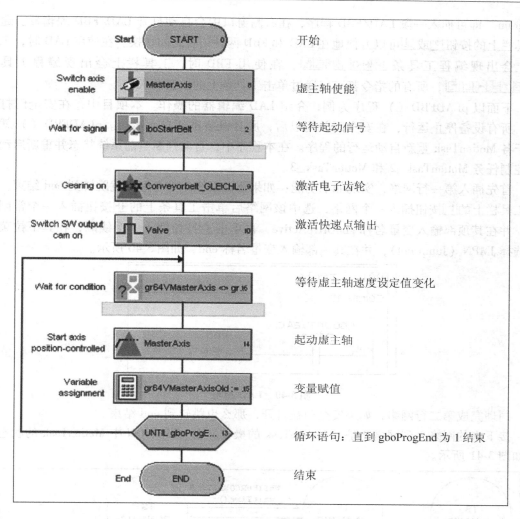

图 3-38 程序编写完毕

图 3-39 查看编译状态

在 SCOUT 软件中，依次打开 "D435" → "PROGRAMS"，用鼠标双击其中的 "Insert LAD/FBD Unit"，即可创建一个 LAD/FBD 程序单元，然后双击其中的 "Insert LAD/FBD

Program"即可插入一段 LAD/FBD 程序,在右侧窗口中会自动打开 LAD/FBD 编辑器。通过工具栏上的按钮🔳或🔳可以方便地在 LAD 和 FBD 两种语言之间切换。在使用 LAD 时,工具栏上会出现编程工具条 ⊣⊢ ⊣/⊢ ─○─ ─( )─ ⟦⟧,在使用 FBD 时,工具栏上会出现编程工具条 ⟦⟧⟦⟧ ─▷ ─◁ ⟦⟧,所有的指令都可以通过单击工具条上的按钮插入。

下面以 pLADFBD () 程序为例,介绍 LAD 编辑器的操作。本项目中,在安全门打开时,所有设备停止运行,在安全门关闭以后,所有设备重新自动运行。pLADFBD () 就是用于各 MotionTask 重新自动运行的程序。在本程序中,自动判断当前系统状态并重新启动运动控制任务 MotionTask_2 和 MotionTask_3。

首先插入第一行网络,实现如下功能:如果驱动系统未准备好,就跳转到 end 结束。单击工具栏上的🔳按钮插入一个网络,选中该网络后单击工具条上的⊣/⊢按钮插入一个常闭触点,并在其顶部输入变量名称 gboDriveActive,再单击─( )─按钮插入一个线圈,在其下拉菜单中选择 JMPN (Jump not),并在其顶部输入变量名称 end,如图 3-40 所示。

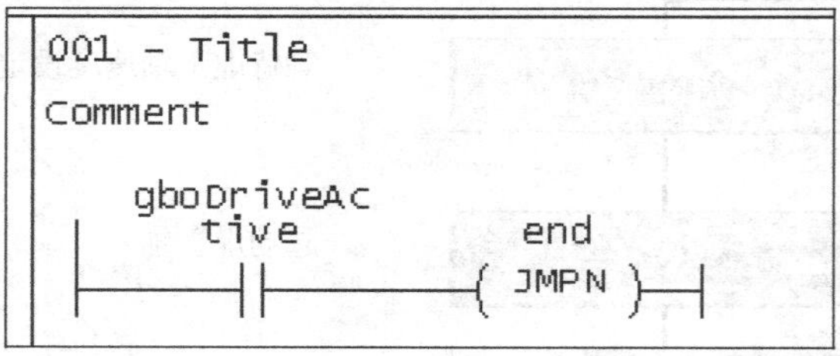

图 3-40　LAD 编程

同理完成第二行网络,如果安全门被打开,那么也跳转到 end 结束。

接下来的网络 3 到网络 9 是对 MotionTask 的操作。在 SIMOTION 中 MotionTask 的状态模型如图 3-41 所示。

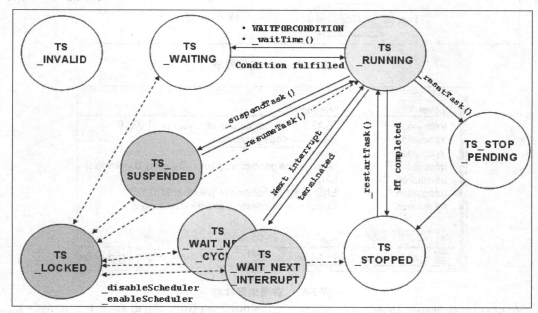

图 3-41　MotionTask 的状态模型

图中各任务状态的意义如下：

1）TS_INVALID，任务不存在于执行系统中，在执行系统的参数设置中未使用。

2）TS_STOP_PENDING，任务已经收到一个停止信号，但仍然处于 RUNNING 和 STOPPED 状态之间。任务仍然可以执行动作直到被停止。

3）TS_STOPPED，任务因下列动作已经被停止：

① 调用功能_resetTaskId（）；

② SIMOTION SCOUT 执行了停止。

4）TS_RUNNING，任务因下列功能而运行：

① 调用功能 _startTaskId（）（MotionTasks）；

② 激活循环任务（BackgroundTask 等）；

③ 相关事件已发生（UserInterruptTask 等）。

5）TS_WAITING，任务因下列功能之一而处于等待状态：

① _waitTime（）；

② WAITFORCONDITION。

6）TS_SUSPENDED，任务通过功能 _suspendTaskId（）被暂停。

7）TS_WAIT_NEXT_CYCLE，TimerInterruptTask 正在等待其触发信号。

8）TS_WAIT_NEXT_INTERRUPT，SystemInterruptTask 正在等待触发报警，或者 UserInterruptTask 正在等待触发事件。

9）TS_LOCKED，任务通过功能 _disableScheduler（）被锁定。

通过系统功能_getStateOfTaskId（）可以读取指定任务的当前状态，该功能可以在命令库中找到，如图 3-42 所示。

该功能的返回值为 DWORD，返回值指示下列状态：

1）16#0000：指定的任务不存在（TASK_STATE_INVALID）；

2）16#0001：从 RUN 变换到 STOP（TASK_STATE_STOP_PENDING）；

3）16#0002：任务被停止（TASK_STATE_STOPPED）；

4）16#0004：任务正在运行（TASK_STATE_RUNNING）；

5）16#0010：任务正在等待（TASK_STATE_WAITING）；

6）16#0020：任务被暂停（TASK_STATE_SUSPENDED）；

7）16#0040：定时中断任务等待下一个周期（TASK_STATE_WAIT_NEXT_CYCLE）；

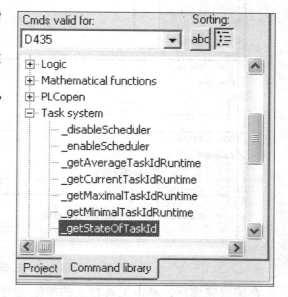

图 3-42 命令库

8）16#0080：用户中断任务或者系统中断任务等待下一个事件（TASK_STATE_WAIT_NEXT_INTERRUPT）；

9）16#0100：任务被 _disablescheduler 禁止（TASK_STATE_LOCKED）。

本程序中，判断当前任务的状态，如果任务处于被停止（16#0002）或暂停（16#0020）状态，那么就使用系统功能_RestartTaskId（）重新启动任务。在完成本段程序编写后，程序如图 3-43 所示。

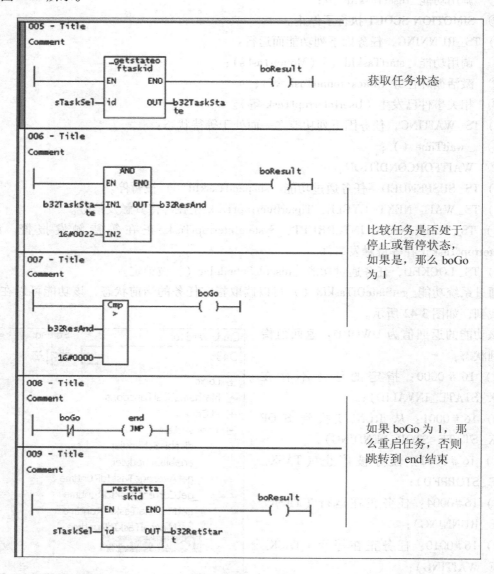

图 3-43 任务控制编程

在编写完成后，单击工具栏上的按钮 ▦ 完成编译，在 SCOUT 软件底部 Compile/check output 信息栏可以查看编译状态，如图 3-44 所示。

同理可完成其他 LAD 程序的编写和编译。

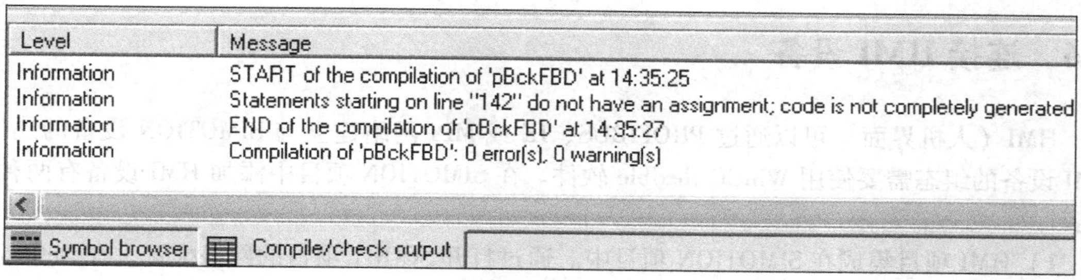

图 3-44 编译结果

3.5.3 分配执行系统

在所有程序编写并编译完成后,再分配执行系统。在 SCOUT 软件中,用鼠标单击"D435"→"Execution System"即可打开执行系统的配置画面,如图 3-45 所示。在右侧窗口中为不同的任务添加程序即可,配置完成后,重新编译项目。关于执行系统的详细信息,请参考第 10 章中的相关内容。

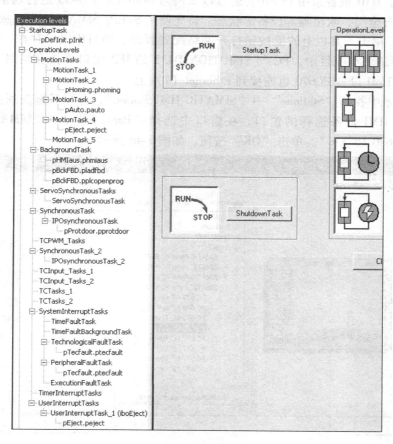

图 3-45 分配执行系统

3.6 连接 HMI 设备

HMI（人机界面）可以通过 PROFIBUS、IE 或 MPI 网络建立与 SIMOTION 设备的连接，HMI 设备的组态需要使用 WinCC flexible 软件。在 SIMOTION 项目中添加 HMI 设备有两种方式：

1) HMI 项目集成在 SIMOTION 项目中。通过打开 SCOUT 项目的网络配置，在 NetPro 中插入 HMI 设备，可将 WinCC flexible 项目集成到 SIMOTION SCOUT 项目中进行编辑。

2) HMI 项目独立于 SIMOTION 项目。在 WinCC flexible 中使用项目向导在"Integrate S7 Project"中选择使用的 SIMOTION 项目，即可实现 HMI 与 SIMOTION 项目的集成。

关于 SIMOTION 与 HMI 详细的通信配置，请参考本书第 13 章。

下面以使用第一种方式为例，简要介绍在 SIMOTION 项目中插入 HMI 设备的配置过程。

3.6.1 配置网络并插入 HMI 设备

本项目中，HMI 设备采用 PC670，通过以太网与 SIMOTION D435 进行通信。在 HMI 上指示传送带、安全门、吹出器等设备的状态。首先使用 STEP7-SIMATIC Manager 打开 D435_Beginner 项目，单击工具栏上的 按钮打开网络配置画面。项目中已经存在一个 SIMOTION 设备和 PG/PC 站。本项目中，PC 与 SIMOTION D435 的 IE2 接口连接在网络 Ethernet（1）上，并计划将 HMI 设备 PC670 也连接到 Ethernet（1）上。

在右侧目录中找到"Stations"→"SIMATIC HMI Station"，并将其拖拽到主工作区。此时会自动弹出 HMI 设备选择的窗口，在窗口中选择"Panel PC"→"SIMATIC Panel PC 670"→"PC 670 15″Key"，单击"OK"按钮，如图 3-46 所示。

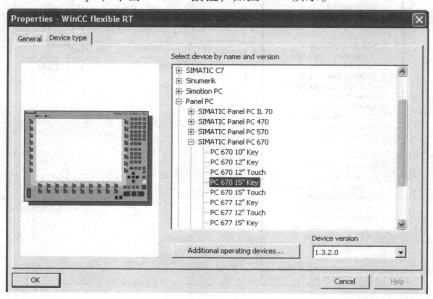

图 3-46　选择 Panel PC

在硬件组态软件中，添加以太网接口并配置参数，如图 3-47 所示，单击"OK"按钮确认配置。

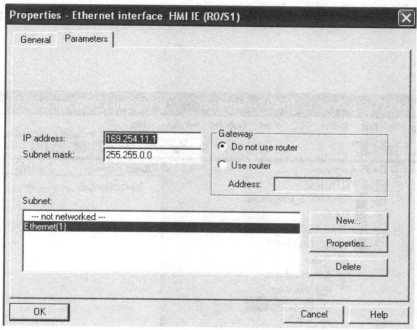

图 3-47　设置 HMI 的网络连接

保存后再返回到网络组态画面（见图 3-48），保存并编译项目。

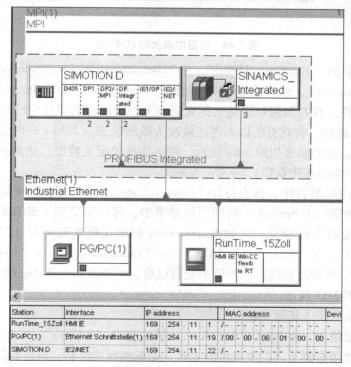

图 3-48　网络组态画面

3.6.2 配置连接、标签和 HMI 画面

在网络配置完成后，返回 Step7-SIMATIC Manager 主画面，可以看到添加的 HMI 站如图 3-49 所示。

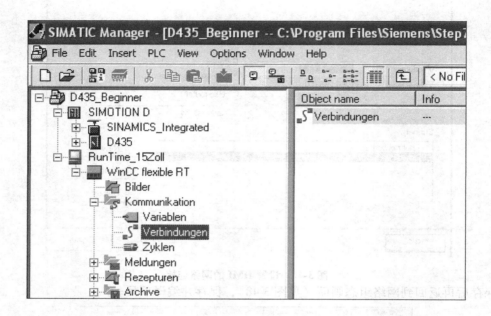

图 3-49 项目中添加的 HMI 站

依次打开其中的"RunTime_15Zoll"→"Communication（Kommunikation）"→"Connection（Verbindungen）"，在右侧窗口中双击"Connection（Verbindungen）"即可以打开 WinCC flexible 软件。在右侧网络连接的配置画面上，可以看到项目中已经有一个 PC670 与 SIMOTION 设备的连接，将现有的以太网连接改为激活状态（Active 一列改为 On），并修改连接名称为 D435。此时画面如图 3-50 所示，网络连接的配置数据，比如通信接口、地址等会自动从之前的网络组态中获得。

在 WinCC flexible 软件中，依次打开"Communication"→"Tags"可以打开标签的配置画面，直接在右侧窗口中 Symbol 一列的下拉菜单中，可以浏览到 SIMOTION 项目中所有可能连接的系统变量和全局变量，比如 Conveyorbelt 轴的实际速度可以在"D435_Beginner"→"SIMOTION D"→"D435"→"TOs"→"ConveyorBelt"→"MotionStateData"→"ActualVelocity"中找到。在选择所需要的变量以后，统会自动生成 Tag 的名称、数据类型、地址等信息，如图 3-51 所示。

根据项目要求，插入其他 Tag。

最后完成画面绘制。在 WinCC flexible 中，依次打开"Screens"→"Add Screen"可以插入一个画面。使用右侧工具栏中提供的工具，完成画面的绘制，最后如图 3-52 所示。

画面绘制完成以后，保存、编译项目并向 HMI 设备下载即可。

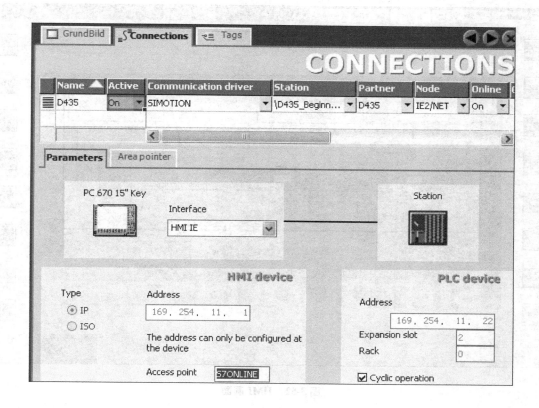

图 3-50　HMI 网络连接

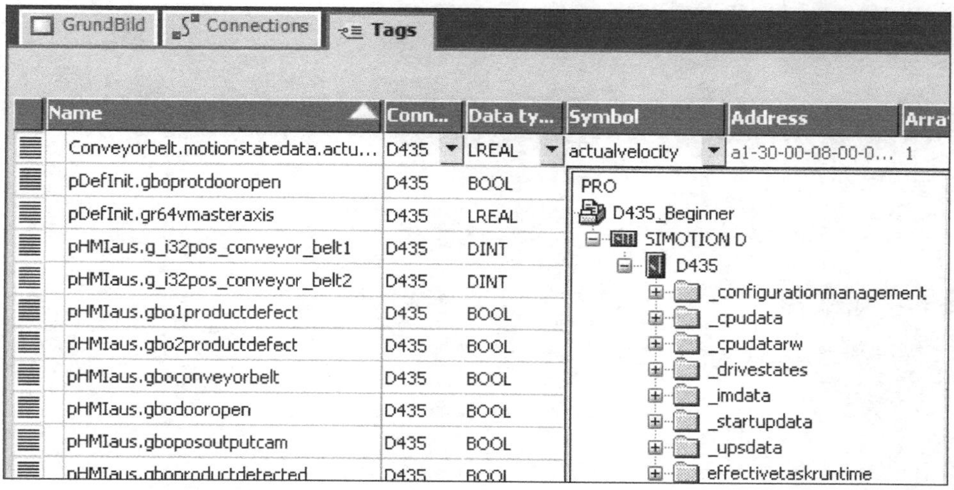

图 3-51　HMI 中的变量

图 3-52　HMI 画面

第4章 工艺包与工艺对象

4.1 概述

SIMOTION 为那些以运动控制和工艺任务为核心的自动化和驱动解决方案提供了一个最佳的系统平台，其创新之处在于消除了纯自动化功能（通常为 PLC）与运动功能（运动控制）之间的传统区分，在硬件和软件两方面都实现了功能合并。通过 SIMOTION 可以同时轻松地执行众多不同机器上的运动任务。为实现这一目的，SIMOTION 选择了一个非常特殊的多层体系结构用作运行系统。所有 SIMOTION 设备都提供了一个纯自动化的基本功能，它符合 IEC 61131-3 的标准，还提供了一个运动控制基本功能，它包括各种轴的控制、同步操作、快速输入/输出等，另外还可以使用工艺包和功能库来扩展更多功能。对 SIMOTION 来讲，运动控制均采用面向对象（工艺对象）技术来实现。

面向对象（Object Oriented）原本是计算机编程技术中的概念，是一种对现实世界理解和抽象的方法。通过面向对象的方式，将现实世界的事物抽象成对象，帮助人们实现对现实世界的抽象与数字建模。面向对象的方法以更利于人理解的方式，来对复杂系统进行分析、设计与编程。各种机制可以像搭积木一样，快速开发出一个全新的系统。面向对象的概念和应用已超越了程序设计和软件开发，扩展到了很宽的范围，如数据库系统、交互式界面、分布式系统、人工智能等领域。

SIMOTION 也采用了这种面向对象编程的概念，将运动控制应用中的各种实体（比如轴、凸轮、外部编码器等）都抽象成一个工艺对象（Technoloy Object），只要完成了对工艺对象的配置，就可以通过标准的系统功能对工艺对象进行控制，比如使能轴、电子凸轮同步、外部编码器回零等。工艺对象配置方便，程序结构易于理解。

4.2 工艺包与工艺对象的概念

4.2.1 工艺包与工艺对象概述

在 SIMOTION 中，"TP" 是运动控制中的工艺包 "Technology Package" 的缩写，其中包含各种不同领域的自动化所需要的软件功能。不同的 "TP" 中包含着不同类型的工艺对象，也就是 "Technology Object（TO）"，例如 TP CAM 中包含有 "轴"、"快速点测量输入" 和 "快速点输出" 等 TO。

如果不使用工艺包，那么 SIMOTION 只提供了执行系统和符合 IEC61131-3（IEC 制定的可编程逻辑控制器标准中的编程语言规范）的基本功能，如图 4-1 所示。

SIMOTION 运行系统摒弃了传统控制器面向各种功能的执行方式，采用了更为先进的面向对象的方式，而且每一个对象即为一个 TO。这些 TO 被用于工艺和运动控制，每个 TO 都集成了特定的功能，例如，一个轴 TO 包含了与驱动的通信功能、实际值的处理功能、位置

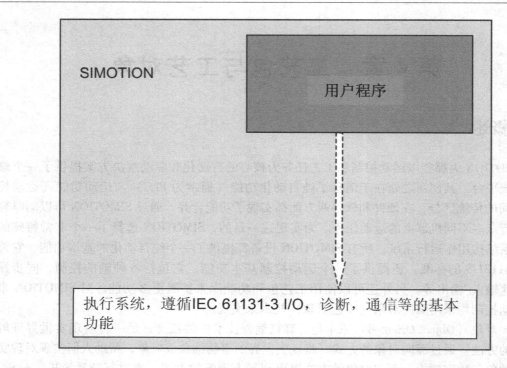

图 4-1　SIMOTION 的基本功能

控制功能等。在组态的时候这些 TO 被创建并进行参数化之后，便可以在 SIMOTION 系统的内核中运行，在用户程序中编写合适的命令就能够使用 TO 的各种功能。每个 TO 都独立地处理各自的任务，同时输出相应的状态信息，如图 4-2 所示。

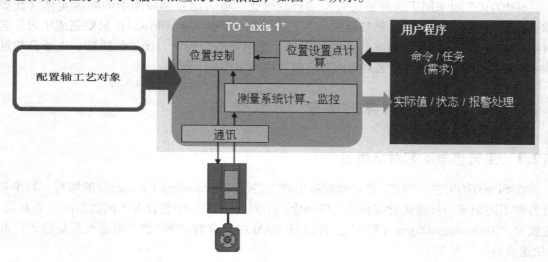

图 4-2　SIMOTION 的 TO

原则上，定义的 TO 的数量没有限制，可以定义大量的轴、同步操作对象、外部编码器等。这些 TO 都可以在用户程序中进行激活或禁止，这样可以自由地匹配各种不同的机械配置。

对于执行器和传感器，TO 给用户提供了一个工艺层面的概念，并且提供了相应的工艺功能，例如：

1) TO axis：用于驱动器（执行器）和编码器（传感器）；
2) TO external encoder：用于一个编码器（传感器）；
3) TO outputCAM/camTrack：用于自定义开关状态的快速输出点（执行器）；
4) TO measuringInput：用于快速测量输入点（传感器）。

此外，还有用于系统层面工艺数据的 TO，例如：

1) TO followingObject：用于两个轴之间或者一个轴与编码器值之间做同步操作；
2) TO cam：用于描述一个复杂的可编程的非线性关系；
3) TO additionObject，TO formulaObject：用于系统层面处理运动数据和工艺数据。

所有的 TO 都是在系统任务中由 SIMOTION 系统自动执行，如在 IPO task、IPO_2 task 或者 Servo task 中执行。关于 SIMOTION 的执行系统，将在第 10 章中进行介绍。

4.2.2 工艺对象的实例化

工艺包（TP）中的工艺对象（TO）实际上是都是 SIMOTION 系统的工艺对象类型，当我们在创建工艺对象时，就是在完成工艺对象实例化的过程。例如，在创建轴对象时，是采用工艺对象 axis 类型实例化了名为"Axis_1"、"Axis_2"、"Axis_3"等多个实例，各个实例可以独立运行，控制底层的驱动，如图 4-3 所示。

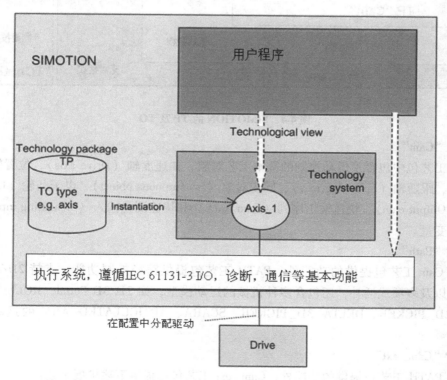

图 4-3 工艺对象实例的控制模型（轴对象）

4.2.3 工艺包介绍

SIMOTION 通过将工艺包加载到实时系统中,来扩展 SIMOTION 内核的基本功能。工艺包除提供工艺对象外还提供了大量的运动控制命令,在 SIMOTION 项目中配置的工艺对象随 SIMOTION 项目一起被下载到 SIMOTION 的运行系统中。下面介绍每一个工艺包所包含的工艺对象,如图 4-4 所示。

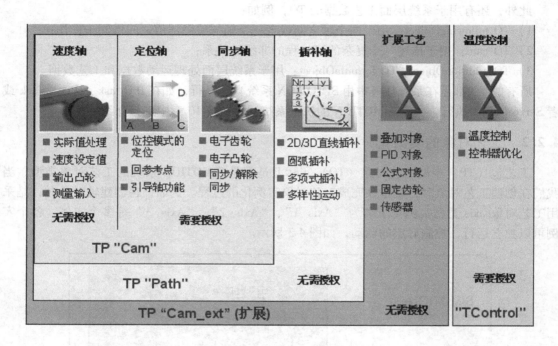

图 4-4　SIMOTION 的 TP 及 TO

1. TP "Cam"

Cam 工艺包中包含了运动控制的基本工艺对象,如速度轴(Drive axis)、位置轴(Position axis)、跟随轴(Following axis)、同步对象(Synchronous object)、电子凸轮(Cam)、快速输出(Output cam)、快速输出序列(Cam track)和快速测量输入(Measuring input)所需的功能和变量。

2. TP "Path"

除了 Cam 工艺包提供的功能外,PATH 工艺包提供路径控制功能,支持 2D/3D 直线、圆弧插补以及多项式插补,还包含多种机械的运动模型,如 2D/3D Portal、ROLL_PICKER、DELTA_2D_PICKER、DELTA_3D_PICKER、SCARA、ARTICULATED_ARM 的运动路径控制。

3. TP "Cam_ext"

除了 PATH 工艺包提供的功能外,Cam_ext 工艺包还提供下述扩展工艺:

1)叠加对象:通过附加对象,可叠加多达 4 个输入矢量到一个输出矢量。

2)公式对象:可利用数学函数计算运动矢量。

3）控制器对象：通过 PID 算法，可将多个输入值用于计算一个输出值。

4）传感器：记录和处理测量值，例如模拟量信号的采集处理。

5）固定齿轮：可在轴之间建立固定的耦合关系，可设定齿轮比，无需定义同步/解除同步的特性。

综上所述，运动控制工艺包之间的功能范围和包含关系如图 4-5 所示。

4. TP "TControl"

这个用于温度控制的 SIMOTION 技术功能包，提供了具有广泛功能的基于 PID 控制器的温度控制。这些功能也可通过附加语言指令和系统变量进行访问，很容易地用于各种温度控制应用，如塑料机械。

在应用时可根据所需的工艺对象功能进行工艺包的选择。在 SCOUT 软件中，可以用鼠标右键单击 SIMOTION 设备，在弹出的菜单中选择 "Select technology package"，出现工艺包选择画面，如图 4-6 所示。

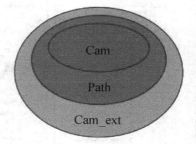

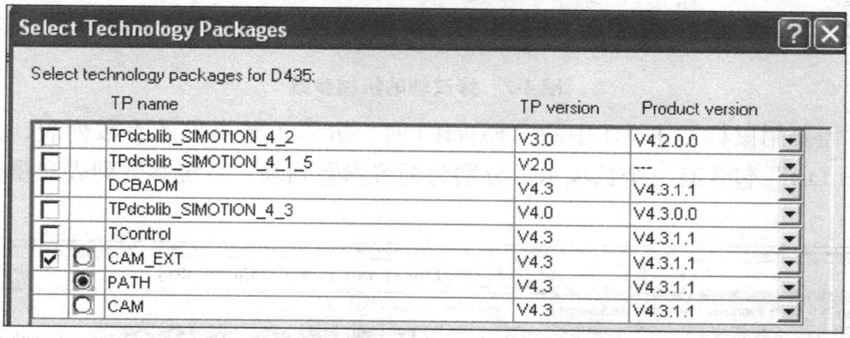

图 4-5　TP 之间的关系示意图

图 4-6　选择工艺包

4.3　工艺对象的组态、编程及互联

4.3.1　工艺对象的组态和实例化

通过在 SCOUT 中"添加 TO"，并具体确定 TO 类型（例如创建速度轴、位置轴还是同步轴，是电气轴、液压轴还是虚轴等），就创建了相应 TO 类型的实例化对象。在系统中建立了包括数据、参数、报警列表等要素，同时也定义了 SIMOTION 与执行器/驱动器的硬件和软件接口，如硬件地址、通信数据长度、PROFIdrive 报文结构等。除此之外，还需要定义一些基本设置，如 TO 在 SIMOTION 系统中的处理周期是 IPO 还是 IPO_2。

SIMOTION SCOUT 软件提供了向导和对话框，使得实例化工艺对象的过程变得非常简单和清晰。其他工艺对象的创建与创建轴工艺对象类似，创建完成后，这些对象就具有了最基本的功能。此后，还可以在 SCOUT 里面的树形导航里选择相应的条目，进入图形化界面对 TO 的特性和参数进行修改，图 4-7 为位置轴的机械参数设置画面。

实际上，工艺对象的这些图形化界面中只能修改一部分配置参数和系统参数，要修改全

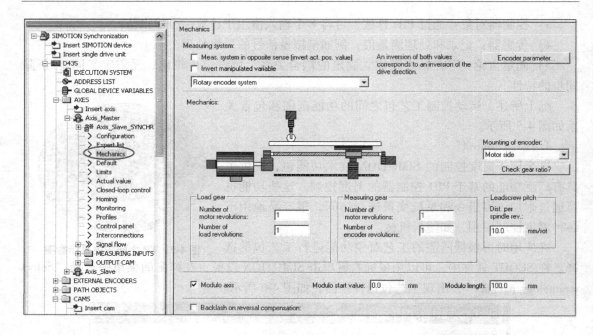

图 4-7　修改轴的机械参数

部的参数，需要用鼠标双击 TO 中的“Expert List”进入工艺对象的参数列表，如图 4-8 所示。“Expert List”包含有三个选项卡，分别为配置参数列表、系统参数列表和重要的参数列表。

	Parameter	Parameter tex	Offline value	Unit	Effectiveness	Data type
	All	All	All	All	All	All
23	MaxVelocity	Maximum vel...				
24	NeutralBand	Dead zone c...				
25	NumberOfDataSets	Data sets for ...				
26	DataSet_1	Data set 1				
27	ClampingMonitoring	Clamping mon...				
28	ControllerDynamic	Reference m...				
29	ControllerStruct	Controller par...				
30	PV_Controller	P controller ...				
31	balanceFilterMode	Balancing filt...	[2] MODE_2	-	Restart	'EnumBalar
32	enableDSC	DSC activation	[173] YES	-	Restart	'EnumYesN
33	kpc	Weighting fac...	100.0	%	Immediately	LREAL
34	kv	P controller g...	20.0	1/s	Immediately	LREAL
35	preCon	Activation of ...	[173] YES	-	Restart	'EnumYesN
36	conType	Controller type	[3] PV	-	Download	'EnumAxis(
37	DynamicComp	Dynamic resp...				
38	DynamicData	Dynamic char...				
39	DynamicFollowing	Dynamic follo...				
40	EncoderNumber	Assignment o...				
41	Gear	Ratio of the lo...				
42	ProcessModel	Process model				

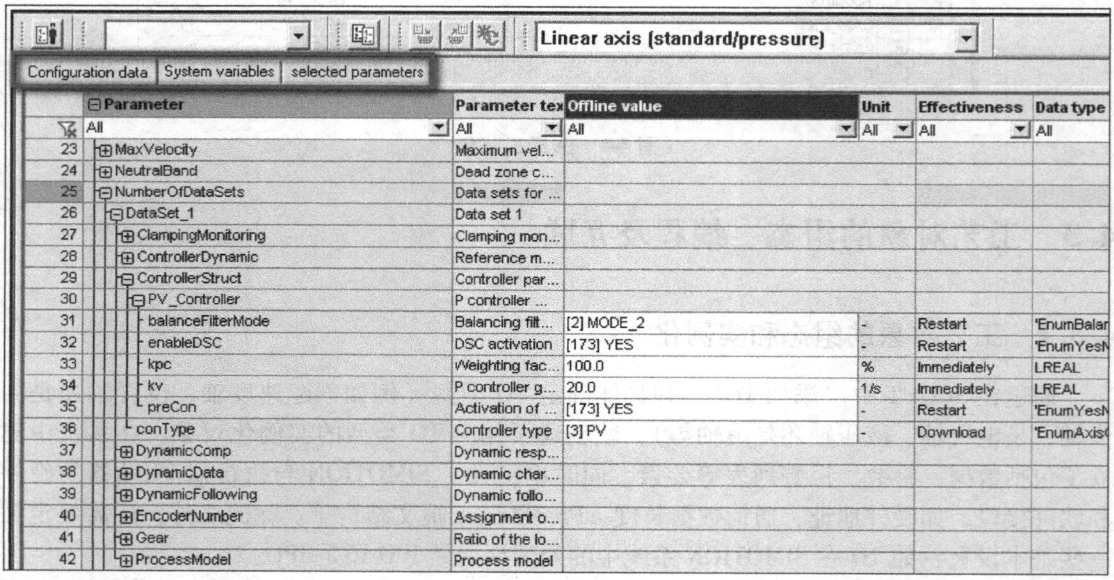

图 4-8　工艺对象的参数列表

4.3.2　与工艺对象相关的编程

在 SIMOTION 系统中，运动控制、逻辑控制和工艺控制都需要通过编程实现。因此，工艺对象 TO 的功能也需要使用相应的程序命令进行激活或禁止，下面对与 TO 编程相关的几个概念进行详细的解释。

1. 命令的同步/异步执行

同步执行是指当一定条件满足之后才开始执行相应的指令，反之则为异步执行。例如，运动控制指令在同步执行时，可以等待某一特定运动状态到达或者定位结束后再执行下一条指令。这种执行方式非常适合于顺序运动控制，也即在 Motion Task 中编写程序。

在运动控制命令中一般会有一个 NextCommand 的输入参数，来规定本命令的执行方式，如果设置 NextCommand = When_Motion_Done，那么在程序执行过程中，执行了这条运动控制命令后会处于等待状态，在该运动完成以后，程序才会继续往下执行，这种执行方式就是同步执行，程序的执行状态与运动的完成状态是同步的。如果设置 NextCommand = Immediately，那么在程序执行过程中，执行了这条命令后，会立即继续往下执行其他命令，这种执行方式就是异步执行，程序的执行状态与运动的完成状态是异步的。当然 NextCommand 参数也可能有其他的取值，以满足不同场合的要求。比如位置轴的定位命令"_pos"的 NextCommand 参数是一个枚举性变量 EnumNextCommand，在系统中的定义如下：

IMMEDIATELY（60）　　　　　　　　　　命令立即传输
WHEN_BUFFER_READY（159）　　　　　命令缓存区就绪后
AT_MOTION_START（13）　　　　　　　插补开始
WHEN_ACCELERATION_DONE（156）　　加速段结束
AT_DECELERATION_START（12）　　　　减速开始
WHEN_INTERPOLATION_DONE（162）　　设定点插补结束
WHEN_MOTION_DONE（163）　　　　　　当运动完成

同步执行的程序一般放在 Motion Task 中执行，而不能放在 Background Task 或其他周期性执行的 Task 中，否则在系统等待命令执行完成过程中，可能会出现执行系统超时错误。关于执行系统的描述，请参考本书第 10 章。

2. 命令的返回值（Return Value）

在运动控制命令（FC）执行时，会返回一个值，这个返回值为我们提供了功能调用的结果，并显示命令是按预期正确的执行了还是执行过程中出现了错误。比如位置轴的定位命令"_pos"的返回值是一个 DINT 类型的变量，不同的返回值反映了定位命令不同的执行状态。

Return value：DINT
Description of the return value：
0 - No error，没有错误
1 - Illegal command parameter，参数非法
2 - Illegal range specification in command parameters，参数超限
3 - Command aborted，命令取消
4 ……

3. CommandId

程序中与工艺对象（TO）相关的每个命令中都有一个名称为"CommandId"的输入参数，顾名思义，CommandId 即是用于识别该 TO 命令的一个唯一的识别符，系统通过 CommandId 来帮助我们辨别和跟踪每一条 TO 指令的执行情况。

CommandId 的数据类型是 SIMOTION 标准功能中预定义好的一个结构体"CommandIdType"。该结构体可以在程序中直接引用，无须声明，它的内部程序代码如下：

```
TYPE
CommandIdType : STRUCT
    SystemId_low     : UDINT;   // Lower-order part
    SystemId_high    : UDINT;   // Higher-order part
END_STRUCT
END_TYPE
```

输入参数 CommandId 是一个可选参数，如果没有为 TO 命令分配 CommandId，那么默认的 CommandId 是（0，0）；当然也可以为 TO 命令分配一个 CommandId，那么该 Id 会与 TO 命令绑定，并作为查询 TO 命令状态的参考。当 TO 命令进入缓冲区后即可以查询该命令的状态，在 TO 命令执行完成后，命令会从缓冲区中消失，CommandId 也随之消失。如果在 TO 命令执行完成后还需要保留它的状态，那么可以使用_buffer...CommandId 系统功能来暂时保存该命令的执行状态，此时该 TO 命令继续占用缓冲区的空间，使用_removeBuffered...CommandId 系统功能可以再次释放缓冲区。命令缓冲区的大小可以在 Axis 的系统变量 TypeOfAxis.DecodingConfig.NumberOfMaxBufferedCommandId 中定义，默认为 100。

在使用 CommandId 时，最常用的方法是首先使用_getCommandId 系统功能生成一个项目内唯一的 Id，再使用系统功能_getStateOf...Command 来获取对应的 TO 命令的状态，比如_getStateOfAxisCommand、_getStateofOutputCAMCommand 等。

下面举例说明该程序可以放在 BackgroundTask 中执行。

```
INTERFACE
    USEPACKAGE CAM;                              //使用工艺包
    PROGRAM ProgramCycle;                        //声明程序
END_INTERFACE
IMPLEMENTATION
PROGRAM ProgramCycle
    VAR                                          //声明局部变量
    boStartCommand : BOOL;       // Command-issue command 命令：启动
    boCommandStarted : BOOL;     //Auxiliary variable-command issued 状态：已启动
    boCommandDone : BOOL;        // Auxiliary variable-command executed 状态：已执行
    i32Ret : DINT;               // Return value of system functions 系统功能返回值
    sCommandId : CommandIdType;  // CommandId 命令 Id
    sRetCommandState : StructRetCommandState;  // _getStateOfAxisCommand 命令的返回值
    r_trig_1 : R_TRIG;           // 上升沿触发 r_trig 系统 FB 的背景变量
END_VAR
r_trig_1(boStartCommand);        // Call the edge detection 调用上升沿触发：启动信号
IF r_trig_1.q THEN               // 如果检测到启动信号上升沿
    sCommandId := _getCommandId();    // 生成命令 Id
```

```
        i32Ret : = _bufferAxisCommandId ( axis : = Axis_1,    //保留命令在缓冲区中
                        commandId : = sCommandId );
        i32Ret : = _pos                   //轴开始运行（假设轴已使能）
        axis : = Axis_1,
        positioningMode : = Relative,
        position : = 100,
        nextCommand : = IMMEDIATELY,
        commandId : = sCommandId;
        boCommandStarted : = TRUE;        //辅助状态
        boCommandDone : = FALSE;
    ELSEIF boCommandStarted AND NOT boCommandDone THEN
        sRetCommandState : = _getStateOfAxisCommand  //查询_pos 命令的状态
        axis : = Axis_1,
        commandId : = sCommandId;
    IF sRetCommandState. functionResult = 0 THEN     //如果查询执行正常
      IF sRetCommandState. commandIdState = EXECUTED THEN //如果_pos 命令状态为 Execute
        boCommandStarted : = FALSE;                  //辅助变量
        boCommandDone : = TRUE;
        i32Ret : = _removeBufferedAxisCommandId      //将命令从缓冲区中移除
        axis : = Axis_1,
        commandId : = sCommandId;
       END_IF;
   END_IF;
  END_IF;
//----------------------其他程序----------------------
END_PROGRAM
END_IMPLEMENTATION
```

4. 编程模型

在 SIMOTION 的执行系统中，包含多个不同执行优先级的任务，必须将程序分配到这些任务中来执行。与 TO 相关的指令最终都作用在了相应的工艺对象上，如图 4-9 所示。指令执行的效率完全取决于这条指令在工艺对象上执行所花费的时间，如果在多个任务中都包含有对同一对象的操作指令，那么用户程序必须确保程序执行的一致性。

5. 执行属性

每一个 TO 可以有不同的执行属性，或称执行周期。TO 的执行属性按同步执行等级不同可以分为以下几种：DP cycle clock、Servo cycle clock 以及 IPO cycle clock 或 IPO_2 cycle clock（除温度控制器之外）。一般情况下，TO 指令按照不同的执行等级进行处理：

1）指令解析和运动控制在 IPO/IPO_2 cycle clock 中处理；
2）位置控制和设定值的处理位于 Servo cycle clock 中；

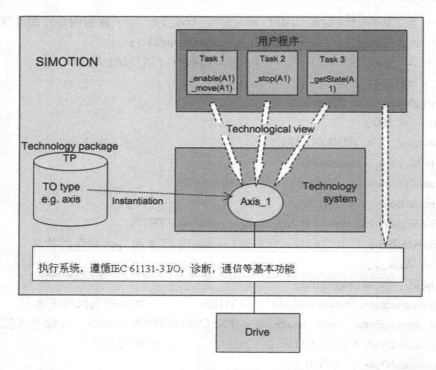

图 4-9 轴对象的编程模型

3) 与底层驱动的 PROFIBUS DP 通信位于 DP cycle clock,如果采用 PROFINET IO 的 IRT 通信,则位于 PN cycle clock 中。

此外,也可以在系统组态或者 TO 组态时对这些过程参数进行调整。在对整个 SIMOTION 系统组态时可以设置系统循环时钟,也就是设置运动控制的采样时间(IPO 或 IPO_2)、位置控制的周期(Servo)和 PROFIBUS DP 或 PROFINET IO IRT 通信的循环周期。在 SCOUT 软件中,用鼠标右键单击 SIMOTION 设备,在弹出菜单里选择"Set System Cycle Clocks",如图 4-10 所示,可以修改系统时钟。

当组态 TO 对象时,可以指定其运动控制是在 Servo cycle clock 中执行还是在 IPO 或 IPO_2 cycle clock 中执行。在固件版本为 V4.2 及以上的 SIMOTION 系统中,还可以选择 Servo_fast 和 IPO_fast。比如轴 Axis 的执行周期可以在其配置画面中选择,如图 4-11 所示。

6. 报警

工艺对象会时刻监视工艺功能的执行情况以及 TO 所需的一些 IO 的状态信息,在一些特定的事件发生时,会触发相应的工艺报警。每个工艺报警都有一个本地响应和一个全局响应。本地响应只对该 TO 本身有影响,如停止运动、去使能等,而全局响应则对其他 TO 和整个系统都有影响,如调用 TechnologicalFaultTask、CPU 停机等。

对于每一个报警,相应的响应有默认的设置。但是,可以调整这些设置来满足实际需求,比如通过指定其 error activation 属性来定义报警是立即激活、错误重复出现后激活,还是经过一段时间后激活,也可以屏蔽一些报警。

(1) 工艺对象报警的配置方法

第4章 工艺包与工艺对象 · 115 ·

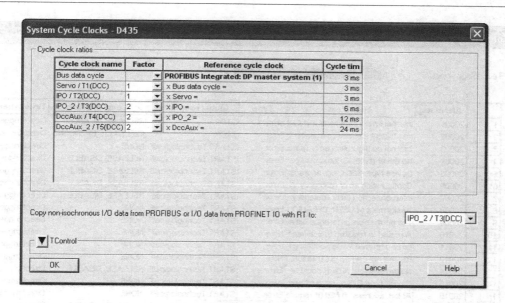

图 4-10 设置系统循环时钟

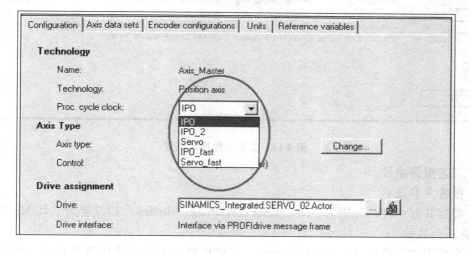

图 4-11 选择 TO 处理周期

在 SCOUT 软件中，打开项目后，可以通过报警配置画面来修改报警的默认设置。首先打开执行系统 EXECUTION SYSTEM，在右侧窗口中依次打开"SystemInterruptTasks"→"TechnologicalFaultTask"，单击右侧的"Alarm configuration"按钮，弹出界面，如图 4-12 所示。

工艺对象报警配置画面各部分说明如下：

1）选择要配置报警的工艺对象（轴，Cam，外部编码器等），可以选择所有轴或者单个轴。

2）单击"Export / Import"按钮（见图 4-13），可以将工艺报警的配置以 XML 格式导入/导出。

3）接受对所有报警配置的修改。

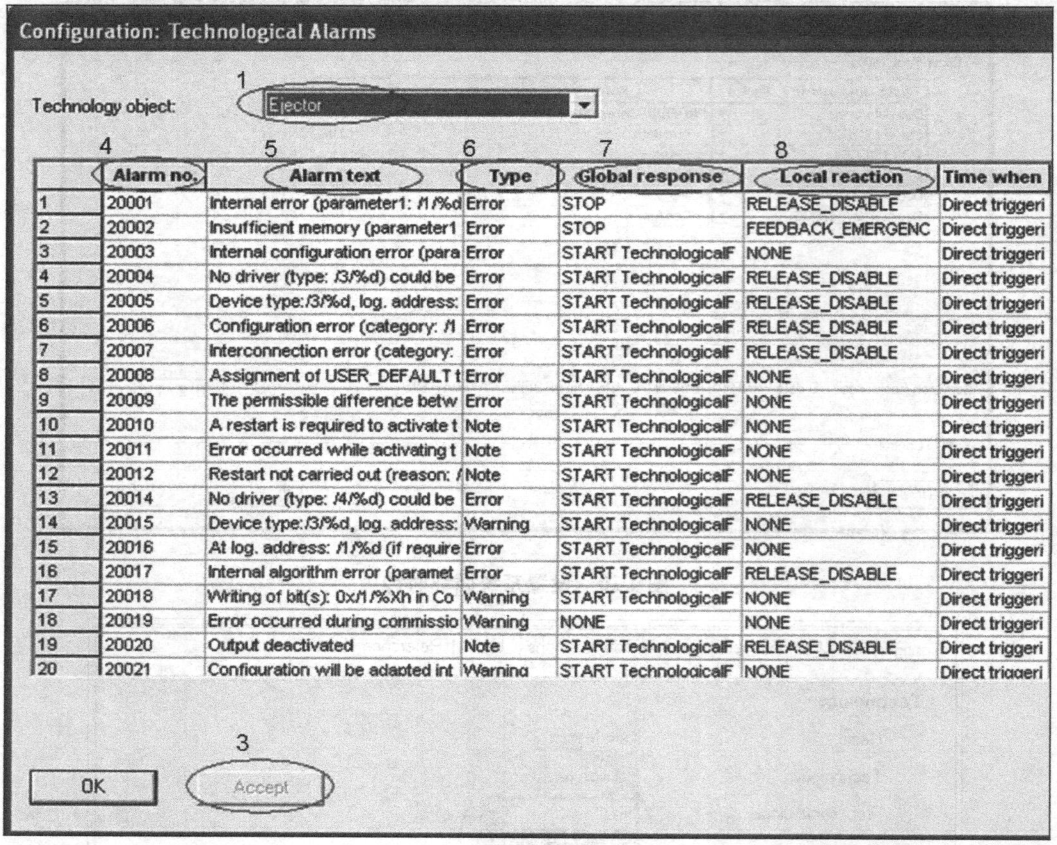

	Alarm no.	Alarm text	Type	Global response	Local reaction	Time when
1	20001	Internal error (parameter1: /1/%d	Error	STOP	RELEASE_DISABLE	Direct triggeri
2	20002	Insufficient memory (parameter1	Error	STOP	FEEDBACK_EMERGENC	Direct triggeri
3	20003	Internal configuration error (para	Error	START TechnologicalF	NONE	Direct triggeri
4	20004	No driver (type: /3/%d) could be	Error	START TechnologicalF	RELEASE_DISABLE	Direct triggeri
5	20005	Device type:/3/%d, log. address:	Error	START TechnologicalF	RELEASE_DISABLE	Direct triggeri
6	20006	Configuration error (category: /1	Error	START TechnologicalF	RELEASE_DISABLE	Direct triggeri
7	20007	Interconnection error (category:	Error	START TechnologicalF	RELEASE_DISABLE	Direct triggeri
8	20008	Assignment of USER_DEFAULT t	Error	START TechnologicalF	NONE	Direct triggeri
9	20009	The permissible difference betw	Error	START TechnologicalF	NONE	Direct triggeri
10	20010	A restart is required to activate t	Note	START TechnologicalF	NONE	Direct triggeri
11	20011	Error occurred while activating t	Note	START TechnologicalF	NONE	Direct triggeri
12	20012	Restart not carried out (reason: /	Note	START TechnologicalF	NONE	Direct triggeri
13	20014	No driver (type: /4/%d) could be	Error	START TechnologicalF	RELEASE_DISABLE	Direct triggeri
14	20015	Device type:/3/%d, log. address:	Warning	START TechnologicalF	NONE	Direct triggeri
15	20016	At log. address: /1/%d (if require	Error	START TechnologicalF	NONE	Direct triggeri
16	20017	Internal algorithm error (paramet	Error	START TechnologicalF	RELEASE_DISABLE	Direct triggeri
17	20018	Writing of bit(s): 0x/1/%Xh in Co	Warning	START TechnologicalF	NONE	Direct triggeri
18	20019	Error occurred during commissio	Warning	NONE	NONE	Direct triggeri
19	20020	Output deactivated	Note	START TechnologicalF	RELEASE_DISABLE	Direct triggeri
20	20021	Configuration will be adapted int	Warning	START TechnologicalF	NONE	Direct triggeri

图 4-12　工艺对象报警配置

4）工艺报警编号。

5）报警文本显示。

6）类型共有 4 种，分别为 Note、Error、Warning、Hidden。如设置为“Hidden”类型，报警信息不会显示。

7）全局响应的设置（Global response）。在这里可以设置工艺报警触发时，执行系统或其他工艺对象是如何响应的。可设置的响应类型如下：

① NONE：系统不做任何响应。

② STOP：系统进入 STOP 模式，在 STOP 模式下，所有工艺对象处在非激活状态，用户程序不再执行并且所有输出为 0。

③ STOP U：系统进入 STOP U 模式，工艺对象仍为激活状态并且可以进行测试和调试。其他方面，等同于 STOP 模式。

④ START TechnologicalFaultTask：当报警触发时，“TechnologicalFaultTask”被执行。分配给此任务的程序开始运行。如果在“TechnologicalFaultTask”中没有分配程序，则系统进入 STOP 模式。

8）本地响应的设置（Local reaction）。这个设置决定了报警的工艺对象本身接下来会执行何种动作，如图 4-13 所示。例如，当一个定位轴产生工艺报警时，可以选择是立即取消该轴正在执行的指令或者令轴按照指定的斜坡停车。根据工艺对象的不同，local reaction 会有不同的设置，下面以轴为例介绍：

① NONE：无反应。

② DECODE_STOP：正在执行的命令被停止；当前运动和 motion buffer 中的命令继续执行；新运动指令被拒绝。

③ END_OF_MOTION_STOP：在激活的运动命令完成之后停止。

④ MOTION_STOP：按照指令中设定的值停车。

⑤ MOTION_EMERGENCY_STOP：按照最大加速度极限值停车。

⑥ MOTION_EMERGENCY_ABORT：按照最大加速度极限值停车并且取消激活的指令。

⑦ FEEDBACK_EMERGENCY_STOP：按照快速停车的斜坡停车并且取消激活的指令。

⑧ OPEN_POSITION_CONTROL：按照速度设定值为 0 停车并且取消激活的指令。

⑨ RELEASE_DISABLE：轴去使能停车并且取消当前激活的指令。

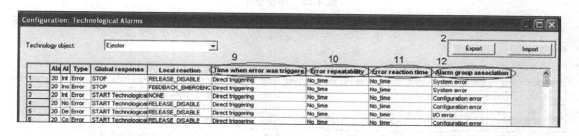

图 4-13　工艺对象报警配置

9) Time when error was triggered。当故障发生时，选择如何或者何时触发报警，可设置的选项如下：

① Direct triggering：在错误发生后，报警响应被直接执行。

② Delayed triggering：报警响应经过延时后被执行。在 "Error repeatability" 或者 "Error reaction time" 中，选择报警触发在错误发生几次或是经过一段时间之后。

10) Error repeatability。选择错误重复多少次之后报警响应被执行。

① no_time：当错误发生时报警立即被激活。

② time_n：当错误重复出现 n 次之后，报警被激活。

11) Error reaction time。选择错误发生与报警响应触发之间的时间间隔。

① no_time：当错误发生时报警立刻触发。

② time_n：错误发生后经过 n 毫秒报警被触发。

12) Alarm group association。显示 TO 报警被分配的相应报警组。

（2）报警响应的配置示例

下面以轴报警 "40003：Programmed acceleration（type：/1/%d）is limited" 为例进行说明。当轴运动时的加速度设定值超过 TypeOfAxis. MaxAcceleration. maximum 中的值时，会触

发此报警，该报警的默认设定如图 4-14 所示。

37	40001	Illegal state change of axis	Error	START TechnologicalFaultTask	NONE
38	40002	Programmed velocity is limited	Note A	START TechnologicalFaultTask	NONE B
39	40003	Programmed acceleration (type: /1/%d) is limited	Note	START TechnologicalFaultTask	NONE
40	40004	Programmed jerk (type: /1/%d) is limited	Note	START TechnologicalFaultTask	NONE
41	40005	Missing enable(s) (parameter1: /1/%X) and/or incorrect m	Error	START TechnologicalFaultTask	FEEDBACK_EMERGENCY_STOP

图 4-14　报警响应的配置示例
A—Type：Note　B—Local Reaction：None

按照默认设定，当轴的设定加速度大于极限加速度时，报警会以"Note"的形式出现，但不会对轴进行任何额外的操作，轴仍旧会继续运动，报警显示如图 4-15 所示。

Level	Time	Source	Message
Information	18.02.13 14:30:14:000 (PG)	S120_CU320_2_DP	Device offline
Information	18.02.13 14:43:41:000 (PG)	SINAMICS_Integrated	OK
Information	18.02.13 14:44:03:356	D435 : Axis_1	40003 : Programmed acceleration (type: 0) is limited

图 4-15　报警显示

修改 A、B 处的报警配置，Type：Error，Local Reaction：MOTION_STOP，如图 4-16 所示。

30015	A technology required for this command has not been conf	Error	START TechnologicalFaultTask	NONE
40001	Illegal state change of axis	Error	START TechnologicalFaultTask	NONE
40002	Programmed velocity is limited	Note A	START TechnologicalFaultTask	NONE B
40003	Programmed acceleration (type: /1/%d) is limited	Error	START TechnologicalFaultTask	MOTION_STOP
40004	Programmed jerk (type: /1/%d) is limited	Note	START TechnologicalFaultTask	NONE

图 4-16　修改报警配置

当轴的设定加速度大于极限加速度时，报警会以"Error"的形式出现，同时轴会按照指令中设定的减速度停车，报警显示如图 4-17 所示。

Information	18.02.13 14:30:14:000 (PG)	S120_CU320_2_DP	Device offline
Information	18.02.13 14:40:51:000 (PG)	SINAMICS_Integrated	OK
Error	18.02.13 14:40:45:983	D435 : Axis_1	40003 : Programmed acceleration (type: 0) is limited

图 4-17　报警显示

4.3.3　工艺对象的互联

在 SIMOTION 系统中，工艺对象之间可以非常灵活地进行互联，比如一个从轴可以连接到多个主轴，可以从一个主轴切换到另一个，主从关系也可以进行级联，如图 4-18 所示。除此之外，甚至归属于不同 SIMOTION 设备的工艺对象之间也可以进行互联，即分布式互联。

工艺对象之间的互联不需要编程来实现，只需在配置完对象后在"Interconnections"画面中选择即可，如图 4-19 所示，这在很大程度上保证了控制功能的灵活性。

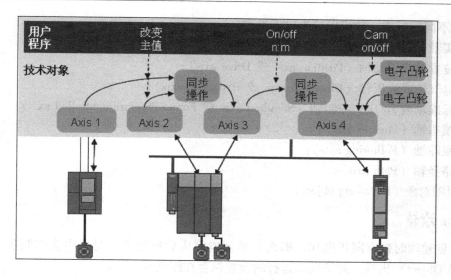

图 4-18 工艺对象的互联

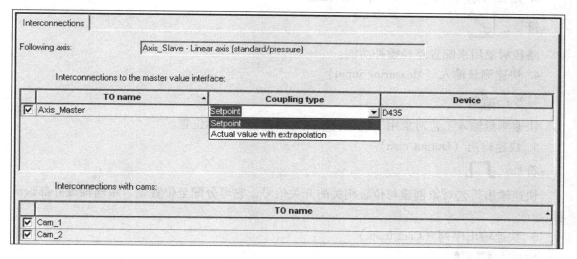

图 4-19 工艺对象互联的界面

4.4 各种工艺对象简介

SIMOTION 中的运动控制对象均是以 TO 来体现的，通过创建 TO，参数化 TO 以及对 TO 进行编程可实现用户所需的运动控制及工艺控制要求。本节将对 SIMOTION 中的各种 TO 的功能进行简单介绍，在接下来的第 5~9 章再分别对各种常用 TO 进行详细介绍。

4.4.1 常用工艺对象

1. 轴（Axis）

符号：

按照不同的标准，轴可以分为以下类型：
1) 实轴或虚轴（Real axis 或 Virtual axis）；
2) 位置轴或驱动轴（Position axis 或 Drive axis）；
3) 电气轴或液压轴（Electrical axis 或 Hydraulic axis）；
4) 标准轴或力/压力控制轴（Standard axis 或 Force/Pressure controlled axis）；
5) 模态轴（Modulo axis）；
6) 跟踪轴（Following axis）；
7) 路径轴（Path axis）。

2. 跟随对象（Following object）

符号：

如果创建轴时带有同步操作，那么在轴创建完成后在轴工艺对象中会有同步跟随对象（following Object）出现，对于同步运行的设置保存在跟随对象中。

3. 路径对象（Path object）（V4.1 之后）

符号：

路径对象用来配置路径插补功能。

4. 快速测量输入（Measuring input）

符号：

快速测量输入工艺对象用于快速，精确地测量轴的实际位置。

5. 快速输出（Output cam）

符号：

快速输出工艺对象创建与位置相关的开关信号，它可分配至位置轴、跟随轴或外部编码器。

6. 快速输出序列（Cam track）

符号：

快速输出序列工艺对象用于成组输出与位置相关的开关信号，它可分配至位置轴、跟随轴或外部编码器。

7. 外部编码器（External encoder）

符号：

外部编码器工艺对象用于在没有实轴情况下连接一个外部编码器。例如，印刷应用中，主轴上安装的编码器。

8. 凸轮（Cam）

符号：

凸轮工艺对象可用于定义主从轴的一个传递函数，可将它用于同步对象。

9. 温度通道（Temperature channel）

符号：

温度通道用于在 SIMOTION 中的温度控制。

4.4.2 附加工艺对象

附加工艺对象可以与常用工艺对象一起可在系统执行级中执行，在系统循环周期中直接处理工艺对象中的互联信号，有如下附加工艺对象：

1. 固定齿轮对象

符号：

固定齿轮工艺对象可用于进行同步操作，可以为同步操作指定齿轮比，但没有建立同步和解除同步的过程。

2. 附加对象

符号：

使用附加对象可以对最多 4 个输入矢量进行叠加，并产生一个输出矢量。

3. 公式对象

符号：

公式对象可以用于对运动矢量进行数学运算。

4. 传感器对象

符号：

传感器对象可用于记录传感器的测量值。

5. 控制器对象（Controller Object）

符号：

控制器对象可以用于控制各种变量。

第 5 章 轴工艺对象

5.1 概述

在运动控制中,轴是最常见的被控对象。在一般应用中,轴与机械负载直接连接,可以带动负载完成旋转运动、直线运动、夹紧物件等操作。在复杂应用中,还可能要求多轴协调动作,比如要求多轴速度同步、位置同步、使负载沿规定的路径运动等。如果实现了对轴的控制,也就实现了对机械运动的控制。

在 SIMOTION 运动控制系统中,轴是作为一种工艺对象(TO)提供给用户使用的,可通过轴控制命令实现轴的使能激活、绝对运动、相对运动、电子齿轮同步等运动控制,同时还提供了轴的驱动监控功能。轴工艺对象还提供了系统变量,通过系统变量可以获得轴的状态信息。在 SIMOTION SCOUT 软件中编程时,可通过系统命令或系统变量来访问轴工艺对象以实现对驱动与电动机的控制与监控。

轴工艺对象可应用于电气驱动轴、液压轴或虚轴。在配置过程中,可定义下述轴的控制类型:

1) 速度控制轴(Speed-controlled axis):可以对轴进行速度控制。
2) 位置轴(Positioning axis):对轴进行位置控制。
3) 跟随轴(Following axis):跟随轴是建立在位置轴的基础之上,它创建了一个同步跟随对象,可通过同步跟随对象提供的电子齿轮及电子凸轮同步功能来实现与主值的连接、同步及解除同步操作。
4) 路径轴(Path axis):路径轴可与路径对象相关联,路径对象最多可以连接 3 个路径轴,实现在 2D/3D 坐标系统中的直线、圆弧或多项式路径运动,还可以关联一个同步轴与此路径对象同步运行。

5.2 轴的基本概念

根据轴的功能要求,轴工艺对象可被配置为速度控制轴、位置控制轴、同步轴或路径轴,轴的配置如图 5-1 所示。

不同类型轴所支持的功能见表 5-1。

表 5-1 不同类型的轴所支持的功能

功　能	速度轴	位置轴	同步轴	路径轴
给定速度	√	√	√	√
运行于转矩限幅	√	√	√	√
按照指定 MotionIn 接口运行	√	√	√	√
位置方式运行		√	√	√

(续)

功　能	速度轴	位置轴	同步轴	路径轴
运行于 Travel to fixed endstop		√	√	√
回零		√	√	√
高级功能				
快速测量输入		√	√	√
快速输出		√	√	√
快速输出序列		√	√	√
电子齿轮同步			√	√
电子凸轮同步			√	√
路径插补				√

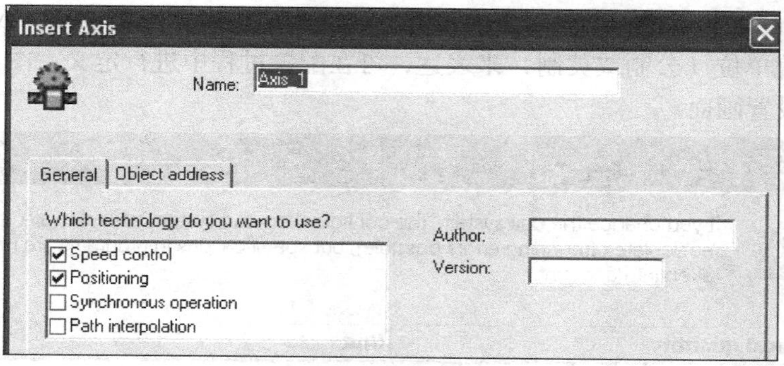

图 5-1　轴的配置

1. 轴类型

根据运动类型来划分，轴可分为直线轴或旋转轴，可将直线轴或旋转轴定义为模态轴，模态轴的模态范围可通过一个起始值及模态长度来定义，其位置以模态长度重复运行；根据所使用的驱动类型，轴可分为电气轴、液压轴或虚轴，在轴的配置过程中可进行相关设置。

直线轴的坐标以长度为单位，如 mm；而旋转轴的坐标以角度为单位，如度或弧度。

位置轴的控制模式见表 5-2。

表 5-2　位置轴的控制模式

模　式	描　述
Standard	位置控制
Standard + pressure	位置控制和压力控制/压力限制
Standard + force	位置控制和力控制/力限制

在轴的配置中，如果是液压轴，可配置阀的类型及闭环控制模式，阀的类型见表 5-3。

表5-3 液压轴中阀的类型

阀类型模式	描述
Q-valve	带 Q 阀的轴（流量控制）
P-valve	带 P 阀的轴（压力控制）
P + Q-valve	带 P + Q 阀的轴

液压轴闭环控制模式选择见表5-4。

表5-4 液压轴的控制模式

闭环控制	描述
Standard	仅用于位置控制
Standard + pressure	位置控制和压力控制
Standard + force	位置控制和力控制

在轴的配置中，如果是虚轴，则不需要选择驱动单元，虚轴可作为多轴同步的主轴或用做编程功能的测试。

2. 单位及准确度

SIMOTION 的工艺对象，如轴对象的位置、速度、加速度、时间、压力及转矩等变量可用 SI 或 US 系统单位（公制或英制）来表达，可在配置过程中进行定义，图5-2 所示为轴的单位及准确度设置画面。

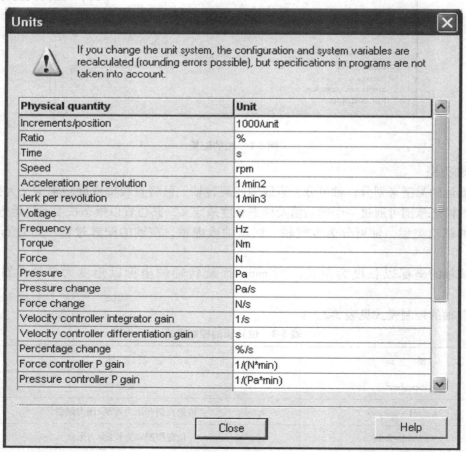

图5-2 单位及准确度设置

长度单位有 mm、m、km、in⊖等几项选择,而力的单位有 N、kN、tfm、tfs 几项选择。

3. 轴设置/驱动分配

轴的驱动器接口可以使用通信、模拟量或者步进脉冲。在 SIMOTION 应用中,使用现场总线通信的方式连接驱动器是最为常见的形式,下面对三种接口进行简单介绍:

(1) 设置通信连接驱动器

使用 PROFIBUS/PROFINET 通信的驱动,遵循 PROFIdrive V4 及应用分类为 1 到 4 的协议,都可以作为 SIMOTION 的下游驱动器使用。驱动器的报文类型见表 5-5。

表 5-5 驱动器的报文类型

驱 动 器	工 艺	报 文 类 型
SIMODRIVE 611U universal SIMODRIVE 611U universal HR	所有	1~6, 101, 102, 103, 105, 106
SIMODRIVE POSMO CA/CD	所有	1~6, 101, 102, 103, 105, 106
SIMODRIVE POSMO SI	所有	1, 2, 3, 5, 101, 102, 105
SIMODRIVE sensor isochronous	外部编码器	81
MASTERDRIVES MC	所有	1~6
MASTERDRIVES VC	速度轴	1, 2
MICROMASTER 4xx	速度轴	1
SINAMICS S120	所有	1~6, 101, 102, 103, 105, 106, 116
SINAMICS integrated (SIMOTION D)	所有	1~6, 101, 102, 103, 105, 106, 116
SINUMERIK AD14,SIMATIC IM174	所有	3

报文类型说明见表 5-6。

(2) 设置模拟量信号驱动的实轴

SIMOTION C 或 IM174 可以通过本机自带的模拟量输出接口控制模拟量驱动。关于 IM174 的使用,请参考本书 11.4 节。

(3) 设置步进脉冲驱动的实轴

SIMOTION C 或 IM174 可以通过本机自带的脉冲接口控制步进电动机驱动器。关于 IM174 的使用,请参考本书 11.4 节。

表 5-6 报文类型说明

报文类型	描 述
标准报文	
1	n-set 接口,16-bit,无编码器
2	n-set 接口,32-bit,无编码器
3	n-set 接口,32-bit,带编码器 1

⊖ 1in = 0.0254m,后同。

(续)

报文类型	描　　述
标准报文	
4	n-set 接口，32-bit，带编码器 1 和编码器 2
5	n-set 接口，32-bit，带 DSC 及编码器 1
6	n-set 接口，32-bit，带 DSC 及编码器 1 和编码器 2
西门子报文	
101	n-set 接口
102	n-set 接口带编码器 1 及转矩限幅
103	n-set 接口带编码器 1，编码器 2 及转矩限幅
105	n-set 接口带 DSC，编码器 1 及转矩限幅
106	n-set 接口带 DSC，编码器 1、编码器 2 及转矩限幅

5.3 轴的机械参数设置

当使用轴工艺对象控制一个驱动时，有关减速比、螺距等机械数据需要在轴的机械参数设置画面中定义。在 SIMOTION SCOUT 软件中，插入一个轴以后，依次选择 "Axis" → "Mechanics" 可以打开轴的机械参数配置画面，如图 5-3 所示。设置项说明见表 5-7。

表 5-7　轴的机械数据设置说明

区域/按钮	描　　述
Measuring system	
Measuring system in opposite sense [invert actual position value]	如勾选此项，使实际值反向
Invert manipulated variable	如勾选此项，使操作值反向，对于液压轴使 Q 阀输出反向
Encoder system	对于线性轴，在此可选择编码器系统（直线或旋转）；对于旋转轴不必改动
Encoder parameters...	使用此按钮可打开显示编码器参数的对话框
Mechanics	
Encoder mounting type	在此可指定编码器的安装类型，如是安装在电动机侧还是负载侧
Check gear ratio	单击此按钮显示检查指定的齿轮比的说明
Load gear	
Number of motor revolutions	输入负载齿轮的齿轮比的负载旋转圈数
Number of load revolutions	输入负载齿轮的齿轮比的电动机旋转圈数

(续)

区域/按钮	描 述
Measuring gearbox	
Number of measuring wheel revolutions	输入测量齿轮的齿轮比的编码器旋转圈数
Number of encoder revolutions	输入测量齿轮的齿轮比的电动机旋转圈数
Leadscrew pitch	
Distance per spindle revolution (linear axis)	输入直线轴的丝杠螺距
Modulo axis	如果激活模态轴,当模态长度到达时实际位置值被设置为模态开始值
Modulo start value	输入模态开始值
Modulo length	输入模态长度
Backlash compensation	激活反向间隙补偿,仅用于编码器安装在电动机侧
Backlash on reversal	输入反向间隙补偿的距离值
Velocity	输入反向间隙补偿速度

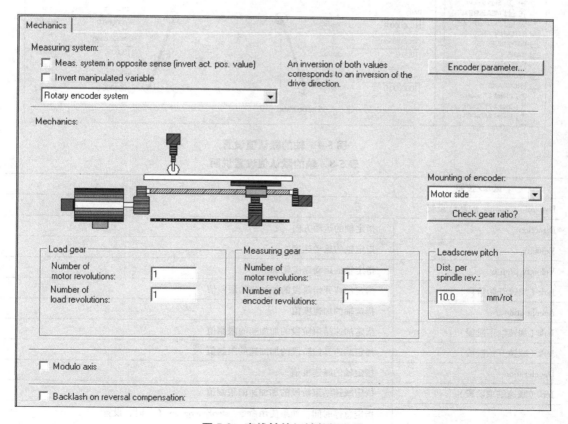

图 5-3 直线轴的机械数据设置

5.4 轴的默认值设置

在编写程序时，当调用运动控制命令时，如果参数赋值 USER_DEFAULT，则系统总是使用默认值。这意味着可以集中一次性定义每个轴的动态值，而无需在调用运动控制命令时重复输入。在 SIMOTION SCOUT 软件中，插入一个轴以后，依次打开"Axis"→"Default"可以打开轴的默认值设置画面，如图 5-4 所示。设置项说明见表 5-8。

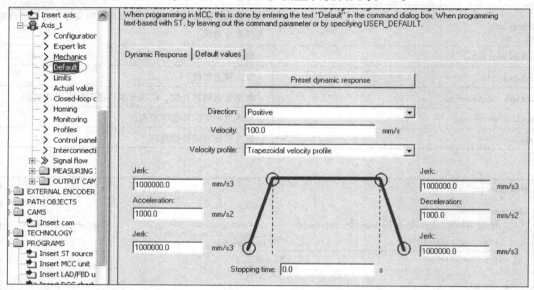

图 5-4 轴的默认值设置

表 5-8 轴的默认值设置说明

区域/按钮	描述
Dynamic response 的默认设置	
Direction	指定轴的运动方向
Velocity	指定轴的运动速度
Velocity profile	指定轴的运动速度轮廓
Jerk（加速开始阶段）	指定加速开始阶段的加加速的限制值
Acceleration	指定轴的加速度值
Jerk（加速结束阶段）	指定加速结束阶段的加加速的限制值
Jerk（减速开始阶段）	指定减速开始阶段的加加速的限制值
Deceleration	指定轴的减速度值
Jerk（减速结束阶段）	指定减速结束阶段的加加速的限制值
Stopping time	指定急停时间，如果使用命令_stopEmergency () 时，设置 stopDriveMode = STOP_IN_DEFINED_TIME, stopTimeType = USER_DEFAULT 时，此设置值有效

5.5 轴的限制值设置

在很多场合下，为了保证人身和设备安全，轴的运动速度和位置都需要限制在一个允许范围内，这种限制可以通过硬件限位、软件限位、软件限速等方式实现。在 SIMOTION SCOUT 软件中，插入一个轴以后，依次选择 "Axis" → "Limits"，可以打开轴的限制值配置画面，即可设置轴的硬件限位、软件限位、最大速度、固定点停止等功能。

1. 设置轴的限位开关

通过数字输入可设置限位开关监视运动范围极限。硬件限位开关总是设计为一个常闭触点，并且在轴超出了允许的运动范围时激活，到达限位开关时触发一个工艺报警。在配置画面中需要指定正负运动方向上限位开关的输入地址，该地址必须在背景任务过程映像区以外（≥64）。

除了设置轴的硬件限位外，还可以设置轴的软件限位。软件限位位置总是在硬件限位开关之内。在 Homing 中对配置数据 Homing.referencingNecessary 的设置可决定软件限位是否总是激活，或是仅当轴回过参考点后激活，如设置 Homing.referencingNecessary = NO 则表示总是激活软件限位；如果设置 Homing.referencingNecessary = YES 则表示回参考点后激活软件限位。在 SIMOTION 中有两个不同的速度极限，一个是轴最大运动速度，另一个是最大编程速度，如图 5-5 所示。设置项说明见表 5-9。

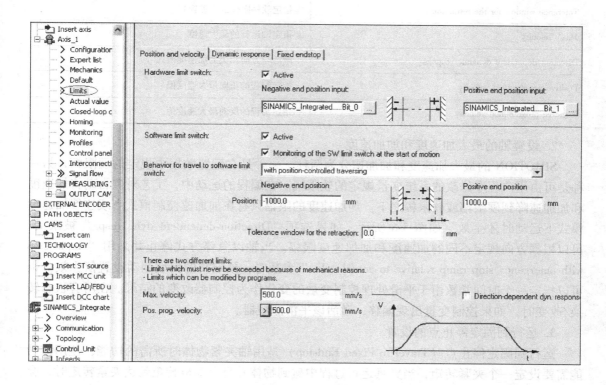

图 5-5 设置轴的限位开关和最大速度

表5-9 轴的限制值的设置说明

区域/按钮	描述
Hardware limit switch	
Active	激活硬件限位功能,轴的运行距离被限制在硬件限位开关之内
Negative end position Input	在此输入负向硬件限位开关的地址,如"PI72.2";也可单击按钮进行选择
Positive end position Input	在此输入正向硬件限位开关的地址,如"PI72.2";也可单击按钮进行选择
Software limit switch	
Active	激活软件限位功能,轴的运行距离被限制在软件限位开关之内
Monitoring of the software limit switches at start of motion	在运动开始时激活软件限位监视
Behavior for travel to software limit switch	指定软件限位开关是在 position-controlled 模式中或在所有模式中起作用
Negative end position	指定负向软件限位位置
Positive end position	指定正向软件限位位置
Tolerance window for the retraction	指定软件限位的容差窗口
Max. velocity	指定轴运行的最大速度
Direction-dependent dynamic response	激活与方向相关的加速度模式
Positive programmed velocity	指定编程的正向最大速度值
Negative programmed velocity	指定编程的反向最大速度值

2. 设置轴的最大加速度和加加速度

SIMOTION 的最大加速度和加加速分为两种,一种是在配置数据中规定的硬限幅,另一种是可由用户程序修改的系统变量规定的软限幅。在编程的运动中,工艺对象自动将加速度和加加速降到硬限幅或软限幅之下。加加速度的限幅只有在加加速控制模式下或连续加速度模式下运动时才生效。如图 5-6 所示,如果选项 "Direction-dependent dyn. resp." 被激活,可以根据方向规定不同的加速度和加加速度限幅。当轴以急停方式停止并采用 "Rapid stop with emergency stop ramp relative to actual value" 参数时,预定义的斜坡制动设置值生效。也可以指定一个时间常数用于平滑处理控制变量的变化作为控制器改变的结果。在所有状态转换/改变时,如果控制变量出现偏移,激活该平滑滤波器。

3. 运行到固定停止点的设置

运行到固定停止点 (Travel to Fixed Endstop) 是用轴夹紧物体时所需的功能,使用该功能需要设定一个夹紧转矩,当夹具运行过程中碰到物体并且电动机转矩到达夹紧转矩时,会维持夹紧状态,并返回一个状态值,以便进行下一步工序。Travel to Fixed Endstop 功能的使用需要两个条件,一个是位置轴处于运行中,另一个是电动机转矩到达设定的限幅值。

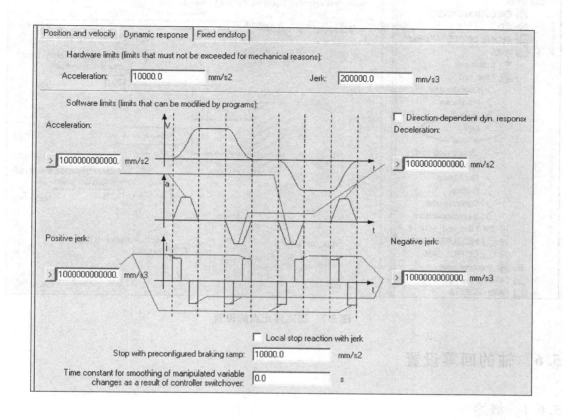

图 5-6　设置轴的限定最大加速度和加加速

Travel to fixed endstop 命令可以与轴的运动命令同时激活，此时用于一般运动中的跟随误差监视被关闭。该功能需要使用驱动器的转矩限幅功能，也就是说该功能只有选择了报文 103、104、105 或 106 时才能使用。

当固定停止点到达的条件满足时，插补器停止工作，但位置控制器保持激活。轴此时按照命令中设定的转矩值夹紧。轴系统变量 moveToEndStopCommand.ClampingState 指示固定点到达的状态。在夹紧状态下，只有反方向运行的运动命令才会执行。在夹紧状态下，当轴的实际位置偏离超过 "Position tolerance after fixed endstop detection" 规定的范围时（例如通过停止夹紧，与夹紧方向反向的运动命令），该状态取消。

在 Fixed endstop 设置标签中 Fixed end stop detection（见图 5-7）可以有下面两个选择来判断固定停止点是否到达：

1）Via following error：表示通过跟随误差来判断固定停止点是否到达，在 Following error for the fixed endstop detection 域中输入跟踪误差值。

2）Via force/torque：表示通过力/转矩来判断固定停止点是否到达，在程序中设定力/转矩值。

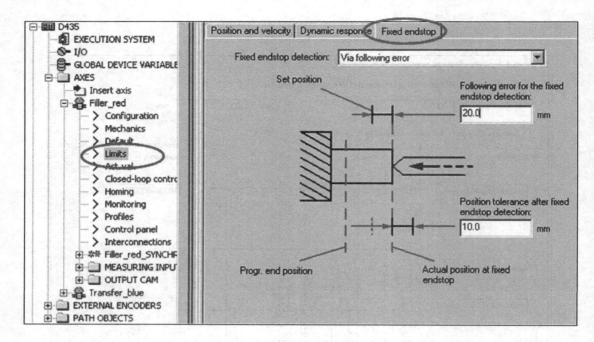

图 5-7 固定停止点的设置

5.6 轴的回零设置

5.6.1 概述

对于位置轴，设定及显示的相关位置是基于轴坐标系统的，轴的坐标系统必须与实际的机械坐标相一致。在进行绝对定位时，轴的坐标零点必须是已知的。轴的零点标定与电动机的位置反馈所使用的编码器息息相关。电动机轴上的编码器通常可分为绝对值编码器和增量编码器两种类型。对于绝对值编码器，在轴运行前必须进行一次绝对值编码器的校正；对于增量编码器，必须通过执行回零命令来确定轴的机械零坐标，这可以通过编码器的零脉冲、外部零脉冲或零点开关+编码器的零脉冲的方法来实现。轴的回零类型有主动回零、被动回零、直接回零、相对直接回零以及绝对值编码器回零几种类型。轴的回零状态可以在其系统变量 Positionstate.homed 中查看。

5.6.2 主动回零

主动回零被称为 Active homing，对于此类型的回零，轴需完成一个指定的运动。通过配置可选择下述回零模式：

1) 通过零点开关及编码器零脉冲回零（output cam and encoder zero mark）；
2) 仅通过外部零脉冲回零（external zero mark only）；
3) 仅通过编码器零脉冲回零（encoder zero marker only）。

在主动回零时，需设定回零的方向、回零的接近速度（Approach velocity）、遇到零点开关后的减速度（Reduced velocity）以及进入零坐标的速度（Entry velocity）。

1. 使用零点开关及编码器的零脉冲方式的主动回零

回零过程分为如下三个阶段（见图 5-8）：

1）轴运行至零点开关处。轴以接近速度（Approach velocity）运行，碰到零点开关。

2）与编码器零脉冲同步。轴以减速度（Reduced velocity）运行至增量编码器的零脉冲。编码器的零脉冲相对于零点开关的位置可以在图 5-8 中设置。控制器与第一个检测到的零脉冲同步。当检测到零脉冲时，轴被认为同步并且轴位置被设定为"Home position coordinate-Home position offset"。

3）轴运行至坐标零点位置。当检测到编码器零脉冲时，轴以进入速度（Entry velocity）运行"Home position offset"偏移距离，停止后将当前位置置为"Home position coordinate"中所设的位置，完成回零操作。

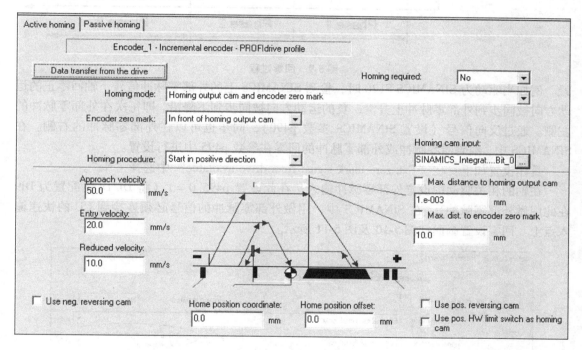

图 5-8 主动回零设置

回零过程速度曲线如图 5-9 所示。

从 SCOUT V4.1 SP1 之后，硬件限位开关可以用做零点开关。轴回零运行碰到限位开关后再反向运行到第一个编码器零脉冲，轴不能在硬件限位开关的方向继续运行。左右硬件限位开关均可用做零点开关，分别用于正向回零及反向回零，在回零期间不激活硬件限位功能。图 5-8 中勾选"Use neg. reversing cam"即可激活该功能。

2. 仅使用外部零脉冲的主动回零

回零过程中，当轴遇外部零脉冲的上升沿时，以进入速度（Entry velocity）运行"Home position offset"偏移距离，停止后将当前位置置为"Home position coordinate"中所设的位置值，完成回零操作。

外部零脉冲通过驱动器的报文传送，那么需要对驱动器的数字量输入点进行相应的配

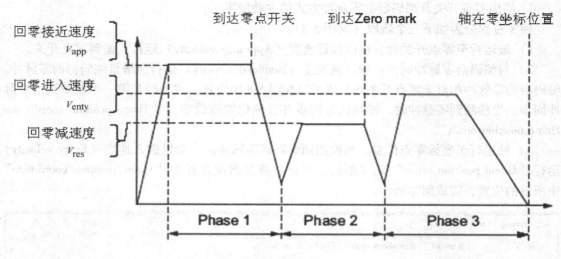

图 5-9 回零过程

置。例如当驱动为 SINAMICS S120 时，检测 SINAMICS 上的外部零脉冲信号，轴回零正的运动方向被同步到外部零脉冲上升沿，负的运动方向被同步到下降沿，即每次在外部零脉冲的左侧。通过反向信号（设置 SINAMICS 参数 p490），同步也可以在外部零脉冲的右侧。在 SINAMICS 中，编码器零脉冲或外部零脉冲的回零在参数 p495 中进行设置。

具体设置如下：在"Ext. zero mark signal from drive available"中选择"No"。

在轴的相关驱动中设置外部零脉冲输入，在此设置 p495.0 = 1（将 DI/DO9 配置为 DI9 在此用做外部零脉冲）。在 SINAMICS 中，用做外部零脉冲的信号必须连接到 CU 的快速输入点上。回零设置画面如图 5-10 及图 5-11 所示。

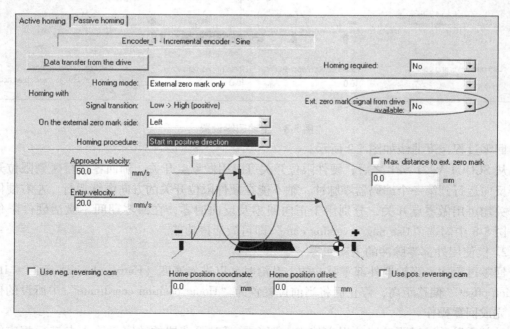

图 5-10 正的运动方向外部零脉冲回零

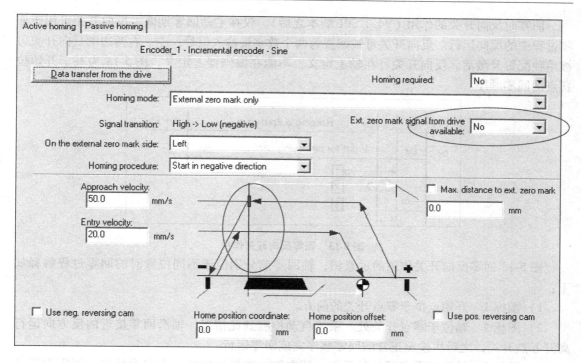

图 5-11 负的运动方向外部零脉冲回零

3. 仅通过编码器零脉冲的主动回零（无零点开关）

当没有零点开关时（例如轴在行程范围内编码器只有一个零脉冲信号的情况），回零命令使轴运行至编码器的零脉冲标记处，检测到编码器零脉冲后，轴以进入速度运行零点偏移位置后将此位置设置为零点坐标，如图 5-12 所示。

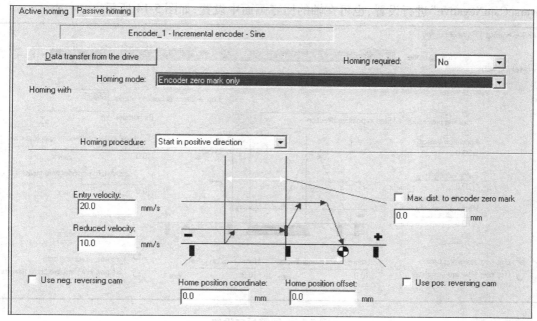

图 5-12 编码器零脉冲回零设置

回零时反向开关的作用（V4.1 SP1 版本之后）。仅在主动回零期间，反向开关可用于回零过程中的反向运行。反向开关可被配置为两个数字量输入信号。左、右两边的反向开关可被单独配置及激活。反向开关可在轴上定义，不能在编码器上定义，图 5-13 为基于开始位置点的回零顺序。

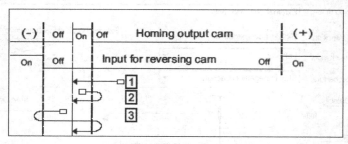

图 5-13　回零反向开关作用

图 5-13 回零反向开关作用的示意图，轴回零前分别位于不同位置时的回零过程解释如下：

1) 图标 1　开始点位于零点开关的前方。

2) 图标 2　轴位于零点开关处。系统自动检测到此情况，轴沿回零接近的反方向运行离开零点开关，之后再按照正常的回零顺序完成回零运行。

3) 图标 3　轴位于零点开关的后面，即左侧。如果按照回零方向为反向的回零设置开始找零点时，当轴运行至左侧反向开关时则轴反向运行并且运行离开零点开关，之后再按照正常的回零顺序完成回零运行。可将硬件限位开关定义为反向开关。在这种情况下，在回零期间不激活硬件限位开关的限位功能。

反向开关可通过轴的配置参数"TypeOfAxis.Homing.ReverseCamPositive and TypeOfAxis.Homing.ReverseCamNegative"进行设置，也可在轴的回零画面中设置，如图 5-14 所示。

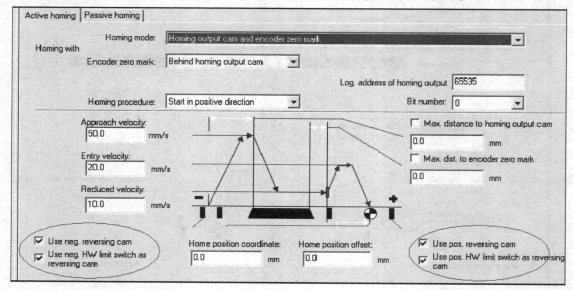

图 5-14　回零反向设置

5.6.3 被动回零

被动回零被称为 Passive homing，此类回零发生在运动期间，此运动不是由回零命令产生的。通过配置可选择下述回零模式：

1）通过零点开关及编码器零脉冲回零（output cam and encoder zero mark）；
2）仅通过外部零脉冲回零（external zero mark only）；
3）仅通过编码器零脉冲回零（encoder zero marker only）。

在被动回零时，执行被动回零命令后通过一个运动命令运行轴时，按照设定的回零模式完成回零。在相关的运动指令中的位置控制模式下才可以使用被动回零。不能使用零点位置偏移量。当轴检测到零点信号后发出回零完成状态信号。回零速度、减速度及进入速度在被动回零中没有使用。

被动回零的设置，如图 5-15 所示。

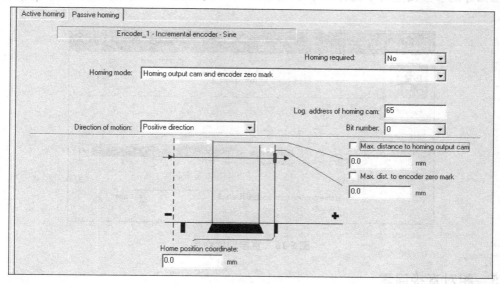

图 5-15 被动回零设置

（1）默认设置

回零模式基于编码器的类型由系统进行定义：

1）sin/cos，TTL 或 resolvers 增量编码器，通过编码器零脉冲来实现回零。
2）Endat 绝对值编码器通过外部编码器零脉冲来实现回零。

（2）通过零点开关及编码器零脉冲的被动回零（Passive homing with homing output cam and encoder zero mark mode）

一旦检测到零点开关，检测下一个编码器的零脉冲，当检测到编码器的零脉冲时将当前位置设置为轴的零点位置坐标，发出已回零的状态信号。

（3）仅通过外部零脉冲的被动回零（Passive homing with external zero mark only）

一旦检测到外部零点开关，将当前位置设置为轴的零点位置坐标，发出已回零的状态信号。

（4）仅通过编码器零脉冲的被动回零（Passive homing with encoder zero mark only）

回零不使用零点开关，例如：在轴的整个运行范围中，编码器仅有一个零点脉冲信号。当检测到零点脉冲信号时，将当前位置设置为轴的零点位置坐标，发出已回零的状态信号。

对于在轴的整个运行范围，不只产生一个零点脉冲信号的应用中，应使用"homing output cam and encoder zero mark"的回零设置，以确保回零准确。当然也可以使用"external zero mark only"的回零设置，这种回零准确度会低一些。

5.6.4 直接回零/设置零点位置

直接回零被称为 Direct homing 或 setting the home position，在无运动时将轴的当前位置设置为指定的轴的零点位置坐标。不能使用零点位置偏移，不需要执行轴的运动。当执行回零命令后，发出已回零的状态信号。

轴回零的参数设置对于此种回零方式无用，轴的零点坐标在回零命令中设置，如图 5-16 所示。

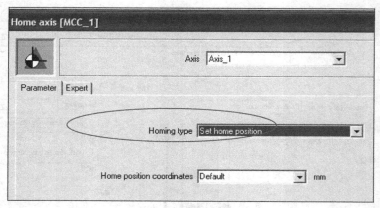

图 5-16 直接回零命令

5.6.5 相对直接回零

相对直接回零被称为 Relative direct homing，在无运动时，将轴的当前位置偏移零点位置坐标中的设定值，在此情况下，设置的零点位置坐标作为偏移量。

在轴运行中也可以使用此种回零方式。轴回零的参数设置对于此种回零方式无用。轴的零点坐标在回零命令中设置，如图 5-17 所示。

5.6.6 绝对值编码器回零

绝对值编码器回零被称为 Absolute encoder homing 或 absolute encoder adjustment，用于绝对值编码器的零点校正，当调试控制器时，此功能必须被执行一次。

使用_homing 命令，回零模式设置为"ENABLE_OFFSET_OF_ABSOLUTE_ENCODER"时，当前轴位置被设置 = 编码器值 + 绝对值编码器的偏移量，如图 5-18 所示。

绝对值编码器的偏移量可以设置作为一个附加值或绝对值，被保存在 NVRAM 中，在下次绝对值编码器调整之前一直有效。

第 5 章 轴工艺对象

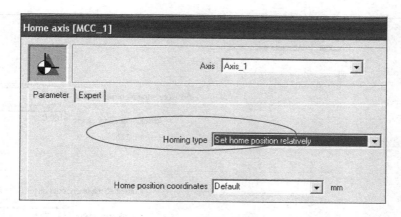

图 5-17 相对直接回零命令

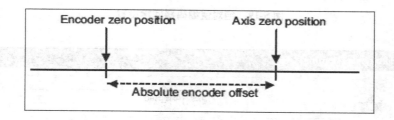

图 5-18 轴的零位置为编码器零位置+绝对值编码器偏移量

总的偏移量可通过 absHomingEncoder. setOffsetOfAbsoluteEncoder 及 absshift 配置数据来实现。

1. 设置一个附加的偏移量

若设置 absHomingEncoder. setOffsetOfAbsoluteEncoder = RELATIVE（默认设置），执行 homing 命令后，有

1）轴的实际值=编码器实际值+（以前设置的有效偏移量+absshift）；

2）新的偏移量 = 以前设置的有效偏移量+absshift。

当调用_homing 命令时，absHomingEncoder. absshift 被叠加到当前绝对值编码器的偏移量中，设置画面如图 5-19 和图 5-20 所示。

2. 设置一个绝对偏移量

若设置 absHomingEncoder. setOffsetOfAbsoluteEncoder = ABSOLUTE，当调用_homing 命令时，absHomingEncoder. absshift 被设置为绝对值编码器的偏移量如图 5-21 所示。执行 homing 命令后，轴的实际值 = 编码器实际值+absshift。

比如当前实际编码器位置值=100.000，绝对偏移 absshift = 5.000，执行 homing 命令的结果如下：

1）第一次执行_homing 命令，实际位置 = 105.000；

2）第二次执行_homing 命令，实际位置 = 105.000；

3）设置绝对偏移 absshift = 7.000 后，第三次执行_homing 命令，实际位置 = 107.000。

3. 设置轴至预定义的位置

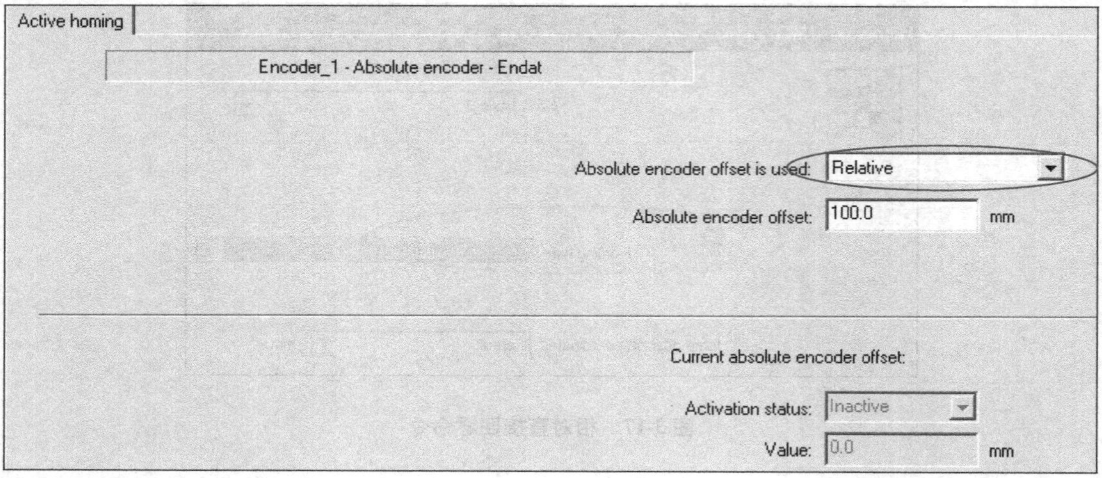

图 5-19 绝对值编码器回零设置

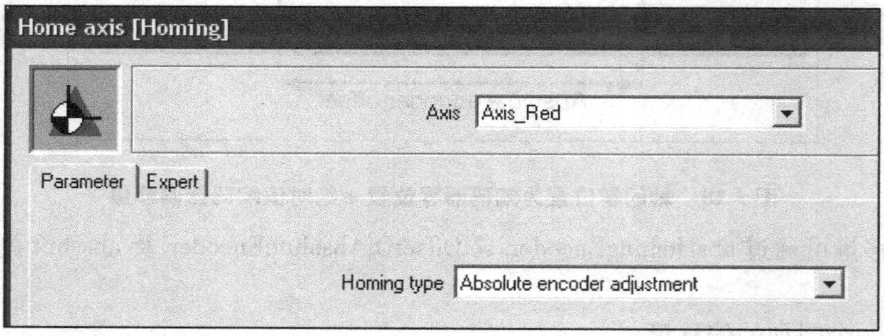

图 5-20 绝对值编码器回零编程

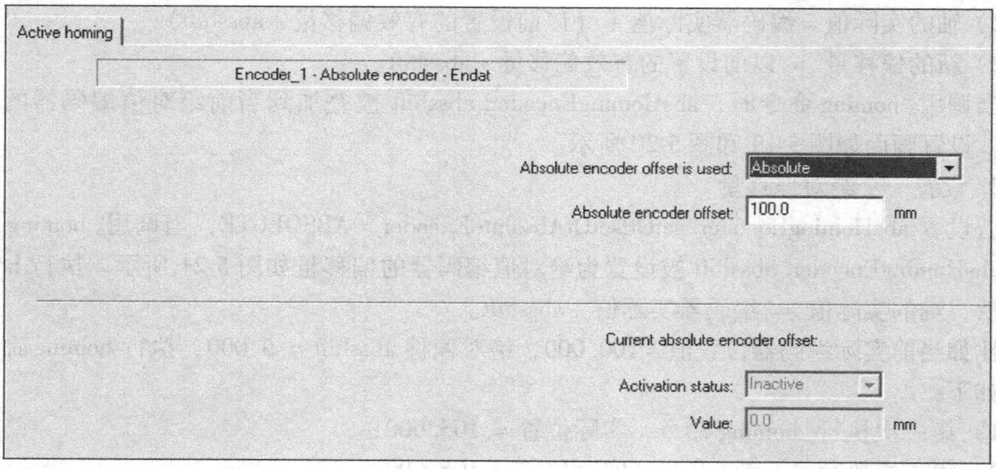

图 5-21 绝对值编码器回零设置

当在_homing 命令中设置功能参数 homingMode：= SET_OFFSET_OF_ABSOLUTE_ENCODER_BY_POSITION 时，执行 homing 命令后则将当前位置值设置为 homePosition 参数中的值。绝对值编码器的偏移量通过此值由系统来计算，并在系统变量 absoluteEncoder[n].totalOffsetValue 中显示，此值在系统中作为掉电保存变量进行保存。在 absHomingEncoder.absshift 中的配置数据不会被改变。

执行下述步骤可进行绝对值编码器的调整：

1）不激活限位开关，因为当限位开关激活时不能进行绝对值编码器的调整。

2）执行绝对值编码器的调整有以下方法：

方法 1：一旦执行 homing 命令，homingMode：= ENABLE_OFFSET_OF_ABSOLUTE_ENCODER，则回零使用配置数据 absHomingEncoder.absshift 对编码器实际位置进行偏移（配置数据 absHomingEncoder.absshift 可在线进行修改，任何修改可立即生效）。

方法 2：将轴移动到设定的零点位置，执行_homing 命令，homingMode：= SET_OFFSET_OF_ABSOLUTE_ENCODER_BY_POSITION，则将当前位置设置为 homePosition 中的值。绝对值编码器的偏移量会被系统自动计算，并显示在系统变量 absoluteEncoder[n].totalOffsetValue 中，此值在系统中作为掉电保存变量进行保存。配置数据"absHoming Encoder.absshift"中的值不被改变。

3）使能软件限位开关。

5.6.7 其他信息

对于轴的回零，还需注意下述相关信息：

（1）对于增量编码器需要一个新的回零过程的状态

对于增量编码器，在下述情况下，轴的已回零状态系统变量 positioningstate.homed 被复位为 No：

1）编码器系统错误/编码器失败；

2）执行新的回零命令；

3）掉电；

4）从 SCOUT 中下载程序时选择初始化所有的非掉电保持的工艺对象数据设置；

5）对于轴配置修改后的重新下载；

6）此轴工艺对象的重新启动。

（2）绝对值编码器需要重新调整的状态

下述情况下需重新对绝对值编码器进行校正：

1）一旦新项目下载至控制器，存储的偏移量不再有效时。如果在新项目下载前已经包含了一个项目，并且如果工艺对象名字没有改变，存储的偏移量是掉电保持型的，在此情况下不需重新调整。

2）如果项目没有被保存到 ROM 中，电源掉电后再上电，造成偏移量被删除。

3）存储器被复位后。

（3）零点标记监控

如果在指定的运动路径中零点标记没有到达，则触发警告。在回零采用 homing output cam and encoder zero mark 方式时，仅当轴离开 homing output cam 后路径才被监控。如果出现反向开关，当方向反向后监控功能再次有效。当使能监控功能时，主动及被动回零过程均被监控。

(4) 零点开关监控（Homing output monitoring）

如果在指定的运动路径中零点开关没有到达，则触发警告。如果出现反向开关，当方向反向后监控功能再次有效。当使能监控功能时，主动及被动回零过程均被监控。

(5) 回零期间显示实际值的变化

实际值变化在系统变量 homingCommand.positionDifference 中显示。

(6) 运行未回零的轴

通过 referencingNecessary 配置数据，可以定义是否绝对位置可用于未回过零的轴。当设置 referencingNecessary = NO 时，相对及绝对运动均有效。当设置 swlimit.state = YES 时，监控软件限位开关的状态。当设置 referencingNecessary = YES 时，对于未回零的轴，仅相对运动有效，即使设置 swlimit.state = YES，也不监控软件限位开关的状态。

5.7 轴的监视功能

对于轴工艺对象，系统提供了轴的定位与零速监视、轴运行时跟随误差监视以及速度误差监视功能，如果在定位过程中，实际位置与设定位置的偏差超过了预设的门限值，会触发相应的报警，并有相应的系统响应。在 SIMOTION SCOUT 软件中，插入一个轴以后，依次选择"Axis"→"Monitoring"可以打开轴的监视功能配置画面，在此可设置轴的定位与零速监视、跟踪误差监视等功能。

1. 轴的定位与零速监视（见图 5-22）

(1) 定位监视

在定位的终点将根据定位窗口监视轴是否进入到预定义位置，为此需要指定定位窗口和间隔时间。

位置设定值插补结束时，启动一个定时器，其运行时间在 Positioning tolerance time 中指定。该时间结束后，实际位置和设定位置相比较，如果差值大于定位窗口中定义的数值，则输出错误消息"Error 50106：Positioning monitoring"。

(2) 零速监视

零速监视在运动结束后监视轴的实际位置，零速监视使用两个时间窗口和一个容差窗口。位置设定值插补结束时，如果轴的实际位置已经到达了定位监视的容差窗口，则启动一个定时器，其运行时间为"Minimum dwell time"。该时间结束后，激活零速监视。

零速监视比较实际位置和设定位置。如果轴的实际位置离开零速窗口的时间大于 Tolerance time 中指定的时间，则输出错误消息"Alarm 50107：Standstill monitoring is output"。

如果将 Minimum dwell time 和 Tolerance time 的时间间隔设置为 0，零速监视的容差窗口必须大于或等于定位监视的容差窗口。

2. 跟随误差监视功能（见图 5-23）

跟随误差用于监视运动中跟随误差的改变，例如当轴遇到阻碍时跟随误差会发生很大变化。位控轴的跟随误差监视基于计算的跟随误差，即通过设定速度和直线斜率计算允许的最大跟随误差。如果超出极限值则输出报警"Error 50102：Window for dynamic following error

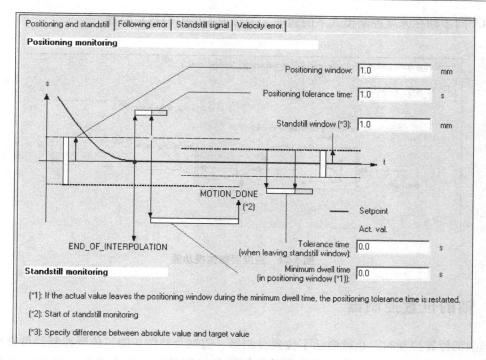

图 5-22　轴的定位与零速监视

monitoring exceeded"；如果速度低于指定的最小速度，一个参数规定的跟随误差常数被监视。

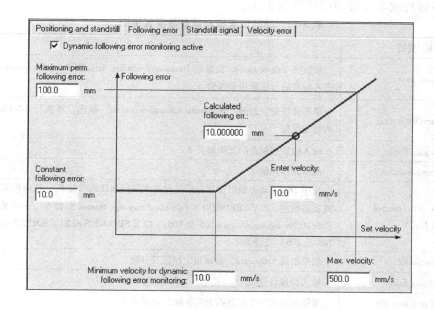

图 5-23　跟随误差监视功能

3. 速度误差监视功能（见图 5-24）

速度误差监视可以监视编程设定速度和实际速度之间的任何偏差。该监视用于速度轴或定位轴和同步轴在速度控制模式下的运动，轴必须连接编码器并配置。

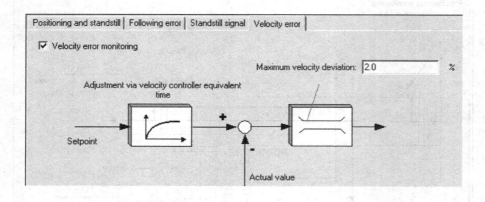

图 5-24　速度误差监视功能

5.8　轴的位置控制器

当激活位置控制时，也就激活了位置控制器、监视及补偿功能。位置控制器负责控制轴的实际位置。对于电气轴，通常设计为带预控的 P 控制器并且激活动态伺服 DSC 控制；对于液压轴，设计为 PID 控制器。在 SIMOTION SCOUT 软件中，插入一个轴以后，依次选择"Axis"→"close-loop control"可以打开轴的位置控制器进行优化设置，如图 5-25 所示。

轴的位置控制器设置项说明见表 5-10。

表 5-10　轴的位置控制器参数设置说明

区域/按钮	描　述
Expert mode	如激活 Expert mode，会显示 Dynamic controller data 及 Friction compensation 标签，进入标签后可设置相关参数
...Controller setting	单击此按钮会打开"Automatic controller setting"画面，可执行 SINAMICS 驱动器的自动优化
Servo gain factor	输入位置控制器的比例增益 Kv
Drift compensation	激活漂移补偿
Dynamic servo control（DSC）	使用 DSC（动态伺服控制）后，允许大的伺服比例增益 K_v，这样可实现轴控制的高动态响应。MASTERDRIVES（standard message frames 5 和 6），SIMODRIVE 611U（SIEMENS message frames 105 及 106），以及 SINAMICS S120（SIMENS message frames 105 及 106）支持 DSC
Precontrol	如果激活 Precontrol，必须指定预控百分数
Weighting factor	输入预控百分数
Dynamic response filter	可使用动态响应滤波器来调整轴的动态响应
Dynamic response filter On	激活动态响应滤波器
Time constant T1	设置动态响应滤波器的附加时间常数 1
Time constant T2	设置动态响应滤波器的附加时间常数 2

（续）

区域/按钮	描述
Dead time	设置动态响应滤波器的死区时间
Fine interpolator	指定精插补，用于位置控制的速度预控
Balancing filters	激活平衡滤波器

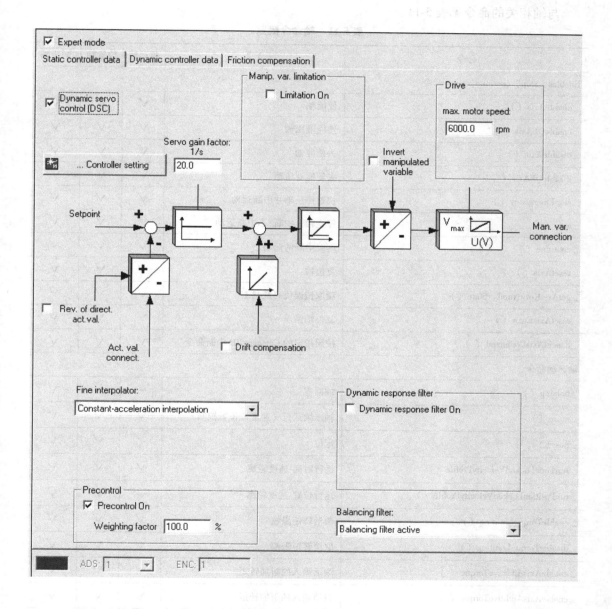

图 5-25　位置控制器参数设置

5.9 轴控制命令

轴通过系统提供的命令进行控制，这些命令用于使能或不使能轴，运行轴及设定数据，读取状态信息等。关于命令的详细编程及解释请参看 SCOUT 软件的在线帮助。

1. 命令概览

与轴相关的命令见表 5-11。

表 5-11 轴命令概览

命令	含义	驱动轴	位置轴	同步轴
Enables, stop, continue, reset 命令				
_enableAxis ( )	使能轴	√	√	√
_enableQFAxis ( ) *	使能液压轴		√	√
_disableAxis ( )	去使能轴	√	√	√
_disableQFAxis ( ) *	去使能液压轴		√	√
_stopEmergency ( )	快速停止轴并中断运动	√	√	√
_stop ( )	停止轴，中断/不中断运动	√	√	√
_continue ( )	继续中断的运动	√	√	√
_resetAxis ( )	复位轴	√	√	√
_getAxisErrorNumberState ( )	读取错误代码及状态	√	√	√
_resetAxisError ( )	复位轴错误	√	√	√
_cancelAxisCommand ( )	按照指定的 CommandID 中断命令	√	√	√
轴运动命令				
_homing ( )	轴回零	—	√	√
_move ( )	轴连续运行（速度或位置控制）	√	√	√
_pos ( )	定位	—	√	√
_runTimeLockedVelocityProfile ( )	运行时间-速度轮廓	√	√	√
_runPositionLockedVelocityProfile ( )	运行位置-速度轮廓	—	√	√
_enableTorqueLimiting ( )	激活转矩限幅	√	√	√
_disableTorqueLimiting ( )	取消转矩限幅	√	√	√
_enableAxisAdditiveTorque ( )	激活输入的附加转矩	√	√	√
_enableAxisAdditiveTorque ( )	取消输入的附加转矩	√	√	√
_enableAxisTorqueLimitPositive ( )	激活输入的正转矩限幅	√	√	√
_disableAxisTorqueLimitPositive ( )	取消输入的正转矩限幅	√	√	√

(续)

命令	含义	驱动轴	位置轴	同步轴
轴运动命令				
_enableAxisTorqueLimitNegative ( )	激活输入的负转矩限幅	√	√	√
_disableAxisTorqueLimitNegative ( )	取消输入的负转矩限幅	√	√	√
_enableVelocityLimitingValue ( )	激活速度限制	√	√	√
_disableVelocityLimiting ( )	取消速度限制	√	√	√
_enableMovingToEndStop ( )	激活固定点停止功能	—	√	√
_disableMovingToEndStop ( )	停止固定点停止功能	—	√	√
坐标系统命令				
_redefinePosition ( )	设置轴的实际位置	—	√	√
_setAndGetEncoderValue ( )	同步测量系统	—	√	√
_enableMonitoringOfEncoderDifference ( )	激活编码器偏差监控	—	√	√
_disableMonitoringOfEncoderDifference ( )	取消编码器偏差监控	—	√	√
_getAxisUserPosition ( )	返回指定编码器值的用户位置	—	√	√
_getAxisInternalPosition ( )	返回指定用户位置的编码器值	—	√	√
模拟运行命令				
_enableAxisSimulation ( )	激活轴的模拟运行	√	√	√
_disableAxisSimulation ( )	取消轴的模拟运行	√	√	√
信息功能/命令缓冲区命令				
_getStateOfAxisCommand ( )	读取运动命令的执行状态	√	√	√
_getMotionStateOfAxisCommand ( )	读取当前的运动阶段状态	√	√	√
_bufferAxisCommandId ( )	保存 CommandId	√	√	√
_removeBufferedAxisCommandId ( )	移出缓冲区中的 CommandId	√	√	√
_getStateOfMotionBuffer ( )	读出运动缓冲区中的状态	√	√	√
_resetMotionBuffer ( )	复位运动缓冲区	√	√	√
_getProgrammedTargetPosition ( )	读出程序中绝对结束位置	—	√	√
_getAxisErrorNumberState ( )	读出轴指定错误的状态	√	√	√
数据组命令				
_setAxisDataSetActive ( )	激活数据组设置	√	√	√
_setAxisDataSetParameter ( )	写数据组	√	√	√
_getAxisDataSetParameter ( )	读数据组	√	√	√

2. PLCopen 命令

表 5-12 ~ 表 5-14 中的命令可在 SIMOTION 的周期循环程序/任务中调用，它们主要用于 LAD/FBD 语言编程。PLCopen 命令为标准功能，可直接从命令库中调用。

单轴控制命令见表 5-12。

表 5-12　PLCopen 中的单轴控制命令

功　能	描　述
_MC_Power ( )	使能轴
_MC_Stop ( )	停止轴
_MC_Reset ( )	复位轴
_MC_Home ( )	轴回零
_MC_MoveAbsolute ( )	轴绝对定位
_MC_MoveRelative ( )	轴相对定位
_MC_MoveVelocity ( )	轴以指定的速度运行
_MC_MoveAdditive ( )	在运行轴的剩余路径上叠加轴的运动
_MC_MoveSuperimposed ( )	在运行轴上叠加轴的运动
_MC_PositionProfile ( )	以指定的时间-位置轮廓运行轴
_MC_VelocityProfile ( )	以指定的时间-速度轮廓运行轴
_MC_ReadActualPosition ( )	读取轴的位置实际值
_MC_ReadStatus ( )	读取轴的状态
_MC_ReadAxisError ( )	读取轴的错误
_MC_ReadParameter ( )	读取数据类型为 LREAL 的轴参数
_MC_ReadBoolParameter ( )	读取数据类型为 BOOL 的轴参数
_MC_WriteParameter ( )	写入数据类型为 LREAL 的轴参数
_MC_WriteBoolParameter ( )	写入数据类型为 BOOL 的轴参数
_MC_Jog ( )	连续或增量方式的点动运行

多轴控制命令见表 5-13。

表 5-13　PLCopen 中的多轴控制命令

功　能	描　述
_MC_CAMIn ( )	开始从轴的 CAM 运行
_MC_CAMOut ( )	结束从轴的 CAM 运行
_MC_GearIn ( )	开始从轴的 Gear 运行
_MC_GearOut ( )	结束从轴的 Gear 运行
_MC_Phasing ( )	偏移从轴对于主轴的位置

外部编码器命令见表 5-14。

表 5-14　PLCopen 中的外部编码器命令

功　能	描　述
_MC_Home ( )	外部编码器回零
_MC_Power ( )	使能外部编码器
_MC_ReadStatus ( )	读取外部编码器状态
_MC_ReadAxisError ( )	读取外部编码器错误
_MC_Reset ( )	复位外部编码器
_MC_ReadParameter ( )	读取外部编码器数据类型为 LREAL 的参数
_MC_ReadBoolParameter ( )	读取外部编码器数据类型为 BOOL 的参数
_MC_ReadActualPosition ( )	读取外部编码器的实际值

第 6 章 轴同步工艺对象

6.1 概述

在各类生产机械中,同步功能有着十分广泛的应用,比如同步送料、同步剪切、同步印刷、同步灌装等,图 6-1 所示就是一个轮切应用的例子。同步功能是很多生产机械的控制核心,有着十分重要的作用。在很多应用中,同步准确度直接影响产品质量,进而影响产品的市场竞争力。在传统的机械解决方案中,是使用齿轮、凸轮等机械元件来保证位置同步的。这种方案存在很多缺点,比如机械元件的磨损造成准确度下降、参数无法修改造成产品单一等。随着机电一体化和自动控制理论的发展,集中式的机械解决方案正在被分布式的电气解决方案所代替。

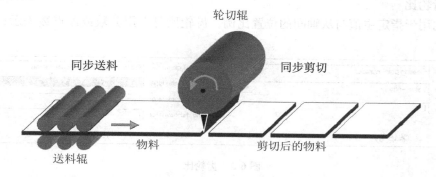

图 6-1 轮切中的同步应用

SIMOTION 的同步操作工艺对象(简称"同步对象")提供了同步功能的电气解决方案,它使用"电子齿轮"、"电子凸轮"代替机械齿轮、机械凸轮,其优势在于没有机械磨损,可在线修改齿轮比、凸轮曲线等参数。这些优势使得生产机械应用灵活、易于维护,生产出的产品更加丰富多样,具有十分广阔的应用前景。

6.2 同步的基本概念

1. 主值与从轴

在运动控制应用中,经常需要多个轴的同步控制,例如设定一个轴为主轴,其他的轴为从轴,从轴跟随主轴的运动而做相应的运动。SIMOTION 的同步运行功能由同步对象(Synchronous Object)提供,主值(Master)产生的量(含位置、速度和加速度)经过同步对象的处理后赋给从轴(Slave),从而实现同步运行。同步运行关系至少包含一个主值和一个从轴。主值可以是一个位置轴或者外部编码器,也可以由 Fixed gear 、Addition object、Formula object 等 TO 提供。从轴包含一个跟随轴(即从轴)、一个或两个同步对象对以及一个或多个 Cam 曲线。

2. 电子齿轮

电子齿轮功能（Gearing）可以完成主值与从轴间位置的线性传递功能。与机械中的齿轮功能类似，指定的齿轮比用于描述主值与从轴间的线性位置关系，如图 6-2 所示。

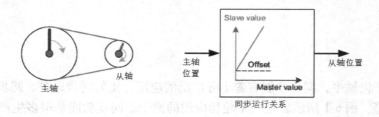

图 6-2　电子齿轮同步

其主值和从轴按以下的公式进行计算：

$$\text{Slave value} = \text{Gear ratio} \times \text{Master value} + \text{Offset}$$

使用电子齿轮时，会用到以下参数：

（1）齿轮比

齿轮比用于指定主值与从轴间的位置比例，齿轮比可以用分数或浮点数表示，如图 6-3 所示。

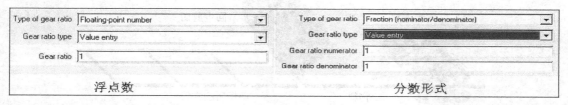

图 6-3　齿轮比

（2）偏移

在 SIMOTION 中，从轴和主值间可以设置一个偏移量 Offset，也可以在同步运动过程中对偏移量进行调整。比如在建立同步时，可以将同步命令_enableGearing（）的参数"同步模式"设置为

1）IMMEDIATELY_AND_SLAVE_POSITION：立即开始同步，从轴带偏移；

2）ON_MASTER_AND_SLAVE_POSITION：同步位置参考主轴位置，从轴带偏移来激活从轴的偏移。

（3）绝对同步与相对同步

同步类型分为绝对同步和相对同步，在 SIMOTION 建立同步前要指定其同步类型。绝对同步即主值和从轴的位置关系是绝对位置关系，即双方的位置关系是以坐标零点作为参考的，如图 6-4 所示。

相对同步则是主值和从轴都以当前位置值作为参考点，之后保持位置的线性关系，如图 6-5 所示。

（4）位置同步与速度同步

顾名思义，位置同步指从轴与主值的位置保持线性关系，编程时使用命令库中的_enableGearing（）/_disableGearing（）命令；速度同步指从轴与主值的速度保持线性关系，

图 6-4 绝对同步过程

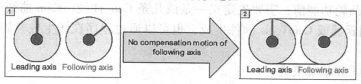

图 6-5 相对同步过程

由于没有位置的概念，所以编程时比较简单，只需要指定齿轮比和同步方向即可，编程时使用命令库中的_enableVelocityGearing（）/_disableVelocityGearing（）命令。

（5）同步方向

在 SIMOTION 中，齿轮同步的方向有以下几种选择：

1）SYSTEM_DEFINED：按最短路径进行同步，从轴在同步运行过程中不反向；

2）SAME_DIRECTION：保持从轴的方向，如果从轴静止则为正向同步；

3）POSITIVE_DIRECTION：从轴的运动方向始终保持正向；

4）NEGATIVE_DIRECTION：从轴的运动方向始终保持负向；

5）SHORTEST_WAY：按最短路径进行同步，从轴在同步运行过程中可能会产生反向。

3. 电子凸轮

电子凸轮功能（Camming）可以完成主值与从轴间位置的非线性传递功能。与机械中的凸轮功能类似，指定的 Cam 曲线用于描述主值与从轴间的非线性位置关系，如图 6-6 所示。

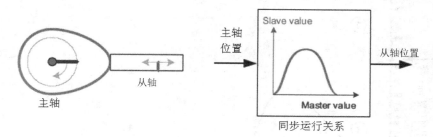

图 6-6 电子凸轮同步

电子凸轮需要用 Cam 曲线来描述从轴与主值间位置的非线性关系，按以下公式确认位置关系：

$$\text{Slave value} = KS\ (\text{Master value} + \text{Offset master value}) + \text{Offset slave value}$$

式中，KS 表示 Cam 曲线，即传递函数。

使用电子凸轮时，会用到以下参数设置：

（1）Cam 曲线

在 SIMOTION 系统中，Cam 曲线是一个独立的 TO，可以被同步对象引用。Cam 曲线是描述横轴与纵轴非线性关系的一条曲线，本身没有任何物理意义。但在不同的应用中，横轴与纵轴被赋予了不同的物理意义，比如表示一个轴的时间与速度的关系或主轴与从轴的位置关系等。在两个轴的电子凸轮同步应用中，Cam 曲线的横轴与纵轴分别表示主轴与从轴的位置。

在使用电子凸轮功能前，需要先定义一条或几条 Cam 曲线，Cam 曲线可以通过 SCOUT 软件中的 Cam 编辑器或 CamTools 软件生成，也可以通过程序在线生成。如图 6-7 所示为一条 Cam 曲线。

（2）绝对模式和相对模式

在 SIMOTION 中，电子凸轮功能同时支持主轴和从轴的绝对模式和相对模式，分别在 _enableCamming() 功能的参数 MasterMode 和 SlaveMode 中进行设定。图 6-8 中的例子采用的 Cam 的主值位置范围为 [0 ~ 300]，从轴位置范围为 [0 ~ 100]，主轴为 0 ~ 1000 的模态轴。主轴和从轴的当前位置分别为 145mm 和 450mm，图中的 4 条曲线分别表示在主轴和从轴的相对和绝对模式下的运行轨迹。图中的曲线①表示主轴为绝对值模式，从轴为相对模式的曲线，因为主轴从当前位置 450mm 切换到了 0 才进行同步，也就是等

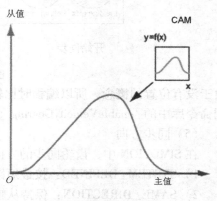

图 6-7 Cam 曲线

于 Cam 中主值的绝对值，因而是绝对模式，而从轴则保持为当前的 145mm 位置不变，而没有切换为 Cam 中从轴的绝对值 0，因而从轴为相对 Cam 模式。同理可看出，曲线②表示主从轴均为相对模式的运行曲线，曲线③表示主从轴均为绝对模式的运行曲线，曲线④表示主轴为相对模式，而从轴为绝对模式的运行曲线。

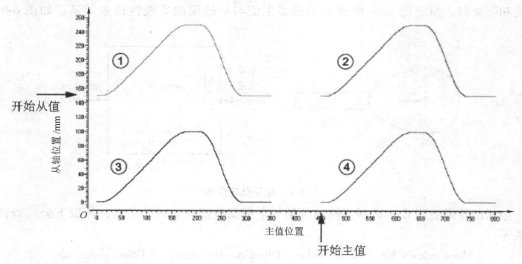

图 6-8 绝对和相对模式示意图

(3) Camming 模式

Camming 模式有两种，即非周期性 Camming 和周期性 Camming。

非周期性 Camming 就是 Cam 同步只在 Cam 中定义的主值范围内进行一次，如果主值再次经过 Cam 曲线的范围或主值反向运行至该区域，Cam 同步也不会再发生。

周期性 Camming 是指主值的范围会周期性地镜像到整个主值范围。不管主值在哪个位置，都会保持 Camming 同步运行状态。如果 Cam 的开始点和结束点的位置相同，那么运动会平滑地周期性地进行。如果 Cam 的开始点和结束点的位置不同，那么从轴的位置设定值会不连续，但从轴的实际运动受限于动态响应，不能突变。

(4) 同步方向

在 SIMOTION 中，凸轮同步的方向有以下两种选择：

1) POSITIVE：即主值增加时，从轴值也增加，两者运动方向相同；
2) NEGATIVE：即主值增加时，从轴值减小，两者运动方向相反。

6.3 同步运行过程

同步运行可分为三个过程，分别为建立同步（Synchronization）、同步运行（Synchronized traversing）及解除同步（Desynchronization）。建立同步的过程是一个动态过程，当从轴收到同步命令后，从轴以指定的方式追上主值并建立同步，随后即进入同步运行阶段，从轴位置将实时地跟随主值的变化而变化；当从轴接收到解除同步命令后进入解除同步运行，解除同步的过程与建立同步正好相反。

SIMOTION 为建立同步和解除同步操作提供了多种方式，以满足不同工艺的要求。下面将对建立同步和解除同步的操作进行详细介绍。

6.3.1 建立同步

在 SIMOTION 中，可以使用命令库中的_enableGearing()/_enableCamming() 功能来建立同步，建立同步的过程中主要受同步轮廓、同步模式、同步位置参考及同步方向等参数的影响，这些参数的取值及说明见表 6-1。通过不同的参数设置，可以对建立同步的动态过程进行精确地控制。使用 MCC 程序中的命令 Gearing On/Cam On 或者使用 PLCOpen 中的命令_MC_GearIn/_MC_CamIn 也可以建立同步，其参数意义与之类似。

1. 同步轮廓参考（SyncProfileReference）

同步轮廓参考由参数 SyncProfileReference 确定，该参数决定同步过程是由位置还是由动态响应来决定同步过程，可设置为

(1) RELATE_SYNC_PROFILE_TO_LEADING_VALUE：由位置来决定同步过程

由位置决定同步过程就是用"同步长度（SyncLength）"来确定同步过程。同步长度指的是在建立同步的动态过程中，主值运动的长度。采用这种方式时，从轴的运动数据由系统计算得出，根据同步长度的不同，会得到不同的动态响应和位置曲线轮廓，图 6-9 所示为同步长度为 500mm 时的位置曲线。

(2) RELATE_SYNC_PROFILE_TO_TIME：由动态响应来决定同步过程

由动态响应决定同步过程时，从轴以指定的速度和加速度运行，如图 6-10 所示。此时

位置曲线轮廓是基本固定的,但不同的动态响应数据将得到不同的同步长度。

表6-1 同步参数描述

参数		含义	值
同步轮廓	SyncProfile Reference	同步轮廓参考;由位置或时间决定同步过程	RELATE_SYNC_PROFILE_TO_LEADING_VALUE:由位置决定同步过程 RELATE_SYNC_PROFILE_TO_TIME:由时间(即动态响应)决定同步过程
同步模式	Synchronizing Mode	同步规范	IMMEDIATELY:立即开始同步 IMMEDIATELY_AND_SLAVE_POSITION:立即开始同步从轴带偏移 ON_MASTER_POSITION:同步位置参考主轴位置 ON_MASTER_AND_SLAVE_POSITION:同步位置参考主轴位置从轴带偏移 ON_SLAVE_POSITION:同步位置参考从轴位置 AT_THE_END_OF_Cam_CYCLE:上一个Cam完整周期结束后开始同步
同步位置参考	SynPosition Reference	终点	BE_SYNCHRONOUS_AT_POSITION:由同步规范决定同步终点,同步开始点由同步长度或由动态响应参数决定
		起点	SYNCHRONIZE_WHEN_POSITION_REACHED:由同步规范决定同步起点,同步结束点由同步长度或动态响应参数决定(由Profile决定)
		对称	SYNCHRONIZE_SYMMETRIC:开始点以及结束点由同步位置以及同步长度决定,两边对称,此时同步轮廓参考不能选择由动态响应决定
同步方向	Synchronization direction	同步方向	SYSTEM_DEFINED:最短路径,但不改变方向 SAME_DIRECTION:保持方向 POSITIVE_DIRECTION:正向 NEGATIVE_DIRECTION:反向 SHORTEST_WAY:最短路径

2. 同步模式(SynchronizingMode)

同步模式决定了开始建立同步的时机及建立同步后从轴的偏移,有些模式下需要与同步位置参考相配合。可设置为:

(1) IMMEDIATELY:立即开始同步

表示从同步指令执行瞬间立即开始同步,此时同步位置参考不再起作用,即相当于SynchronizingMode决定了同步的起点,同步的终点可通过同步长度或动态响应确定。建立同步后,从轴与主值间没有偏移。

(2) IMMEDIATELY_AND_SLAVE_POSITION:立即开始同步从轴带偏移

该模式与IMMEDIATELY相同,但可以指定同步后从轴与主值之间的位置偏移。图6-11所示从轴和主值之间的偏移为30mm。

(3) ON_MASTER_POSITION:同步位置参考主轴位置

表示在主轴到达某位置后开始建立同步,需要与同步位置参考相配合,决定该位置是同步的起点、对称点或终点。图6-12所示为在主轴位置为200mm时开始建立同步,同步位置

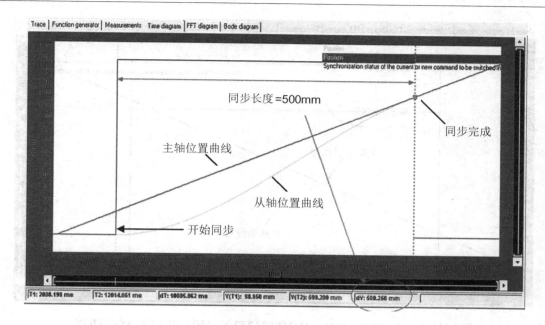

图 6-9　由位置决定同步过程

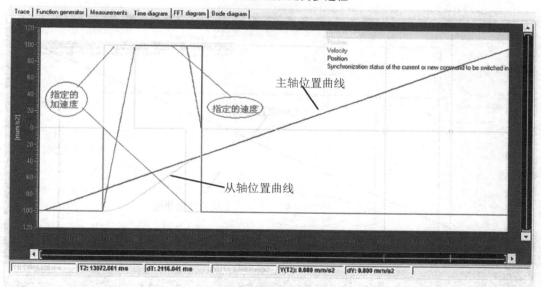

图 6-10　由动态响应决定同步过程

参考为起点。

(4) ON_MASTER_AND_SLAVE_POSITION：同步位置参考主轴位置从轴带偏移

该模式与 ON_MASTER_POSITION 相同，但可以指定同步后从轴与主值之间的位置偏移。

(5) ON_SLAVE_POSITION：同步位置参考从轴位置

该模式与 ON_MASTER_POSITION 类似，表示在从轴到达某位置后开始建立同步，需要与同步位置参考相配合，决定该位置是同步的起点、对称点或终点。图 6-13 所示为在从轴位置到达 100mm 时开始建立同步，同步位置参考为起点。

(6) AT_THE_END_OF_CAM_CYCLE：在上一个 Cam 完整周期结束后开始同步

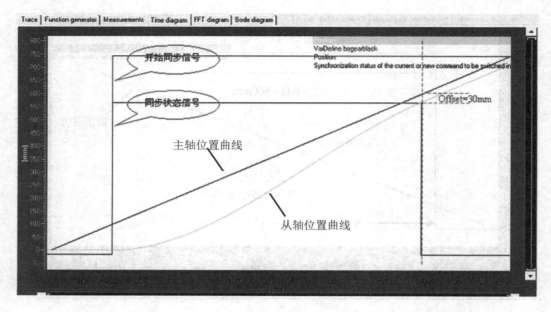

图 6-11　SynchronizingMode = IMMEDIATELY_AND_SLAVE_POSITION

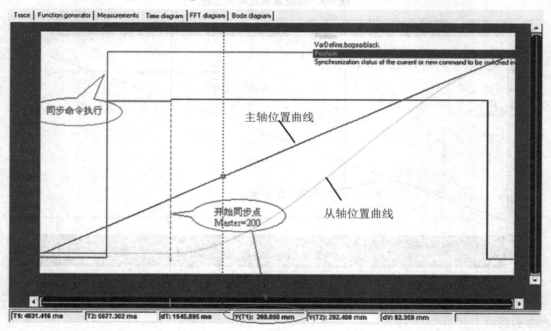

图 6-12　SynchronizingMode = ON_MASTER_POSITION

该模式在周期性 Cam 同步时，在两个 Cam 曲线切换时使用，即在上次运行着的周期性 Cam 完成一个循环后运行本指令中指定的 Cam。

3. 同步位置参考（SynPositionReference）

同步位置参考决定了同步模式中指定的位置是作为同步过程的起点、终点还是对称点，同步开始点由同步长度或由动态响应参数决定。可设置为

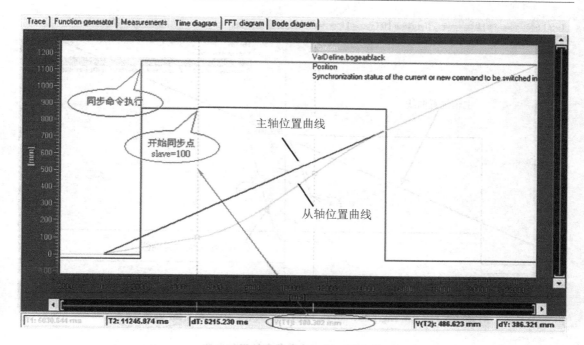

图 6-13　SynchronizingMode = ON_SLAVE_POSITION

1) BE_SYNCHRONOUS_AT_POSITION：指定的位置是终点。

2) SYNCHRONIZE_WHEN_POSITION_REACHED：指定的位置是起点。

3) SYNCHRONIZE_SYMMETRIC：指定位置的是对称点，此时同步轮廓参考不能选择为 RELATE_SYNC_PROFILE_TO_TIME。图 6-14 所示为同步模式为 ON_MASTER_POSITION，同步位置为 500mm，同步位置参考在不同设置下的从轴位置曲线，其中①为终点，②为起点，③为对称点。

4. 同步方向（SynchronizingDirection）

同步方向决定同步过程中从轴的运动方向，可设置为

1) SYSTEM_DEFINED：按最短路径进行同步，从轴在同步运行过程中不反向。

2) SAME_DIRECTION：保持从轴的方向，如果从轴静止则为正向同步。

3) POSITIVE_DIRECTION：从轴的运动方向始终保持正向。

4) NEGATIVE_DIRECTION：从轴的运动方向始终保持负向。

5) SHORTEST_WAY：按最短路径进行同步，在使用模态轴时，从轴在同步运行过程中可能会反向运动。

图 6-15 所示为在主轴和从轴均为模态轴时，同步方向设为 SHORTEST_WAY 后，在不同的主轴位置启动同步时，从轴的运动方向是不同的。图中可以看出①号曲线中从轴一直正向运动，②号曲线中从轴先反向后正向运动。

6.3.2　解除同步

在 SIMOTION 中，可以使用命令库中的_disableGearing（）/_disableCamming（）功能来解除同步，解除同步的过程中主要受同步轮廓、同步模式、同步位置参考等参数的影响，

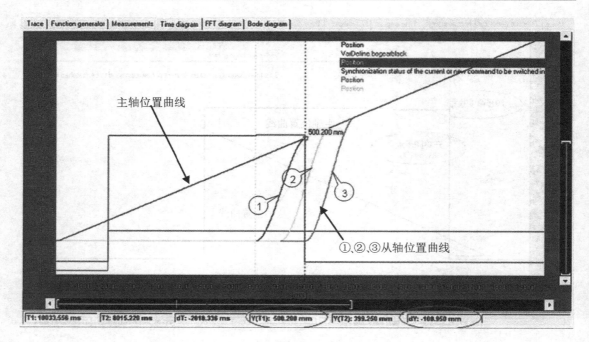

图 6-14　同步位置参考的三种设置

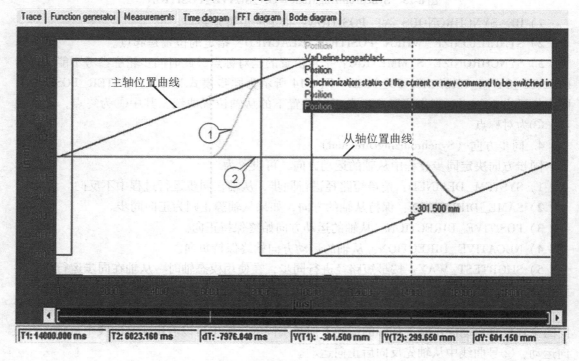

图 6-15　synchronizingDirection = SHORTEST_WAY

这些参数的取值及说明见表 6-2，通过不同的参数设置，可以对解除同步的动态过程进行精确的控制。使用 MCC 程序中的命令 Gearing Off/Cam Off 或者使用 PLCOpen 中的命令 _MC_GearOut/_MC_CamOut 也可以解除同步，其参数意义与之类似。

表 6-2 解除同步参数

参数		含义	值
解除同步轮廓参考	syncProfile Reference	解除同步轮廓,由位置或时间决定解除同步过程	RELATE_SYNC_PROFILE_TO_LEADING_VALUE:由位置决定解除同步过程 RELATE_SYNC_PROFILE_TO_TIME:由时间(即动态响应)决定解除同步过程
解除同步模式	syncOff Mode	解除同步规范	IMMEDIATELY:立即开始解除同步 ON_MASTER_POSITION:解除同步点参考主轴位置 ON_SLAVE_POSITION:解除同步点参考从轴位置 AT_THE_END_OF_Cam_CYCLE:上一个 Cam 完整周期结束后开始解除同步
解除同步位置参考	syncOff Position Reference	终点	AXIS_STOPPED_AT_POSITION:由解除同步规范决定解除同步终点,解除同步开始点由解除同步长度或由动态响应参数决定(由 Profile 决定)
		起点	BEGIN_TO_STOP_WHEN_POSITION_REACHED:由解除同步规范决定解除同步起点,解除同步结束点由解除同步长度或动态响应参数决定(由 Profile 决定)
		对称	STOP_SYMMETRIC_WITH_POSITION:开始点以及结束点由解除同步位置以及解除同步长度决定,两边对称,此时 Profile 不能选择由动态响应决定

解除同步命令中的各参数与建立同步的意义一致,可以参考 6.3.1 节。图 6-16 所示为解除同步的实例,解除同步参考由解同步长度决定,解同步长度为 50mm,解除同步模式为参考主轴位置,位置值为 -300mm,解同步位置参考为起点。

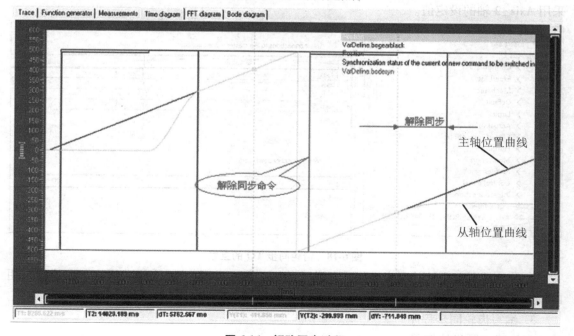

图 6-16 解除同步过程

6.4 同步功能的配置与编程

6.4.1 电子齿轮同步的配置与编程

1. 配置轴 TO

在使用电子齿轮同步时,从轴需要激活同步操作功能,如图 6-17 所示。关于轴 TO 的其他配置可以参考本书第 5 章。

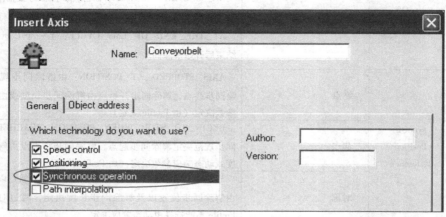

图 6-17 激活轴的同步操作功能

2. 配置轴的同步操作 TO

在轴配置完成以后,必须要为从轴的同步操作 TO 配置互联,如图 6-18 所示,表示主值采用 Axis_2 轴的设定值。

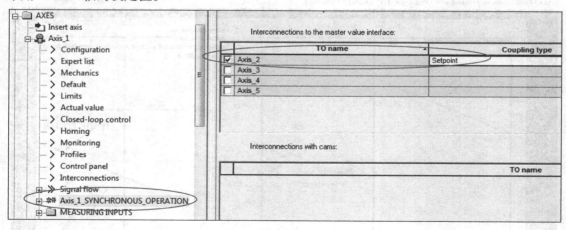

图 6-18 齿轮同步 TO 的互联

此外,还可以为轴的同步操作配置默认值,如图 6-19 所示。这些默认值,在编程采用 Default 值时生效。

3. 编写齿轮同步程序

(1) 建立同步的编程

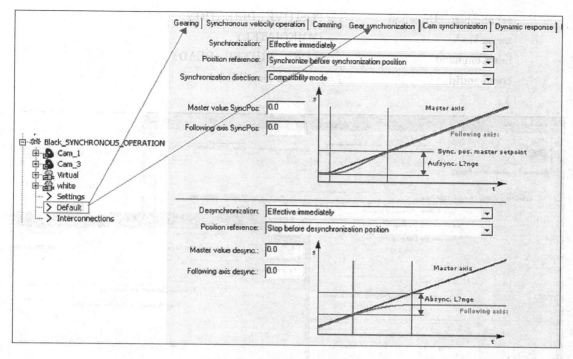

图 6-19　Gearing 同步默认参数

程序可以使用 MCC、ST、LAD 等不同的语言编写,虽然所调用的功能块名称和显示形式略有不同,但其功能都是类似的。下面以 MCC 和 ST 语言为例,介绍建立同步程序的编写。

本例中要实现的功能如下:主轴为 Red,从轴为 Blue,要求绝对同步,用浮点数直接指定齿轮比,齿轮比为1,同步模式为立即同步,同步轮廓参考为基于位置的方式,同步长度为 100mm,同步方向为正向同步。

使用 MCC 语言编程时,调用 Gearing On 功能块,其设置如图 6-20 所示。

用 ST 编程时,调用 _enableGearing()功能块,程序如下:

```
myRetDINT : = _enableGearing(
    followingObject            : = _to. Blue_SYNCHRONOUS_OPERATION,
    direction                  : = BY_VALUE,
    gearingType                : = ABSOLUTE,
    gearingMode                : = GEARING_WITH_RATIO,
    gearingRatioType           : = DIRECT,
    gearingRatio               : = 1,
    synchronizingMode          : = IMMEDIATELY,
    syncProfileReference       : = RELATE_SYNC_PROFILE_TO_LEADING_VALUE,
    syncLengthType             : = DIRECT,
    syncLength                 : = 100,
    synchronizingWithLookAhead : = STANDARD,
```

```
    synchronizingDirection        : = POSITIVE_DIRECTION,
    mergeMode                     : = IMMEDIATELY,
    nextCommand                   : = WHEN_BUFFER_READY,
    commandId                     : = _getCommandId( )
);
```

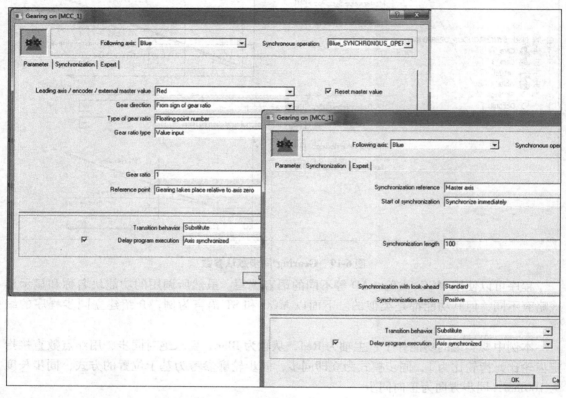

图 6-20 Gearing On 程序设置

（2）解除同步的编程

与建立同步的程序一样，可以使用 MCC、ST、LAD 等不同的语言编写，虽然所调用的功能块名称和显示形式略有不同，但其功能都是类似的。下面以 MCC 和 ST 语言为例，介绍解除同步程序的编写。

本例中要实现的功能如下：从轴为 Blue，解同步模式为立即解同步，同步轮廓参考为基于位置的方式，解同步长度为 10mm，解同步方向为正向。

MCC 编程时，调用 Gearing Off 功能块，其设置如图 6-21 所示。

用 ST 编程时，调用 _disableGearing ( ) 功能块，程序如下：

```
myRetDINT : = _disableGearing(
    followingObject               : = _to. Blue_SYNCHRONOUS_OPERATION,
    syncOffMode                   : = IMMEDIATELY,
    syncProfileReference          : = RELATE_SYNC_PROFILE_TO_LEADING_VALUE,
    syncOffLengthType             : = DIRECT,
```

```
    syncOffLength              : = 10,
    synchronizingDirection     : = POSITIVE_DIRECTION,
    mergeMode                  : = IMMEDIATELY,
    nextCommand                : = WHEN_BUFFER_READY,
    commandId                  : = _getCommandId( )
    );
```

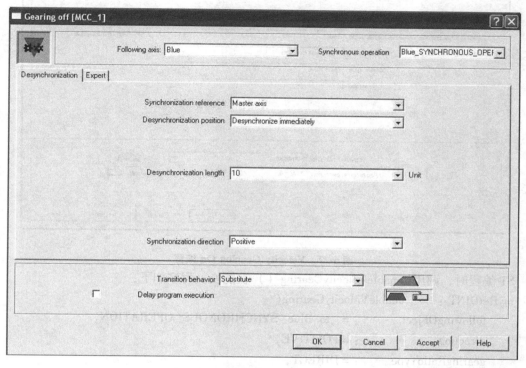

图 6-21　Gearing Off 程序设置

6.4.2　速度同步的配置与编程

在使用速度同步时，轴 TO 与同步操作 TO 的配置与 6.4.1 节相同。

速度同步功能的编程与齿轮同步功能类似，使用速度同步时，会用到以下参数：

（1）速度比

速度比可通过浮点数指定。

（2）同步方向

1）POSITIVE：主值与从轴按相同方向运行；

2）NEGATIVE：主值与从轴按相反方向运行。

程序可以使用 MCC、ST、LAD 等不同的语言编写，虽然所调用的功能块名称和显示形式略有不同，但其功能都是类似的。下面以 MCC 和 ST 语言为例，介绍速度同步程序的编写。

本例中采用正向速度同步，速度比为 2。建立速度同步时，在 MCC 中调用 Velocity Gearing On 功能块，如图 6-22 所示。

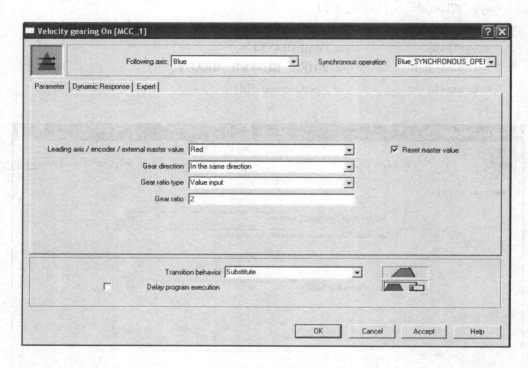

图 6-22 Velocity Gearing On 编程

ST 编程时，调用_enableVelocityGearing ( ) 功能块，程序如下：

myRetDINT：= _enableVelocityGearing(
    followingObject   := _to. Blue_SYNCHRONOUS_OPERATION,
    direction   := POSITIVE,
    gearingRatioType   := DIRECT,
    gearingRatio   := 2,
    mergeMode   := IMMEDIATELY,
    nextCommand   := WHEN_BUFFER_READY,
    commandId   := _getCommandId( )
);

解除速度同步时，在 MCC 中调用 Velocity Gearing Off 功能块，如图 6-23 所示。

注意，Velocity Gearing 在同步过程中的动态响应是在指令直接给定的，本例中采用了默认值。

ST 编程时，调用_disableVelocityGearing ( ) 功能块，程序如下：

myRetDINT：= _disableVelocityGearing(
    followingObject   := _to. Blue_SYNCHRONOUS_OPERATION,
    mergeMode   := IMMEDIATELY,
    nextCommand   := WHEN_MOTION_DONE,
    commandId   := _getCommandId( )
);

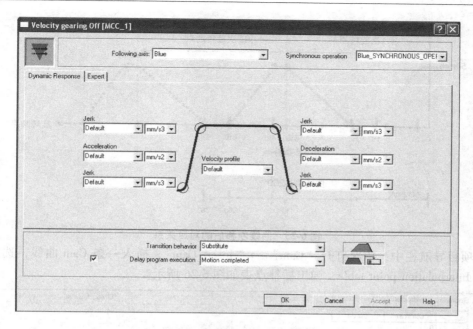

图 6-23 Velocity Gearing Off 编程

6.4.3 电子凸轮同步的配置与编程

1. 绘制 Cam 曲线

下面以一个具体实例来介绍 Cam 曲线的绘制。在伺服压机应用（见图 6-24）中，压力电动机作为一个旋转的主轴（模态轴，模态长度为 360°），进给电机作为直线运动的从轴，主轴反复旋转运动带动从轴反复直线运动。根据工艺参数先定义主轴及从轴的位置关系曲线。例如工艺参数如下：

1) 抬升速度：在满足机械要求的情况下自由定义；
2) 进给长度：0~50mm；
3) 开始角度 1：250°；
4) 结束角度 1：0°；
5) 开始角度 2：50°；
6) 结束角度 2：150°。

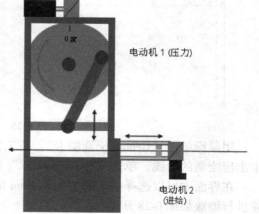

图 6-24 伺服压机示意图

根据要求绘制 Cam 曲线，在这个例子中旋转主轴开始的角度为 250°，为了便于在一个周期进行绘制，可以将曲线左移 250°，绘制的位置曲线及偏移如图 6-25 所示。

主轴与从轴的位置关系曲线可以使用 Cam 工具绘制。在 SCOUT 软件中，Cam 曲线绘制工具有插补表和多项式两种。

（1）使用插补表生成 Cam 曲线

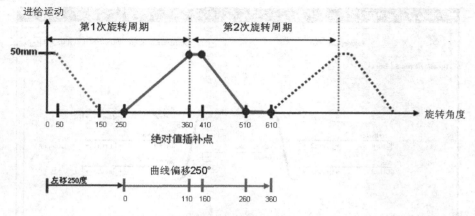

图 6-25　曲线左移后的对应关系

在项目导航栏中，依次打开"Cam"→"Insert Cam"，插入一条 Cam 曲线，选择曲线类型为 Interpolation point table，弹出插补点表如图 6-26 所示。

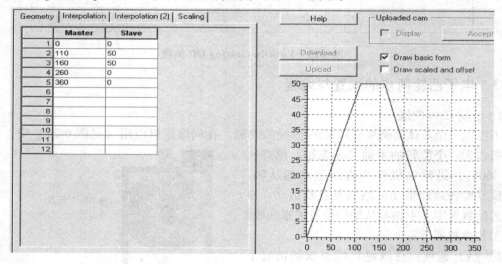

图 6-26　Cam 插补点表

用鼠标单击"Geometry 选项卡"，按工艺要求将插补点填入表中，在图 6-26 右侧的视图中出现绘制的曲线。单击"Interpolation2"如图 6-27 所示。

在界面中可以选择主轴的范围及 Cam 的类型。单击标签"Scaling"可以对主轴从轴位置进行缩放如图 6-28 所示。

在图中选择偏移 250°时选中 Draw scaled and offset 选项后，可以显示经过缩放后的曲线，通过颜色与原位置曲线区分，①为原曲线，②为偏移后的曲线，这样就生成一条 Cam 曲线。

（2）使用多项式生成 Cam 曲线

使用多项式生成 Cam 曲线可以使速度变化比较圆滑，用鼠标单击项目导航栏"Cam"→"Insert Cam"插入一条 Cam 曲线，选择曲线类型为"Polynomial"，单击"OK"按钮确认后弹出操作界面如图 6-29 所示。

用鼠标单击"Geometry"选项卡，输入多项式的系数，在图 6-29 右边的图示中将自动生成曲线，一个曲线可以由多个多项式组成。各个多项式组成的曲线往往不能平滑连接，这

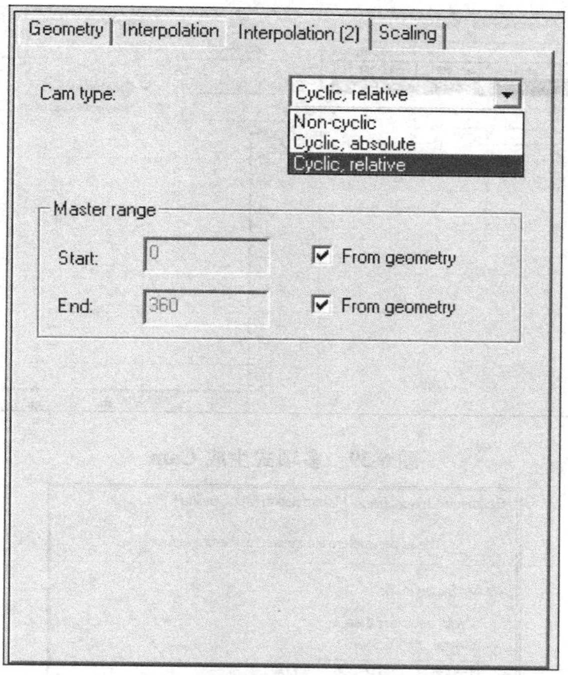

图 6-27 Cam 插补点表 – Interpolation2 属性界面

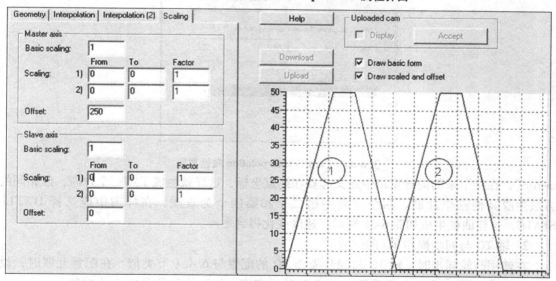

图 6-28 Cam 插补点表 – Scaling 属性界面

需要在 Interpolation 栏中进行设置，如图 6-30 所示。在界面中可设置出现间隙时采用哪种样条曲线进行插补，以及曲线出现交叉后的处理方法。

在图 6-29 右边的视图中也可以选择 VDI Wizard 来生成多项式曲线。例如可以将使用插补点表生成的位置曲线进行速度优化，首先将原曲线分为四个片断（0，0~110，50；110，50~160，50；160，50~260，0；260，0~360，0），每个多项式表示一个片断，四个片断组成一条曲线，单击 VDI Wizard 按钮，在样图中依次选择 "DWELL TO DWELL" → "Sym-

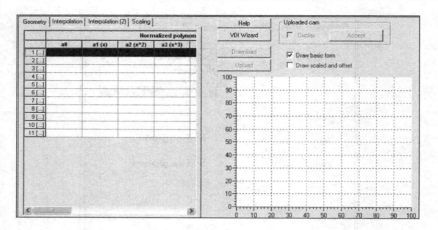

图 6-29 多项式生成 Cam

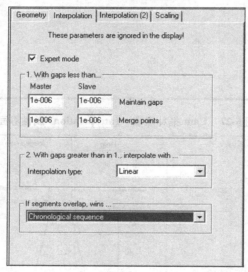

图 6-30 Cam – Interpolation 属性界面

metric",在接下来的向导窗口中定义起点和终点坐标,这样就生成了第一个片断,以相同的方法生成其他三个片断。四个片断中第二个和第四个为直线,在样图中应选择 DWELL STATE,这样曲线生成如图 6-31 所示,速度变化得到平滑。

2. 轴 TO 与同步操作 TO 的配置

在使用凸轮同步时,轴 TO 与同步操作 TO 的配置与 6.4.1 节类似。在配置互联时,设置如图 6-32 所示,表示主值采用 Axis_2 轴的设定值,位置关系采用 Cam_1 曲线。

3. 编写凸轮同步程序

(1)建立同步的编程

程序可以使用 MCC、ST、LAD 等不同的语言编写,虽然所调用的功能块名称和显示形式略有不同,但其功能都是类似的。下面以 MCC 和 ST 语言为例,介绍建立同步程序的编写。

本例中要实现的功能如下:主轴为 Red,从轴为 Blue,Cam 位置采用绝对模式,周期性执行,同步模式为立即同步,同步轮廓参考为基于位置的方式,同步长度为 10mm,同步方

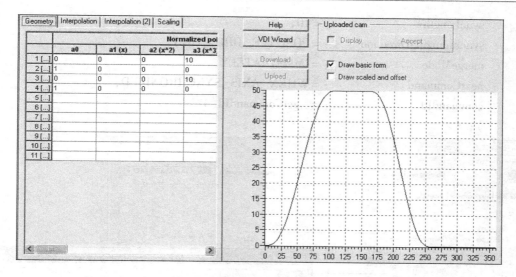

图 6-31 Cam 多项式生成曲线

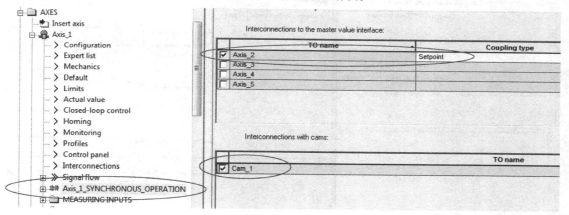

图 6-32 凸轮同步 TO 的互联

向为正向同步。

MCC 编程时，调用 Cam On 功能块，其设置如图 6-33 所示。

用 ST 编程时，调用 _enableCamming() 功能块，程序如下：

```
myRetDINT := _enableCamming(
    followingObject        := _to. Blue_SYNCHRONOUS_OPERATION,
    direction              := POSITIVE,
    masterMode             := ABSOLUTE,
    slaveMode              := ABSOLUTE,
    cammingMode            := CYCLIC,
    cam                    := _to. Cam_1,
    synchronizingMode      := IMMEDIATELY,
    syncProfileReference   := RELATE_SYNC_PROFILE_TO_LEADING_VALUE,
    syncLengthType         := DIRECT,
```

```
        syncLength                  : = 10,
        synchronizingDirection      : = POSITIVE_DIRECTION,
        mergeMode                   : = IMMEDIATELY,
        nextCommand                 : = WHEN_AXIS_SYNCHRONIZED,
        commandId                   : = _getCommandId( )
        );
```

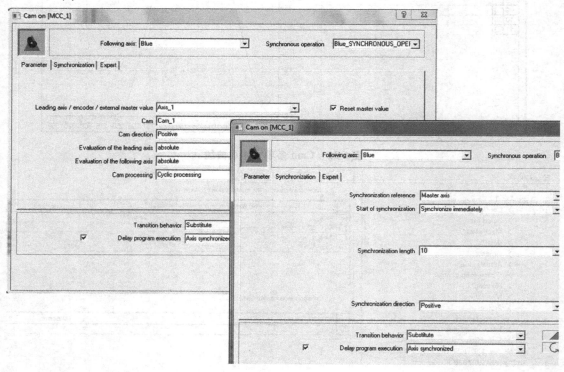

图 6-33　Cam On 程序

(2) 解除同步的编程

与建立同步的程序一样，可以使用 MCC、ST、LAD 等不同的语言编写，虽然所调用的功能块名称和显示形式略有不同，但其功能都是类似的。下面以 MCC 和 ST 语言为例，介绍解除同步程序的编写。

本例中要实现的功能如下：从轴为 Blue，解同步模式为立即解同步，同步轮廓参考为基于位置的方式，解同步长度为 10mm，解同步方向为正向。

MCC 编程时，调用 Cam Off 功能块，其设置如图 6-34 所示。

用 ST 编程时，调用 _disableCamming ( ) 功能块，程序如下：

```
myRetDINT: = _disableCamming (
        followingObject             : = _to. Blue_SYNCHRONOUS_OPERATION,
        syncOffMode                 : = IMMEDIATELY,
        syncProfileReference        : = RELATE_SYNC_PROFILE_TO_LEADING_VALUE,
        syncOffLengthType           : = DIRECT,
```

```
syncOffLength              : = 10,
synchronizingDirection     : = USER_DEFAULT,
mergeMode                  : = IMMEDIATELY,
nextCommand                : = WHEN_BUFFER_READY,
commandId                  : = _getCommandId( )
);
```

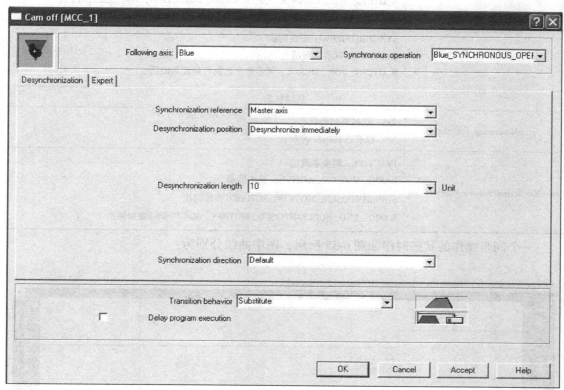

图 6-34　Cam Off 子程序

6.5　其他相关内容

6.5.1　同步状态监视

在使用同步功能时，在建立同步期间，可通过表 6-3 来确定当前的同步状态。

表 6-3　同步状态监控参数

同步对象的同步状态	
state	CAMMING：当前同步为 CAMMING 同步 GEARING：当前同步为 GEARING 同步 VELOCITY_GEARING：当前同步为速度同步 INACTIVE：没有同步操作

（续）

	同步对象的同步状态
syncState	Yes：已达到同步状态 No：没有达到同步状态
synchronizingState	WAITING_FOR_SYNC_POSITION：等待主值达到同步位置 WAITING_FOR_CHANGE_OF_MASTER_DIRECTION：等待主值反向 SYNCHRONIZING_NOT_POSSIBLE：同步无法完成 SYNCHRONIZING：正在同步 INACTIVE：同步未激活 WAITING_FOR_MERGE：同步命令已执行但还未激活
	从轴状态
syncMonitoring.syncState	Yes：已达到同步状态 No：没有达到同步状态
syncMonitoring.followingMotionState	INACTIVE：同步未激活 BASIC_MOTION_ACTIVE：基本同步 SUPERIMPOSED_MOTION_ACTIVE：叠加同步 BASIC_AND_SUPERIMPOSED_MOTION：基本同步和叠加同步

一个同步操作的状态时序如图 6-35 所示，图中曲线分别为：

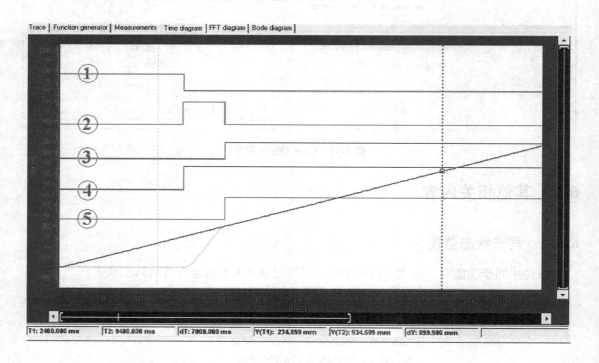

图 6-35 同步状态监控

① 同步对象.state；

② 同步对象. synchronizingstate；
③ 同步对象. syncstate；
④ 从轴. syncmonitoring. followingstate；
⑤ 从轴. syncstate。

6.5.2 同步运行监视

在使用同步功能时，在同步状态达到后，即保持同步运行过程中（syncState = YES），同步运行监视激活：

1）设定值故障 Setpoint error；
2）实际值故障 Actual value error。

设定值故障是指同步对象计算出的从轴设定值与考虑了动态响应限制值之后所能得到设定值之间的偏差超过了一定范围之后产生的故障。从轴的系统变量 syncMonitoring. DifferenceCommandValue 显示该偏差的实际值。动态响应限制值可在相应轴的 Limits 中进行设定。

实际值故障是指同步对象计算出的从轴设定值与实际值之间的偏差超过设定范围后产生的故障。从轴的系统变量 syncMonitoring. differenceActualValue 显示该偏差的实际值。

监视值的产生如图 6-36 所示。

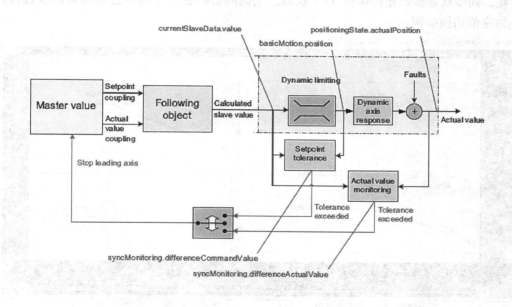

图 6-36 同步运行监视

超出监视值时，从轴会产生"40201 Synchronous operation tolerance exceeded on the following axis"的故障，该故障也可通过设置参数 TypeOfAxis. GearingPos Tolerance. enableErrorReporting 传送到主值中，主值输出故障"40110 Error triggered on slave during synchronous operation (error number)"。

监控的偏差设定值，可以通过从轴的 Monitoring 来设置，如图 6-37 所示。

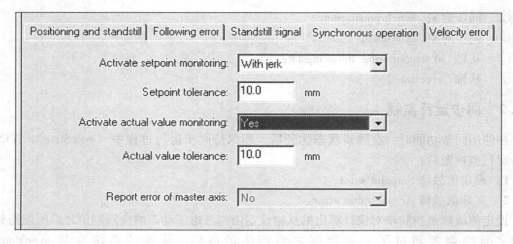

图 6-37　同步运行监控参数设置

6.5.3　主值切换

在 SIMOTION 中，从轴可以通过同步操作 TO 与多个主值相关联，但在某一时刻只能有一个主值激活，可以使用"_setMaster ( )"命令切换主值。主值的切换并不是一次新的同步过程，同步状态参数始终保持 YES 状态。主值的切换独立于同步过程和解同步过程，图 6-38 为主值切换举例。

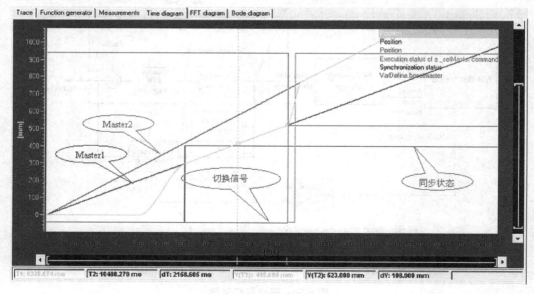

图 6-38　主值切换

_setMaster ( ) 的输入参数 transientBehavior 决定了切换过程的运动。

1) DIRECT：无动态响应参数，根据从轴的动态响应限制值进行运动。
2) WITH_DYNAMICS：带动态响应，根据动态响应参数进行切换过程的运动调整。
3) WITH_NEXT_SYNCHRONIZING：下一次同步命令时主值切换再生效。

6.5.4 叠加同步

在 SIMOTION 中，最多可以连接两个同步对象到同一个从轴，分别被称为基本同步对象和叠加同步对象。在左侧项目导航栏中，在轴的右键菜单中依次打开"Expert"→"Insert Superimposed synchronous object"可以添加叠加同步对象，如图 6-39 所示。

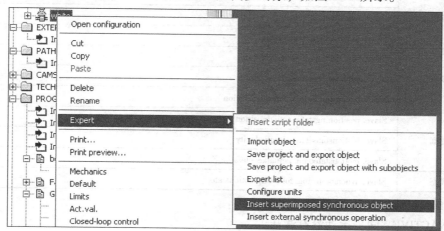

图 6-39 添加叠加同步对象

叠加同步操作和基本同步操作相同，但从轴的参考坐标为叠加坐标系统，即叠加同步的从轴位置有自己独立的坐标系统，并根据自己的坐标进行操作。举个例子，如果叠加同步对象和基本同步对象同时与同一个主轴进行相同的 1:1 的绝对位置齿轮同步操作，那么最终的从轴位置将会是主轴的两倍，如图 6-40 所示。

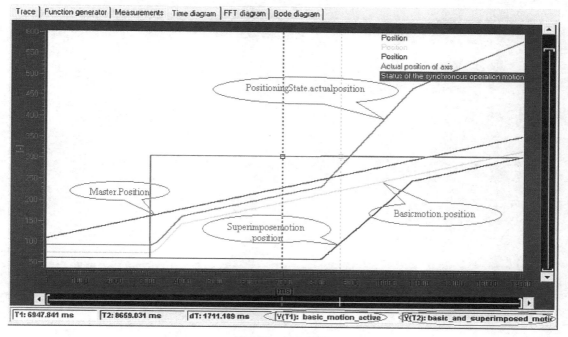

图 6-40 叠加同步

当叠加同步激活时，从轴的同步状态变量 syncMonitoring.syncState 是变化的，即当基本同步完成时为 YES，当叠加同步激活时又变成 NO，当叠加同步也完成后又变成 YES。叠加同步和基本同步的操作还可通过变量进行监控，见表 6-4。

表 6-4 叠加同步从轴系统变量监控

基本同步数据	Slave.basicmotion.position
	Slave.basicmotion.velocity
	Slave.basicmotion.acceleration
叠加同步数据	Slave.superimposedmotion.position
	Slave.superimposedmotion.velocity
	Slave.superimposedmotion.acceleration
总的数据	Slave.positioningstate.actualposition
	Slave.motionstatedata.actualvelocity
	Slave.motionstatedata.actualacceleration
同步状态	Slave.syncmonitoring.followingmotionstate

其中 followingmotionstate 变量有如下状态：

1) INACTIVE：同步运动没有激活。
2) BASIC_MOTION_ACTIVE：基本同步激活。
3) SUPERIMPOSED_MOTION_ACTIVE：叠加同步激活。
4) BASIC_AND_SUPERIMPOSED_MOTION_ACTIVE：基本同步和叠加同步均已激活。

第 7 章 快速测量输入工艺对象

7.1 概述

快速测量输入工艺对象（Measuring Input TO）可以用于快速、准确地记录某一时刻轴或编码器的位置值。本章介绍了快速测量工艺对象的基本概念、配置及编程。

快速测量输入功能根据支持硬件及功能的不同，可分为本地快速测量输入（Local Measuring Input）和全局快速测量输入（Global Measuring Input）。本地快速测量输入用于对单个轴或编码器的位置值进行记录，其测量点是固定的，通常是通过集成在驱动中的测量点来完成，在系统配置时通过快速测量输入编号来确定相应的测量点。全局快速测量输入可对单个或多个轴或编码器的位置值进行记录，并且带有时间戳功能，可更精确地记录位置信息。它对应的测量点通过设置硬件地址来确定。

7.2 快捷测量输入的基本概念

快速测量输入工艺对象相关的基本概念如下：

1. 测量范围

快速测量输入工艺对象可设置一定的测量范围，可使快速测量输入功能只在该段位置范围内才激活。如果设定的起始值大于结束值，对非模态轴，系统会将两个值对调；对于模态轴，则直接延伸至下一周期。

2. 单次测量与循环测量

快速测量输入功能根据测量次数的不同分为以下两种：

1) 单次测量：使用命令"_enableMeasuringInput"激活，只执行一次，完成后自动停止，下次测量需重新激活。单次测量也可通过指令停止。

2) 循环测量（仅全局快速测量输入支持）：使用命令"_enableMeasuringInputCyclic"激活。循环测量会一直执行直到用指令去停止。

3. 触发方式的选择

对于单次测量，可选择的触发方式有"仅上升沿"、"仅下降沿"、"上升沿或下降沿"、"上升沿或下降沿但是以上升沿开始"及"上升沿或下降沿但是以下降沿开始"五种方式。

对于循环测量，可选择的触发方式有"仅上升沿"、"仅下降沿"及"上升沿或下降沿"三种方式。

根据所设定触发方式的不同，最终测到的位置值也不同，见表7-1。

4. 时间戳功能（仅限于全局快速测量输入）

对于全局快速测量输入，每次测量时的当前时刻（时间戳）都会被保存下来，这样位置值就会精确地被记录，而不会因系统处理的时间延迟导致位置偏差。只有特定的硬件才能支持时间戳功能，与支持全局快速测量输入的硬件相同。

5. 监听快速测量输入功能（仅限于全局快速测量输入）

通过使能监听快速测量输入功能可以在一个测量点输入的同时记录多个轴或编码器的位置。通过组态可以设置监听快速测量输入功能。

表 7-1 触发信号不同时的测量值对比

测量方式	触发信号设定	测量值 1	测量值 2
单次测量	仅上升沿或仅下降沿	第一个上升沿或下降沿（两者选一，取决于触发信号的设定）时的位置值	无值
	上升和下降沿	第一个沿信号（无论是上升沿还是下降沿均可）发生时的值	第二个沿信号（无论是上升沿还是下降沿均可）发生时的值
	上升和下降沿以上升沿开始	第一个上升沿时的位置值	第一个下降沿时的位置值
	上升和下降沿以下降沿开始	第一个下降沿时的位置值	第一个上升沿时的位置值
循环测量	仅上升沿或仅下降沿	第一个上升沿或下降沿（两者选一，取决于触发信号的设定）时的位置值	发生在同一个处理周期中的第二个上升沿或下降沿（两者选一，取决于触发信号的设定）时的位置值
	上升和下降沿	第一个上升沿发生时的值	第一个下降沿发生时的值

注：TM15 支持全局快速测量输入，但不支持循环快速测量输入。

监听快速测量输入功能需要使用时间戳，因而只有支持全局快速测量输入 TO 的硬件才能使用。

6. 快速测量输入 TO 的分配和连接

快速测量输入 TO 可分配给位置轴、同步轴、路径轴、外部编码器或虚轴（仅限于全局快速测量输入），需注意以下的连接规则：

1) 单个轴或外部编码器可同时连接多个快速测量输入 TO。

本地快速测量输入：每个轴最多可配置 2 个本地快速测量输入，且一个时刻只能激活一个。

全局快速测量输入：每个轴可以配置多个全局快速测量输入，且可以同时激活多个。

2) 多个快速测量输入 TO 可连接到一个测量点，但在某一时刻只能激活一个（仅限于 SIMOTION C2xx）。

3) 多个轴上记录同一个测量事件-监听快速测量输入信号（仅限于全局快速测量）：

通过监听快速测量输入功能使多个全局快速测量输入 TO 连到同一个测量点上，从而在同一时刻记录多个轴/外部编码器的位置值。

7. 支持测量输入功能的相关硬件

实现测量输入功能还需要特定的硬件支持，表 7-2 为支持该功能的相关硬件。

表 7-2 测量输入硬件测量点

硬件测量点	本地快速测量输入	全局快速测量输入
TM15/TM17	—	√
C240（B1-B4）	—	√
SIMTION D 集成点	√	√
C2xx（M1，M2）	√	—
CX 32	√	—

(续)

硬件测量点	本地快速测量输入	全局快速测量输入
CU310/CU320	√	—
CUMC	√	—
611U	√	—

8. 快速测量输入的监控

（1）单次测量

系统变量 measuredEdgeMode 用于选择测量信号的类型，通过系统变量 control 可以查看测量输入功能是否激活。通过系统变量 state 可查看是否已经检测到触发信号，没有检测到时其值为 WAITING_FOR_TRIGGER，检测到信号输入后其值变为 TRIGGER_OCCURRED。测量到的位置值保存在变量 MeasuredValue1 和 MeasuredValue2 中。

（2）循环测量

系统变量 userdefault.measurededgecyclicMode 用于选择测量信号的类型。系统变量 cyclicMeasuringEnableCommand 用于显示循环测量是否激活，系统变量 state 始终保持为 WAITING_FOR_TRIGGER 值。检测到的位置数据保存在变量 Measured Value1 和 Measured Value2 中。

系统变量 countermeasuredvalue1 和 countermeasuredvalue2 会记录触发事件产生的次数。Countermeasuredvalue 中的值会在上电、重启或重新激活等操作中复位，但如果 cyclicMeasuring 已经激活，仅仅是再次执行"_enableMeasuringInputCyclic"命令，其值不会被复位。

7.3 配置快速测量输入工艺对象

本节将分别介绍全局快速测量输入及本地快速测量输入的配置过程。

7.3.1 全局快速测量输入配置

下面分别介绍使用 SIMOTION D4xx 中的快速输入点、TM17 中的快速输入点以及 SIMOTION Cxx 本机自带快速点配置全局快速测量输入的步骤。

1. 使用 SIMOTION D4xx 集成 IO 配置全局快速测量输入过程

步骤 1. SINAMICS_INTEGRATED 中的设定。

配置全局快速测量输入时，首先需要设置 P728.8 ~ P728.15 即 IO 的类型为输入，SIMOTION D4x5 中 DI/DO9 ~

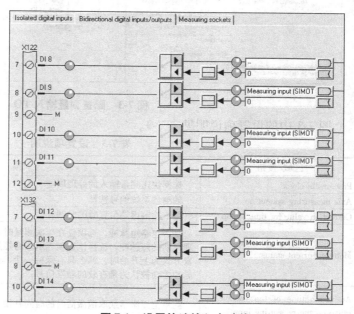

图 7-1 设置快速输入点功能

11，DI/DO13～15 可作为测量输入的测量点，SIMOTION D410 只有 DI/DO9～11 可作为快速测量输入的测量点，需设置快速输入点的功能为快速测量输入（Measusing input SIMOTION），如图 7-1 所示。

步骤 2. 在轴下面插入测量输入 TO，如图 7-2 所示。

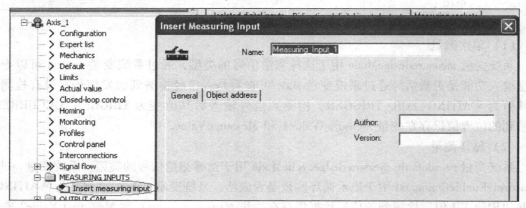

图 7-2　插入测量输入 TO

步骤 3. 配置全局快速测量输入的组态数据。

单击 Input 右侧的按钮，选择全局快速测量输入的快速输入点，如图 7-3 所示。

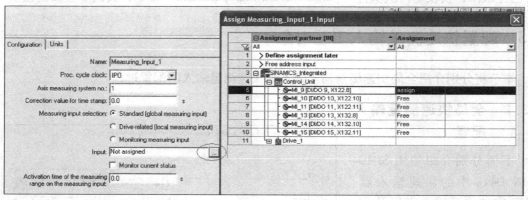

图 7-3　配置测量输入 TO

图 7-3 中的设置项说明见表 7-3。

表 7-3　设置项说明

区域/按钮	描　述
Proc. cycle clock	选择快速测量输入的处理周期
Axis measuring system no	轴测量系统编号选择
Correction value for time stamp	用于检测虚轴位置时的时间补偿
Monitor current status	是否忽略短脉冲，选项仅在单次测量时有效，其功能是用于是否忽略小于一个处理周期的短脉冲，选择该选项表示忽略短脉冲。如果选择了该项，且单次测量的触发方式为上升沿时，那么只有保持一个 ServoCycle 以上为 0 状态之后产生的上升沿脉冲才会被认为是有效的触发信号
Activation time of the measuring range on the measuring input	测量范围激活或取消激活时的时间补偿

步骤 4. 配置全局快速测量输入的系统变量，即 Default 中的值，如图 7-4 所示。

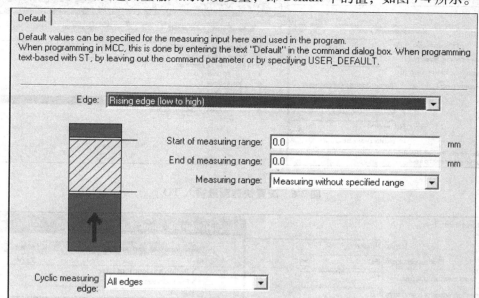

图 7-4　配置全局快速测量输入的默认值

2. 使用 TM17 的 IO 配置全局快速测量输入过程

步骤 1. 首先是要配置 TM15/TM17 IO 的功能，如图 7-5 所示。图中 Mode 项可设置为单次或循环测量。Enable 项使能硬件触发测量。

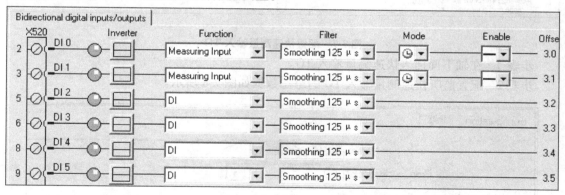

图 7-5　M17 中 DI 点的快速测量输入功能设置

步骤 2. 插入快速测量输入 TO（与集成 IO 配置相同），如图 7-6 所示。

步骤 3. 配置全局快速测量输入的组态数据。

3. 使用 C240 本机处带的 B1~B4 点配置全局快速测量输入过程

C240 的本机自带输入 B1~B4 可以作为全局快速测量输入的测量点，配置如图 7-7 所示。

4. 监听快速测量输入配置

TM15/TM17、SIMOTION D 集成 IO 点 和 C240（B1~B4）支持监听快速测量输入功能，下面以 SIMOTION D 集成 IO 点为例进行介绍。

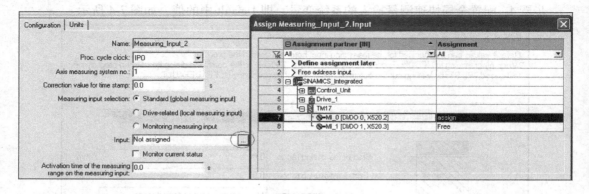

图 7-6　配置快速测量输入 TO

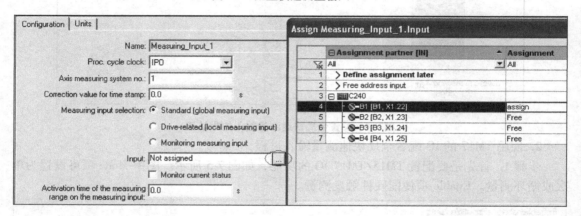

图 7-7　配置快速测量输入 TO

步骤 1. 在轴下面插入快速测量输入 TO。

步骤 2. 配置监听快速测量输入 TO 的组态数据如图 7-8 所示。

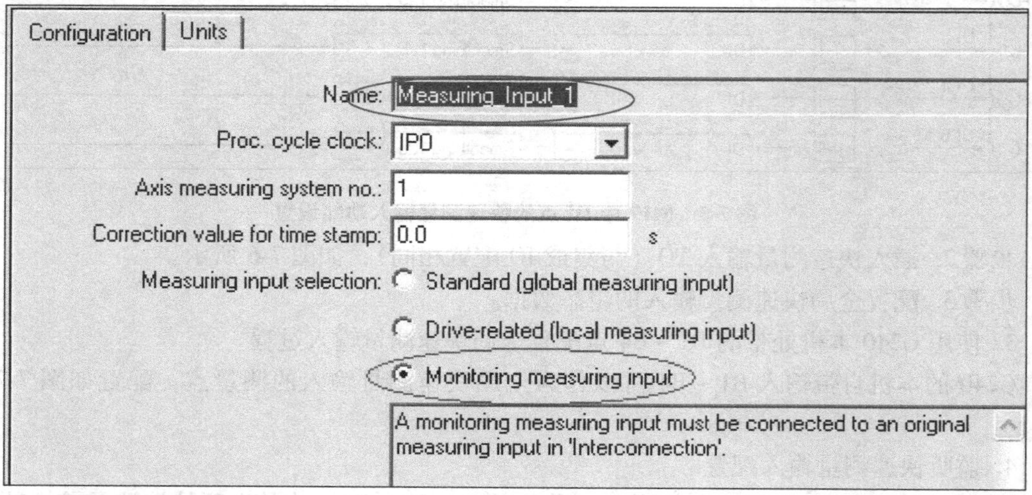

图 7-8　监听快速测量输入 TO 的组态数据

步骤 3. 将监听快速测量输入 TO 中的 Interconnections 组态画面中的 Event acceptance 连接到全局快速测量输入 TO 上，输入连接组态如图 7-9 所示。

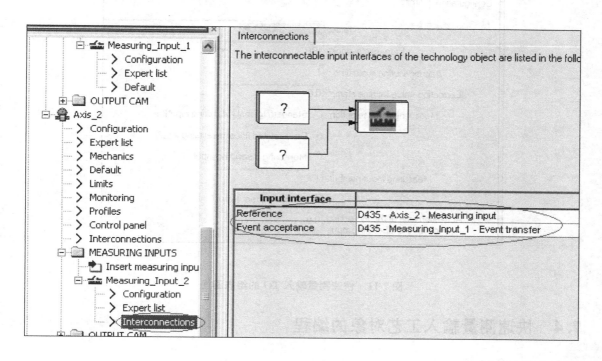

图 7-9　监听快速测量输入 TO 的连接

7.3.2　本地快速测量输入配置

下面以 SIMOTION D4x5 集成的 IO 为例，介绍本地快速测量输入配置过程。

步骤 1. 在 SINAMICS_INTEGRATED 中的设定。

本地快速测量输入与一个驱动（即 SINAMICS 中的 Servo/Vector 轴）相连，因而需要设定 Servo/Vector 中的参数。参数 p488 为第一个本地快速测量输入点，P489 为第二个本地快速测量输入点。所能连接的点和全局快速测量是相同的，即 DI/DO9～11，DI/DO13～15，如图 7-10 所示。

| p488[0] | + | Measuring probe 1 input terminal, Encoder 1 | DI/DO 9 (X122.8/X121.8) (1) |
| p489[0] | + | Measuring probe 2 input terminal, Encoder 1 | DI/DO 10 (X122.10/X121.10) (2) |

图 7-10　本地快速测量输入在 SINAMICS 中的参数设定

本地快速测量输入的输入点信号来自编码器的状态字 r481（r481.8，r481.9），并经由轴的报文如 105 或 106 传给 SIMOTION D。

步骤 2. 插入本地快速测量输入后进入快速测量输入 TO 的组态画面，如图 7-11 所示。

C2xx（M1-M2）设备上的本地快速测量输入配置与 SIMOTION D4x5 集成 IO 的配置过程类似。

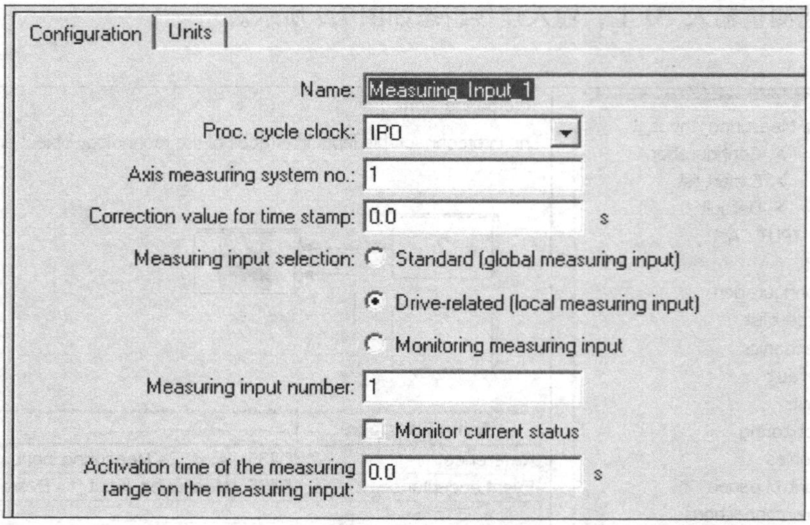

图 7-11　快速测量输入 TO 的组态画面

7.4　快速测量输入工艺对象的编程

1. MCC 编程

快速测量输入的编程较为简单，首先以 MCC 编程为例进行介绍，MCC 编程中关于快速测量输入的指令如图 7-12 所示。具体程序的编写如图 7-13 和图 7-14 所示。

图 7-12　MCC 中快速测量输入相关命令栏

2. ST 编程

快速测量输入控制程序如图 7-15 所示，该程序可以分配到 Motion Task 中执行。

如果循环快速测量输入对每个上升沿和下降沿都进行了触发测量，则上升沿时的位置存入 Measuring_input_1.measuredvalue1，同时 Measuring_input_1.countermeasuredvalue1 加 1；下降沿时的位置存入 Measuring_input_1.countermeasuredvalue2，同时 Measuring_input_1.measuredvalue2 加 1。

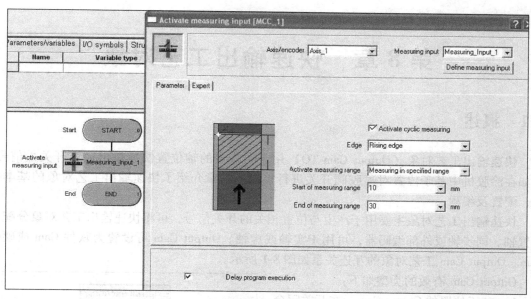

图 7-13　激活快速测量输入程序

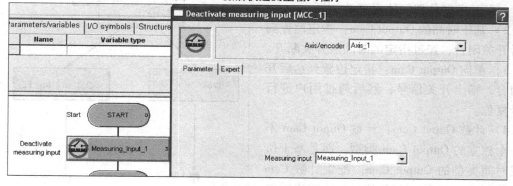

图 7-14　停止快速测量输入程序

```
PROGRAM st_MIStartUp

    IF st_boEnable_Measuring_Input_1 THEN

        myRetDINT :=
            _enablemeasuringinputcyclic(
            measuringinput := Measuring_input_1
            ,mode := ALL_EDGES
            );
    END_IF;

    IF st_boDisable_Measuring_Input_1 THEN

     myRetDINT :=
     _disablemeasuringinput(measuringinput := Measuring_input_1);
     END_IF;
END_PROGRAM
```

图 7-15　快速测量输入控制程序

第8章 快速输出工艺对象

8.1 概述

快速输出工艺对象（Output Cam TO）用于在指定的轴位置快速输出一个开关量信号，例如在涂胶机中基于位置对喷胶阀开关进行控制。本章介绍了快速输出工艺对象的基本概念、配置及编程。

快速输出工艺对象主要用于产生与位置相关的开关信号，可将快速输出工艺对象分配至位置轴、同步轴或外部编码器，可用于实轴或虚轴。Output Cam 可设置为软件 Cam 或硬件 Cam。Output Cam 工艺对象的互连关系如图 8-1 所示。

Output Cam 有效的类型如下：

1）基于位置的 Output Cam：在开关闭合位置与开关断开位置间输出开关信号。

2）基于时间的 Output Cam：指定位置到达后开关闭合，经过指定的时间后开关断开。

3）单向 Output Cam：指定位置到达后开关闭合，输出开关信号，然后通过用户进行信号复位。

4）计数 Ouput Cam：计数 Ouput Cam 不是一个独立的 Output Cam 类型，而是基于位置或时间类型的 Output Cam。配置计数 Cam 用于控制 Output Cam 开关信号每次输出或每几次输出。可在用户程序中通过编程来实现。

5）基于硬件的高速/精确 Output Cam：

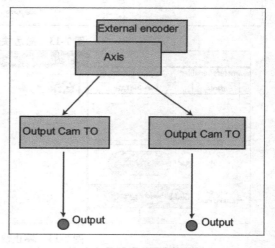

图 8-1 互连关系

Output Cam 通常在 IPO cycle clock 或 Position control cycle 中输出，因为开关沿在 Position control cycle 被确定，所以高速 Output Cams 可提供更高的输出准确度。

可以为 Output Cam 定义一个有效的方向，即轴在此方向运行时，Output Cam 才被激活。Output Cam 可以在 Position control cycle clock，IPO cycle clock，或 IPO2 cycle clock 中进行计算。

Output Cam 的参考值依赖于轴的类型或外部编码器，见表 8-1。

需注意下述事项：

1）Output Cam 功能可应用于具有模态特性的轴或外部编码器。

2）对于没有寻零的轴，Output Cam 也是有效的。

3）配置 Output Cam 工艺对象时，应分配给其一个正确的数字量输出点。

4）多个 Output Cam 可以连接到一个相同的输出信号。

如果基于轴的位置在多个位置点需要有快速输出时，可使用 SIMOTION 中提供的输出序列工艺对象 Cam track TO。根据不同的需求，在实际应用中可以既使用 Cam track 工艺对象，又使用一个或多个 Output Cam 工艺对象。表 8-2 可帮助决定在哪种情况下使用哪种工艺对象。

表 8-1 实际值或设定值的参考

工艺对象	参考实际位置	参考设定位置
实驱动轴	—	—
实位置轴	√	√
实同步轴	√	√
虚轴	—	√
外部编码器	√	

表 8-2 Output Cam 与 Cam Track 的比较

特性	Output Cam TO	Cam track TO
支持的 Output Cam	·基于位置的 Output Cam ·基于时间的 Output Cam ·单向 Output Cam ·计数 Output Cam	·基于位置的 Output Cam ·基于时间的 Output Cam
对于一个输出点的多个 Output Cam	通过逻辑运算（AND/OR）	·在一个 track 中最多 32 个相同类型的 Output Cam ·无 Cam track 逻辑运算（AND/OR）
对一个输出不同类型的 Output Cam	通过 AND/OR	无效
Output Cam 定义	·与轴相关 ·通过系统变量	·与 Cam track 相关 ·通过系统变量数组
滞后	有效	有效
有效方向	有效	有效
微分作用时间	独立开通/关断	独立开通/关断
基于时间 Cam 的不激活时间	有效	有效
激活/不激活类型	立即激活	可参数化开始及停止模式
输出类型	周期性	·周期性 ·单次
Output Cam 状态	系统变量	Output Cam 状态为一个字节的数组
Output Cam 使能	通过_enableOutputCam	·通过_enableCamTrack ·通过系统变量可配置单个 Output Cam 有效
性能	依赖于单个 Output Cam 的数量	当在一个 Output Cam track 中使用 5 个或更多的 Output Cam 时比使用 5 个单独的 Output Cam 性能要高
MCC 命令有效性	有效	有效

8.2 快速输出工艺对象的基本概念

1. Output Cam 类型

软件 Cam：开关信号用于用户程序内部，可通过相关的系统变量输出开关信号状态。
硬件 Cam：开关信号通过分配至 Output Cam TO 的数字量输出完成。

输出信号可通过下述设备实现：

1) 内部集成的 I/O （C2xx，D4x5，D410，...）；
2) 驱动 I/O （如：TB30，TM31，TM1x）；
3) 高速驱动 I/O （如 TM15 及 TM17 高性能模块）；
4) SIMOTION C 集成 I/O；
5) PROFIBUS DP 分布式 I/O （如 ET 200M）及 PROFINET IO （如 ET 200S），但输出地址不能在过程映象区中。

输出开关的准确度与 I/O 的输出准确度、Output Cam 在哪个执行任务中处理以及开通/关断的补偿时间有关。

（1）基于位置的 Cam （Position-based Cam）

1）无确定方向的开关 （Direction-neutral switching）。基于位置控制的 Output Cam，如果起始位置小于终止位置，图 8-2 所示，则轴位置在激活范围内，Output Cam 接通；当轴位置不在起始-结束区域内、轴位置值被偏移至激活范围外或使用 _disableOutputCam、_setOutputCamState、_resetOutputCam 命令停止 Output Cam 时，Output Cam 断开。

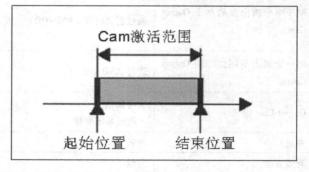

图 8-2 基于位置的 Cam

Output Cam 的激活范围被定义为正向移动时从开始位置至结束位置，即在开始位置及结束位置的区域内输出信号。如果结束位置大于起始位置，激活范围如图 8-2 所示，为开始及结束位置区域之内。如果结束位置小于起始位置，激活范围如图 8-3 所示，为开始及结束位置区域之外。

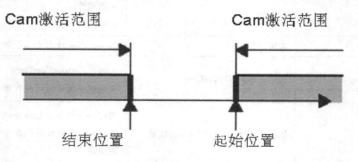

图 8-3 开通区域

2）由方向决定的开通。当轴位置在开始位置及结束位置区域内，而且轴的运动方向与在 Output Cam 设置的有效方向相同时，Output Cam 接通。

当轴位置位于开始及结束区域之外或当运动方向与 Output Cam 设置的有效方向不相同或当轴位置被偏移至激活范围之外或当使用_disableOutputCam、_setOutputCamState、_resetOutputCam 命令停止 Output Cam 时，Output Cam 关闭。

(2) 基于时间的 Output Cam (Time-based Output Cam)

1) 无确定方向的开通，如图 8-4 所示。

激活 Output Cam 时，如果已超过起始位置，基于时间的 Cam 不再开通。当分配的时间已完成或当使用_disableOutputCam、_setOutputCamState、_resetOutputCam 命令停止 Output Cam 时，Output Cam 关闭。

2) 基于方向的开通

当轴位置在开始位置时，如果运行方向与 Output Cam 设置的有效方向相同，Output Cam 接通。当分配的时间已完成或当使用_disableOutputCam、_setOutputCamState、_resetOutputCam 命令停止 Output Cam 时，Output Cam 关闭。如果基于时间的 Cam 已被激活，方向的改变不会导致 Output Cam 关闭。

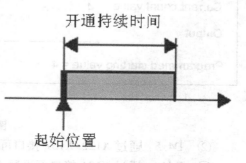

图 8-4 基于时间的 Output Cam

(3) 单向 Output Cam (Unidirectional Output Cam)

当轴位置在起始位置时，而且在编程中的运行方向为 Output Cam 设置的有效方向相同，Output Cam 接通。

当使用_disableOutputCam、_setOutputCamState、_resetOutputCam 命令停止 Output Cam 时，Output Cam 关闭。

(4) 计数 Cam (Counter Cam)

对于一个计数 Cam，它可被指定 Output Cam 每次输出或每几次输出。计数 Cam 仅可用于配置为基于位置及基于时间的 Cam。通过_setOutputCamCounter 系统功能块来使用一个计数 Cam。

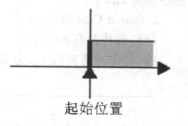

图 8-5 单向 Output Cam

每个计数 Cam 有一个开始计数值及一个当前计数值。Output Cam 开通一次，Output Cam 的当前计数值减 1。如果当前的计数值为 0，Output Cam 输出（系统变量状态及 Output Cam 输出）。同时，当前计数值被复位为计数开始值。如果当前计数值不为 0，Output Cam 输出被禁止如图 8-6 所示。默认的设置开始计数值及当前计数值为 1。开始计数值及当前计数值可通过_setOutputCamCounter 系统功能块编程设置，当前计数值及实际值可通过 counterCamData. actualValue 及 counterCamData. startValue 系统变量监控。不可以通过_enableOutputCam 或 _disableOutputCam 来复位这些值。

(5) 高速/精确的 Output Cam (High-speed/accurate Output Cam)

Output Cam 的计算在执行周期（IPO 或 IPO2 cycle clock 或 position control cycle clock）中完成。

1) 集成的高速 Output Cam，使用 CPU 的数字量输出：

① C2xx：通过 X1 接口可设置 8 个高速输出 Output Cam；

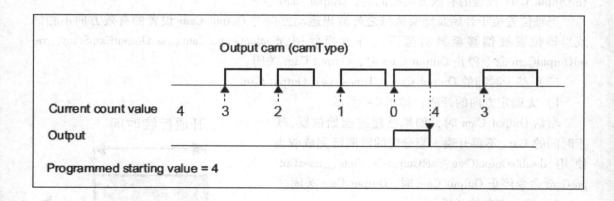

图 8-6　计数 Cam

② D4x5：通过 X122/X132 接口可设置 8 个高速输出；

③ D410：通过 X121 接口可设置 4 个高速输出。

2）TM15/TM17 高性能端子模块上的高速 Output Cam。

① TM15 及 TM17 高性能端子模块可用于设置高速 Output Cam；

② TM15 上 Output Cam，循环时钟可以达到 125μs，TM17 高性能模块上的 Output 输出准确度为 1μs。

2. Output Cam 参数

（1）动作及有效的方向

1）动作。图 8-7 所示为 Output Cam 开通及关断的行为。

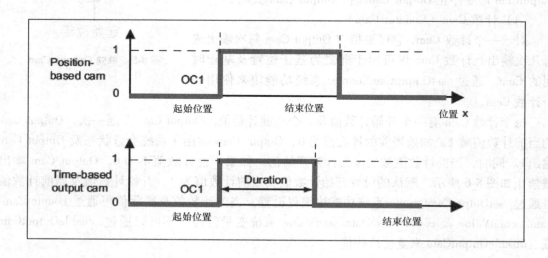

图 8-7　Output Cam 开通及关断的行为

2）有效的方向。当激活 Output Cam 时可定义一个默认的有效方向。当运动方向与有效方向一致时，Output Cam 才开通。具体说明见表 8-3。

（2）滞后（Hysteresis）

表 8-3 有效方向及动作说明

有效方向	动作
Positive	Output Cam 仅在正的运动方向中激活
Positive and negative	Output Cam 的激活与运动方向无关
Negative	Output Cam 仅在负的运动方向中激活
Last programmed direction of rotation	对于上次的编程方向，Output Cam 激活 如之前没有编程，则采用默认设置值

如果因机械影响，造成实际位置有变化时，可指定滞后值以防止 Output Cam 输出状态不正常。下面举一个基于位置的 Cam 滞后实例。

设 Output Cam 类型为基于位置的 Cam，开通位置为 20 mm，关断位置为 200 mm，滞后 20mm；有效方向为正向。轴运行位置为 0mm→100mm→10mm→50mm→0mm→150mm→0mm。Output Cam 开通情况如图 8-8 所示。

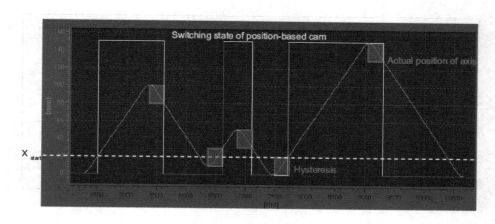

图 8-8　滞后范围及基于位置正方向有效的 Cam 行为

对于直线轴滞后范围的上限设置为工作范围的 25%，而对于旋转轴设置为旋转轴范围的 25%。如果背离这个最大设置，则会出现错误信息。在实际应用中，一般情况下滞后范围的设置值较低。

基于路径控制的 Output Cam，当监测到方向反向时滞后有效。如果对于 Output Cam 仅设置正方向或负方向有效时，则在没有离开滞后范围时若运动反向，Output Cam 不会关断。

基于时间的 Output Cam 的开关行为由开通周期时间决定，而不是由滞后决定。也就是说输入的滞后范围不影响 Output Cam 的开通周期，仅与开通时间有关。

(3) 开通/关断补偿时间

对于数字量输出的开通时间及连接的开关元件传播延时的补偿，可以指定开通/关断补偿时间。补偿时间来自于总的延时时间，并且可以单独设置开通沿的补偿时间（激活时间）或关断沿的补偿时间。

Output Cam 的开通/关断可根据实际速度进行动态补偿。下面以一个具体实例来进行说明。一个阀应该在轴位置 200°时打开，激活时间为 0.5s。由于要对阀的开通延时做补偿，所以如果轴的运行速度为10°/min时，则必须在轴位置195°时打开阀；而当轴的运行速度为20°/min时，则必须在轴位置190°时打开阀。这种阀的动态开通补偿可通过Output Cam工艺对象自动完成。

对于Output Cam的开通关闭的时间补偿需注意下述问题：

1）Output Cam的输出时间与动态调整的计算相关。

2）在补偿时间中考虑了死区时间，如PROFIBUS DP通信时间、数字量输出的输出延迟时间等。

3）设置长的补偿时间如果超出一个模态周期，将会造成实际值Output Cam开关位置的严重波动。所以，设定的补偿时间应小于一个模态周期。

（4）逻辑操作

通过对LogAdress.logicOperation配置数据的设置，可以指定连接至输出点的Output Cam使用"与"或"或"的操作，图8-9所示为两个Output Cam的或操作示例。

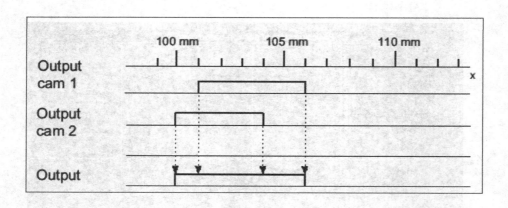

图8-9 两个Output Cam的或操作

（5）模拟仿真

通过仿真命令可对Output Cam进行仿真运行，Output Cam的状态不在硬件中输出。在仿真模式下，硬件Cam的行为与软件Cam相同。如果将一个激活的Output Cam切换至仿真模式（_enableOutputCamSimulation），Output Cam的状态仍保持。

8.3 配置快速输出工艺对象

Output Cam的配置步骤如下：

1）插入Output Cam。插入Output Cam前，应先创建位置轴、同步轴或外部编码器。如果Output Cam从TM15/TM17高性能模块中输出，在插入Output Cam前，应先插入此模块。在项目导航栏中，在相关轴或外部编码器下的OUTPUT CAM下，用鼠标双击"Insert Output Cam"，如图8-10所示。

2）配置Output Cam。用鼠标双击已插入Output Cam下的Configuration，打开配置画面，如图8-11所示。配置参数的描述见表8-4。

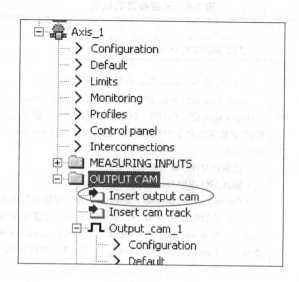

图 8-10 插入 Output Cam

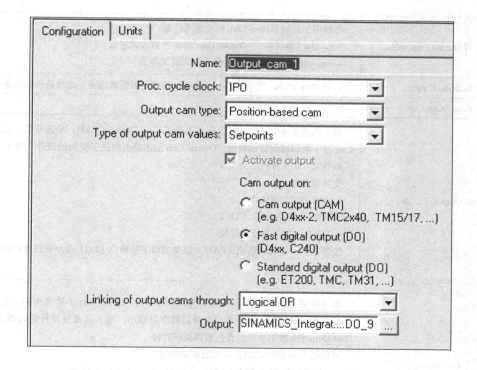

图 8-11 Output Cam 配置画面

3) 定义 Output Cam 的默认值。可以为每个 Output Cam 定义默认值,这些值被存储到系统变量中并且可以通过程序进行修改,默认值设置画面如图 8-12 所示。配置参数的描述见表 8-5。

表 8-4 设置参数的描述

区域/按钮	含义描述
Name	在此显示创建的 Output Cam 的名称
Proc. cycle clock	选择用于更新 Output Cam 的循环时钟 Output Cam 的计算在 IPO 或 IPO2 或 position control cycle clock 循环时钟中完成 Output Cam 信号在 IPO（默认值）循环时钟中刷新或者在 IPO2 循环时钟中刷新，IPO2 的长度至少是 IPO 的两倍。还可以设置为 Position control cycle clock 插补循环时钟中刷新 下述循环时钟的配置有效： ·轴在 IPO 中但 Output Cam 在 IPO2 中 ·Output Cam 在 position control cycle 中，但轴在 IPO 或 IPO2 中 不可以将轴配置在 IPO2 中，但 Output Cam 配置在 IPO cycle 中 注意：当 servo：IPO 比率≠1:1 并且当设置 position control cycle clock 作为工艺对象 Output Cam 的处理循环时钟时，对于基于位置值的 Output Cam 计算的精度最高
Output Cam type	选择 Output Cam 的类型。可选择 Position-based Cam（默认值）或者 Time-based Cam，还可以设置为 Unidirectional Output Cam
Type of Output Cam value	选择用于处理 Output Cam 时的参考位置 Setpoints（默认值）：Output Cam 参考当前的设定值 Actual values：Output Cam 参考当前的实际值
Activate Output	如果 Output Cam 信号使用一个数字量输出则激活此选项，之后显示相关参数
Cam Output on	
Cam Output（CAM）	如果激活了 Active Output 选项并选择了 Cam Output（CAM）单选按钮，则 Output Cam 基于内部时间戳的输出。Output Cam 的准确度取决于使用的硬件。对于 D4x5-2 及高性能 TM17 分辨率为 1μs 支持的硬件： ·SIMOTION D410-2 ·SIMOTION D4x5-2（X142） ·TM15，TM17 高性能模块 注意：Output Cam 输出（CAM）或高速数字量输出（DO）应是硬件支持的高速输出
Fast digital Output（DO）	如果激活了 Active Output 选项并选择了 Fast digital Output 单选按钮，则 Output Cam 使用 SIMOTION CPU 本机自带的数字量输出。输出是通过硬件定时器实现的，Cam Output 分辨率小于位置控制器循环时钟 可使用下列 CPU 本机自带的数字量输出： ·SIMOTION D4x5（接口 X122，X132），8 个高速 Cam Output ·SIMOTION D410（接口 X121），4 个高速 Cam Output ·SIMOTION C240，C240 PN（接口 X1），8 个高速 Cam Output 注意：Output Cam 输出（Cam）或高速数字量输出（DO）应是硬件支持的高速输出

（续）

区域/按钮	含义描述
Standard digital Output（DO）	如果激活了 Active Output 选项并选择了 Standard digital Output（DO）单选按钮，Output Cam 在位置控制循环周期中输出 Cam Output 的分辨率由于使用 I/O 的循环周期决定 支持的硬件： · 本机自带的输出（SIMOTION D, CX32, CU3xx） · 集中式 I/O（SIMOTION C） · 通过 PROFIBUS DP/PROFINET IO 连接的分布式 I/O（如 ET 200, …） · TM15, TM15 DI/DO, TM17 high feature, TM31, TM41, TB30 · TMC1x80 PN
Logical operation	分配几个 TO Output Cam 至一个数字量输出。选择数字量输出的 Output Cam 的逻辑链接关系。在运行期间，所有 Output Cam 信号通过逻辑 OR 或 AND 组合在一起
Output	选择 Output Cam 的数字量输出

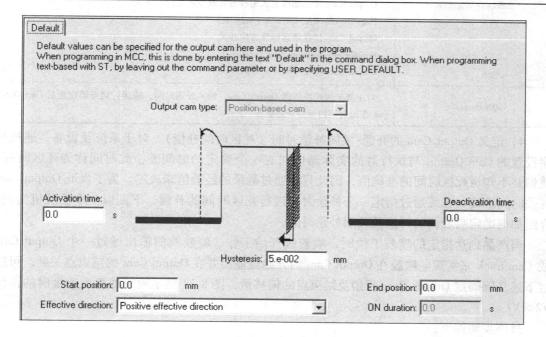

图 8-12 Output Cam 默认设置

表 8-5 设置参数的描述

区域/按钮	含义描述
Output Cam type	显示 Output Cam 类型
Activation time	在此输入开通补偿时间。当开始位置到达时加上此激活时间开通 Output Cam，Output Cam 的开通位置与动态响应有关系。用于传播延时的补偿 如果输入负值作为激活时间，则在开始位置到达之前开通 Output Cam
Use deactivation time	当使用基于时间的 Cam 时如设置补偿关闭时间，则选择此选项

(续)

区域/按钮	含义描述
Deactivation time	输入关闭补偿时间。当结束位置到达时,加上此时间,Output Cam 关闭。Output Cam 的关闭位置与动态响应有关系。用于传播延时的补偿 如果输入负值作为关闭补偿时间,则在关闭位置到达之前关闭 Output Cam
Hysteresis	输入滞后值。在开通位置周围,在此定义的滞后区域内 Output Cam 不改变其开通状态。这将防止开关状态的重复改变
Starting position	输入 Output Cam 的开通开始位置
End position	输入 Output Cam 的开通结束位置
Effective direction	输入 Output Cam 的有效方向。Output Cam 仅轴运行在参数化的有效方向时才激活 Positive and negative effective direction (both) Output Cam 在轴运行的两个方向开关 Last programmed effective direction (effective) Output Cam 仅在轴按上次编程的有效方向运行时开关 Negative effective direction (negative) Output Cam 仅在轴运行负方向开关 Positive effective direction (positive) Output Cam 仅在轴运行正方向开关
ON duration	对于基于时间控制的 Output Cam,输入开通时间。轴运行到开通位置后 Cam Output 在此时间内保持开通状态

4) 定义 Output Cam 的开通/关闭补偿时间(死区时间补偿)。对于系统及设备,通过程序设置的 Cam Output 与执行器的实际动作间有一个确定的时间差,此时间称为死区时间。我们并不知道死区时间的准确值,因此只能通过测量的经验值来决定。为了保证 Output Cam 开关时间准确,必须通过指定一个补偿时间进行死区时间的补偿。下面以一个喷胶机为例,介绍如何确定喷胶阀的开通及关闭补偿时间。

当产品到达指定的喷胶工位时,喷胶线开始工作。喷胶阀的输出通过一个 Output Cam 或 Cam track 来实现。喷胶在 Output Cam 的开始点输出并在 Output Cam 的结束点关断。可通过下述步骤确定 Output Cam 开始及结束点的偏移量,图8-13 显示喷胶线两个速度时的情况 $V2 > V1$。

具体步骤如下:

① 对于 Output Cam 的开始及结束,设置所有的补偿时间为0。

② 定义运行的速度值,选择生产线的两个速度(如最小和最大速度)。

③ 开始运行设备并且确定以速度 V1 及 V2 运行时的喷胶开始位置(XA1 及 XA2)及结束位置(XE1 及 XE2)。

注意:为了增加准确度,可以执行几次比较测量并且采用平均测量值。

· 对于 Cam Output 可使用下面公式来确定微分作用时间:

$$tActivation = \Delta s/\Delta V = (XA2 - XA1) / (V2 - V1)$$

$$tDeactivation = \Delta s/\Delta V = (XE2 - XE1) / (V2 - V1)$$

· 输入 tActivation 作为 Output Cam 的开通补偿时间,输入 tDeactivation 作为 Output Cam

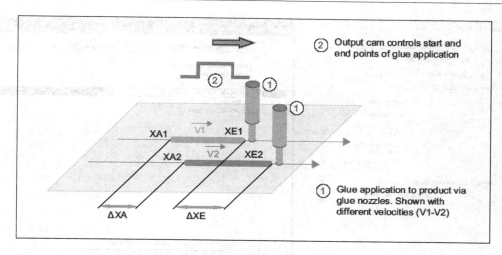

图 8-13 Cam Output 死区时间补偿

的关闭补偿时间。注意：当输出时间在编程的 Output Cam 开通时间之前时，补偿时间必须为负值。

• 确定 Cam Output 的补偿时间后，必须执行控制测量并检查其结果。

5）配置硬件 Cam。Output Cam 可被配置为标准输出、高速输出或基于硬件的 Output Cam。

对于 D4x5-2、TMC2x40、TM15/17 可配置带时间戳的 Output Cam，首先需要指定模块上的数字量输出功能，例如使用 D4x5-2 上的高速输出点（见图 8-14）；之后再为 Output Cam 配置高速数字量输出（见图 8-15）。如果使用 TMC1x80，TM15/17 作为 Output Cam，配置方法相同。

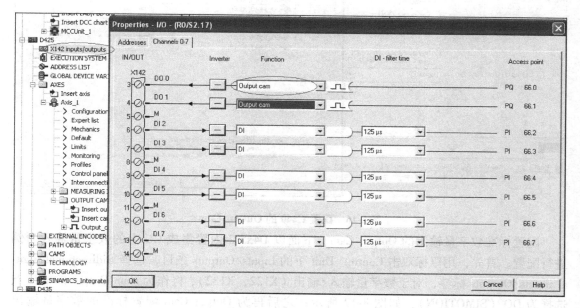

图 8-14 设置数字量输出的功能

对于 SIMOTION C240，可配置快速数字量输出的 Output Cam，如图 8-16 所示。

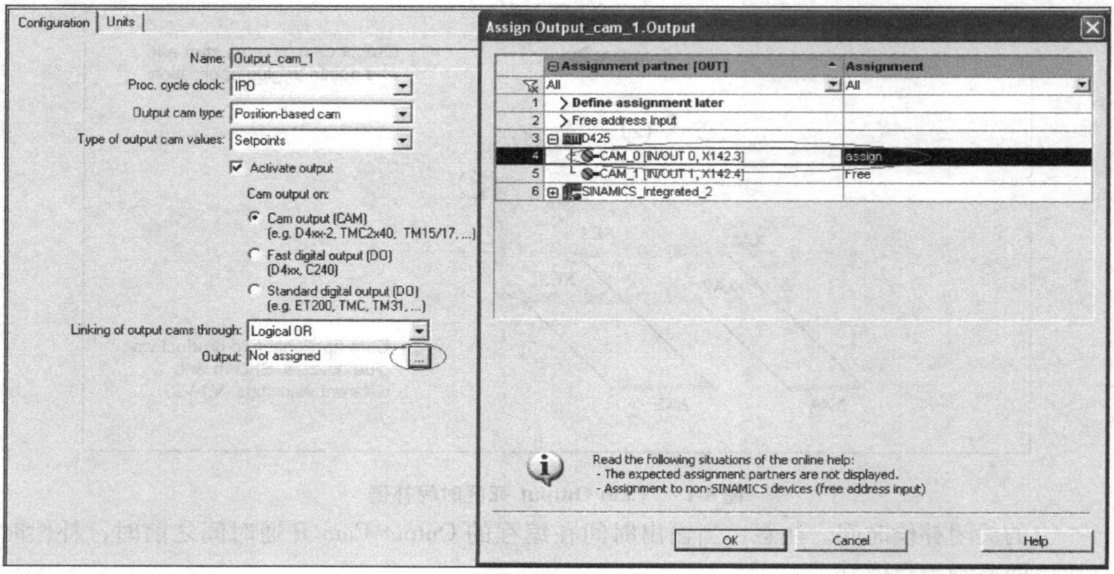

图 8-15 设置 Output Cam

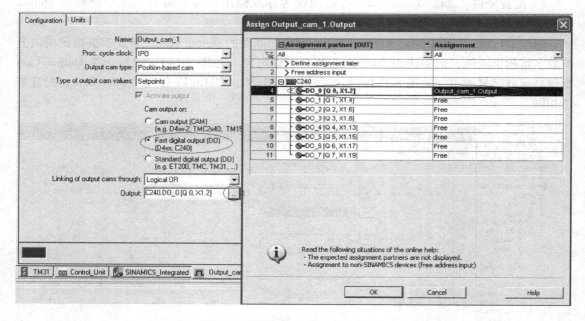

图 8-16 配置 C240 的 Output Cam

配置标准数字量输出的 Output Cam，下面以 D4x5-2 内置集成 CU 上的数字量输入为例进行配置。首先，用鼠标双击 Control_Unit 下的 Inputs/Outputs 条目，选择 Bidirectional digital inputs/Outputs 标签，对于数字量输入/输出（X122，X132），将作为 Cam Output 的输出点选择为 DO（SIMOTION），如图 8-17 所示；之后再为 Output Cam 配置标准的数字量输出（见图 8-18）。这与使用 TM31 模块中的数字量输出点的配置方法相同，但要使用 ET200 中的数字量输出点，则需在 Output 中直接输入数字量输出点的地址，如 PQ66.0。

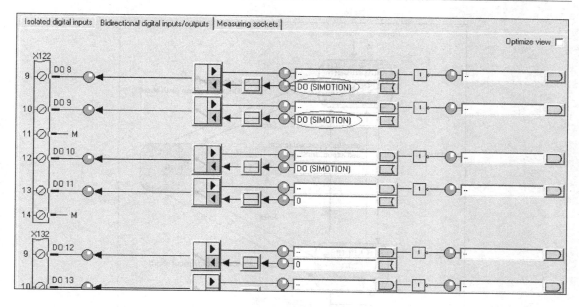

图 8-17 设置数字量输出功能

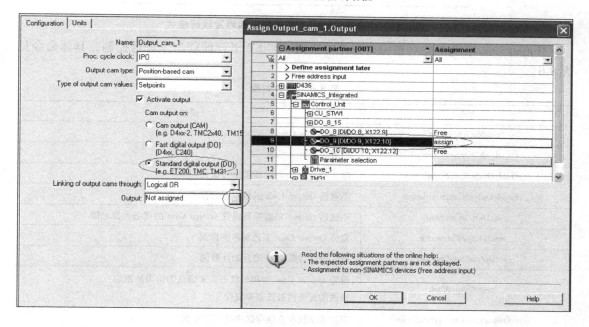

图 8-18 设置 Output Cam

8.4 快速输出工艺对象的编程

Output Cam 工艺对象可通过_enableOutputCam 命令来使能其运行，通过_disableOutput-Cam 命令终止其运行。当 Output Cam 运行时出现错误，则需要使用_resetOutputCam 命令进行故障复位，之后再使能它运行，Output Cam 的编程及执行模式如图 8-19 所示。

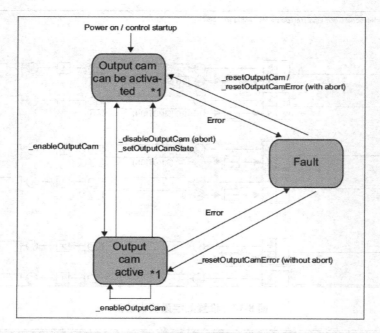

图 8-19 Output Cam 工艺对象的编程及执行模式

Output Cam 工艺对象可在用户程序中使用下述 ST 语言编程命令进行控制，具体命令见表 8-6。

表 8-6 命令列表

命令	描述
_enableOutputCam	激活 Output Cam
_disableOutputCam	不激活 Output Cam
_enableOutputCamSimulation	激活 Output Cam 的模拟运行模式
_disableOutputCamSimulation	不激活 Output Cam 的模拟运行模式
_setOutputCamState	不激活 Output 功能并且设置 Output Cam 的状态为指定值
_resetOutputCamError	复位 Output Cam 工艺对象的错误
_setOutputCamCounter	改变一个计数 Cam 的开始计数值
_resetOutputCam	设置 Output Cam 为初始状态。未确认的错误被删除 修改的配置值被按需要复位
_resetOutputCamConfigDataBuffer	删除未激活存在缓存区中的配置数据
_getStateOfOutputCamCommand	返回命令的执行状态
_bufferOutputCamCommandId	将 CommandId 存入缓存区
_removeBufferedOutputCamCommandId	删除存入缓存区中的 CommandId

Output Cam 工艺对象在用户程序中也可以使用图 8-20 中的 MCC 语言编程命令进行控制。

使用 MCC 编程方法使能 Output Cam 示例，如图 8-21 所示。

使用 ST 编程方法使能 Output Cam 示例，如图 8-22 所示。

图 8-20　MCC 中 Output Cam 相关命令栏

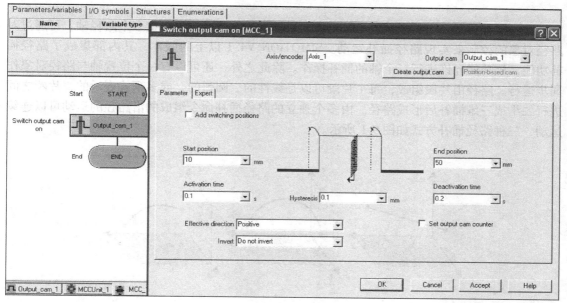

图 8-21　使用 MCC 编程使能 Output Cam

```
_MccRetDINT : = _enableOutputCam (
            outputCam : = _to. Output_cam_1,
    switchOnPositionType   : = DIRECT,
    switchOnPosition       : = 10,
    switchOffValueType     : = DIRECT,
    switchOffValue         : = 50,
    forceDirection         : = POSITIVE,
    invertOutput           : = NO,
    activationTimeType     : = DIRECT,
    activationTime         : = 0.1,
    deactivationTimeType   : = DIRECT,
    deactivationTime       : = 0.2,
    noSwitchingRangeType   : = DIRECT,
    noSwitchingRange       : = 0.1);
```

图 8-22　使用 ST 编程方法使能 Output Cam

第 9 章 路径工艺对象

9.1 概述

路径插补技术是由路径对象（Path TO）来提供的，路径对象连接多个路径轴，可通过对路径对象的控制来实现路径插补运动。SIMOTION V4.1 以上的版本，其内部集成了路径插补功能，该功能允许进行三个轴的插补操作。除此之外，还可以有一个位置轴与路径对象作同步运行。路径由片段组成，每个片段可以是线性的、圆弧的、或多项式表示的，片断之间进行二维或三维插补后形成路径。由多个独立的路径插补命令组成的沿路径的运动可以连续运动，三种路径插补方式如图 9-1 所示。

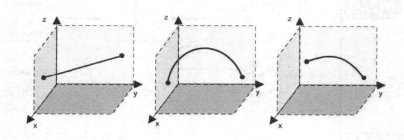

图 9-1 三种路径插补方式

路径插补技术可用于简单机械手的控制，以实现生产线上产品的搬运及码垛、上下料、移动、工位衔接等，也可配合机器视觉系统完成检查工件、抓取、移动、放下等工作，如图 9-2 所示。

图 9-2 简单机械手应用

通过运动学坐标变换，机器运动可被适配到路径坐标系统的笛卡尔坐标系下，路径插补工艺包包含了图 9-3 所示正交运动模型的变换，用户可直接使用。

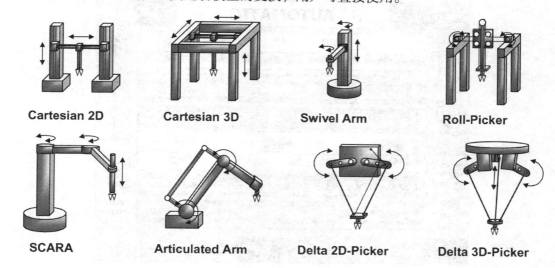

图 9-3 支持的运动模型

实现路径插补控制有两种方法，第一种方法是通过 MCC 或 ST 编程语言使用路径插补命令编写一个固定的运动程序以实现简单路径的运行，如图 9-4 所示。

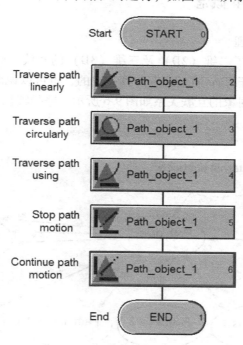

图 9-4 路径运动编程

另一种方法是使用西门子公司提供的"Top Loading"应用库来实现可变化的运动编程，包括运动控制命令的编程、路径的示教、运动区域的监视等高级功能。此功能库可作为 SIMOTION 的标准应用免费提供。其编程画面如图 9-5 所示。

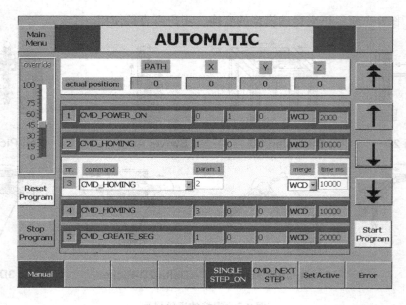

图 9-5 Top Loading 编程画面

9.2 路径对象的基本概念

1. 路径插补的基本原理

路径插补工艺包提供了二维（2D）及三维（3D）的直线、圆弧及多项式路径工艺功能。事实上路径插补是基于 Cam 的基础来计算完成的，也可以说路径插补的工艺包包含了 Cam 的工艺包，路径插补对象的互联关系如图 9-6 所示。路径轴包含了同步轴功能，路径插

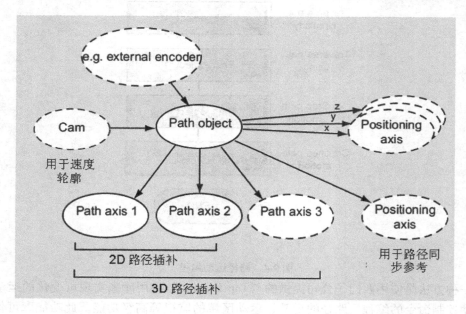

图 9-6 路径插补对象的互联关系

补功能除了可应用于电气轴、液压轴及步进电动机轴外还可应用于虚轴,所有独立的轴及同步操作功能可应用于路径轴。

同 Cam 一样,路径插补的功能是为了生成位置轴的位置轮廓文件,但 Cam 是利用轴与轴之间的函数关系式来完成插补,轴与轴之间无平面或空间的概念,用到所有的数据都是标量。例如通过提供的几个 (X,Y) 点的坐标来完成两个轴位置轨迹之间的线性同步关系,例如用多项式 $y = 1 - 4x + 4x^2 + 0.5\sin(1x + 0.5)$ 来确定从轴位置 y 与主轴位置 x 之间的跟随关系,如图 9-7 所示。

路径插补功能更突出体现空间路径的概念,如三维空间的多项式插补,并不需要确定轴之间的直接函数关系,而是借助矢量矩阵来设定三维变量同第四变量 p 的关系。

轴坐标及基本坐标系统用于路径插补,路径插补功能需要一个 Cartesian 坐标系,遵循 DIN 66217,右手法则,直角坐标系。

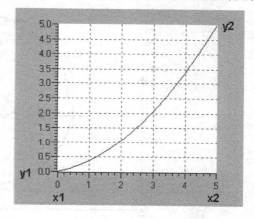

图 9-7 用多项式生成的 Cam 曲线

2. 三种插补方式

SIMOTION 中提供了 2D/3D 平面的直线插补、圆弧插补及多项式插补三种插补方式,通过这三种路径插补方式的组合编程可实现空间的路径插补运行。

(1) 直线插补

直接可实现 2D 或 3D 平面上的直线路径插补运行,调用直线插补命令时输入空间直线的起始点及终止点的坐标值,直线插补运动可使三维空间的三个轴都会到达目标位置的坐标值,而轨迹上的每一个点都在这条空间直线上。

(2) 圆弧插补的三种方式

1) 在二维平面内基于圆弧半径、目标位置以及方向的平面插补方式。

当运行此插补命令时,系统会根据当前位置、目标位置以及圆弧半径三个数据来计算圆弧轨迹,然后二维平面上的轴会从当前位置按圆弧轨迹运行到目标位置,编程时需要注意半径必需大于两点之间的距离的一半。

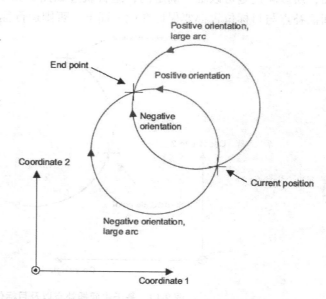

图 9-8 基于圆弧半径、目标位置以及方向的平面插补方式

另外,在编程时还可以定义轨迹的大小圆弧方式,如图 9-8 所示。注意这种方式不能用于三维空间的圆弧插补,因为此方式不能确定唯一轨迹。

2) 在二维平面内基于圆心坐标、旋转角度以及方向的平面插补方式。

当执行此插补命令时,系统会根据当前位置、圆心坐标以及旋转角度来计算运行轨迹以及目标位置,运行程序块时会根据事先设定的轨迹到达相应位置。这里不存在大小圆弧的概念,只有方向的设定,如图9-9所示。注意这种方式不能用于三维空间的圆弧插补,因为此方式不能确定唯一轨迹。

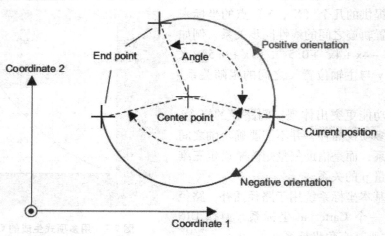

图9-9 基于圆心坐标、旋转角度以及方向的平面插补方式

3) 基于中间插补点以及目标位置的插补方式。

与上面两种插补方式不同,这种插补方式有二维也有三维的,因为三点可以确定一个平面,所以轨迹是可以唯一确定的,运行轨迹如图9-10所示。如果选择二维平面需要注意中间插补点与目标位置都要保证在此平面上,否则运行程序时系统会报错。

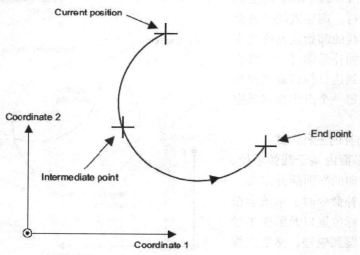

图9-10 基于中间插补点以及目标位置的插补方式

(3) 多项式插补

在高级应用中,圆弧插补可能不能满足设计需求(如需椭圆形的插补等),在这种情况下只有借助多项式来完成计算,但需要注意,路径插补中用到的多项式变量均为矢量。下面介绍几种多项式插补的方式。

1) 根据五次多项式的系数来完成插补。

$$P = A_0 + A_1 \cdot p + A_2 \cdot p^2 + A_3 \cdot p^3 + A_4 \cdot p^4 + A_5 \cdot p^5, p \in [0,1]$$

式中，A_2 为矢量 1；A_3 为矢量 2；A_4 为矢量 3；A_5 为矢量 4。

在编程时需要提供的数据有目标位置以及四个空间矢量坐标：A_2，A_3，A_4，A_5，方程又可以写成如下形势：

$$\begin{bmatrix} X \\ Y \\ Z \end{bmatrix} = \begin{bmatrix} A_{0-x} \\ A_{0-y} \\ A_{0-z} \end{bmatrix} + \begin{bmatrix} A_{1-x} \\ A_{1-y} \\ A_{1-z} \end{bmatrix} \cdot P + \begin{bmatrix} A_{2-x} \\ A_{2-y} \\ A_{2-z} \end{bmatrix} \cdot P^2 + \begin{bmatrix} A_{3-x} \\ A_{3-y} \\ A_{3-z} \end{bmatrix} \cdot P^3 + \begin{bmatrix} A_{4-x} \\ A_{4-y} \\ A_{4-z} \end{bmatrix} \cdot P^4 + \begin{bmatrix} A_{5-x} \\ A_{5-y} \\ A_{5-z} \end{bmatrix} \cdot P^5$$

$$P \in [0,1]$$

这种方法的优点是插补比较精确，但缺点是多项式系数不好确定，即四个矢量的运算难度比较大。

2) 提供起始位置与目标位置的几何微分，如图 9-11 所示。

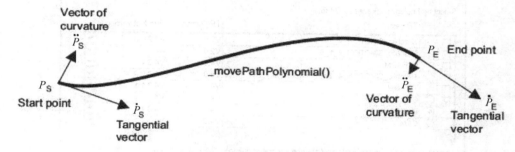

图 9-11 根据起始与最终点的微分进行插补

图 9-11 中，P_S 为起始位置，即当前位置；$\dot{P}_S$ 为一阶微分；$\ddot{P}_S$ 为起始位置的二阶微分；P_E 为目标位置，$\dot{P}_E$ 为目标位置的一阶微分，$\ddot{P}_E$ 为目标位置的二阶微分。举例如图 9-12 所示。

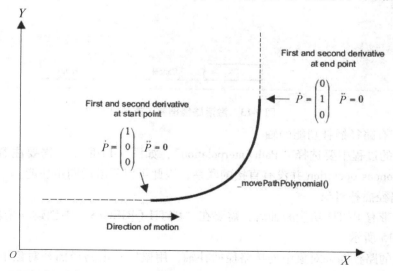

图 9-12 插补举例

3）只需提供目标位置的几何微分，不需要提供起始位置，把当前位置作为起始位置，如果当前位置不能获得，则系统会报错，错误编号为 50002。

9.3 配置路径对象

本节以 SCOUT V4.3 软件为基础，介绍如何配置路径对象。

1. 激活路径插补工艺包

只有固件版本 4.1 以上的 SIMOTION 才可以激活其路径插补功能，用鼠标右键单击 D4x5，在出现的下拉菜单中选择"Select technology packages"，在弹出画面中选择"PATH"，也只有激活 PATH 工艺包后，才能在编程过程中找到与插补相关的命令，如图 9-13 所示。

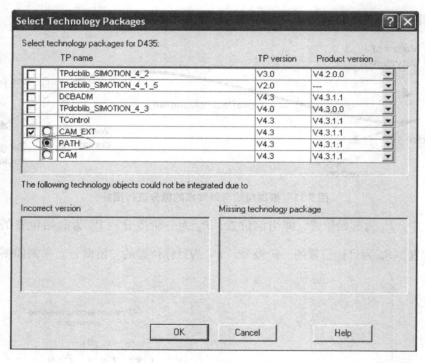

图 9-13 激活路径插补工艺包

2. 创建带有路径插补功能的轴

在创建轴的过程中要选择"Path interpolation"，如图 9-14 所示。需要注意的是，PATH 功能与 Synchronous operation 并没有直接的联系，因此可以不激活同步功能。

3. 创建路径插补对象

在选择了带有 PATH 功能的轴后，需要在"PATH OBJECTS"中创建一个新的路径插补对象，如图 9-15 所示。

在所创建的路径插补对象中连接路径插补轴，用鼠标双击路径插补对象下的"interconnections"，在弹出的画面中进行设置，如图 9-16 所示。具体的参数设置描述见表 9-1。

4. 配置路径插补对象的运动学模型

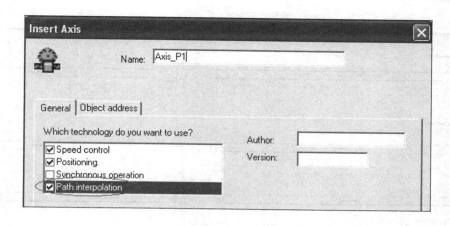

图 9-14 创建带有路径插补功能的轴

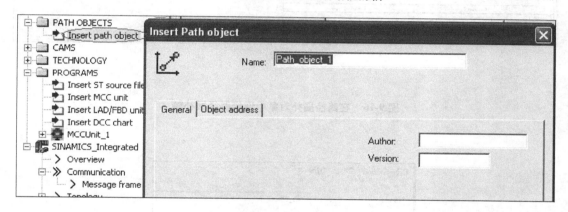

图 9-15 创建路径插补对象

表 9-1 设置描述

区域/按钮	含义描述
First path axis	连接的第一个路径插补轴
Second path axis	连接的第二个路径插补轴
Third path axis	连接的第三个路径插补轴
Position axis for path-synchronous motion	为路径插补对象指定一个位置轴,同步轴或路径插补轴作为路径对象的主轴
Velocity profile	指定一个 Cam 曲线作为路径对象的速度轮廓
Result of the motion on	指定一个位置轴与路径插补对象同步运行
Specification of dynamic response	可通过 DynamicsIn 指定路径的动态响应

用鼠标双击路径插补对象中的"Configuration",在弹出的画面中设置路径插补对象的运动学模型,如图 9-17 所示。

5. 配置路径插补对象的默认值

用鼠标双击路径插补对象中的"Default",在弹出的画面中设置路径插补对象的默认速度、加速度以及加加速等参数值,如图 9-18 所示。

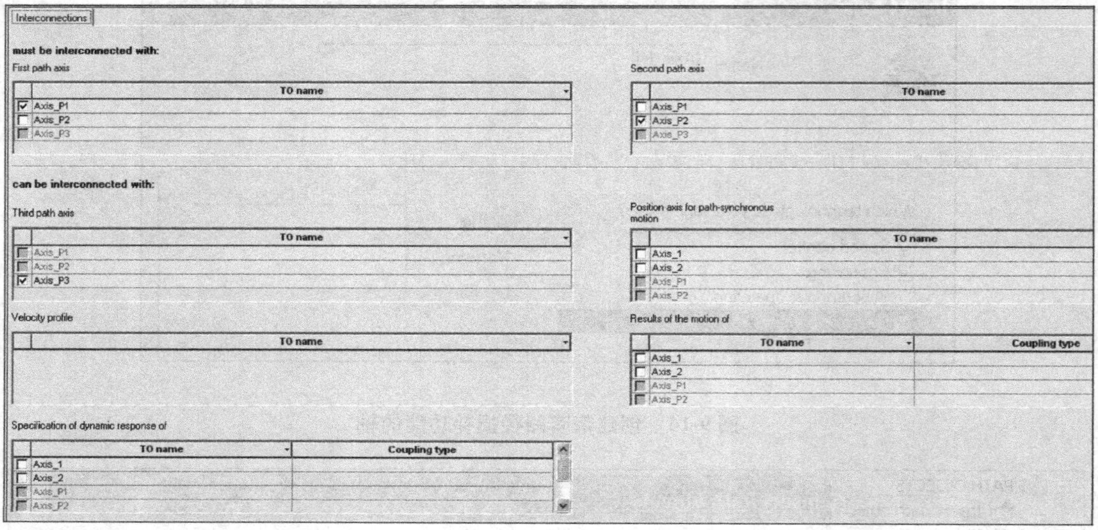

图 9-16 在路径插补对象中连接路径插补轴

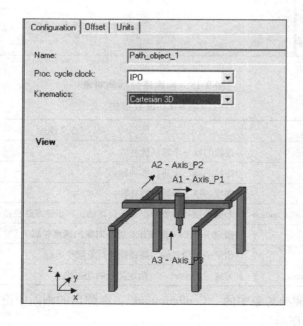

图 9-17 设置路径插补对象的运动学模型

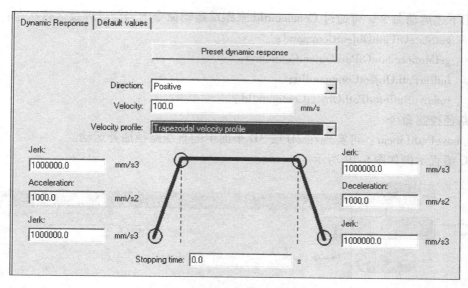

图9-18 设置路径插补对象的默认值

9.4 路径对象的编程

路径插补对象有多个命令,包括信息和转换命令、转换命令、命令跟踪以及运动路径控制命令,这些命令可以使用 MCC 或 ST 语言进行编程。

1. 信息和转换命令

下述命令用于运动未开始或正在执行路径运动时计算路径长度:

1)_getLinearPathData;

2)_getCircularPathData;

3)_getPolynomialPathData。

下述命令用于计算笛卡尔路径数据,例如在运动未开始或正在执行路径运动时,计算开始点,结束点及指定点的路径方向及路径曲率。

1)_getLinearPathGeometricData;

2)_getCircularPathGeometricData;

3)_getPolynomialPathGeometricData。

2. 转换命令

下述命令可实现不同坐标系的位置转换:

1)_getPathCartesianPosition:从轴的位置计算出笛卡尔坐标系的位置;

2)_getPathAxesPosition:从笛卡尔坐标系的位置计算出轴的位置;

3)_getPathCartesianData:从轴的位置、速度及加速度计算出笛卡尔坐标系的位置、速度及加速度;

4)_getPathAxesData:从笛卡尔坐标系的位置、速度及加速度计算出轴的位置,速度及加速度。

3. 命令跟踪

使用下述运动命令，可通过 CommandId 来跟踪运动命令的当前处理及运行状态：
- _getStateOfPathObjectCommand；
- _getMotionStateOfPathObjectCommand；
- _bufferPathObjectCommandId；
- _removeBufferedPathObjectCommandId。

4. 路径控制命令

1) _movePathLinear：可实现在 2D 或 3D 平面中的直线路径插补运动。

MCC 编程示例如图 9-19 所示。

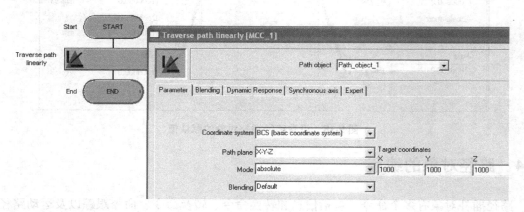

图 9-19　直线路径插补 MCC 编程

ST 编程示例如图 9-20 所示。

```
MyRetDINT : = _movePathLinear (pathobject : = _to. Path_object_1,
                                csType : = BCS,
                                pathplane : = X_Y_Z,
                                pathmode : = ABSOLUTE,
                                blendingmode : = USER_DEFAULT,
                                x : = 1000, y : = 1000, z : = 1000,
                                transitionType : = DIRECT,
                                wmode : = USER_DEFAULT,
                                wdirection : = USER_DEFAULT,
                                dynamicadaption : = USER_DEFAULT,
                                specificVelocityProfile : = NO,
                                mergeMode : = SEQUENTIAL,
                                nextCommand : = IMMEDIATELY,
                                commandId : = _getCommandId ( ));
```

图 9-20　ST 编程示例

2) _movePathCircular：可实现下述方式的圆弧路径插补运动。

① 在 2D 主平面中通过指定半径，结束点及方向的圆弧路径；
② 在 2D 主平面中通过指定圆心及角度的圆弧路径；
③ 在 2D 主平面中通过指定中间点及结束点的圆弧路径；

④ 在3D主平面中通过指定中间点及结束点的圆弧路径。

MCC编程示例如图9-21所示。

ST编程示例如图9-22所示。

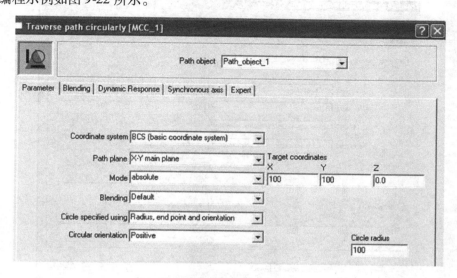

图9-21 圆弧路径插补MCC编程

```
MyRetDINT：= _movePathCircular（pathobject：= _to. Path_object_1,
                                csType：= BCS,
                                pathplane：= X_Y,
                                blendingmode：= USER_DEFAULT,
                                circularType：= WITH_RADIUS_AND_ENDPOSITION, pathmode：= ABSOLUTE,
                                x：= 100, y：= 100, radius：= 100,
                                circleDirection：= POSITIVE,
                                transitionType：= DIRECT,
                                wmode：= USER_DEFAULT,
                                wdirection：= USER_DEFAULT,
                                dynamicadaption：= USER_DEFAULT,
                                specificVelocityProfile：= NO,
                                mergeMode：= SEQUENTIAL,
                                nextCommand：= IMMEDIATELY,
                                commandId：= _getCommandId（））;
```

图9-22 ST编程示例

3）_movePathPolynomial：可实现多项式路径插补运动。

在高级路径插补应用中，如圆弧路径插补不能满足设计需求，则可借助多项式路径插补来完成。需要注意的是，路径插补中用到的多项式变量均为矢量。有下述三种多项式路径插补的定义方法：

① 根据五阶多项式的系数来完成插补，在编程时需要提供的数据包括目标位置以及四

个空间矢量坐标。MCC 编程示例如图 9-23 所示。

ST 编程示例如图 9-24 所示。

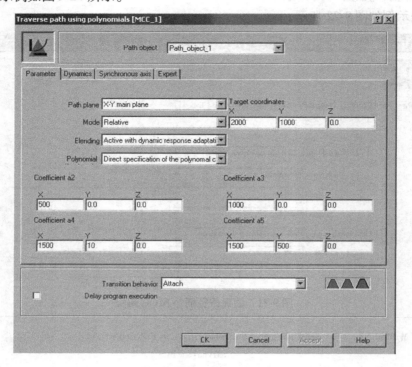

图 9-23 多项式路径插补 MCC 编程

```
MyRetDINT : = _movePathPolynomial (pathobject : = _to. Path_object_1,
                csType : = BCS,
                pathplane : = X_Y,
                pathmode : = RELATIVE,
                blendingmode : = ACTIVE_WITHOUT_DYNAMIC_ADAPTION,
                x : = 2000, y : = 1000,
                polynomialMode : = SETTING_OF_COEFFICIENTS,
                vector1x : = 500, vector2x : = 1000, vector3x : = 1500,
                vector3y : = 10, vector4x : = 1500, vector4y : = 500,
                transitionType : = DIRECT,
                wmode : = USER_DEFAULT,
                wdirection : = USER_DEFAULT,
                dynamicadaption : = USER_DEFAULT,
                specificVelocityProfile : = NO,
                mergeMode : = SEQUENTIAL,
                nextCommand : = IMMEDIATELY,
                commandId : = _getCommandId ( ));
```

图 9-24 ST 编程示例

② 根据起始位置与目标位置的几何微分完成多项式插补,在编程时需要提供这些数据。下面以一个连接一条直线与一段圆弧的多项式曲线为例来说明多项式路径插补运动的具

体编程方法，如图 9-25 所示。

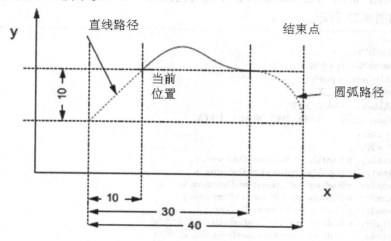

图 9-25 多项式插补示例

步骤 1　使用_getLinearPathGeometricData 功能块，通过直线结束点（多项式的开始点）计算出连接多项式插补路径开始点的两个微分。

步骤 2　使用_getCircularPathGeometricData 功能块，通过圆弧路径的开始点计算出连接多项式插补路径结束点的两个微分。

ST 编程如图 9-26 所示。

```
//StartPoly must be defined as
//StructRetGetLinearPathGeometricData
//EndPoly must be defined as
//StructRetGetCircularPathGeometricData

StartPoly：=
_getLinearPathGeometricData (
pathObject：= pathIPO,
pathPlane：= X_Y,
pathMode：= ABSOLUTE,
XStart：= 10.0,
yStart：= 10.0,
XEnd：= 20.0,
yEnd：= 20.0,
pathPointType：= END_POINT) ;

EndPoly：=
_getCircularPathGeometricData (
pathObject：= pathIPO,
pathPlane：= X_Y,
circularType：= WITH_RADIUS_AND_ENDPOSITION,
circleDirection：= NEGATIVE,
pathMode：= ABSOLUTE,
XStart：= 40.0,
YStart：= 20.0,
XEnd：= 50.0, yEnd：= 10.0,
radius：= 10.0,
pathPointType：= START_POINT) ;
```

图 9-26　ST 编程

步骤3　使用_movePathPolynomial 命令运行连接直线段与圆弧段中间的多项式路径。ST 编程如图 9-27 所示。

```
myRetDINT : =
_movePathPolynomial (
pathObject： = pathIPO,
pathPlane： = X_Y,
pathMode： = ABSOLUTE,
polynomialMode： = SPECIFIC_START_DATA,
x： = 40.0,
y： = 20.0,
vector1x： = StartPoly.firstGeometricDerivative.x,
vector1y： = StartPoly.firstGeometricDerivative.y,
vector2x： = StartPoly.secondGeometricDerivative.x,
vector2y： = StartPoly.secondGeometricDerivative.y
vector3x： = EndPoly.firstGeometricDerivative.x,
vector3y： = EndPoly.firstGeometricDerivative.y,
vector4x： = EndPoly.secondGeometricDerivative.x,
vector4y： = EndPoly.secondGeometricDerivative.y
);
```

图 9-27　ST 编程

4）_stopPath()：用于停止当前的路径插补运动。
MCC 编程如图 9-28 所示。

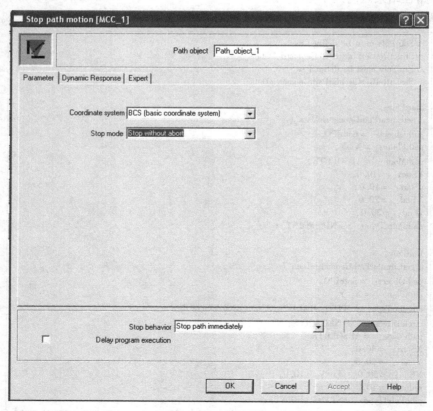

图 9-28　MCC 编程

ST 编程如图 9-29 所示。

```
MyRetDINT : = _stopPath ( pathobject: = _to. Path_object_1,
                          csType: = BCS,
                          stopmode: = STOP_WITHOUT_ABORT,
                          velocityProfile: = USER_DEFAULT,
                          mergeMode: = IMMEDIATELY,
                          nextCommand: = IMMEDIATELY,
                          commandId: = _getCommandId ( ));
```

图 9-29 ST 编程

5) _continuePath：用于继续运行停止的路径插补运动。

MCC 编程如图 9-30 所示。

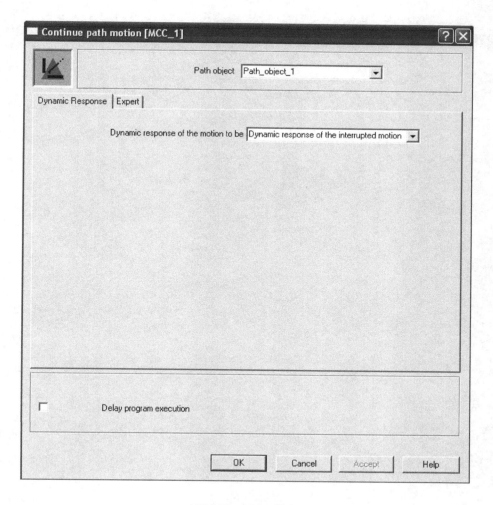

图 9-30 MCC 编程

ST 编程如图 9-31 所示。

```
MyRetDINT：= _continuePath（pathobject：= _to.Path_object_1,
                continueDynamicType：= INTERRUPTED_COMMAND,
                nextCommand：= IMMEDIATELY,
                commandId：= _getCommandId ()）;
```

图 9-31　ST 编程

第 10 章　SIMOTION 执行系统与编程

10.1　SIMOTION 执行系统

SIMOTION 执行系统（EXECUTION SYSTEM）用于管理系统任务以及用户任务的有序执行。执行系统分为不同的等级，每个等级可以包含一个或多个任务，每个任务中又可以分配一个或多个程序。用户可以通过将程序分配到不同的任务中，来指定程序的优先级或执行顺序。同一段程序可以分配到不同的任务中，并且互相之间不受影响。分配到任务中的程序段可以是 MCC、LAD 或 ST 程序。

10.1.1　任务介绍

总体来说，SIMOTION 的任务分为系统任务和用户程序任务，下面对这些任务进行详细介绍。

1. 系统任务

（1）用于通信

包括 PROFIBUS、PROFINET IO 网络的连接及 IO 处理，还有非周期通信，如 Trace 等。

（2）用于运动控制

包括 IPO/IPO_2, Position Control（Servo）中执行的任务，当使用工艺包时，系统自动分配执行系统，用户程序不会影响工艺程序的执行。

2. 用户程序任务

在用户程序任务中可以执行运动控制、逻辑控制和工艺功能等。用户程序任务主要包括：

（1）启动任务 StartupTask

当 SIMOTION 运行模式从 STOP 或 STOPU 到 RUN 时触发 StartupTask，该任务可以用于变量的初始化和工艺对象的复位。在这个任务中，由于工艺对象正在初始化，所以不能执行运动控制命令。当此任务执行时，除了 SystemInterruptTask 外，其他的程序都不执行。

此任务结束，并且 CPU 达到 RUN 模式后，启动下面的任务：

1）SynchronousTask；

2）TimerInterruptTask；

3）MotionTask；

4）BackgroundTask。

（2）同步任务 SynchronousTask

SynchronousTask 的执行与所设置的系统时钟同步。SIMOTION 中包括下列同步任务：

1）ServoSynchronousTask：与伺服时钟周期同步，在此任务中可以运行对时间有严格要求的任务。例如对 I/O 的快速响应程序，PROFIBUS DP 通信数据的同步处理，伺服设备的设定值的修改。

2）IPOSynchronousTask/IPOSynchronousTask_2：与 IPO/IPO_2 周期同步在 IPOSynchronousTask 中，可以实现对时间有严格要求的任务，用户程序在插补之前运行，在此任务中可以执行一些对工艺对象的操作。

(3) 时间驱动任务 TimerInterruptTask

用于执行有固定循环周期的任务，在程序执行结束后自动重新执行。SIMOTION 包含有 5 个 TimerInterruptTask，TimerInterruptTask_1 ~ TimerInterruptTask_5，用于周期性程序的执行。TimerInterruptTask 在固定的周期内被循环触发，这个周期要设为插补周期的倍数。在此任务中可以实现闭环控制或者监控功能程序。

(4) 事件驱动任务

事件驱动任务为 SystemInterruptTask 和 UserInterruptTask，当一个事件发生时，启动此类任务，执行一次后停止。当一个系统事件发生时，SystemInterruptTask 被调用。

SIMOTION 包含有下面的 SystemInterruptTask：

1）TimeFaultTask：当 TimerInterruptTask 运行超时时执行；
2）TimeFaultBackgroundTask：当 BackgroundTask 运行超时时执行；
3）TechnologicalFaultTask：TO 发生故障时执行；
4）PeripheralFaultTask：发生 I/O 错误时执行；
5）ExecutionFaultTask：执行程序错误时执行。

下列错误将启动 ExecutionFaultTask 中的程序，并且发生错误的任务将会被停止执行：

1）浮点数的错误操作，例如对负数取对数，错误数据格式等；
2）除以 0 的操作；
3）数组超限；
4）访问系统变量错误。

如果 SystemInterruptTask 被触发，并且它没有被分配程序，那么 CPU 会停机。对于下面的任务，如果发生了错误，可以在 ExecutionFaultTask 中用命令重新启动该任务：

1）StartupTask；
2）ShutdownTask；
3）MotionTask。

如果下面的任务发生了错误，在 ExecutionFaultTask 结束后 CPU 会停机，并启动 ShutdownTask：

1）BackgroundTask
2）TimerInterruptTask
3）SynchronousTask
4）ExecutionFaultTask 和 ShutdownTask 中的编程错误会导致系统立即停机。

当一个用户自定义的事件发生时，UserInterruptTask 将被调用。SIMOTION 共包含有两个用户中断任务：UserInterruptTask_1 和 UserInterruptTask_2。必须指定 UserInterruptTask 的条件，当条件满足时，执行 UserInterruptTask 中的程序。如果同时触发两个中断任务，UserInterruptTask_1 将在 UserInterruptTask_2 之前被执行。如果使用 UserInterruptTask，那么也必须使用 IPOsynchronousTask，因为 UserInterruptTask 的条件需在 IPO 周期中检查。UserInterruptTask 在 StartupTask 和 ShutDownTask 执行期间不会被执行。

(5) 自由运行任务

自由运行任务在自由执行等级中执行，包括 MotionTask 和 BackgroundTask。MotionTask 用于运行顺序执行的命令，例如运动控制的命令等，共有 32 个（MotionTask_1 ~ MotionTask_32）。MotionTask 通常通过用户程序的任务控制命令（例如_startTaskID，_stopTaskID）来启动或停止任务，也可以通过设置为 CPU 在达到 RUN 模式时自动启动。可以通过_getStateOfTaskID 命令查询任务运行的状态。MotionTask 只执行一次，没有时间监控，也就是说 MotionTask 中的程序可以无限期的执行。MotionTask 在执行完或者是系统达到 STOP 或 STOPU 模式时停止。如果有等待命令（Wait for condition），任务将被挂起，在 IPO 周期内检查设置的条件，当条件满足时任务将继续执行。

BackgroundTask 用于非固定周期循环程序的执行。在 StartupTask 结束后开始执行，在程序结束时自动重新执行，适合于执行后台程序或逻辑处理程序等。BackgroundTask 的循环时间会被监控，一旦超时，会触发 TimeFaultBackgroundTask，如果此任务中没有分配程序则会造成 CPU 进入停机模式。

(6) ShutdownTask

ShutdownTask 在 CPU 从 RUN 模式到 STOP 或 STOPU 模式时执行一次。可以执行例如设置输出点的状态或轴的停止命令等，此任务不会在系统失电时执行。另外，还需要设置 ShutdownTask 的监控时间，过了设置的时间后 CPU 会自动切换到 STOP 模式。

10.1.2 任务执行的优先级

任务执行等级定义了执行系统中程序执行的时间顺序，每个执行等级包含一个或几个任务，如图 10-1 所示。

执行等级包括：

1）同步执行等级（Synchronous execution levels）：与伺服控制或插补时钟周期同步。

2）时间驱动的执行等级（Time-driven execution levels）：按照用户指定的时间周期触发任务执行。

3）事件驱动的执行等级（Event-driven execution levels）：事件触发任务，包括系统中断任务和用户中断任务。

4）自由运行执行等级（Free-running execution levels）：自由循环执行的任务，包括 MotionTask 和 BackgroundTask，每个 MotionTask 只执行一次；BackgroundTask 循环执行，执行的时间由 Task 中的程序长度决定。

5）系统启动和停止任务在特定的时候执行，其中 StartupTask 在 CPU 从 STOP 状态切换到 RUN 状态时执行；ShutdownTask 在 CPU 从 RUN 状态切换到 STOP 状态时执行。

除了用户级的任务之外，在各执行等级中还包含系统任务，由系统自动执行，用户无法分配程序到系统任务也不能改变其执行顺序。

如果两个任务的程序在某个时刻同时执行，那么任务的优先级决定了哪个任务先执行，任务的优先级不能由用户改变。

注意事项：

1）对于 TimerInterruptTasks：设定的时间越短优先级越高。

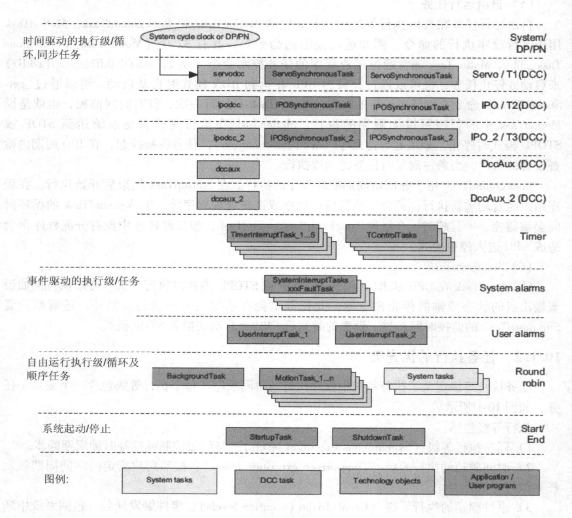

图 10-1 执行等级及其包含的任务类型

2）所有的 UserInterruptTask 优先级是一样的，按照触发的顺序一一执行。

3）Wait for condition 命令可以暂时提高 MotionTask 的优先级，在 IPO 周期检查条件是否满足。

图 10-2 所示为 SIMOTION 中各种任务的执行顺序，系统时钟设置为 DP：Servo：IPO 的比例是 1:1:1。下面依次介绍任务执行过程中的各个节点：

① DP/PN-ASIC < – > Bus，通信的芯片和 PROFIBUS 或 PROFINET IO 进行数据交换。

② DP/PN-ASIC –> log. addr，IO 输入数据从通信芯片加载。

③ System servo，在伺服时钟周期内进行系统计算（位置控制器等），如果在此周期内程序不能计算完会造成溢出，进入 STOP 模式，禁止启动，并在诊断缓冲区中记录。只有在重新上电后或下载后才能再次启动。

④ Log. addr. –> DP/PN-ASIC，I/O 输出写入到通信芯片

第 10 章 SIMOTION 执行系统与编程

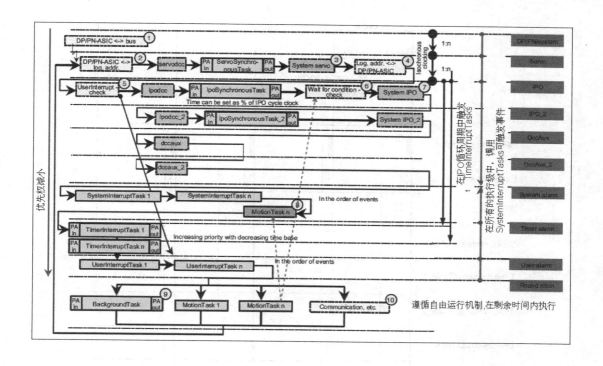

图 10-2 任务的执行顺序

⑤ UserInterrupt-Check，检查用户中断程序的条件。

⑥ Wait for condition-Check，WAITFORCONDITION（等待轴，等待信号等）命令的条件被检查。

⑦ System IPO/IPO_2，IPO 中的系统程序（运动控制：定位曲线，同步操作等）。

⑧ MotionTask n，WAITFORCONDITION 等待中的 MotionTask，当条件满足时被优先执行（更高的优先级）。

⑨ BackgroundTask，Background 背景数据块（PI）在 BackgroundTask 开始时和结束后被刷新。如果程序的运行时间比较长，BackgroundTask 在运行时可能被高级的任务打断几次。

⑩ 通信，通信功能（HMI，PG/PC 等）。

对于任务执行过程中常见的几种情况，我们结合图 10-3 进行分析，图中：

（1）IPO 任务中执行的程序比伺服周期时间长，此时，IPO 任务被中断然后执行 DP 通信和伺服任务，随后 IPO 任务继续执行。

（2）IPO 任务结束后，执行 SystemInterruptTask，然后执行低优先级的 TimerInterruptTask。

（3）UserInterruptTask 即使在条件满足的条件下，也是在高优先级的任务结束后执行。

（4）自由执行等级任务在剩余的时间执行。

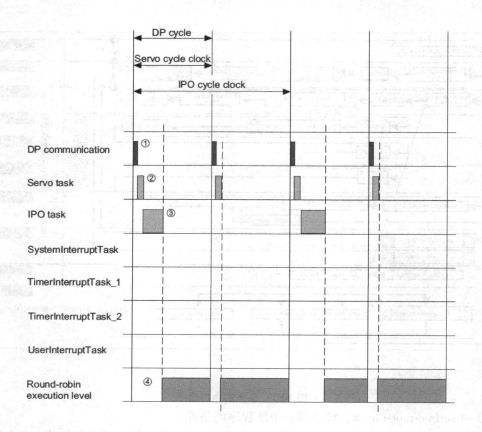

图 10-3 任务执行机制

10.1.3 执行系统的配置

1. 分配程序到相应的执行等级

用户的程序必须分配到执行等级和任务中才能执行。可以分配用 MCC、ST 或者 LAD/FBD 编写的程序到一个或多个任务中，也可在一个任务中分配多个程序。分配的程序按照列表中的顺序依次执行，此顺序可以在 SCOUT 软件中指定。后面的程序必须在前面的程序结束后才能执行。可以将一个程序分配到几个任务中，此时它们在不同任务中独立运行。

分配一个程序到执行系统中，也就定义了该程序的执行优先级、执行模式（是顺序执行还是循环执行）以及程序变量的初始化。分配一个程序到一个或多个任务时应注意以下事项：

1) 被分配的程序必须被编译过且没有错误；
2) 在下载程序之前进行分配；
3) 当一个程序在执行时，有可能被另外一个任务调用。这时系统不能保证数据的一致性；
4) 当分配了一个程序到任务后，即使重新编译程序也会保持分配状态。

在 SCOUT 项目浏览界面中选择 "EXECUTION SYSTEM" 打开任务配置界面，如图10-4 所示。

第 10 章 SIMOTION 执行系统与编程

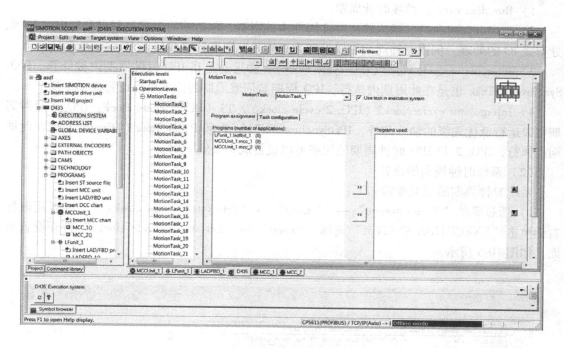

图 10-4 执行系统任务配置界面

在任务配置的左侧可以看到执行等级树，在每个执行等级下有分配的任务和程序的列表。为任务分配程序的步骤如下：

1）选择要分配程序的任务；
2）选择"Program assignment"选项卡，在左侧的窗口会列出所有可分配的程序；
3）在左侧的窗口选择要分配的程序；
4）单击 >> 按钮，选定的程序出现在右边的窗口中；
5）在右侧窗口中选中相应的任务，按上下按钮可以调整程序的运行顺序；
6）还可以在"Task configuration"标签中进行更多的设置，例如，程序出错的处理方式、周期任务的看门狗时间、MotionTasks 的启动模式等。

全部设置完成后，可以在线项目后下载到目标系统中。

2. 设置系统循环时钟

在 SIMOTION 硬件配置中，如某个通信接口被设置成了等时同步 DP/PN 模式，则时钟周期的设置被用做总线时钟周期。DP/PN 的通信、伺服以及插补周期均与总线时钟周期同步。如果想要等时同步地访问 IO 变量，必须进行此设置。支持等时同步的驱动设备有：SIMODRIVE 611U、MASTERDRIVES MC、SINAMICS。SIMOTION 也可以连接不支持等时同步模式的驱动，例如 MICROMASTER MM4 和 MASTERDRIVES VC。如果未设置等时同步模式，也可以设置基本的系统时钟，伺服和插补周期与基本的时钟同步。

（1）系统时钟周期

一旦选择了时钟周期的源，就可以定义各个同步的周期时间，它们是基本时钟周期的倍数。SIMOTION 中有下述时钟周期：

1) Bus data cycle：总线时钟周期。

2) Servo cycle clock：输入输出在此周期内被刷新，包括轴的位置控制以及集中式 IO 或分布式 IO 的处理。伺服时钟周期可以设置为总线时钟周期的整数倍。

3) Interpolator cycle clock（IPO cycle clock）：轴运动是在 IPO 时钟周期内被计算。IPO-SynchronousTask 也是在此周期内执行。IPO 周期与伺服周期的比率可以设置成 1:1 到 1:6。

4) Interpolator cycle clock2（IPO_2 cycle clock）/ T3（DCC）cycle clock：IPO_2 时钟周期可以运行低优先级的轴。此外，IPOSynchronousTask_2 和 PWM Task（TControl）也在此周期内执行，IPO_2 与 IPO 时钟周期的比率可以设置成 1:2 到 1:64。

（2）系统时钟周期的设置

系统时钟周期的设置步骤如下：

1) 通过菜单"Target system"→"Expert"→"Set system cycle clocks..."，或者用鼠标右键单击"EXECUTION SYSTEM"选择"Expert"→"Set system cycle clocks"打开设置页面，如图 10-5 所示。

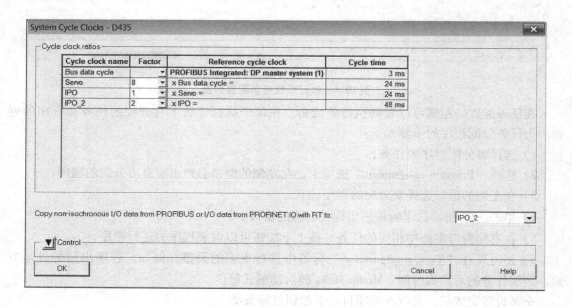

图 10-5 系统时钟周期的设置

2) 如果没有设置等时同步模式，则可以指定基本的总线时间。

3) 设置各个时钟之间的比例关系。

4) 如果使用了 T Control 则需对 T Control 系统任务以及时钟周期进行设置，如图 10-6 所示。

（3）给 TO（工艺对象）分配系统时钟周期

可以分配 TO 的计算周期来改变 TO 的优先级、优化系统的性能。一般情况下，可以分配低优先级的工艺对象到 IPO2，例如外部编码器。也可以分配快速输出或快速测量输入到 IPO 或 Servo 时钟周期，可以设置的时钟周期见表 10-1。

第 10 章　SIMOTION 执行系统与编程

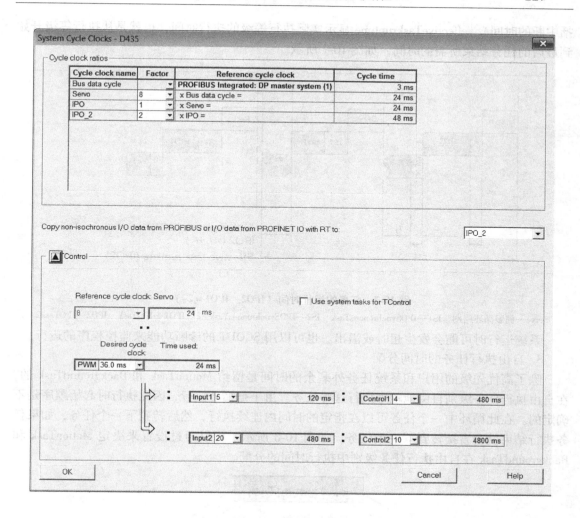

图 10-6　系统时钟设置

表 10-1　工艺对象可以分配的系统时钟周期

运动控制任务 工艺对象	高优先级 伺服周期时间	中等优先级 插补时钟周期	低优先级 插补时钟周期 2
Drive axis		默认	√
Positioning axis		默认	√
Synchronous axis		默认	√
External encoder		默认	√
Output cam	√	√	√
Cam track	√	√	√
Measuring input	√	√	√

（4）任务运行时间

可以用任务运行时间来检查系统的性能是否可以满足要求。在设备的变量 Taskruntime 和 effectiveTaskruntime 中可以查看任务的运行时间。Taskruntime 是指任务运行的时间（不包括中断的时间），effectiveTaskruntime 显示实际执行等级的执行时间，也就是从执行等级开始到最后的任务结束所需的时间，如图 10-7 所示。

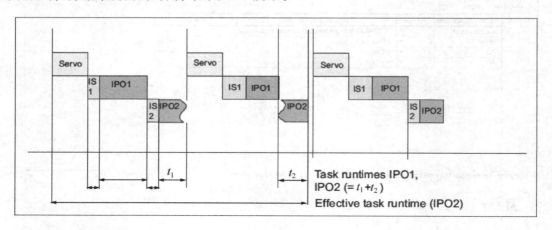

图 10-7　任务的运行时间（IPO2：IPO1 = 2：）

Servo—伺服循环周期　IS1—IPOSynchronousTask　IS2—IPOSynchronousTask_2　IPO1—IPOTask　IPO2—IPOTask2

系统运行时可能会发生超时或溢出。也可以用 SCOUT 的诊断功能来监控程序的运行。

3. 自由执行任务的时间分配

除了高优先级的用户和系统任务外剩余的时间是留给 MotionTask 和 BackgroundTask 的，在自由执行任务级别自由地顺序执行这些任务。由于是循环执行，因此执行时起始顺序是不确定的。在此循环中一个任务可以在指定的时间内连续执行，然后转到下一个任务，如果任务执行结束就会直接转到下一个任务，如图 10-8 所示。可以通过设置来决定 MotionTask 和 BackgroundTask 在自由执行任务级别中执行时间的分配。

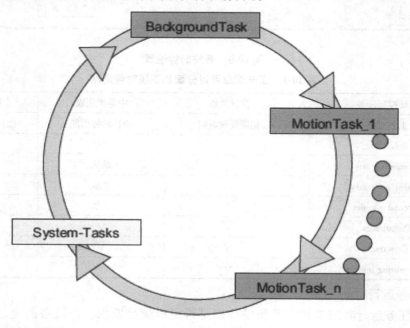

图 10-8　自由时间分配

自由执行任务等级的时间分配步骤如下：
1）在任务分配窗口中选择"MotionTask"或"BackgroundTask"，选择任务配置标签。
2）单击时间分配按钮 Time allocation，如图 10-9 所示。

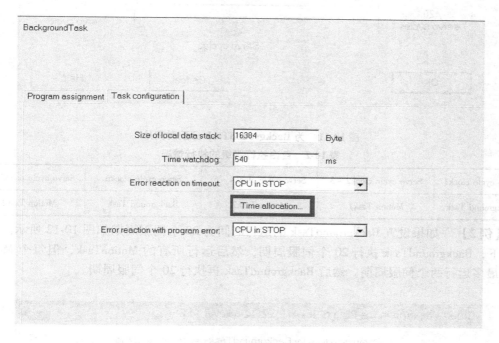

图 10-9　设置时间分配

3）在打开的窗口中用滑动条设置 BackgroundTask 的时间分配，单击"OK"按钮确定，如图 10-10 所示。

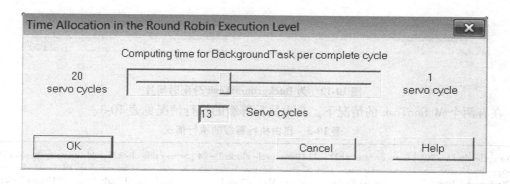

图 10-10　时间分配滑动设置

下面通过两个例子来说明自由执行等级时间的设置。

【例1】　如果设置 BackgroundTask 的运行时间为 1 个伺服周期，如图 10-11 所示。在此设置下，BackgroundTask 执行一个伺服周期，然后运行所有的 MotionTask，但每个 MotionTask 最多运行两个伺服周期。然后 BackgroundTask 再执行一个伺服周期。

在有两个 MotionTask 的情况下，自由执行等级的执行情况见表 10-2。

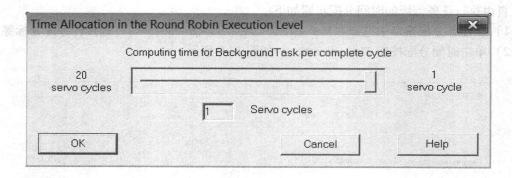

图 10-11　为 BackgroundTask 分配时间片

表 10-2　自由执行等级的执行情况

Servo cycle clock1	Servo cycle clock2 ~ 3	Servo cycle clock4 ~ 5	Servo cycle clock6	Servo cycle clock7 ~ 8
Background Task	Motion Task1	Motion Task2	Background Task	Motion Task1

【例2】　如果设置 BackgroundTask 的运行时间为 20 个伺服周期如图 10-12 所示。在此设置下，BackgroundTask 执行 20 个伺服周期，然后运行所有的 MotionTask，但每个 MotionTask 最多运行两个伺服周期。然后 BackgroundTask 再执行 20 个伺服周期。

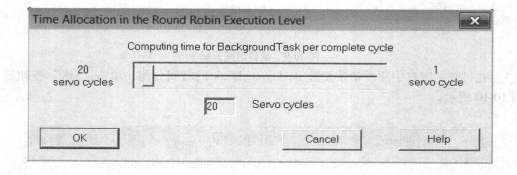

图 10-12　为 BackgroundTask 分配时间片

在有两个 MotionTask 的情况下，自由执行等级的执行情况见表 10-3。

表 10-3　自由执行等级的执行情况

Servo cycle clock1 ~ 20	Servo cycle clock21 ~ 22	Servo cycle clock23 ~ 24	Servo cycle clock25 ~ 44	Servo cycle clock45 ~ 46
Background Task	Motion Task1	Motion Task2	Background Task	Motion Task1

10.2　SIMOTION 编程

10.2.1　各种编程环境简介

在 SIMOTION SCOUT 软件中，提供了三种编程语言环境，分别是 MCC（Motion Control

Chart)、LAD/FBD（Ladder Logic/ Function Block Diagram）以及 ST（Structured Text），下面分别介绍这三种编程语言。

1. MCC 编程

MCC 是 SIMOTION 的一种图形化编程语言，具有使用方便，易于理解，上手快的特点。MCC 是一种类似流程图的编程方式，只需在 MCC 命令中输入必要的参数就可以完成复杂的操作指令，大大简化了程序的复杂程度。MCC 特别适用于顺序执行的运动控制程序。图 10-13 所示为在自动化机器制造中，用 MCC 语言编程的示例。

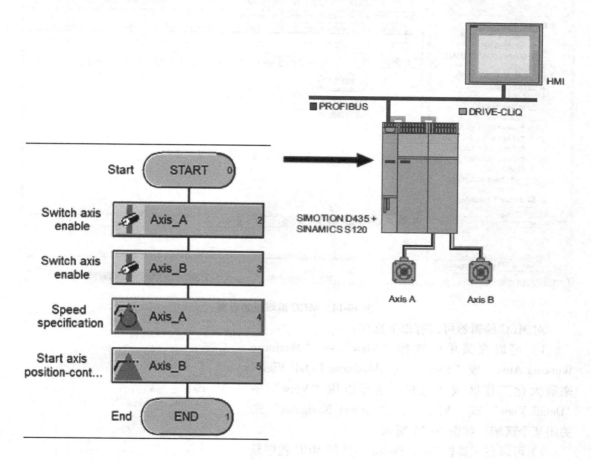

图 10-13　MCC 图形化编程示例

MCC 具有以下特征，使得自动控制程序编写更加便利：

1）可通过拖拽等方式轻松编程，容易定义机器的动作顺序；
2）支持逻辑控制程序执行；
3）通过调用子程序、创建命令和库功能的模块，可实现结构化编程；
4）等待命令可对事件快速反应；
5）可以同时启动多个轴；
6）在线跟踪程序的执行状况（程序执行监控和设置断点）；
7）集成在线帮助。

以上特征可以帮助初学者迅速编写运动控制程序，也可以帮助经验丰富的用户创建复杂的程序。

MCC 编辑器的界面分为 5 个部分，分别为导航栏、菜单、工具栏、状态栏和工作区，如图 10-14 所示。

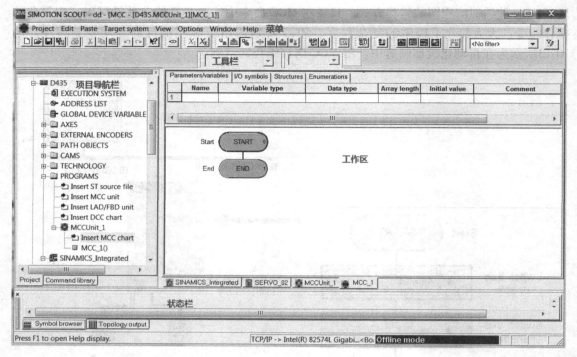

图 10-14　MCC 编辑器的界面

对 MCC 编辑器可以有以下操作：

1）可以在菜单中选择"View"→"Maximize Working Area"或"View"→"Maximize Detail View"来最大化工作区或状态栏。还可以用"View"→"Detail View"或"View"→"Project Navigator"来关闭某个区域，如图 10-15 所示。

2）可以在工具栏 Zoom Factor 中选择 MCC 程序显示的比例。或者按住 Ctrl 键同时滚动滑轮改变 MCC 图的大小。

3）用鼠标双击项目导航栏的 MCC 图或 MCC 程序单元可以打开程序。如果有几个 MCC 图或 MCC 程序单元同时被打开，可以用下面的方法查看某个程序：

① 选择工作区下方的标签；
② Windows 菜单下选择某个程序；
③ 项目导航栏双击某个程序。

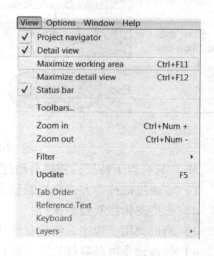

图 10-15　View 菜单选择

通过菜单"Options"→"Settings",可打开设置窗口,如图 10-16 所示。

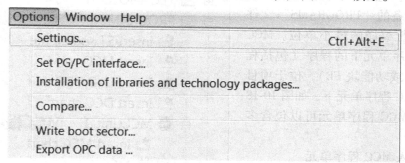

图 10-16 打开设置窗口

在 MCC editor 标签下,可以改变 MCC 编辑器的属性,如图 10-17 所示。

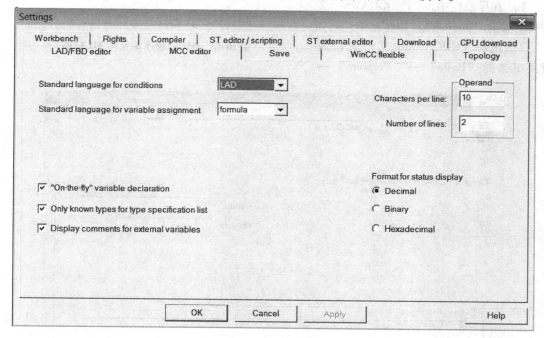

图 10-17 MCC 编辑器的设置

在此对话框里可以设置以下内容:

① 条件表达式的标准语言:LAD、FBD 或 formula（公式）;

② 变量定义的语言:LAD、FBD 或 formula（公式）;

③ "On-the fly"变量声明:如果激活,当在程序中输入一个未知符号时,会弹出一个对话框,用户可在此对话框中声明变量;

④ "Only known types for type specification":在类型列表里只显示已知的类型,如果选择了此选项,声明列表只包括同一个 MCC 程序单元或者链接的程序单元或库中的功能块。如果不选择此选项,声明列表包括了项目中所有的功能块;

⑤ Display comments for external variables:显示外部变量的注释。

2. MCC 程序单元、MCC 图以及 MCC 指令

MCC 程序单元位于项目导航栏中 SIMOTION 设备的"PROGRAMS"文件夹下,是进行编译的最小单位。MCC 图是 MCC 程序单元下的程序(包括程序,功能 FC 或功能块 FB),位于项目导航栏的 MCC 程序单元下,如图 10-18 所示。一个 MCC 程序单元可以包含多个 MCC 图。

(1) 插入 MCC 程序单元

可以用下面的方式插入 MCC 程序单元:

1) 在导航栏中,"PROGRAMS"文件夹下双击"Insert MCC Unit";

2) 选择 PROGRAMS 文件夹,通过菜单选择"Paste"→"Program"→

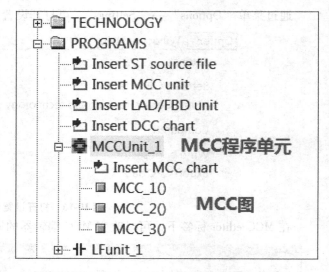

图 10-18 MCC 程序单元和 MCC 图

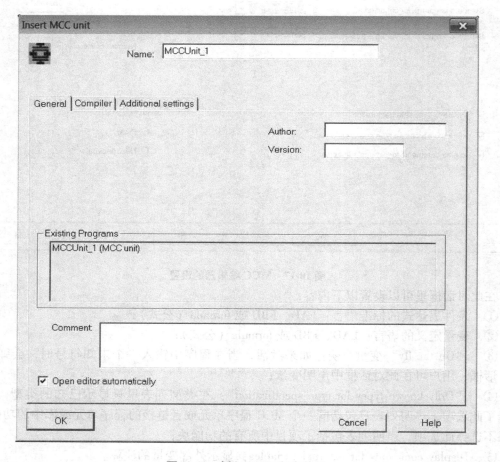

图 10-19 插入 MCC 程序单元

"MCC Unit";

3) 右击 PROGRAMS 文件夹，通过右键菜单选择"Insert new object"→"MCC Unit"。在弹出的对话框（见图10-19）中输入 MCC 程序单元的名称，名称由字母（A～Z, a～z），数字（0～9），或下划线组成，但是必须是字母或下划线开始，不区分大小写，最多 128 个字符。名称在此 SIMOTION 设备中必须是唯一的，以示区分。还可以输入作者或者版本信息。如果有必要，选择编译器标签对程序单元的编译器进行设置。

（2）插入 MCC 图

可以用下列方法插入一个 MCC 图：

1) 在项目导航栏中在 MCC 源文件下双击"Insert MCC chart"。

2) 菜单中选择"Paste"→"Program"→"MCC chart"。

在弹出的对话框中输入 MCC 图的名字，选择插入的 MCC 图的类型（程序、功能或是功能块）。如果要使此程序能在其他的程序中使用，则要选择 Exportable 复选框，如图10-20 所示。

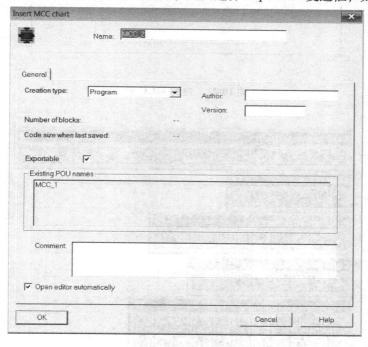

图 10-20　插入 MCC 图

（3）MCC 指令

在 MCC 图中，用户可以创建程序（Program）、功能块（FB）或功能（FC）。每个 MCC 程序已包含了开头和结尾，如图10-21 所示，在这两者之间写入 MCC 命令，程序按指定的顺序执行。

以下两种方式可插入 MCC 指令：

1) 菜单"MCC Chart"→"Insert"插入 MCC 指令。

2) MCC 编辑器工具栏。工具栏中包含了完整的指令集合，指令被分为若干个指令组，如图10-22 所示。每个指令组用一个按钮表示，光标放到该按钮上时，该组命令会显示出来，然后就可以单击相应的命令将之插入到程序中。图10-22 展开的命令分别为：基本命令、任务命令、程序结构、通信、单轴命令、编码器/测量输入和凸轮输出、同步命令及路径插补命令。

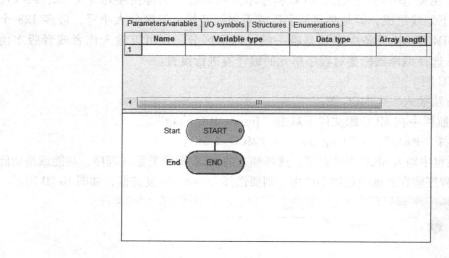

图 10-21 空的 MCC 图

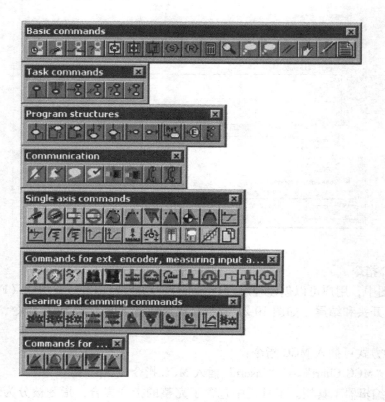

图 10-22 MCC 指令组

图 10-23 显示了如何用工具栏在程序中插入一个 MCC 命令。首先选中要插入 MCC 命令的位置，然后在工具栏中单击相应的命令即可。

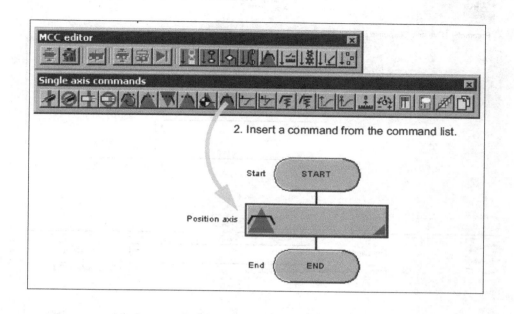

图 10-23 插入一个 MCC 指令

鼠标单击选择 MCC 命令，或拖动鼠标选择多个命令，可以进行复制、删除、剪切、粘贴操作。为了测试程序可以把一些命令隐藏起来，隐藏的命令不被执行。选择 MCC 命令，在快捷菜单中选择"Mask in"或"Mask out"可隐藏或还原该命令。

MCC 程序的起始和终止节点用椭圆表示，条件跳转指令用菱形表示，其他的 MCC 命令用矩形块表示。MCC 命令用图形符号表示命令的功能，不同颜色可以区分命令的类型。

1) 浅蓝色：基本命令；
2) 白色：子模块；
3) 绿色：开始命令；
4) 红色：停止命令。

所有的 MCC 命令都有相应的参数化窗口，双击该命令或者在快捷菜单中选择"Parameterize Command"可以打开参数化窗口。在打开参数化窗口后，可以进行参数输入或者选择操作。如图 10-24 所示是一个典型的参数化窗口。

在窗口的最上端选择命令的操作对象，中部有几个标签，一般只需填写第一个标签 parameter 中的内容，其他标签内容是可选的，或者有默认值。

窗口的下部是过渡行为设置和程序延时模式的设置，"Transition behavior"是指本命令承接上一个命令时采用的过渡方式，详细描述见表 10-4。

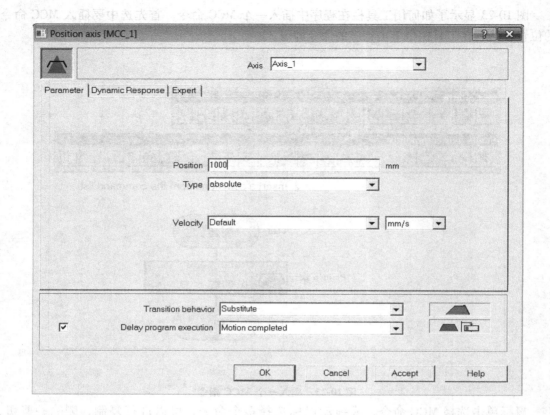

图 10-24 MCC 命令参数化窗口

表 10-4 MMC 命令的过渡行为

过渡行为	图形	描述
替代 Substitute		立即执行编程命令，当前命令被放弃
附加 Attach		编程的命令附加在当前命令后面，挂起的命令会被执行
附加并删除挂起的命令 Attach, delete pending command		编程的命令附加在当前命令后面，挂起的命令会被取消
融合 Blending		当前命令减速时平滑过渡到编程命令
叠加 Superimpose		编程的命令叠加到当前命令

"Delay program execution"是指当前指令满足何种条件时下一条指令方可执行，详细描述见表10-5。

表10-5　MMC命令的程序延时

程序延时	图形	描述
运动开始 Motion start		当前的运动开始后开始下一条命令
加速结束 Acceleration end		当前的运动加速结束后开始下一条命令
速度到达 Speed/velocity reached		当前的运动速度到达后开始下一条命令
开始减速 Start of deceleration phase		当前的运动开始减速时开始下一条命令
设定值插补结束 End of setpoint interpolation		设定值插补结束后开始下一条命令
运动结束后轴停止 Motion is finished Axis stopped		当前命令结束后开始下一条命令
轴同步后 Axis synchronized		轴同步后开始下一条命令
回零后 Axis homed		轴回零后开始下一条命令

MCC命令列表选择框提供了几个不同的选项，常用的选项如下：

1) Default：使用配置TO时的预设值。
2) Last programmed：上次的编程值用做参数值。
3) Last programmed velocity：只对速度有效。上次编程的速度值。
4) Current：只对速度有效，实际的轴的速度值用做参数值。可编辑输入框：可以在下拉列表框中选择某个选项，也可以直接输入值。单位：选择前面参数的单位。
5) 配置TO时的物理单位。
6) 参数默认值的百分比。

大部分运动控制命令的参数对话框中都包含了动态参数标签，可以指定速度曲线的类型以及相关的加速度、减速度和加加速度（见图10-25）。

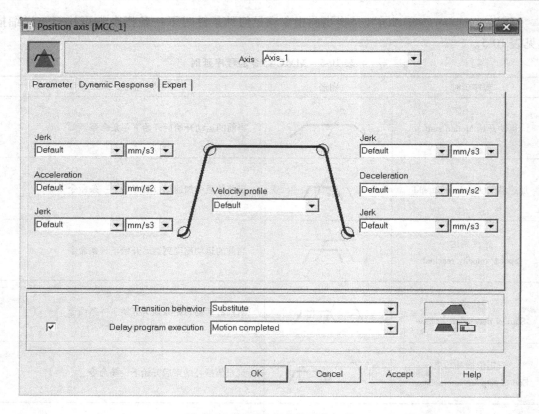

图 10-25 MCC 命令的动态标签

大部分的运动控制命令都有 Expert 标签，不同的命令略有不同，其中可以设置

1) 定义 CommandID 类型的变量，用于对命令监控；
2) 影响参数对话框的配置数据和变量；
3) 定义命令的返回值变量。

(4) MCC 程序单元的编译

MCC 图不能单独编译，必须与 MCC 程序单元中的其他 MCC 图一同编译。同 MCC 程序单元一样，MCC 图也可以进行复制、剪切、粘贴和删除操作。还可以在项目中导入或导出 MCC 图。

可通过下面的方式编译 MCC 程序单元：

1) 在 MCC 编辑器工具栏中选择编译按钮；
2) 在菜单中选择"MCC Unit"→"accept and compile"或者"MCC chart"→"accept and compile"；
3) 在项目浏览窗口中，右击要编译的程序单元，选择"accept and compile"；
4) 编译的错误和报警信息显示在屏幕下方输出框的"Compile/check output"标签中，可以双击某错误信息来定位程序出错的地方，从而对程序进行修改。

(5) 密码保护

可对编写好的 MCC 程序单元进行密码保护。选择 MCC 程序单元，单击鼠标右键，在弹出的菜单中选择"know-how protection for programs"→"set"。

在弹出的对话框中（见图10-26）设定登录名和密码并确认，设置完毕再次启动项目时密码起作用，再次打开此 MCC 程序单元需要输入之前设置的用户名和密码。

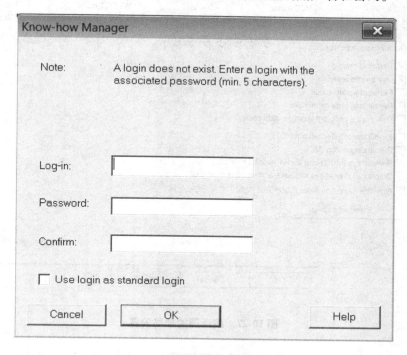

图 10-26　MCC 程序单元的加密设置

（6）导入、导出 MCC 程序单元

通过导入、导出操作可以把某个 MCC 源文件单独保存，并复制到其他项目中，导入格式有 ST 和 XML 两种。

1）把 MCC 程序单元导出成 ST 语言格式的文本文件：选择 MCC 程序单元鼠标右击选择"Export as ST"。

2）导入 ST 文本文件：右击"PROGRAM"文件夹选择"import external source"→"ST source"。

3）把 MCC 程序单元导出成 XML 文件：选择 MCC 程序单元右击"Expert"→"Save Project and Export Object"。

4）导入 XML 文件：选择 MCC 程序单元右击"Expert"→"Import Object"。

（7）编译器的全局设置和本地设置

可以对编译器的选项进行全局设置和本地设置。

1）全局设置：针对此项目中所有编程语言

选择"Options"→"Settings"，选择 Compiler 标签对编译器选项进行设置，如图 10-27 所示。

2）本地设置：只对本 MCC 程序单元的编译设置，可以覆盖掉全局设置

用鼠标右键单击 MCC 程序单元，选择属性，选择编译器标签修改设置，如图 10-28 所示。

编译器设置的选项说明如下：

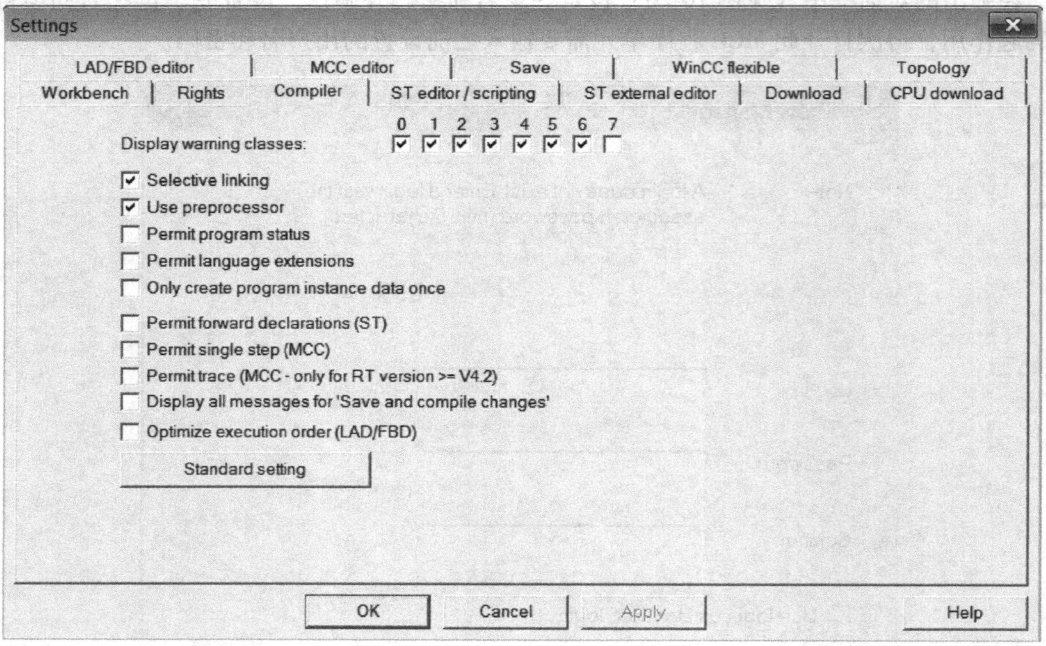

图 10-27　编译器的全局设置

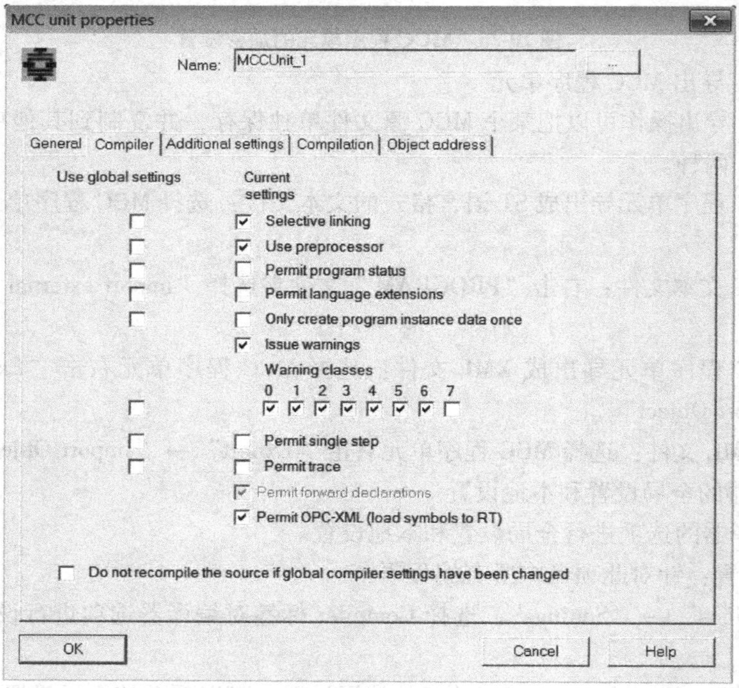

图 10-28　编译器的本地设置

1）选择编译器报警输出的范围 Issue warnings：如果选中，报警输出设置使用全局设置中的设置；如果不选中，编译器根据报警等级选择输出报警信息。

2）报警等级 Warning classes：只有在 Suppress warnings 未激活时有效，当选择时则编译器输出此等级的报警信息。

3）选择性链接 Selective linking：如果选中则生成可执行程序时删除未使用的代码；如果未选中，则生成可执行程序时保留未使用的代码。

4）使用预处理器 Use preprocessor。

5）使能程序状态 Enable program status：如果选择则生成附加的程序代码来监控程序的变量。否则无法监控程序状态。

6）允许语言扩展 Permit language extensions：如果选中则允许与 IEC 61131-3 不一致的语言。如果未选中则只运行符合 IEC 61131-3 的编程语言。

7）只生成程序实例一次 Only create program instance data once：选中：程序的本地变量只在程序的用户存储区中存储一次。如果未选中则程序的本地变量存储在相应的任务的用户存储器中。

8）使能 OPC-XML Enable OPC-XML。

9）允许单步执行 Permit single step：如果选中则产生额外的代码使能程序的单步监控。

3. LAD 编程语言

LAD 是梯形图逻辑的缩写，也是一种图形化的编程语言。与 PLC 中梯形图编程类似，所以如果有 PLC 的编程基础，那么这种编程方式就非常易于理解，上手也比较快。LAD 可以跟踪输入、输出和运行时的信号流。LAD 程序运行时遵循布尔逻辑的规则，把各种元素以图形化的方式组成网络（符合 IEC 61131-3），如图 10-29 所示。

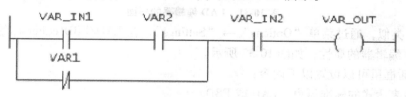

图 10-29　LAD 网络图

LAD 图也可以用 FBD 图来表示，FBD 是功能块图（Function Block Diagram）的缩写，也是一种图形化的编程语言。可以使用相同的布尔代数来表达逻辑运算（符合 IEC 61131-3）。复杂的功能（比如数学函数）也可以直接通过连接逻辑块来表达，如图 10-30 所示。

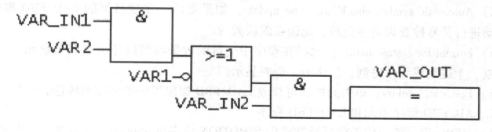

图 10-30　FBD 网络图

LAD、FBD 编程包是 SIMOTION 软件的一个组成部分，所以安装完 SIMOTION 软件后就可以使用 LAD、FBD 的编辑、编译、测试功能了。

LAD/FBD 编辑器的界面与 MCC 编辑器类似，分为 5 个部分，分别为项目导航栏、菜单、工具栏、状态栏和工作区，如图 10-31 所示。

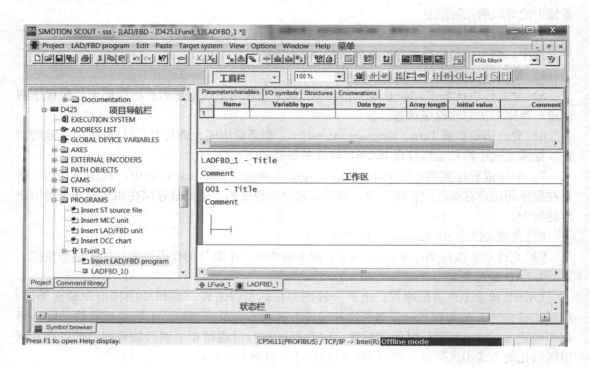

图 10-31　LAD 编辑器的界面

与 MCC 类似，通过菜单 "Options" → "Settings"，在 LAD/FBD editor 标签下，可以改变 LAD/FBD 编辑器的属性，如图 10-32 所示。

在此对话框里可以设置以下内容：

1）程序表达式的标准语言：LAD 或 FBD

2）"On-the fly" 变量声明：如果激活，当在 LAD/FBD 程序中输入一个未知符号时，会弹出一个对话框，用户可在此对话框中声明变量。

3）Only known types for type specification：如果激活，只有那些在 "Connections" 中连接的功能块会出现在数据类型列表中。

4）Automatic symbol check and type update：如果激活，在项目里的 LAD/FBD 程序中，会自动进行符号检查和类型更新。此选项默认激活。

5）Format for status display：选择在程序中变量的数据类型以什么进制来显示，可选择二进制、十进制或十六进制，默认为十进制显示。

6）Fonts and colors：单击此按钮可修改 LAD/FBD 编辑器中的字体和颜色。

4. LAD/FBD 程序单元和 LAD/FBD 程序

LAD/FBD 程序单元位于项目导航栏中 SIMOTION 设备的 Programs 文件夹下，是进行编译的最小单位。LAD/FBD 程序位于 LAD/FBD 程序单元下（包括程序 Program，功能 FC 或功能块 FB），位于项目导航栏的 LAD/FBD 程序单元下，如图 10-33 所示。一个 LAD/FBD 程

第 10 章　SIMOTION 执行系统与编程

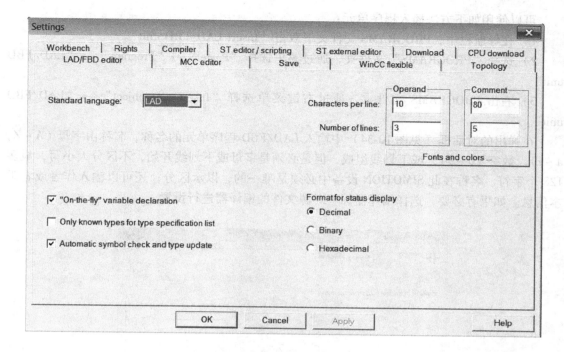

图 10-32　LAD/FBD 编辑器的设置

序单元可以包含多个 LAD/FBD 程序。

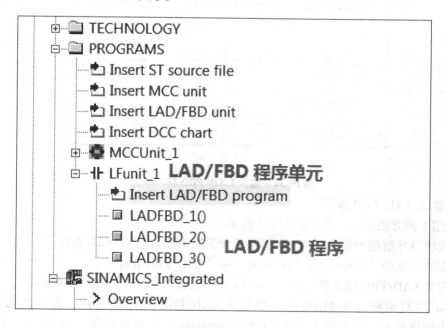

图 10-33　LAD/FBD 程序单元和程序

使用 LAD/FBD 编程步骤如下：
(1) 插入 LAD/FBD 程序单元

可以使用如下方法插入程序单元：

1）在导航栏中，PROGRAMS 文件夹下双击"Insert LAD/FBD unit"。

2）选择"PROGRAMS"文件夹，通过菜单选择"Paste"→"Program"→"LAD/FBD unit"。

3）右击 PROGRAMS 文件夹，通过右键菜单选择"Insert new object"→"LAD/FBD unit"。

在弹出的对话框（见图 10-34）中输入 LAD/FBD 程序单元的名称，名称由字母（A~Z，a~z），数字（0~9），或下划线组成，但是必须是字母或下划线开始，不区分大小写，最多 128 个字符。名称在此 SIMOTION 设备中必须是唯一的，以示区分；还可以输入作者或者版本信息。如果有必要，选择编译器标签对源文件的编译器进行设置。

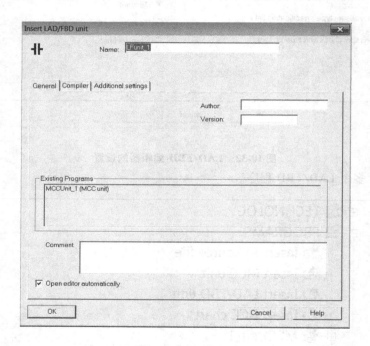

图 10-34　插入 LAD/FBD 程序单元

（2）插入 LAD/FBD 程序

可以用下列方法插入一个 LAD/FBD 程序：

1）在项目导航栏中在 LAD/FBD 程序单元下双击插入 LAD/FBD 程序。

2）菜单中选择"Paste"→"Program"→"LAD/FBD program"。

3）右击 LAD/FBD 源文件选择"Insert new object"→"LAD/FBD program"。

在弹出的对话框（见图 10-35）中输入 LAD/FBD 程序的名称，名称的命名原则同 LAD/FBD 程序单元。选择插入的 LAD/FBD program 的类型是程序、功能或是功能块。如果要使程序能在其他的程序中使用则要选择"Exportable"复选框，还可以输入作者或者版本信息。

LAD/FBD 程序不能单独编译，必须与 LAD/FBD 程序单元中的其他 LAD/FBD 程序一同

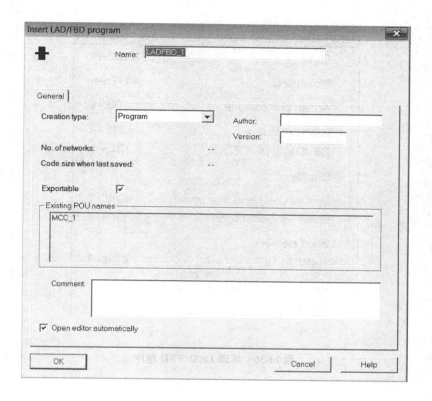

图 10-35　LAD/FBD 程序对话框

编译。同 LAD/FBD 程序单元一样，LAD/FBD 程序也可以进行复制、剪切、粘贴和删除操作。

（3）编译 LAD/FBD 程序单元

可以使用如下方法编译 LAD/FBD 程序单元：

1）在 LAD/FBD 编辑器工具栏中选择编译按钮。

2）在菜单中选择"LAD/FBD Unit"→"accept and compile"或者"LAD/FBD program"→"Accept and compile"，如图 10-36 所示。

3）在项目浏览窗口中，右击要编译的程序单元，选择"accept and compile"编译的错误和报警信息显示在屏幕下方输出框的 Compile/check output 标签中，可以双击某错误信息来定位程序出错的地方，从而对程序进行修改。

（4）密码保护

可对编写好的 LAD/FBD 程序单元进行密码保护。右击 LAD/FBD 程序单元，在弹出的菜单中选择"know-how protection for programs"→"set"，如图 10-37 所示。

在弹出的对话框中设定登录名和密码并确认，如图 10-38 所示。设置完毕再次启动项目时密码起作用，如果再次打开此 LAD/FBD 程序单元需要输入之前设置的用户名和密码。

（5）文件的导入导出

通过导入/导出操作可以把某个 LAD/FBD 程序单元单独保存，并复制到其他项目中。

1）把 LAD/FBD 程序单元导出成 XML 文件。

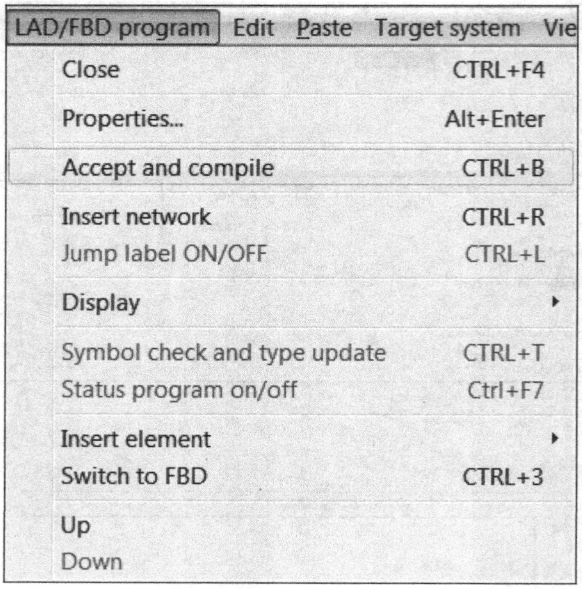

图 10-36 编译 LAD/FBD 程序

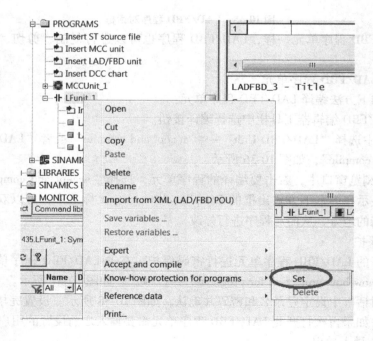

图 10-37 密码保护

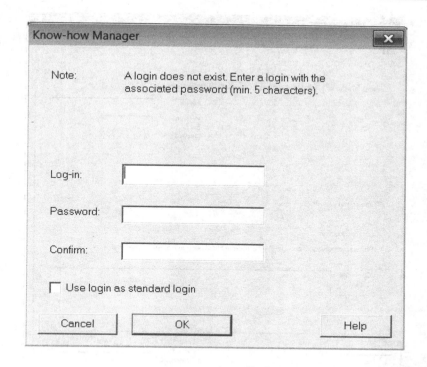

图 10-38 设置登录名和密码

选择菜单"Expert"→"Save Project and Export Object"或者"Project"→"Save and export"。然后选择 XML 格式，单击"OK"按钮确认。

2）导入 XML 文件。

选择菜单"Expert"→"Import Object"，选择要导入的 XML 文件，单击"OK"按钮确认。

3）以 XML 文件格式导出 POU。

在项目导航栏中选中将要导出的 POU，选择菜单 Export as XML，选择文件路径并单击"OK"按钮确认。

4）以 XML 文件格式导入 POU。

在项目导航栏中选中程序"PROGRAM"或"LAD/FBD"单元，选择"Import object"菜单，选择 XML 数据格式并单击"OK"按钮确认。

5）把 LAD/FBD 程序单元导出成 EXP 格式。

在项目导航栏中选中将要导出的程序单元。选择菜单"Experts"→"Export as. EXP"。

6）把 EXP 数据导入 LAD/FBD 程序单元。

在项目导航栏中选择所需 LAD/FBD 程序，选择菜单"Expert"→"Import from. EXP"，选中 EXP 文件，然后导入。

(6) 定义 LAD/FBD 程序单元属性

打开"PROGRAMS"文件夹，选中所需的"LAD/FBD"，选择"Edit"→"Object Properties"菜单命令，将出现图 10-39 所示属性画面。图中各个标签的说明如下：

1）General 标签：程序单元的一般信息，如作者、版本、时间戳、保存路径以及备注等。

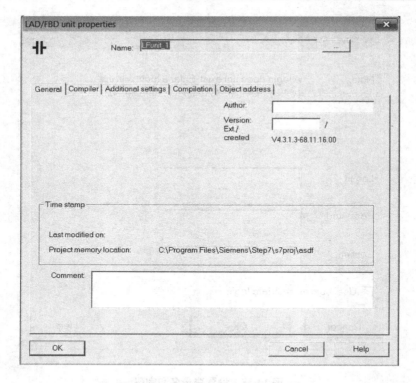

图 10-39 LAD/FBD 程序单元属性

2) Compiler 标签：编译器的本地设置，用于生成代码和信息显示。

3) Additional settings 标签：按照当前编译器设置显示编译器选项。

4) Compilation 标签：显示上次 LAD/FBD unit 的编译器选项。

5) Object address 标签：设置 LAD/FBD unit 内部对象地址。

(7) 编译器的全局设置和本地设置

全局设置：针对此项目中所有编程语言，选择菜单"Tools"→"Settings"，再选择"Compiler"选项卡。勾选所需选项，单击"OK"按钮确认。

设置 LAD/FBD 本地编译器：用鼠标右键单击 LAD/FBD 程序单元，选择属性"Properties"选项，然后选择"Compiler"选项。

具体设置与 MCC 设置类似，此处不再赘述。

5. ST 编程

ST 编程语言是一种高级的，基于 PASCAL 的编程语言。ST 为 Structured Text（结构化文本）的缩写，结构化文本是 IEC11313 的一种高级语言。

使用 ST 高级编程语言来管理控制系统，可以为用户带来广泛的可能性，比如：

1) 数据管理；

2) 过程优化；

3) 数学/统计计算。

ST 语言工作界面分为 5 个部分，分别为菜单栏、工具栏、项目导航栏、工作区和状态栏；如图 10-40 所示。

(1) 插入 ST 程序单元

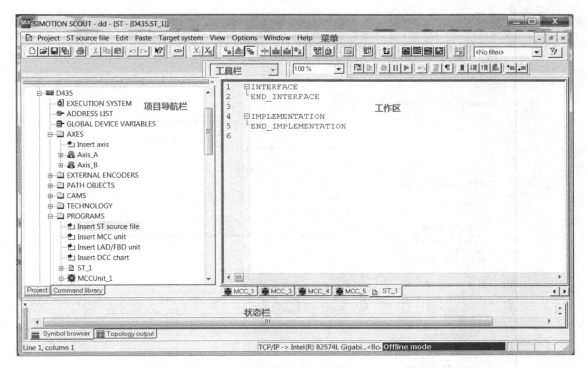

图10-40 ST语言工作界面

可以用以下几种方式插入ST程序单元：

1) 在项目导航栏中，"PROGRAMS"文件夹下双击"Insert ST source file"。

2) 选择"PROGRAMS"文件夹，通过菜单选择"Paste"→"Program"→"ST source file"。

3) 右击"PROGRAMS"文件夹，通过右键菜单选择"Insert new object"→"ST source file"。

在弹出的对话框（见图10-41）中输入ST程序单元的名称，名称由字母（A～Z, a～z），数字（0～9），或下划线组成，但是必须是字母或下划线开始，不区分大小写，最多128个字符。此外，名称在此SIMOTION设备中必须是唯一的，以示区分。另外，还可以输入作者或者版本信息。如果有必要，选择编译器标签对程序单元的编译器进行设置。

(2) 设置ST编辑器

选择菜单"Tools"→"Settings"，选择"ST editor/scripting"选项卡，输入设置，然后单击"OK"按钮确认。

图10-42所示编辑器设置说明如下：

1) Display line numbering：如果选中，则显示ST语言编程的行号。

2) Replace tabs with blanks：如果选中，则会填充适当的空格以保持上下文整齐。

3) Tab width：设置字符的宽度。

4) Tooltip display for function parameters：如果选中，则功能中的参数会显示工具提示。

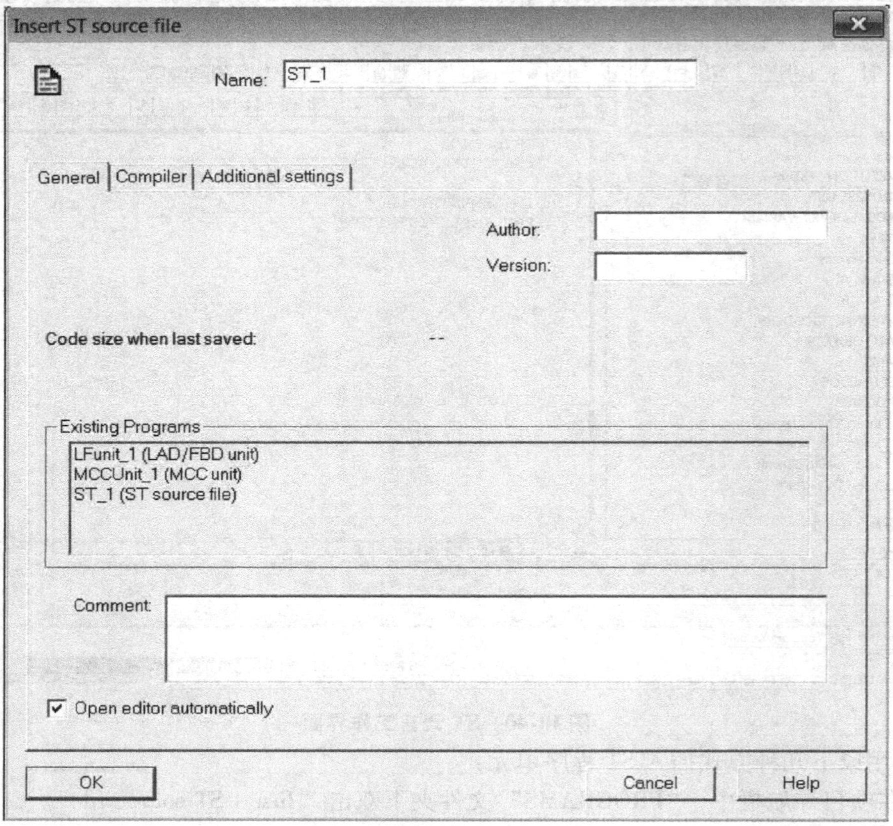

图 10-41　插入 ST 程序单元

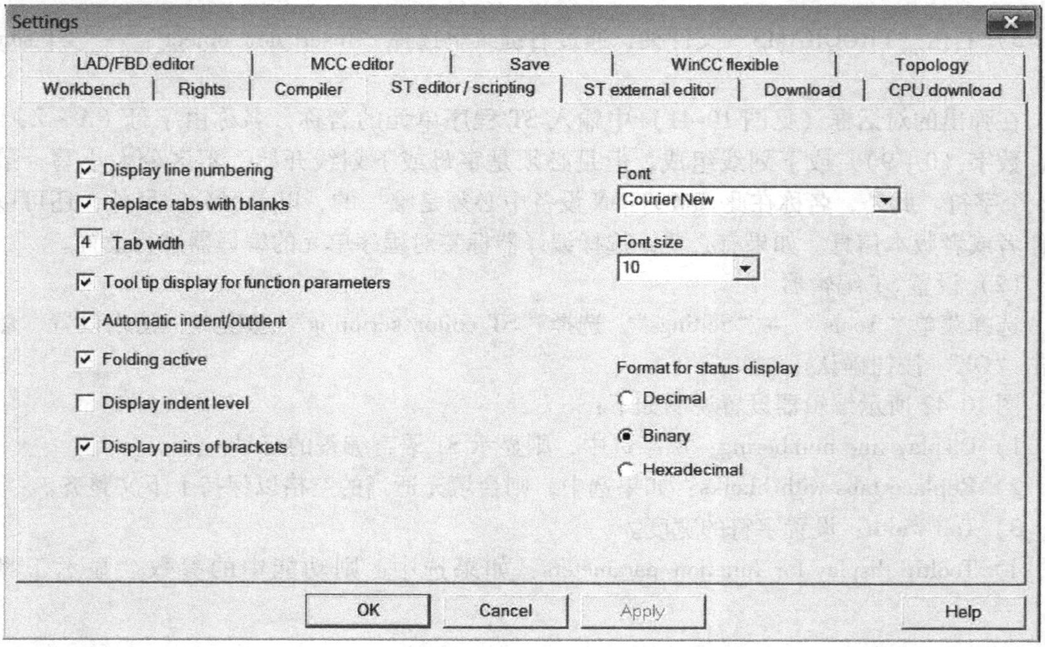

图 10-42　编辑器设置

5) Automatic indent/outdent：如果选中，输入程序文本时会自动缩进。

6) Folding active：如果选中，则在编辑区左边显示折叠信息，可以隐藏程序块，只显示程序块的首行。

7) Display indentation level：如果选中，用户可使用垂直帮助线来高亮缩进。

8) Display pairs of brackets：如果选中，则相关的括号会被高亮显示。

9) Font：设置 ST 语言文本的字体。

10) Font size：设置 ST 语言文本的字体大小。

11) Format for status display：设置程序中的变量数据类型，默认为二进制。

(3) 编译器的全局设置和本地设置

全局设置：针对此项目中所有编程语言，选择菜单"Tools"→"Settings"，选择"Compiler"选项卡。勾选所需选项，单击"OK"按钮确认。

设置 ST 本地编译器：右键单击 ST 程序单元，选择属性"Properties"选项或通过鼠标单击菜单"Edit"→"Object properties"，在出现的画面中选择"Compiler"选项。

具体设置与 MCC 设置类似，此处不再赘述。

(4) 文件的导入导出

通过导入/导出操作可以把某个 ST 程序单元单独保存，并复制到其他项目中。

1) 作为 ASCII 文件导出 ST 程序单元

打开 ST 程序单元，确保光标在 ST 编辑器内。选择"ST source file"→"Export"菜单命令，输入保存 ASCII 文件路径和文件名，单击"OK"按钮确认。ST 源文件保存为 ASCII 文件，默认后缀名为 .st。

2) 以 XML 格式导出 ST 源文件

在项目导航栏中选择 ST 源文件。选择下拉菜单"Expert"→"Save project and export object"，选择以 XML 格式保存路径，单击"OK"按钮确认。

3) 把文本文件（ASCII）导入成 ST 程序单元

选择"PROGRAMS"文件夹，选择菜单"Paste"→"External source"→"ST source file"，选择将要导入的 ASCII 文件，单击"Open"确认。输入 ST 程序单元名称及附加选项，完成 ASCII 文件的导入操作。

4) 把 XML 数据导入 ST 程序单元

选择 PROGRAMS 文件夹，选择菜单"Expert"→"Import object"，选择将要导入的 XML 文件，单击"Open"确认。

10.2.2 变量定义

1. 数据类型

数据类型用于确定变量值的类型。在 SIMOTION 中可以使用下述数据类型：

(1) 基本数据类型和通用数据类型

基本数据类型的说明见表 10-6。

通用数据类型常用于系统功能及系统功能块的输入或输出参数，通用数据类型的说明见表 10-7。

表 10-6 基本数据类型

类型	预定表示符号	占位宽度	数值范围
位类型 这类型的数据所占位数为 1 位, 8 位, 16 位, 32 位, 初始值为 0			
位	BOOL	1	0, 1 或 FALSE, TRUE
字节	BYTE	8	16#0 ~ 16#FF
字	WORD	16	16#0 ~ 16#FFFF
双字	DWORD	32	16#0 ~ 16#FFFF_FFFF
数字类型 这种类型的数据用于数值处理的过程, 数值的初始值为 0 (所有整型数) 或 0.0 (所有浮点数类型)			
短整型	SINT	8	$-128 \sim 127$ ($-2^7 \sim 2^7 - 1$)
无符号短整型	USINT	8	$0 \sim 255$ ($0 \sim 2^8 - 1$)
整型	INT	16	$-32\,768 \sim 32\,767$ ($-2^{15} \sim 2^{15} - 1$)
无符号整型	UINT	16	$0 \sim 65\,535$ ($0 \sim 2^{16} - 1$)
双整型	DINT	32	$-2\,147\,483\,648 \sim 2\,147\,483\,647$ ($-2^{31} \sim 2^{31} - 1$)
无符号双整型	UDINT	32	$0 \sim 4\,294\,96\,7295$ ($0 \sim 2^{32} - 1$)
IEEE 浮点型 (IEEE-754)	REAL	32	$-3.402\,823\,466E + 38 \sim -1.175\,494\,351E - 38$ 0.0, $+1.175\,494\,351E - 38 \sim +3.402\,823\,466E + 38$ 精度: 23 位表示尾数部分 (对应小数点后 6 位), 8 位表示指数部分, 1 位为符号位
IEEE 长浮点型 (IEEE-754)	LREAL	64	$-1.797\,693\,134\,862\,315\,8E + 308 \sim$ $-2.225\,073\,858\,507\,201\,4E - 308$, 0.0, $+2.225\,073\,858\,507\,201\,4E - 308 \sim$ $+1.797\,693\,134\,862\,315\,8E + 308$ 精度: 52 位表示尾数部分 (对应小数点后 15 位), 11 位表示指数部分, 1 位为符号位
时间类型 这类型的数据用于表示日期和时间			
时间步长 1ms	TIME	32	T#0d_0h_0m_0s_0ms ~ T#49d_17h_2m_47s_295ms 最多两个数字表示天、时、分、秒, 最多三个数字表示毫秒 初始值: T#0d_0h_0m_0s_0ms

(续)

类型	预定表示符号	所占位宽度	数值范围
日期，步长1天	DATE	32	D#1992-01-01 ~ D#2200-12-31 记录时间跨度大，四个数字表示年，两个数字表示月和日 初始值：D#0001-01-01
一天中的时间，步长1ms	TIME_OF_DAY（TOD）	32	TOD#0:0:0.0 ~ TOD#23:59:59.999 最多两个数字表示时、分、秒，最多三个数字表示毫秒 初始值：TOD#0:0:0.0
日期和时间	DATE_AND_TIME（DT）	64	DT#1992-01-01-0:0:0.0 ~ DT#2200-12-31-23:59:59.999 包含日期和时间部分 初始值：DT#0001-01-01-0:0:0.0

字符串类型

该类型的数据表示字符串，每个字符串由规定的字节数编码组成。字符串长度可以在声明中定义，长度表示方法例如 STRING [100]。字符串变量的默认长度为80个字符

初始分配的字符数可以少于声明中定义的长度

只含一个字节的字符串	STRING	8	所有 ASCII 码表示的字符从 $00 到 $FF 都是允许的，默认字符为空字符

表 10-7 通用数据类型

通用数据类型	包含的数据类型
ANY_BIT	BOOL, BYTE, WORD, DWORD
ANY_INT	SINT, INT, DINT, USINT, UINT, UDINT
ANY_REAL	REAL, LREAL
ANY_NUM	ANY_INT, ANY_REAL
ANY_DATE	DATE, TIME_OF_DAY (TOD), DATE_AND_TIME (DT)
ANY_ELEMENTARY	ANY_BIT, ANY_NUM, ANY_DATE, TIME, STRING
ANY	ANY_ELEMENTARY, 用户自定义的数据类型（UDT），系统数据类型，工艺对象数据类型

（2）用户自定义数据类型（UDT）

用户自定义数据类型可包括下述数据类型：

1）简单数据（基本派生数据类型）；

2）数组；

3）枚举；

4）结构（Struct）。

用户自定义数据类型（UDT）使用结构 TYPE/END_TYPE 来定义，下面给出了定义示例。

基本派生数据类型定义示例：
```
TYPE
  I1: INT; // Elementary data type
  R1: REAL; // Elementary data type
  R2: R1; // Derived data type (UDT)
END_TYPE
```
数组 ARRAY 派生数据类型定义示例：
```
TYPE
  x: ARRAY [0..9] OF REAL;
  y: ARRAY [1..10] OF C1;
END_TYPE
```
枚举数据类型（Enumerator）定义示例：
```
TYPE
  C1: (RED, GREEN, BLUE);
END_TYPE
VAR
  myC11, myC12, myC13: C1;
END_VAR
myC11 : = GREEN;
myC11 : = C1#GREEN;
myC12 : = C1#MIN; // RED
myC13 : = C1#MAX; // BLUE
```
结构体 Sructure 定义示例：
```
TYPE // UDT definition
  S1: STRUCT
    var1: INT;
    var2: WORD : = 16#AFA1;
    var3: BYTE : = 16#FF;
    var4: TIME : = T#1d_1h_10m_22s_2ms;
  END_STRUCT;
END_TYPE
  VAR
    myS1: S1;
  END_VAR
myS1.var1 : = -4;
myS1.var4 : = T#2d_2h_20m_33s_2ms;
```
(3) TO 数据类型

所有工艺对象的数据类型，见表10-8。

表 10-8 工艺对象的数据类型

工艺对象	数据类型	在工艺包中包含
Drive axis	driveAxis	CAM, PATH, CAM_EXT
External encoder	externalEncoderType	CAM, PATH, CAM_EXT
Measuring input	measuringInputType	CAM, PATH, CAM_EXT
Output cam	outputCamType	CAM, PATH, CAM_EXT
Cam track	_camTrackType	CAM, PATH, CAM_EXT
Position axis	posAxis	CAM, PATH, CAM_EXT
Following axis	followingAxis	CAM, PATH, CAM_EXT
Following object	followingObjectType	CAM, PATH, CAM_EXT
Cam	camType	CAM, PATH, CAM_EXT
Path axis	_pathAxis	PATH, CAM_EXT
Path object	_pathObjectType	PATH, CAM_EXT
Fixed gear	_fixedGearType	CAM_EXT
Addition object	_additionObjectType	CAM_EXT
Formula object	_formulaObjectType	CAM_EXT
Sensor	_sensorType	CAM_EXT
Controller object	_controllerObjectType	CAM_EXT
Temperature channel	temperatureControllerType	TControl
通用数据类型，每种 TO 都可分配	ANYOBJECT	

下面是一个工艺对象数据类型的变量定义及使用示例：

```
    VAR         // 定义变量
        myAxis：posAxis；// 轴的变量声明
        myPos：LREAL；// 轴的位置
        retVal：DINT；// TO 功能返回值
    END_VAR
    myAxis：= Axis1；           // 变量赋值
    // 配置轴的名字
    retVal：=            // 使能轴
        _enableAxis（axis：= myAxis, commandId：= _getCommandId（））；
    retVal：=            // 定位轴
            _pos（axis：= myAxis,
                position：= 100,
    commandId：= _getCommandId（））；
    myPos：= myAxis.positioningState.actualPosition；    // 实际位置赋给 myPos
```

2. 变量定义

SIMOTION 中的变量类型可以分为以下三类：
1) SIMOTION 设备和工艺对象的系统变量；
2) 全局用户变量（I/O 变量、全局设备变量及单元变量，可供其他程序单元使用）；
3) 本地用户变量（程序、功能或功能块中的变量，只能在本程序单元中使用）。

变量标识符的命名应遵循下述规则：
1) 必须由字母（A~Z，a~z）、数字（0~9）或下划线组成；
2) 首字符必须是字母或下划线；
3) 其后可由字母、数字或下划线以任意顺序组成；
4) 一行中不能使用多于一个下划线；
5) 字母不区分大小写（如 Anna 和 AnNa 被认为是一致的）。

为了程序处理方便，把具有相同类型的若干变量按有序的形式组织起来，这些按序排列的同类数据元素的集合称为数组。数组长度的定义方法有
1) 输入正整数常数；
2) 输入一列数值范围，以 ".." 分隔开；
3) 输入数据格式为 DINT 的常数表达式。

图 10-43 为定义数组变量的一个例子，而图 10-44 为数组变量赋值的例子。

	Name	Variable type	Data type	Array length	Initial value
1	const_1	VAR_GLOBAL CONSTANT	INT		11
2	const_2	VAR_GLOBAL CONSTANT	INT		5
3	array_4	VAR_GLOBAL	INT	11	11(5)
4	array_5	VAR_GLOBAL	INT	const_1	11(5)
5	array_6	VAR_GLOBAL	INT	-5 .. 5	11(5)
6	array_7	VAR_GLOBAL	INT	const_2 .. 3 * const_2	11(5)
7					

图 10-43 数组长度定义

	Variable	:=	Expression
1	array_1[0]	:=	4
2	array_2[3]	:=	array_2[4]
3		:=	

图 10-44 数组变量赋值

数组变量初始化可用下面几种方法：
1) 输入常数；
2) 数学表达式；
3) 位片段和数据转换功能。

图 10-45 是一个数组变量初始化的例子。

Name	Variable type	Data type	Array length	Initial value
array_1	VAR_GLOBAL	INT	10	10(1)
array_2	VAR_GLOBAL	INT	5	1,2,3,4,5
array_3	VAR_GLOBAL	INT	20	5(3),10(99),3(7),2(1)

图 10-45　数组变量的初始化

变量可以在符号导航栏中或源文件的变量声明表或程序的变量声明表中定义，下面介绍在源文件或图/程序中的变量定义。

（1）MCC、LAD 单元中的变量定义

1）定义单元变量。单元变量在源文件中声明，根据定义变量位置的不同，变量的有效范围也不同，变量可在接口区或实现区中定义。

在接口区（INTERFACE）中定义的变量在整个源文件中有效，而且变量可以被 HMI 设备访问，连接后还可以被其他的程序单元访问，接口变量定义的最大长度是 64KB。

在执行区（IMPLEMENTATION）中定义的变量只在此源文件中有效。接口区及执行区如图 10-46 所示。

INTERFACE (exported declaration)					
Parameter | I/O symbols | Structures | Enumerations | Connections					
Name	Variable type	Data type	Array length	Initial value	Comment
1					

IMPLEMENTATION (source-internal declaration)					
Parameter | I/O symbols | Structures | Enumerations | Connections					
Name	Variable type	Data type	Array length	Initial value	Comment
1					

图 10-46　接口区及执行区

2）定义临时变量。临时变量只能在定义它的程序单元（程序，功能 FC，功能块 FB）中被访问，打开图或程序在上面的变量定义区可定义变量，如图 10-47 所示。

Parameters/variables | I/O symbols | Structures | Enumerations					
Name	Variable type	Data type	Array length	Initial value	Comment
1					

图 10-47　定义临时变量

3）在变量定义对话框中定义全局变量和本地变量。在 MCC 图或 LAD/FBD 程序中，当用户输入一个未知变量时,就会出现变量声明对话框(Variable declaration),如图 10-48 所示。

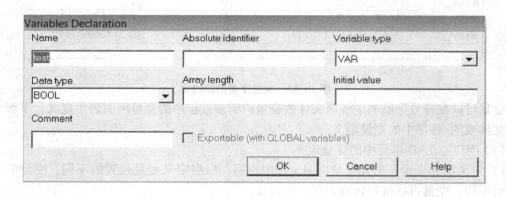

图 10-48 变量声明对话框

然后在对话框中定义变量。在"Name"框中输入变量名称,在"Data type"下拉菜单中定义数据类型,如果是数组变量,在"Array length"中输入数组的长度。在"Initial value"中输入初始值,单击"OK"按钮确认。

(2) ST 语言编程环境下的变量定义

在 ST 语言编程环境下的变量定义,可参考变量声明的语法来声明变量,如图 10-49 所示。

1) 通过使用适当的关键词(如 VAR,VAR_GLOBAL)来开始声明块;
2) 接下来开始实际的变量声明,可创建多个,并且没有顺序限制;
3) 以 END_VAR 来结束声明块。

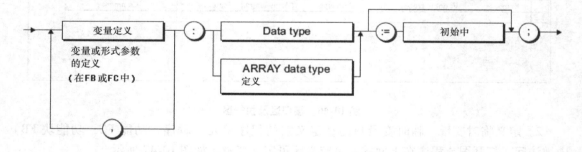

图 10-49 语言的变量声明语法

需注意以下几点:

1) 变量名称必须是一个标识符,只能包含字母、数字或下划线,不能是特殊字符。
2) 基本数据类型、UDT(用户自定义数据类型)、系统数据类型、工艺对象数据类型、数组数据类型及 FB 块指定允许作为数据类型。
3) 可在变量声明语句中给变量赋初始值。

① 在 INTERFACE 中声明的全局变量示例。

此处创建的全局变量可导出供其他程序单元访问,可进行状态监控,关联至 HMI。具体程序如下：
```
INTERFACE
    // ***********************************************
    // * Type definition in the INTERFACE section    *
    // ***********************************************
    VAR_GLOBAL CONSTANT
        PI                    :REAL := 3.1415;
        ARRAY_MAX1            :INT := 4;
        ARRAY_MAX2            :INT := 4;
        COLLECTION_MAX        :INT := 6;
        GLOBARRAY_MAX         :INT := 12;
    END_VAR

    TYPE
        ai16Dim1          :ARRAY [0..ARRAY_MAX1-1] OF INT;
        aaDim2            :ARRAY [0..ARRAY_MAX2-1] OF ai16Dim1;
        eTrafficLight     :(RED, YELLOW, GREEN);
        sCollection       :STRUCT
            toAxisX              :posaxis;
            aInStructDim1        :ai16Dim1;
            eTrafficInStruct     :eTrafficLight;
            i16Counter           :INT;
            b16Status            :WORD;
        END_STRUCT;
        aCollection:ARRAY [0..COLLECTION_MAX-1] OF sCollection;
    END_TYPE
    // ***********************************************
    // * Global variables in INTERFACE section       *
    // ***********************************************
    VAR_GLOBAL
        gaMyArray:ARRAY [0..GLOBARRAY_MAX-1] OF REAL := [3(2(4), 2(18))];
        gaMy2dim     :aaDim2;
        gaMy1dim             :ai16Dim1;
        gsMyStruct           :sCollection;
        gaMyArrayOfStruct    :aCollection;
        gtMyTime             :TIME := T#0d_1h_5m_17s_4ms;
        geMyTraffic          :eTrafficLight := RED;
        gi16MyInt            :INT := -17;
    END_VAR
```

```
    VAR_GLOBAL RETAIN //掉电保持型全局变量
        gretainVar            :INT :=2;
    END_VAR
    PROGRAM myPRG;
END_INTERFACE
```

② 在 IMPLEMENTATION 中声明的变量示例

此处创建的全局变量不可导出供其他程序单元访问,但可进行状态监控,可关联至 HMI。具体程序如下:

```
// ******************************************************
// *  IMPLEMENTATION section                             *
// ******************************************************
IMPLEMENTATION
    VAR_GLOBAL CONSTANT
    END_VAR
    TYPE
    END_TYPE
    VAR_GLOBAL
        gboDigInput1: BOOL;
    END_VAR
    VAR_GLOBAL RETAIN
    END_VAR
END_IMPLEMENTATION
```

③ 在 PROGRAM 中声明的变量示例

此处创建的本地变量不可导出供其他程序单元,不能进行状态监控,不能关联至 HMI。具体程序如下:

```
PROGRAM myPRG
            VAR CONSTANT
            END_VAR
            TYPE
            END_TYPE
            VAR
                instFBMyFirst: FBmyFirst;
                retFCMyFirst: INT;
            END_VAR
            VAR_TEMP
            END_VAR
            // Call Function block
            // Call function
    END_PROGRAM
```

10.2.3 FB 与 FC

通常，在编写程序时会多次重复使用某些程序块，这些程序块可以用子程序的方式创建。SIMOTION 设备的一个或多个程序（如 MCC，LAD/FBD，ST 程序）可以根据需要重复调用子程序，调用子程序的示意图如图 10-50 所示。

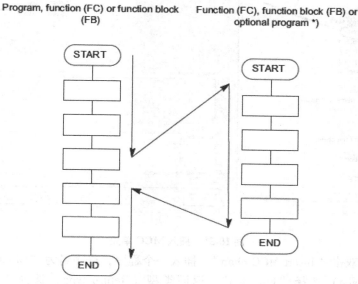

图 10-50　子程序的执行

当调用子程序时，程序分支从当前任务跳转到子程序，开始执行其中的指令，执行完毕后跳转回原来激活的任务。

FC（Function）是一个无静态数据的子程序，即当 FC 执行后所有本地变量的值就丢失了，当 FC 下次执行时再进行初始化。可使用输入参数或输入/输出参数把数据传入 FC，也可输出 FC 的返回值，通过传递参数或全局变量在子程序和调用程序间传递信息。

FB（Function Block）是一个有静态数据的子程序，即当 FB 执行后，所有的本地变量会保持它们原有的值，只有那些明确声明为临时变量的值会丢失。在使用 FB 之前，必须定义一个背景数据块，然后输入 FB 的名称作为数据类型。FB 的静态数据存储在此背景数据块中。可以定义多个 FB 背景数据块，每个背景数据块相对独立。FB 背景数据块的静态数据一直保持，直到该背景数据块再次调用。

下面分别介绍在 MCC、LAD/FBD、ST 编程语言下如何创建和使用 FC、FB 块。

1. 使用 MCC 语言创建和使用 FC

下面举例说明如何使用 MCC 语言创建和使用 FC，首先创建一个计算圆周长的子程序，程序类型为 FC，名称为 Circumference。此圆周长计算可作为子程序在任何程序任务中调用。

圆周长计算公式为：Circumference = PI × 2 × radius

可在 FC 变量声明表中定义 Radius（半径）和 PI（π，圆周率）的值。

首先打开 SCOUT，创建一个新项目。在"PROGRAMS"目录树下双击"Insert MCC unit"，插入一个 MCC 单元如图 10-51 所示，"Name"栏名称为"MCCunit_1"，单击"OK"

按钮确认。

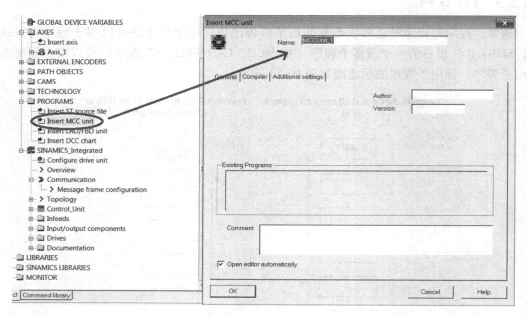

图 10-51 插入 MCC 单元

用鼠标左键双击"Insert MCC chart",插入一个程序,程序名为"Circumference",创建类型(Creation type)选择"Function",返回类型(Return type)选择"REAL",若选择"<-->"则无返回值。

检查 Exportable 选项,如果此 FC 程序将要在其他程序源文件中使用则勾选此选项;如果没有勾选此选项,则此程序只能在本 MCC 单元中使用。

此外,还可以输入作者,版本和注释等。最后单击"OK"按钮确认,如图 10-52 所示。

在创建的 FC 程序变量声明表中定义半径(radius)的变量类型为输入"VAR_INPUT",数据类型为"REAL";圆周率 PI 的变量类型为常数"VAR CONSTANT",数据类型为"REAL",初始值为"3.14159",如图 10-53 所示。

编写变量赋值程序(见图 10-54)并赋给返回值,然后编译保存。至此,FC 程序就编写完毕了。

下面介绍如何在用户程序中调用上述 FC 程序。在同一"MCC unit"下插入一个新的程序名为"Program_circumference",创建类型(Creation type)选择"Program",如图 10-55 所示。

在"MCC unit"或"MCC chart"中声明下列变量(本例在 MCC chart 中声明,见图 10-56):

- mycircum 变量:FC"Circumference"的返回值赋给此变量。
- myradius 变量:此变量包含半径的数据,赋给 FC"Circumference"的输入参数 Radius。

调用 FC"Circumference",打开调用子程序设定界面,"subroutine type"子程序类型选择"Function","Subroutine"子程序选择之前创建的"circumference","Return value"返回值选择"mycircum",把"myradius"的值赋给 FC 中的变量"radius",如图 10-57 所示。

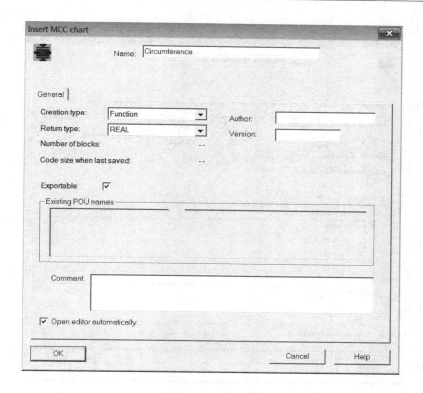

图 10-52 插入 MCC 程序图

	Name	Variable type	Data type	Array length	Initial value	Comment
1	radius	VAR_INPUT	REAL			
2	PI	VAR CONSTANT	REAL		3.14159	
3						

图 10-53 FC 变量声明表

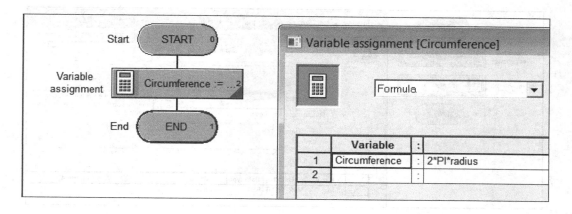

图 10-54 编写圆周长计算程序

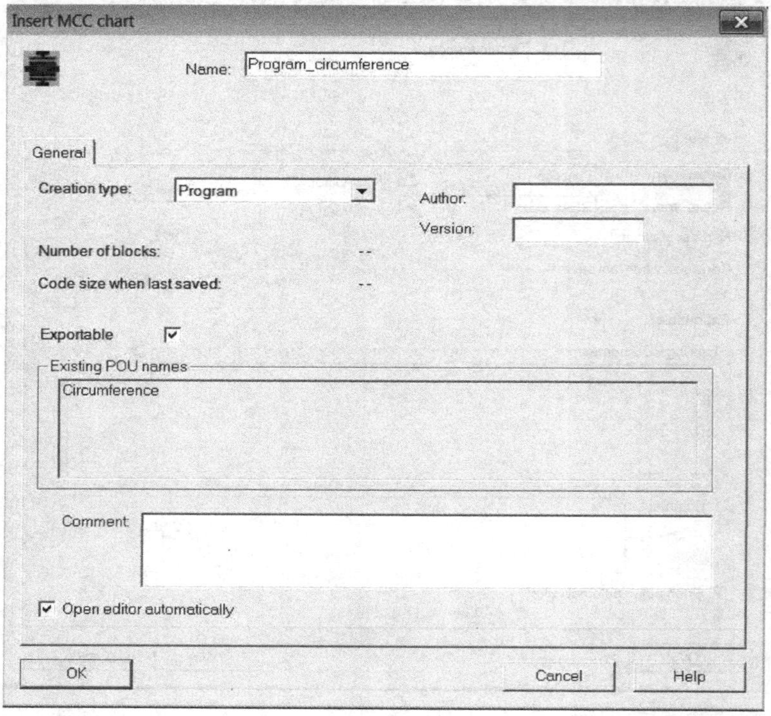

图 10-55　插入程序

Parameters/variables	I/O symbols	Structures	Enumerations			
	Name	Variable type	Data type	Array length	Initial value	Comment
1	mycircum	VAR	REAL			
2	myradius	VAR	REAL			
3						

图 10-56　在 MCC chart 中声明的变量

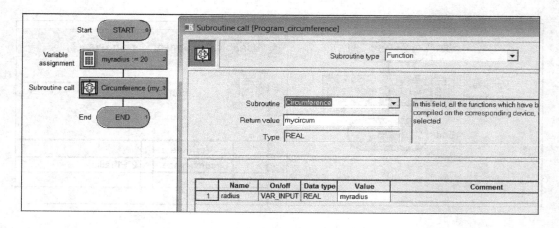

图 10-57　调用子程序的设定

编译保存 MCC 程序单元，这样就完成了 FC 的调用。

需要注意 FC 和 Program 在 MCC unit 中的顺序，FC 必须处在 Program 之上的位置。如果不是，可以单击鼠标右键选择 Down 或 Up 来调整位置。

2. 使用 MCC 语言创建和使用 FB

下面举例说明如何使用 MCC 语言创建和使用 FB 计算跟随误差。可创建一个计算跟随误差的子程序，程序类型为 FB，名称为 FollError。此跟随误差 FB 计算可作为子程序在任何程序任务中调用。

跟随误差计算公式：Difference = Specified position − Actual position

可在"MCC chart"或"MCC unit"中定义所需的输入和输出参数，如设定位置值，实际位置值和偏差。如果需要的话，还可定义其他变量。

首先打开 SCOUT，创建一个新项目，在"PROGRAMS"目录树下双击"Insert MCC unit"，插入一个 MCC 单元。"Name"栏名称为"MCCunit_1"，单击"OK"按钮确认。

用鼠标左键双击"Insert MCC chart"，插入一个程序，程序名为"FollError"，创建类型（Creation type）选择"Function block"。

此外，还可以输入作者，版本和注释等，如图 10-58 所示，最后单击"OK"按钮确认。

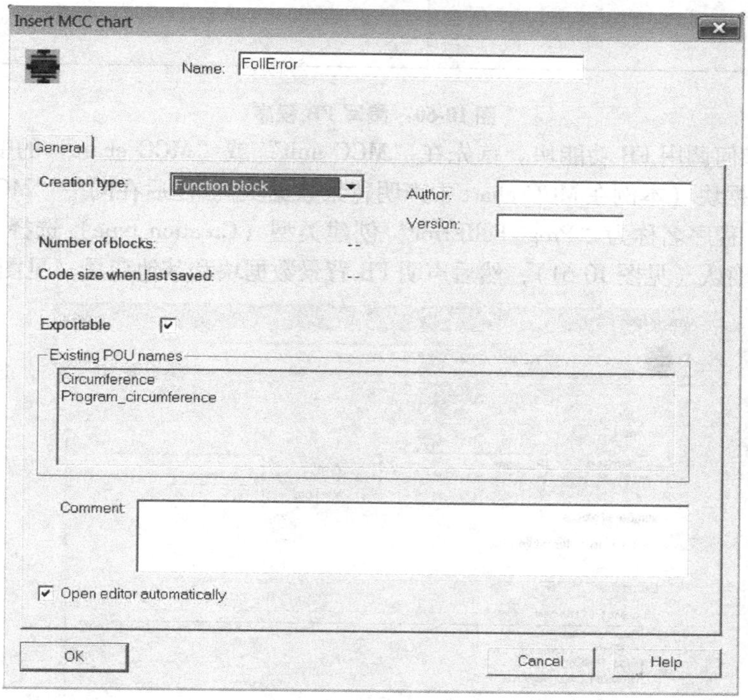

图 10-58　插入 FB 程序

在创建的 FB 程序变量声明表中定义变量，输入和输出参数如图 10-59 所示。

在 MCC chart 程序编辑区编写程序，使用变量赋值命令，编写计算公式为：

Difference = Setpoint_position − Actual_position，然后编译保存，FB 功能块 FollError 编写完成，如图 10-60 所示。

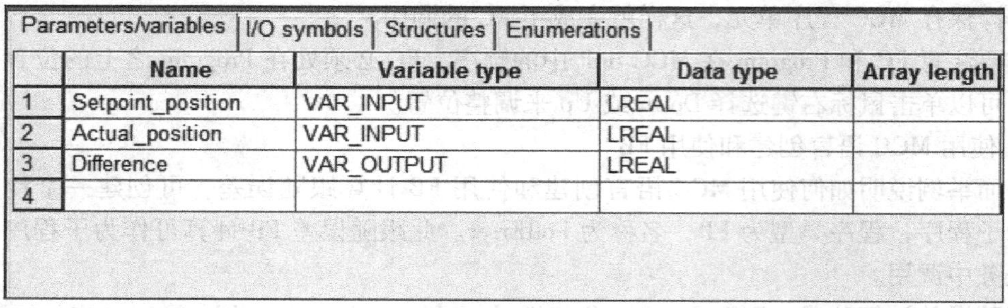

	Name	Variable type	Data type	Array length
1	Setpoint_position	VAR_INPUT	LREAL	
2	Actual_position	VAR_INPUT	LREAL	
3	Difference	VAR_OUTPUT	LREAL	
4				

图 10-59　FB 程序的变量声明列表

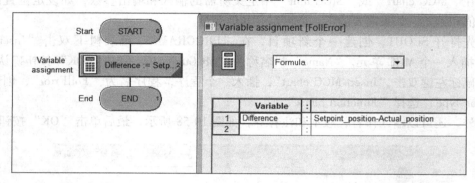

图 10-60　编写 FB 程序

下面介绍如何调用 FB 功能块。首先在"MCC unit"或"MCC chart"的变量声明表中定义 FB 的背景数据块（本例在 MCC chart 中声明背景数据块）。之后在同一"MCC unit"下生成一个新的程序，程序名称为"Prog_FollError"创建类型（Creation type）选择"Program"，单击"OK"按钮确认（见图 10-61），然后声明 FB 背景数据块和其他变量（见图 10-62）。

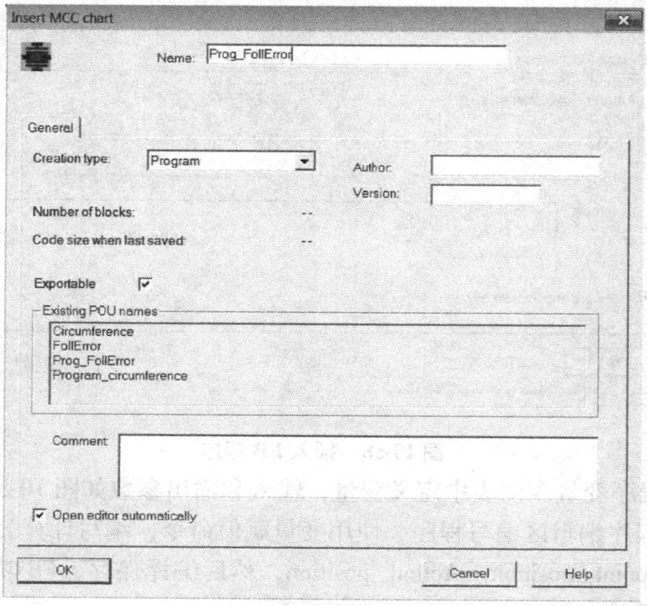

图 10-61　插入程序

第 10 章　SIMOTION 执行系统与编程

	Name	Variable type	Data type	Array length
1	myFollErr	VAR	FollErr	
2	Result	VAR	LREAL	
3	Result_2	VAR	LREAL	
4				

Parameters/variables | I/O symbols | Structures | Enumerations

图 10-62　声明 FB 背景数据块和其他变量

在"MCC chart"中插入"Subroutine call"调用子程序指令。打开调用子程序设定界面,"subroutine type"子程序类型选择"Function block","Subroutine"子程序选择之前创建的"FollError",Instance 背景数据块选择"myFollErr"。把轴的设定位置值和实际位置值分别赋给 FB 中的变量"setpoint_position"和"actual_position","Result"参数就是经过 FB 块计算后输出的值(见图 10-63),单击"OK"按钮确认。

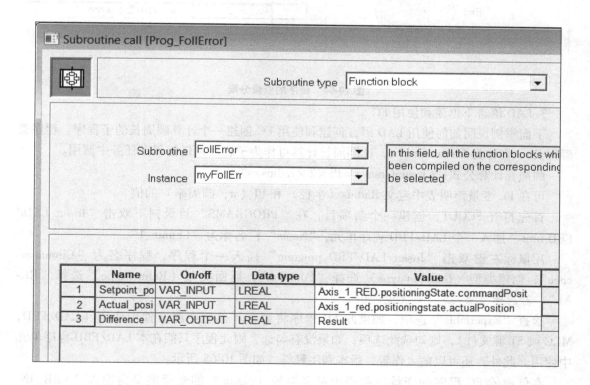

图 10-63　声明 FB 背景数据块和其他变量

编译保存 MCC 程序单元,这样就完成了 FB 的调用。

需要注意 FB 和 Program 在 MCC unit 中的顺序,FB 必须处在 Program 之上的位置。如果不是,可以单击鼠标右键选择 Down 或 Up 来调整位置。

在 FB 功能块执行后，背景数据块中的静态数据（包括输出参数）仍然保留。可以在调用程序中访问输出参数。如果把 FB 背景数据块定义成 VAR_GLOBAL，还可以在其他 MCC charts 程序中访问输出参数。

在"MCC chart"中插入"Variable assignment"指令，编写指令"Result_2 : = myFollErr. Difference"，这样就把输出参数"myFollErr. Difference"的值赋给了"Result_2"，如图 10-64 所示。

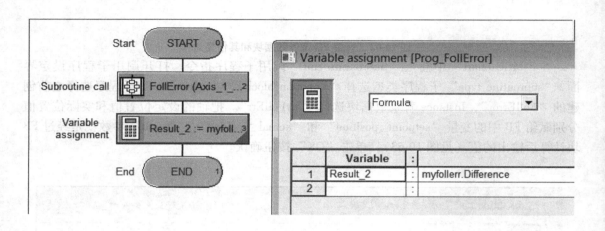

图 10-64 程序的变量分配

3. LAD 语言下创建和使用 FC

下面举例说明如何使用 LAD 语言创建和使用 FC 创建一个计算圆周长的子程序。程序类型为 FC，名称为 Circumference，此圆周长计算可作为子程序在任何程序任务中调用。

圆周长计算公式：Circumference = PI × 2 × radius

可在 FC 变量声明表中定义 Radius（半径）和 PI（π，圆周率）的值。

首先打开 SCOUT，创建一个新项目，在"PROGRAMS"目录树下双击"Insert LAD/FBD unit"插入一个 LAD/FBD 程序单元，"Name"栏名称为"LFunit_1"。

用鼠标左键双击"Insert LAD/FBD program"插入一个程序，程序名为"Circumference"，创建类型（Creation type）选择"Function"，返回类型（Return type）选择"REAL"，若选择"<-->"则无返回值。

检查"Exportable"选项，如果此 FC 程序将要在其他程序源文件中使用（LAD/FBD，MCC 或 ST 源文件），则勾选此选项；如果没有勾选，则此程序只能在本 LAD/FBD 程序单元中使用。此外，还可以输入作者，版本和注释等，如图 10-65 所示。

在创建的 FC 程序的变量声明表中定义半径（radius）的变量类型为输入"VAR_INPUT"，数据类型为"REAL"；圆周率 PI 的变量类型为常数"VAR CONSTANT"，数据类型为"REAL"，初始值为"3.14159"；直径 diameter 的变量类型为"VAR"，数据类型为"REAL"（见图 10-66）。

在程序编辑区域右键单击"Insert network"或者左键单击按钮"▣"插入一个网络，如图 10-67 所示。

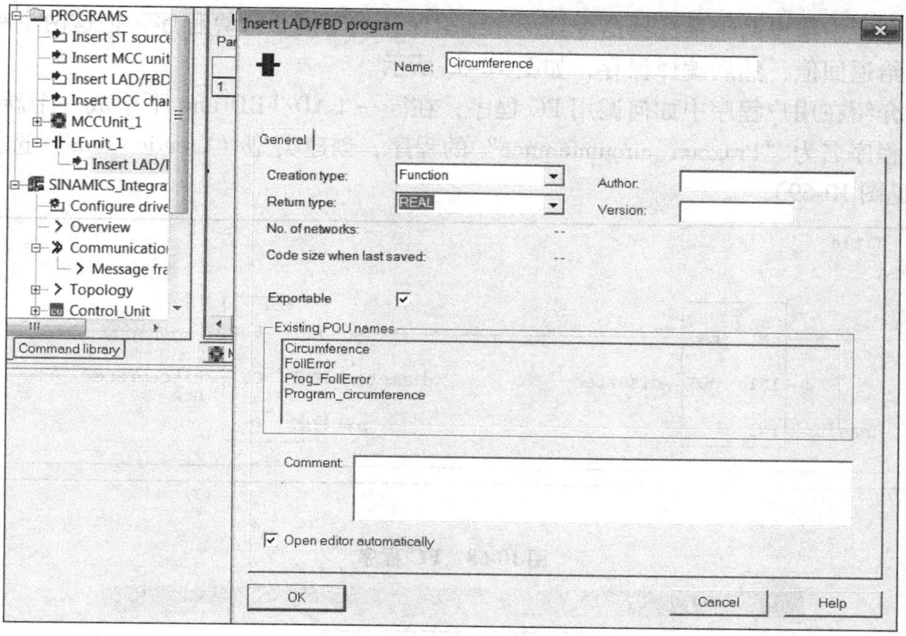
PROGRAMS
Insert ST source
Insert MCC unit
Insert LAD/FBD
Insert DCC char
MCCUnit_1
LFunit_1
Insert LAD/
SINAMICS_Integra
Configure drive
Overview
Communicatio
Message fra
Topology
Control_Unit
Command library
Insert LAD/FBD program
Name: Circumference
General
Creation type: Function
Return type: REAL
No. of networks: --
Code size when last saved: --
Author:
Version:
Exportable
Existing POU names
Circumference
FollError
Prog_FollError
Program_circumference
Comment:
Open editor automatically
OK
Cancel
Help

图 10-65　插入 LAD/FBD 程序

Parameters/variables | I/O symbols | Structures | Enumerations

	Name	Variable type	Data type	Array length	Initial value
1	radius	VAR_INPUT	REAL		
2	PI	VAR CONSTANT	REAL		3.14159
3	diameter	VAR	REAL		
4					

图 10-66　FC 变量声明表

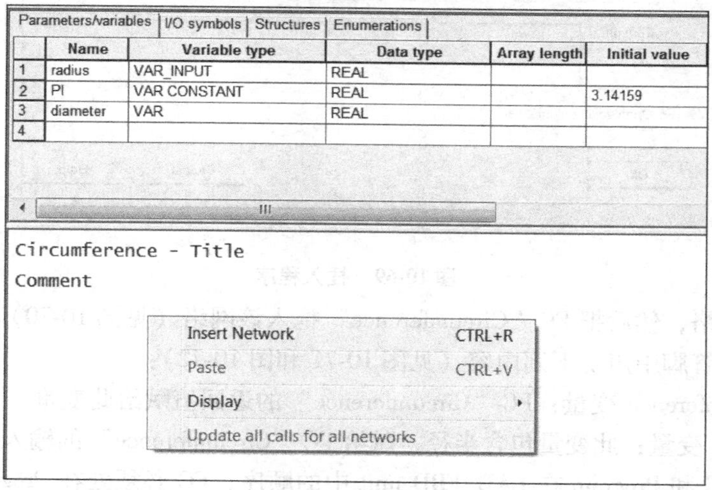
Parameters/variables
I/O symbols
Structures
Enumerations
Name
Variable type
Data type
Array length
Initial value
1 radius VAR_INPUT REAL
2 PI VAR CONSTANT REAL 3.14159
3 diameter VAR REAL
4
Circumference - Title
Comment
Insert Network CTRL+R
Paste CTRL+V
Display
Update all calls for all networks

图 10-67　插入网络

在命令库中拖出两个乘法器命令到程序编辑区，编写周长计算程序，把这两个乘法器的输出赋值给返回值，然后编译保存，如图 10-68 所示。

下面介绍在用户程序中如何调用 FC 程序，在同一 LAD/FBD unit 下生成一个新的程序。插入一个程序名为"Program_circumference"的程序，创建类型（Creation type）选择"Program"（见图 10-69）。

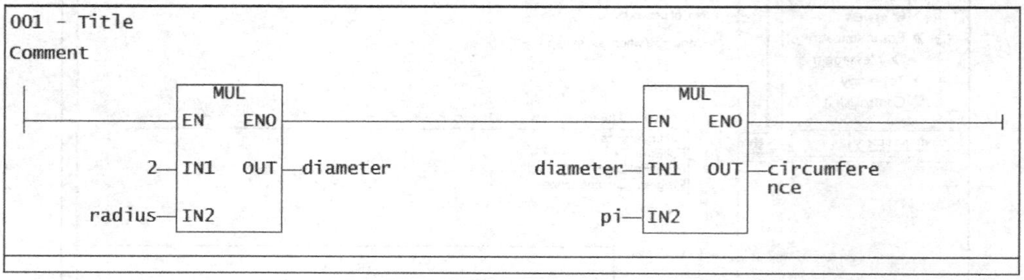

图 10-68　FC 程序

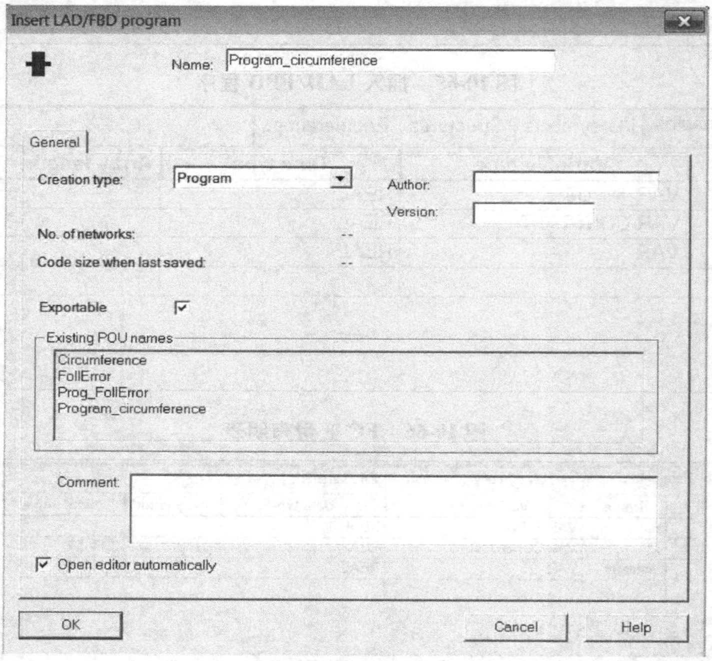

图 10-69　插入程序

插入一个网络，然后把 FC "Circumference" 拖入该网络（见图 10-70）。

在输入输出管脚中声明下列内容（见图 10-71 和图 10-72）：

1) mycircumference 变量：FC "Circumference" 的返回值赋给此变量。

2) myradius 变量：此变量包含半径，赋给 FC "Circumference" 的输入参数 Radius。

需要注意 FC 和 Program 在 LAD/FBD unit 中的顺序，FC 必须处在 Program 之上的位置。如果不是，可以单击鼠标右键选择 Down 或 Up 来调整位置。

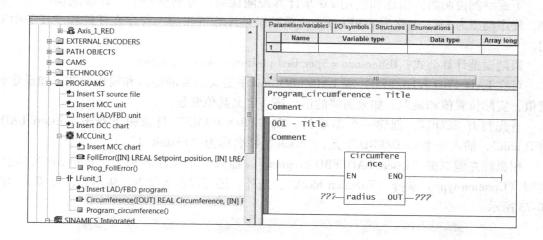

图 10-70 调用程序

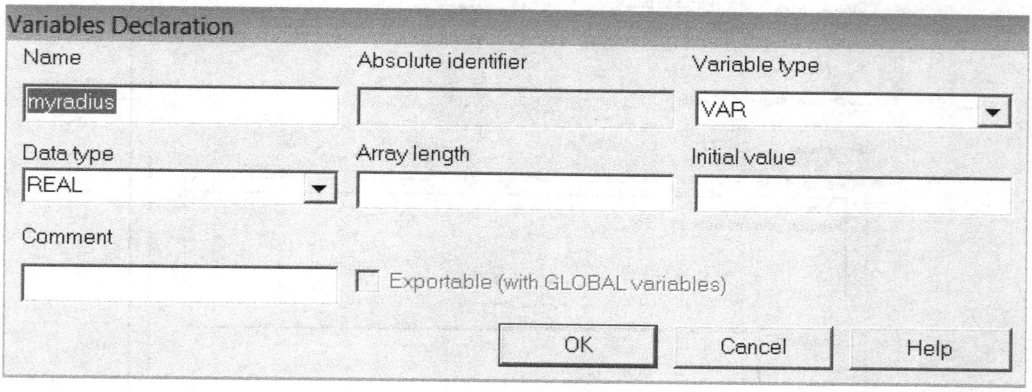

图 10-71 声明变量

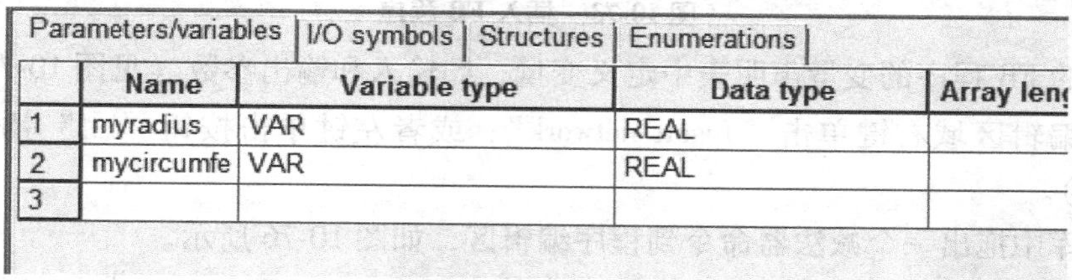

图 10-72 声明变量及数据类型

4. LAD 语言下创建和使用 FB

下面举例说明如何创建和使用 FB 来计算跟随误差，可创建一个计算跟随误差的子程序，程序类型为 FB，名称为 FollError。此跟随误差计算可作为子程序在任何程序任务中调用。

跟随误差计算公式：Difference = Specified position – Actual position

可在 LAD/FBD 程序（FB）或 LAD/FBD unit 中定义所需的输入和输出参数，如设定位置值，实际位置值和偏差。如果需要的话，还可定义其他变量。

首先打开 SCOUT，创建一个新项目。在"PROGRAMS"目录树下双击"Insert LAD/FBD unit"，插入一个 LAD/FBD 单元，"Name"栏名称为"LFunit_1"。

用鼠标左键双击"Insert LAD/FBD program"，插入一个程序名称为"FollError"，创建类型（Creation type）选择"Function block"。此外，还可以输入作者，版本和注释等，如图 10-73 所示。

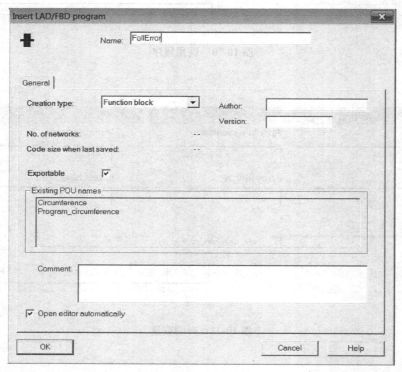

图 10-73 插入 FB 程序

在创建的 FB 程序的变量声明表中定义变量，如输入和输出参数（见图 10-74）。

在程序编辑区域右键单击"Insert network"，或者左键单击按钮"▣"插入一个网络（见图 10-75）。

在命令库中拖出一个减法器命令到程序编辑区，如图 10-76 所示。

下面介绍如何在用户程序中调用 FB 程序块，可在 LAD/FBD unit 或 LAD/FBD program 的变量声明表中定义 FB 的背景数据块。本例在 LAD/FBD unit 的接口部分声明背景数据块，如图 10-77 所示。

Parameters/variables | I/O symbols | Structures | Enumerations

	Name	Variable type	Data type	Array length
1	Setpoint_position	VAR_INPUT	LREAL	
2	Actual_position	VAR_INPUT	LREAL	
3	Difference	VAR_OUTPUT	LREAL	
4				

图 10-74　FB 程序的变量声明列表

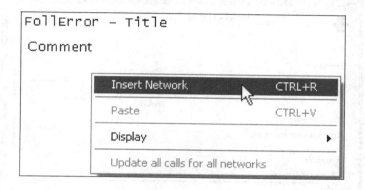

图 10-75　插入网络

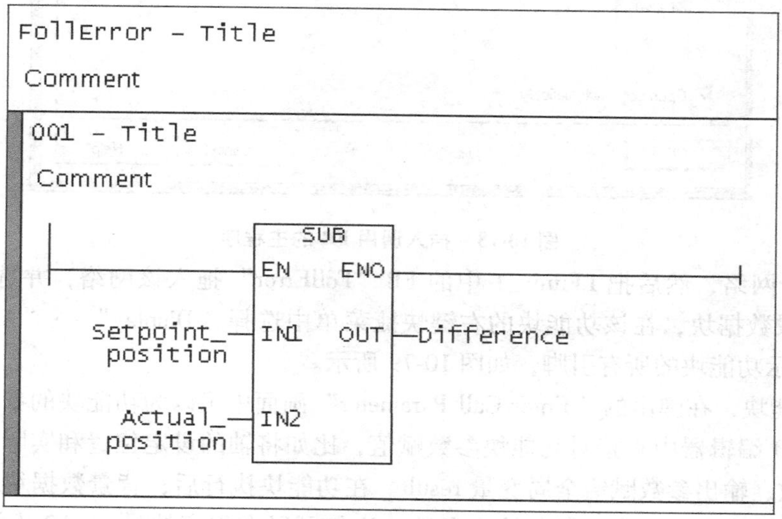

图 10-76　编写 FB 程序

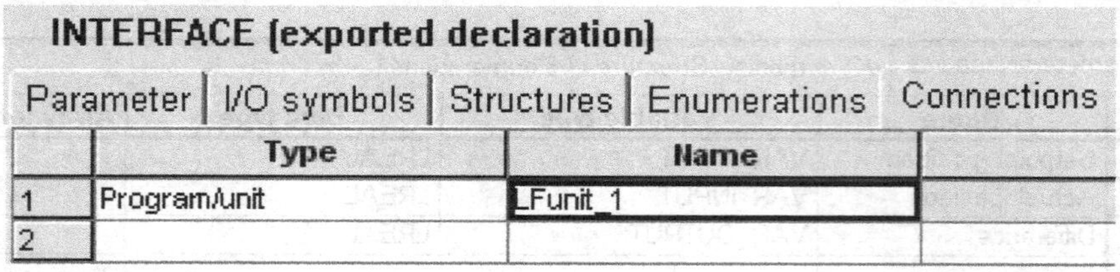

INTERFACE (exported declaration)				
Parameter	I/O symbols	Structures	Enumerations	Connections
	Type		Name	
1	Program/unit		LFunit_1	
2				

图 10-77   FB 程序的变量声明

在 LFunit_1 中创建一个程序，用鼠标左键双击"Insert LAD/FBD program"插入一个名为"Program_ FollError"的程序，创建类型（Creation type）选择"Program"，如图 10-78 所示。

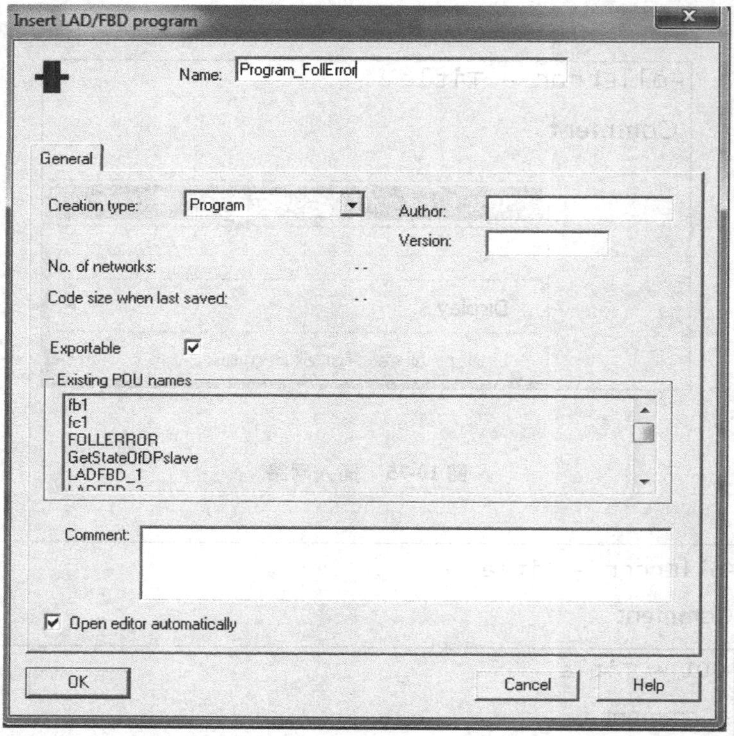

图 10-78   插入调用 FB 的主程序

插入一个网络，然后把 LFunit_1 中的 FB "FollError"拖入该网络，并选择"myfollerror"作为背景数据块，在该功能块的右键快捷菜单中选择"Display"→"All Box Parameters"可以显示功能块的所有引脚，如图 10-79 所示。

双击功能块，在弹出的"Enter Call Parameter"画面中可以为功能块的参数赋值，也可以直接在 LAD 编辑器中直接对功能块参数赋值，比如将轴的设定位置和实际位置赋给功能块的输入参数，输出参数赋给全局变量 result。在功能块执行后，背景数据块中的静态数据仍然保留，可以在主程序中访问其输出参数。比如可以在程序的 network2 中插入 MOVE 指令，并编辑其输入输出参数，如图 10-80 所示。这样就把输出参数"myFollError. Difference"的值赋给了 Result_2。

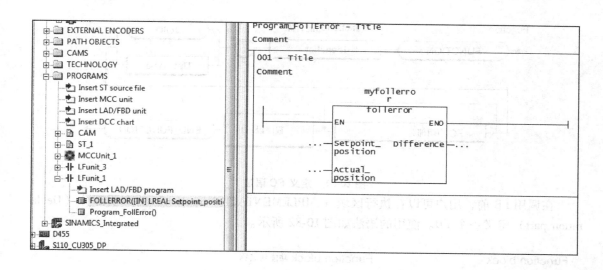

图 10-79 调用功能块

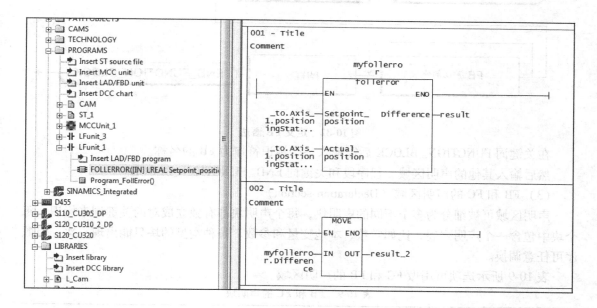

图 10-80 编写调用 FB 的程序

5. ST 语言下创建和使用 FC、FB

（1）定义功能 FC（Function）

在调用 FC 前，用户可以在执行区域（IMPLEMENTATION section）的声明部分（declaration part）定义一个 FC。使用的语法如图 10-81 所示。

在关键词 FUNCTION 后需输入一个标识符，作为 FC 的名称和返回值的数据类型。如果 FC 无返回值，则输入 VOID 作为数据类型。

然后输入其他的声明区域、程序段和关键词 END_FUNCTION。

（2）定义函数块 FB（Function Block）

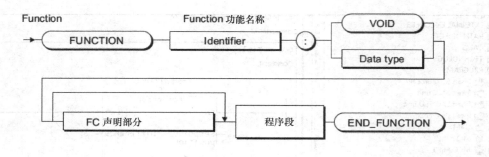

图10-81 定义 FC 语法

在调用 FB 前,用户可以在执行区域(IMPLEMENTATION section)的声明部分(Declaration part)定义一个 FB。使用的语法如图10-82 所示。

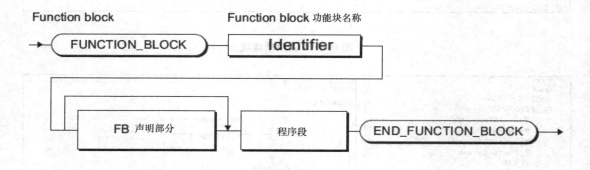

图10-82 定义 FB 语法

在关键词 FUNCTION_BLOCK 后需输入一个标识符作为 FB 的名称。

然后输入其他的声明区域、程序段和关键词 END_FUNCTION_BLOCK。

(3) FB 和 FC 的声明区域(Declaration section)

声明区域可被细分为多个不同的声明块,每个声明块都有独立成对的关键词来标识。每个块中包含一个声明列表,比如常数、本地变量和参数。每种类型的块只能出现一次,但顺序可任意调换。

表10-9 所示选项可用做 FC 和 FB 的声明区域。

表10-9 FB 和 FC 的声明块

数据	语法	FB	FC
常数	VAR CONSTANT 声明列表 END_VAR	✓	✓
输入参数	VAR_INPUT 声明列表 END_VAR	✓	✓

(续)

数据	语法	FB	FC
输入/输出参数	VAR_IN_OUT 声明列表 END_VAR	✓	✓
输出参数	VAR_OUTPUT 声明列表 END_VAR	✓	—
本地变量 （用于 FC 和 FB）	VAR 声明列表 END_VAR	✓ （static）	✓ （temporary）
本地变量 （用于 FB）	VAR_TEMP 声明列表 END_VAR	✓ （temporary）	—

调用 FB 或 FC 就会执行 FB 或 FC 中包含的语句，编写 FB 或 FC 的语法规则与编写其他程序并无区别。当调用 FB 或 FC 时，需要把传递的参数列入参数清单中，多个参数写在圆括号内，通过逗号分隔开，如图 10-83 所示。

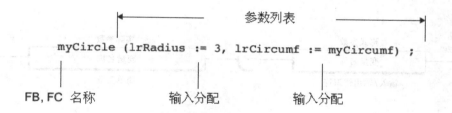

图 10-83　调用程序的参数传递规则

通常指定输入和输入/输出参数进行赋值。用户可把实参的值赋给输出形参，通过使用":="操作符，可对输入参数赋值，通过使用"=>"操作符对输出参数赋值。形参在被调用块的声明部分中定义。

如果在输入/输出赋值中使用 STRING 字符串数据类型，那么实参的声明长度要大于或等于输入/输出形参，如图 10-84 所示。

赋给输入/输出参数的变量必须能够直接读或写。因此，系统变量（SIMOTION 设备，工艺对象 TO，过程映像区的 I/O 变量）不能赋给输入/输出参数。

（4）参数传递给输出参数（只针对 FB）

用户使用输出赋值把 FB 的输出形参赋给变量（实参），如图 10-85 所示。当 FB 调用后，变量接受输出形参的值。在 FB 语句中可以使用和修改输出形参。对于参数传递而言，输出赋值是可选的。用户可以在任何时刻对 FB 输出参数进行读和写的操作。

不同的访问类型导致访问参数的时间不同：

```
FUNCTION_BLOCK REF_STRING
    VAR_IN_OUT
        io : STRING[80];
    END_VAR
;   // Statements
END_FUNCTION_BLOCK

FUNCTION_BLOCK test
    VAR
        my_fb : REF_STRING;
        str1 : STRING[100];
        str2 : STRING[50];
    END_VAR
    my_fb(io := str1);      // Permitted call
    my_fb(io := str2);      // Not permitted call,
                            // compiler error message

END_FUNCTION_BLOCK
```

图 10-84　在输入/输出赋值中使用 STRING 字符串数据类型

输出分配

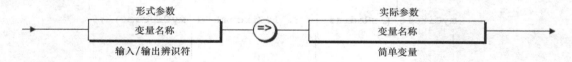

图 10-85　语法：输出赋值

1）在输入赋值情况下，实参的值复制给了形参。如果大的数据结构（比如数组（AR-RAY））被复制，而且经常调用 FC 或 FB，那么性能就会受到限制。

2）在输入/输出赋值情况下，不会复制参数的值，而是建立一个形参的存储地址和实参之间的链接。因此，传递变量比输入赋值的情况快（特别是包含大量数据的情况）。但是，从 FB 访问变量要慢一些。

3）如果使用单元变量，则不会有任何变量复制到 FC 或 FB。因为这些变量在整个 ST 程序单元中都是有效的。

（5）调用 FC
可按照如下规则调用：
1）带返回值的 FC（数据类型不是 VOID）。
功能被放置在赋值的右边，通常也作为一个在表达式内部的操作数出现。调用 FC 后，计算表达式的结果为它的返回值。具体举例如下：
y : = sin (x);

y : = sin（in : = x）；
y : = sqrt（1 – cos（x）*cos（x））；
2）不带返回值的 FC（VOID 数据类型）。
变量赋值只由调用 FC 组成。具体举例如下：
funct1（in1 : = var11, in2 : = var12, inout1 : = var13）；
（6）调用 FB（背景数据块调用）
在调用 FB 功能块之前，必须声明一个背景数据块，语法如图 10-86 所示。可声明一个变量，然后输入 FB 的名称作为数据类型。可以如下声明背景数据块：
1）本地的。
在程序或 FB 的声明部分，VAR/END_VAR 范围内。
2）全局的。
在执行部分的接口处，VAR_GLOBAL/END_VAR 范围内。
3）作为输入/输出参数。
在 FB 或 FC 的声明部分，VAR_IN_OUT/END_VAR 范围内。

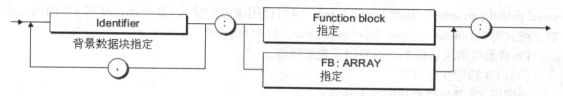

图 10-86　语法：声明背景数据块

背景数据块声明也可以是数组 ARRAY。比如：FB_inst: ARRAY [1..2] OF FB_name。
在程序组织单元 POU（Program Organization Units）的语句部分调用 FB 的背景数据块如图 10-87 所示。FB 参数输入赋值和输入/输出赋值通过逗号分隔开。

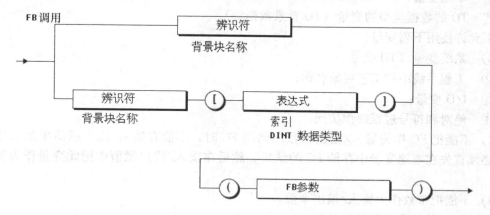

图 10-87　FB 调用语法

假定"supply"和"motor" FB 功能块已经定义完毕，如图 10-88 所示，有
1）FB supply：输入参数 in1，in2；输入/输出参数 inout；输出参数 out；
2）FB motor：输入/输出参数 inout1，inout2；输出参数 out1，out2。
在 FB 调用中，可使用结构变量从 FB 外部访问 FB 的输出参数，格式为 FB instance

```
VAR
    Supply1, Supply2: Supply;
    Motor1 : Motor;
END_VAR

// Parameter transfer (output assignment) when calling the instance of an FB
Supply1 (in1 := var11, in2 := expr12, inout := var13, out => var14) ;
Supply2 (in1 := var21, in2 := expr22, inout := var23, out => var24) ;
Motor1 (inout1 := var31, inout2 := var32, out1 => var33, out2 => var34);
// ...
// Accessing the FB's output parameter outside the FB
var15 := Supply1.out;
var25 := Supply2.out;
var35 := Motor1.out1;
var36 := Motor1.out2;
var41 := Motor1.out1 * Motor1.out2 * (Supply1.out + Supply2.out);
```

图 10-88　背景数据块声明，FB 调用，访问输出参数

name. output parameter，比如 Supply1. out；也可使用结构变量从 FB 外部读或写 FB 的输入参数，格式为 FB instance name. input parameter，比如 Supply1. in1。

FB 背景数据块名称本身不能用于变量赋值。

（7）FB 调用注意事项

当调用 FB 背景数据块时，需注意：

1）只能把直接存储在存储器中的变量赋给输入/输出参数。

允许使用下列变量：

① 全局变量（单元变量和全局设备用户变量）；

② 本地变量；

③ TO 的数据类型的变量（TO 背景数据块）。

不允许使用下列变量：

① 系统变量（TO 变量）；

② 工程系统中的工艺对象名称；

③ I/O 变量；

④ 绝对和符号过程映像访问。

2）不能把 FC 作为输入/输出参数。调用 FC 时，不能在输入/输出赋值中把其当做实参。必须首先在本地变量中存储 FC 的结果，然后在输入/输出赋值中把此变量作为实参使用。

3）不能把常数作为输入/输出参数。

4）输入/输出参数不能初始化。

10.2.4　功能库

可通过用户自定义的数据类型、功能及功能块生成库文件，用于所用的 SIMOTION 设备。库文件可使用 SIMOTION 支持的所有编程语言；它们可在所有的源程序中使用（如 ST 源程序，MCC 程序单元）。库名称的定义规则与程序源文件相同，允许名字的长度最多 128

个字符。库文件中的程序不能分配到系统执行级中运行。

1. 创建库

在库中，可使用除了下面列出的"创建库时禁止使用的命令"的 ST 命令。此外，不允许访问下述列表中的一些变量。

创建库时，禁止使用的命令如下：

1）_getTaskId；

2）_getAlarmId；

3）_checkEqualTask。

创建库时，禁止的变量访问如下：

1) 程序单元变量，掉电保持及非掉电保持；

2) 全局设备变量，掉电保持及非掉电保持；

3) I/O 变量；

4) 工艺对象的背景数据块及系统变量；

5) 任务名称的系统变量及配置消息（_task 及 _alarm）。

在库中，程序状态的调试功能无效。

编译一个独立的库文件步骤如下：

1) 在项目导航中选择库。

2) 选择"Edit"→"Object Properties"菜单命令。

3) 选择"TPs/TOs"标签。

4) 选择 SIMOTION 设备（带有 SIMOTION kernel version）及需要的工艺包。

5) 用鼠标右键单击库，在弹出菜单中选择"Accept and compile"。

2. 库的 know-how 保护

通过库的 know-how 保护设置可保护库及源文件，防止无授权的人员访问程序内容。被保护的库及源文件只能通过输入密码打开。

可以为库中的独立源程序进行 know-how 保护，也可以为库提供 know-how 保护。可防止无授权人员访问库的所有源程序以及 SIMOTION 设备的设置（包括 SIMOTION Kernel 的版本号及库中使用的工艺包等）。

3. 使用库中的数据类型，功能及功能块

使用库中的数据类型，功能及功能块，必须在 ST 源程序的 INTERFACE 部分使用下述结构先声明它们：

USELIB library-name [AS namespace]；

在此情况下，library-name 是在项目导航中出现的库名称。

当使用多个库时，输入它们的库名称列表，中间用逗号分开，例如：

USELIB library-name_1 [AS namespace_1]，

library-name_2 [AS namespace_2]，

library-name_3 [AS namespace_3]

第 11 章 SIMOTION 的 PROFIBUS DP 通信

11.1 概述

作为"全集成自动化"（TIA）的一个主要组成部分，SIMOTION 及 SIMATIC 可为用户提供丰富的通信网络解决方案。SIMOTION 通过 PROFIBUS 现场总线可以连接远程 I/O 站、仪表、智能主站（PLC 站点）等设备。

PROFIBUS 总线符合 EIA RS485 [8] 标准，PROFIBUS RS485 的传输程序是以半双工、异步、无间隙同步为基础的。传输介质可以是光缆或屏蔽双绞线，电气传输每一个 RS485 传输段为 32 个站点和有源网络元件（RS485 中继器，OLM 等），在总线的两端为终端电阻，PROFIBUS 的网络结构如图 11-1 所示：

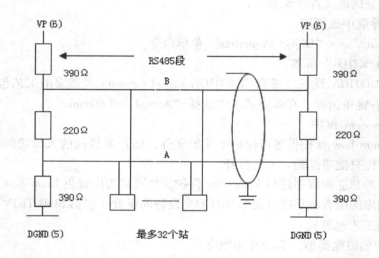

图 11-1 PROFIBUS 网络结构

PROFIBUS 总线的传输速率为 9.6kbit/s ~ 12Mbit/s，总线长度与传输速率相关，总的规律是传输速率越高总线长度越短，越容易受到电磁干扰，基于传输速率的最大段长度见表 11-1。

表 11-1 基于传输速率的最大段长度参考表

传输速率（kbit/s）	9.6 ~ 187.5	500	1500	3000 ~ 12000
总线长度/m	1000	400	200	100

总线终端的电阻与 PROFIBUS 总线相匹配，并配有轴向电感以消除电容性负载引起的导线反射。选择普通的屏蔽双绞线不能保证总线的段长度。

如果想要扩展总线的长度或者 PROFIBUS 从站数大于 32 个时，就要加入 RS485 中继器。例如，PROFIBUS 的长度为 500m，而传输速率要求达到 1.5Mbit/s，对照上表传输速率为 1.5Mbit/s 时最大的长度为 200m，要扩展到 500m，就需要加入两个 RS485 中继器，拓扑如图 11-2 所示。

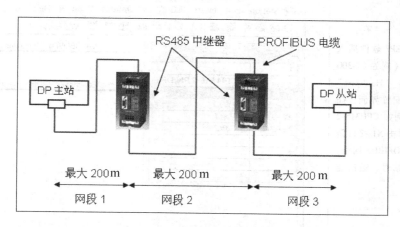

图 11-2　PROFIBUS 网络扩展

西门子公司的 RS485 中继器具有信号放大和再生功能，在一条 PROFIBUS 总线上最多可以安装 9 个 RS485 中继器，其他厂商的产品要查看其产品规范以确定安装个数。

一个 PROFIBUS 网段最多可有 32 个站点，如果一条 PROFIBUS 网上超过 32 个站点，也需要用 RS485 中继器隔开，例如一条 PROFIBUS 总线上有 80 个站点，那么就需要两个 RS485 中继器分成 3 个网段。RS485 中继器是一个有源的网络元件，本身也要算一个站点。除了以上两个功能，RS485 中继器还可以使网段之间相互电气隔离。

SIMOTION 系统支持使用 PROFIBUSDP 通信服务进行通信，PROFIBUSDP（简称 DP）采用主-从的通信方式。使用 DP 通信方式，主站以轮询的方式访问各个从站。PROFIBUS DP 具有很好的实时性，按照 DP 的行规，主从间最大的通信数据量为 244 个字节输入和 244 个字节输出。SIMOTION 可以作为主站也可以作为从站。下面以 SIMOTION D435 为例，应用的通信区为 16 个字节输入和 16 个字节输出，分别介绍作为主站、从站的通信配置过程。

11.2　SIMOTION D 作为 DP 主站

通过 SIMOTION 的 DP 接口连接智能从站（以 S7-300 为例）可以实现高速的现场数据通信。此种应用适用于 SIMOTION 与 SIMOTION/PLC 控制器之间进行数据交换，并且不需要进行编程，在硬件组态中配置即可。在组态的过程中需要首先配置从站，然后组态从站到 SIMOTION 主站下。

1. 设置 S7-300 从站（见表 11-2）
2. 设置 SIMOTION 主站（见表 11-3）

通过 PROFIBUS DP 通信不需要编写通信程序，双方数据通过输入、输出地址区直接对应，示例中配置的主站、从站通信关系如下：

表 11-2 配置 S7-300 从站

序号	说明	图示
1	打开 STEP7 软件插入一个站点（例如 S7-300 站），单击"Hardware"进入硬件配置界面，插入 CPU，例如 CPU315-2 DP/PN，单击 X1 接口新建一条 PROFIBUS 网络，然后设置站号、通信速率	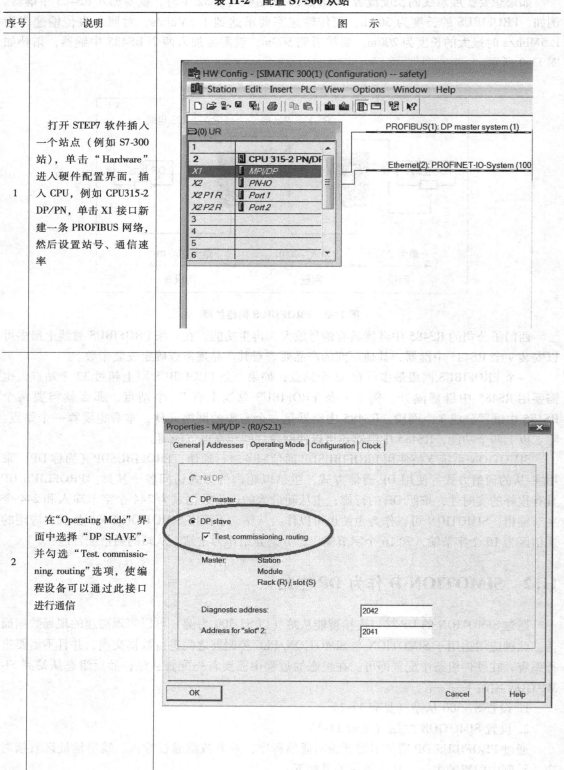
2	在"Operating Mode"界面中选择"DP SLAVE"，并勾选"Test. commissioning. routing"选项，使编程设备可以通过此接口进行通信	

第 11 章　SIMOTION 的 PROFIBUS DP 通信　　·287·

（续）

序号	说明	图示
3	在"Configuration"界面中设置通信接口区及开始地址	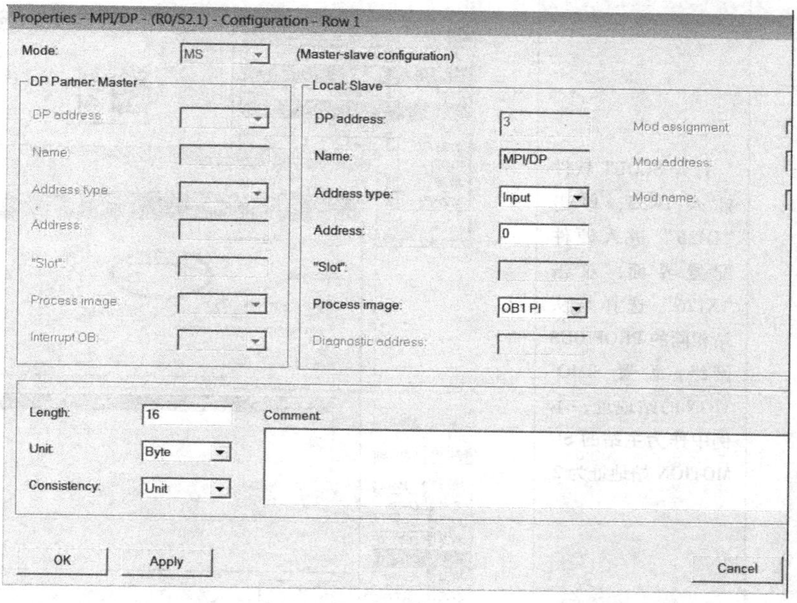
4	设置通信接口分别为 16 个字节输入和 16 个字节输出。单击"OK"按钮后，智能从站 S7-300 配置完成	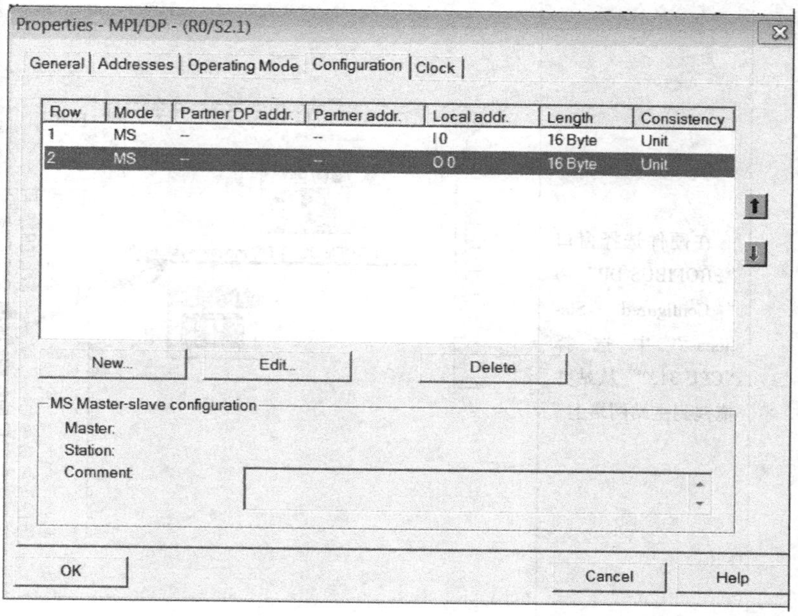

表 11-3 设置 SIMOTION 主站

序号	说明	图示
1	打开 SCOUT 软件插入 D435,单击"D435"进入硬件配置界面,双击"X126"选择与从站相同的 PROFIBUS 网络,设置 SIMOTION 的站地址,本例中作为主站的 SIMOTION 站地址为 2	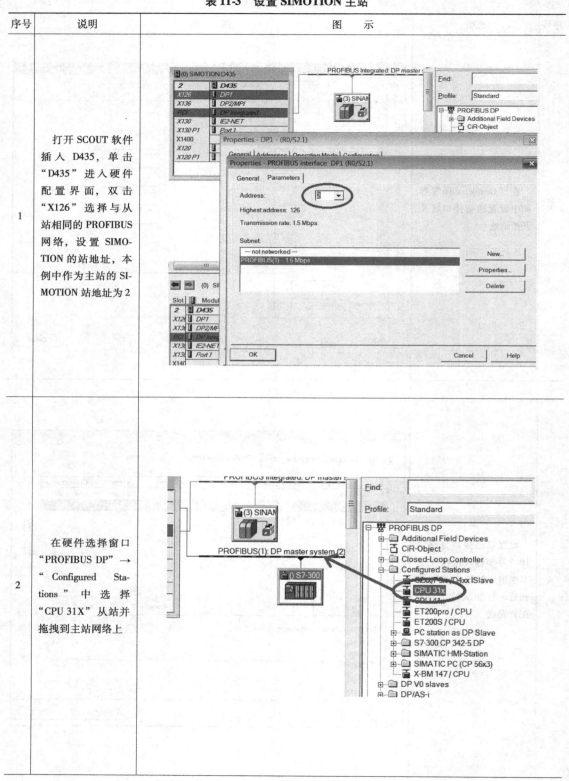
2	在硬件选择窗口"PROFIBUS DP"→"Configured Stations"中选择"CPU 31X"从站并拖拽到主站网络上	

(续)

序号	说明	图示
3	在弹出的从站属性对话框中选择"Couple"按钮进行连接，单击"OK"按钮确认	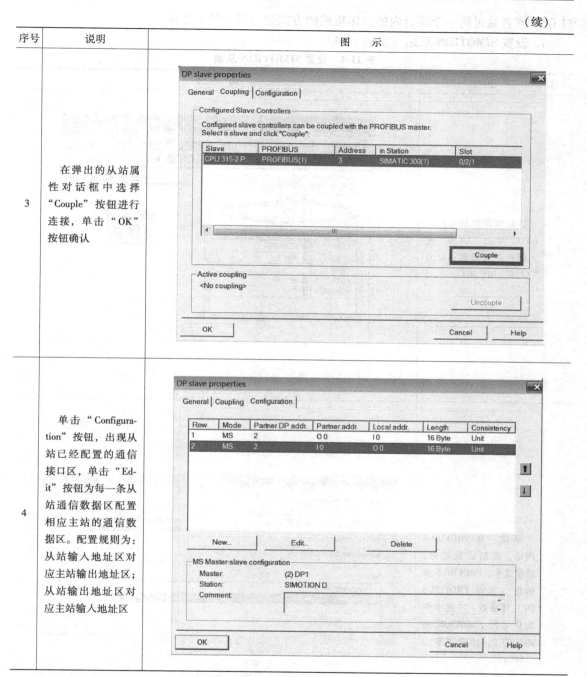
4	单击"Configuration"按钮，出现从站已经配置的通信接口区，单击"Edit"按钮为每一条从站通信数据区配置相应主站的通信数据。配置规则为：从站输入地址区对应主站输出地址区；从站输出地址区对应主站输入地址区	

SIMOTION 主站 QB0 ~ QB15 对应 S7-300 从站 IB0 ~ IB15。
SIMOTION 主站 IB0 ~ IB15 对应 S7-300 从站 QB0 ~ QB15。

11.3　SIMOTION D 作为 DP 从站

当 SIMOTION 作为通信的从站时，应首先配置，当组态 SIMOTION 的通信区完成后可通过 GSD 或者通过同一个项目内的直接集成的方式进行与主站的连接。

1. 设置 SIMOTION 从站（见表 11-4）

表 11-4 设置 SIMOTION 从站

序号	说明	图示
1	打开 SCOUT 软件插入 D435，单击"D435"进入硬件配置界面，双击"X126"DP1 接口	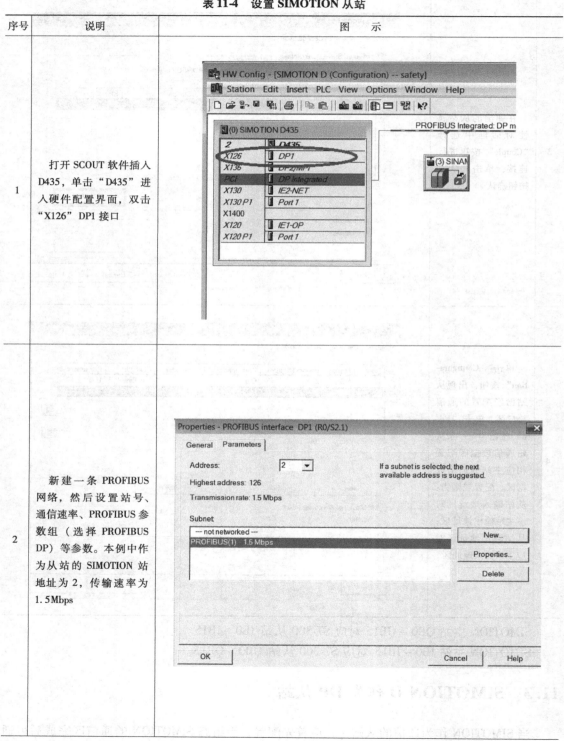
2	新建一条 PROFIBUS 网络，然后设置站号、通信速率、PROFIBUS 参数组（选择 PROFIBUS DP）等参数。本例中作为从站的 SIMOTION 站地址为 2，传输速率为 1.5Mbps	

(续)

序号	说明	图示
3	在"Operating Mode"界面中选择"DP Slave"	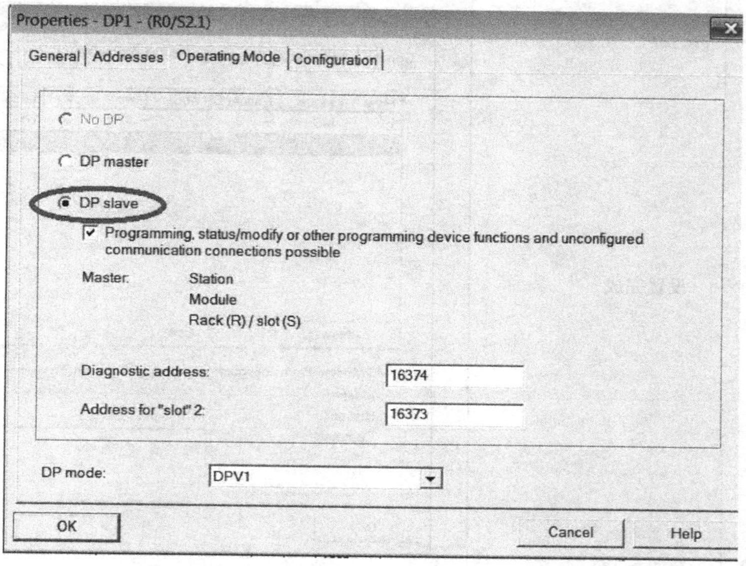
4	在"Configuration"界面中设置通信接口区及开始地址。分别配置16个字节的输入和16个字节的输出	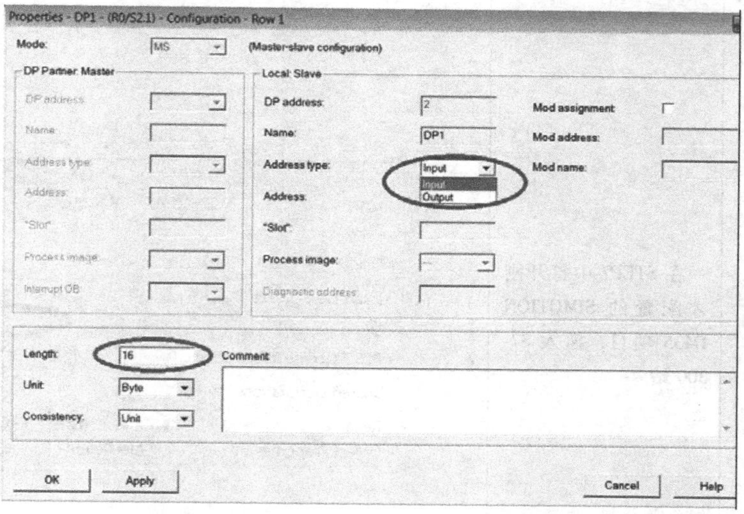

（续）

序号	说明	图示
5	设置完成	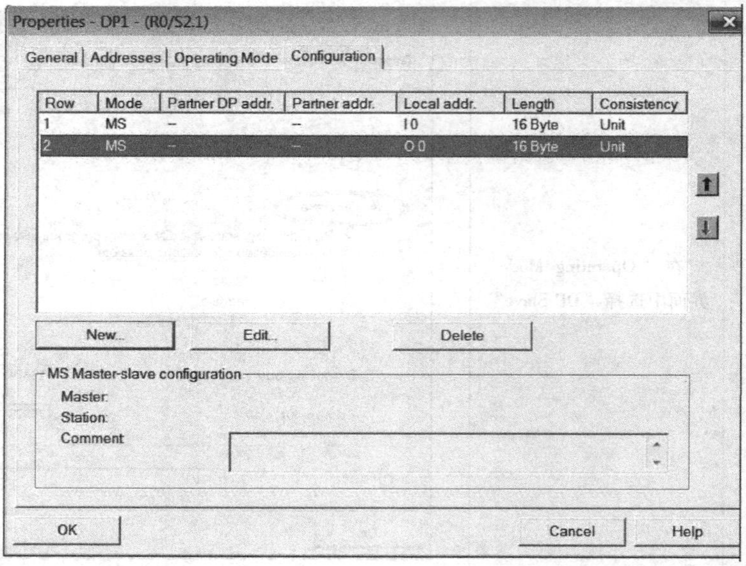

2. 设置 S7-300 主站步骤（见表 11-5）

表 11-5　设置 S7-300 主站

序号	说明	图示
1	在 STEP7 中打开刚才配置的 SIMOTION D435 项目，插入 S7-300 站	

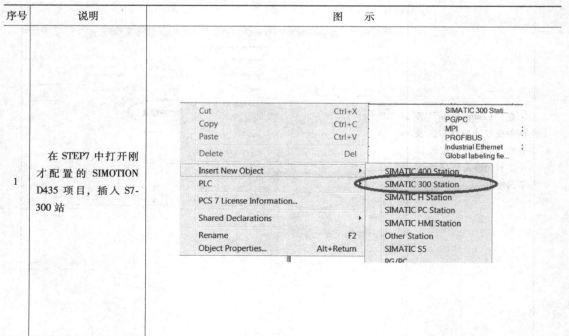

(续)

序号	说明	图示
2	打开硬件配置，插入CPU（例如 CPU315-DP/PN），设置与 SIMOTION D435 使用相同的 PROFIBUS 网络，设置主站地址为 3	
3	在硬件选择窗口"PROFIBUS-DP"→"Configured Stations"中选择"C2xx/P3xx/D4xx ISlave"从站并拖拽到主站网络上	
4	在弹出的从站属性对话框中单击"Couple"按钮进行连接，单击"OK"按钮确认	

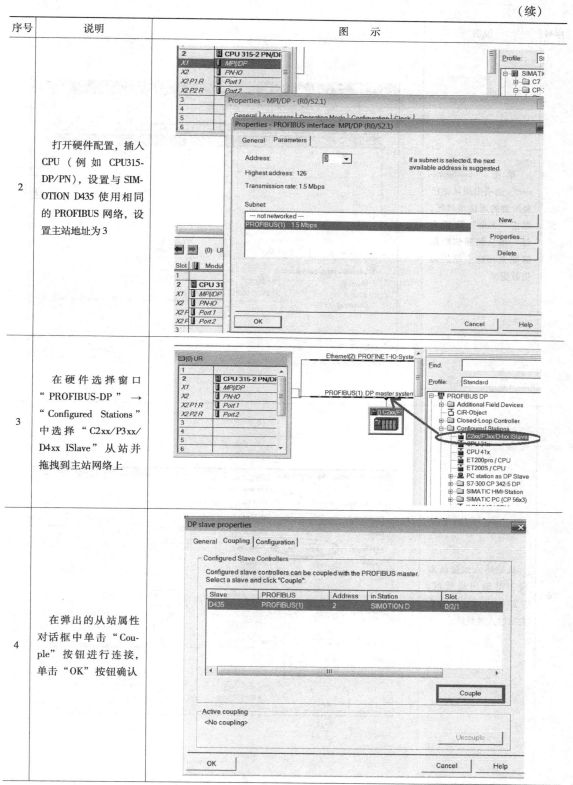

(续)

序号	说明	图示
5	单击"Configuration"选项出现从站已经配置的通信接口区,单击"Edit"按钮为每一条从站通信数据区配置相应主站的通信数据区	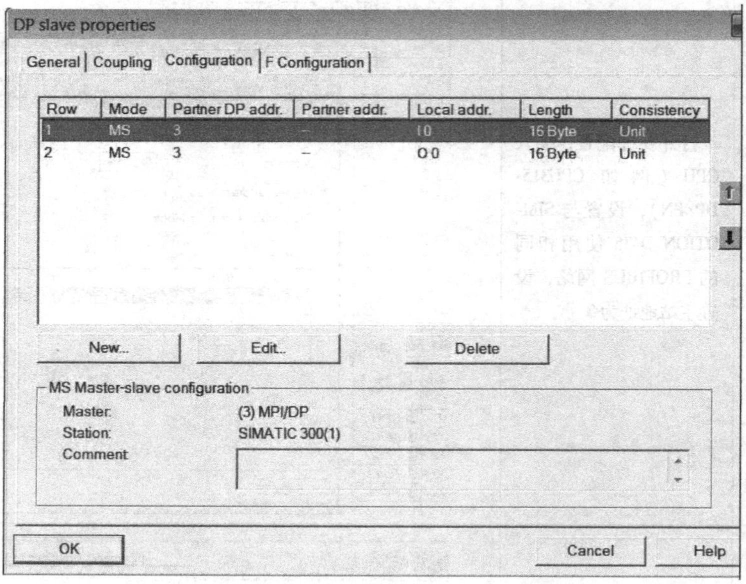
6	从站输入地址区对应主站输出地址区,从站输出地址区对应主站输入地址区	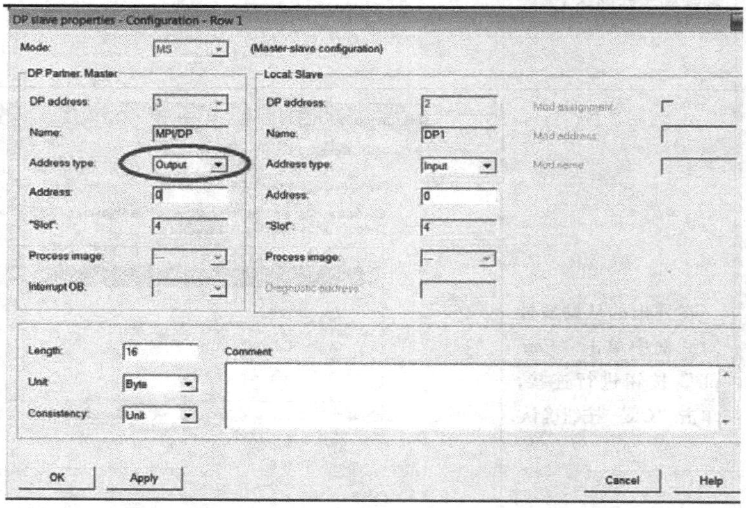

序号	说明	图示
7	配置通信接口区，单击"OK"按钮后，配置完成	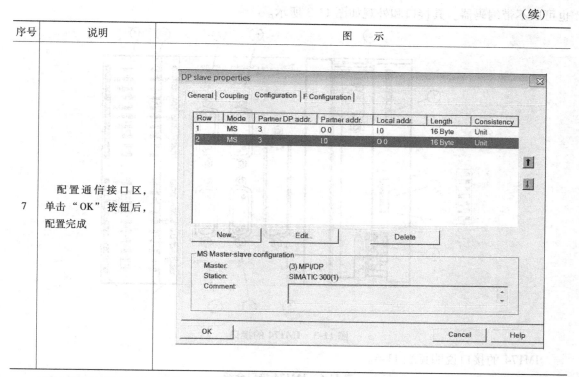

通过 PROFIBUS DP 通信不需要编写通信程序，双方数据通过输入、输出地址区直接对应。配置的主站、从站通信关系如下：

S7-300 主站 QB0 ~ QB15 对应 SIMOTION 从站 IB0 ~ IB15。

S7-300 主站 IB0 ~ IB15 对应 SIMOTION 从站 QB0 ~ QB15。

11.4 SIMOTION 连接 IM174 进行轴扩展

11.4.1 概述

SIMOTION 设备作为运动控制器，它不仅可以通过 PROFIBUS DP 通信方式连接西门子公司的驱动设备、ET200 分布式 IO 以及其他厂家标准的 DP 从站，还可以通过连接 IM174 来实现对模拟量接口的伺服驱动器或步进电动机驱动器的控制。本节将介绍 SIMOTION 连接 IM174 的实现方法。

11.4.2 SIMOTION 连接 IM174

在 SIMATIC 或者 SIMOTION 的运动控制系统中，为了连接模拟量接口或者步进电动机接口的驱动设备，可以使用 IM174 接口模块。IM174 接口模块作为 DP 的从站，最多可以连接四个轴。IM174 通过 PROFIdrive 协议（标准报文3）与运动控制器通信。控制器计算出速度设定值传送到 IM174，IM174 根据设置将设定值转换为模拟量或脉冲信号，同时 IM174 把实际值传送给控制器。每个轴可以连接一个 TTL 编码器或者 SSI 编码器作为位置反馈信号，也可以不带编码器。其接口和外观如图 11-3 所示。

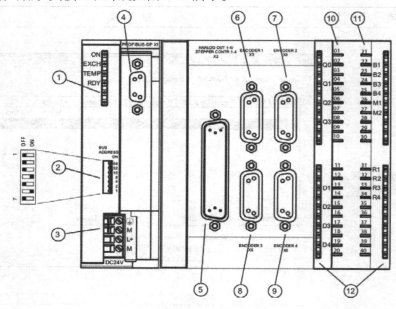

图 11-3　IM174 的接口

IM174 的接口说明见表 11-6。

表 11-6　IM174 接口介绍

号码	名称	作　用
1	ON/EXCH/TEMP/RDY	诊断用 LED 显示
2	BUS ADDRESS	DIP 开关，设置 DP 地址
3	24 VDC	外部电源供电
4	X1	PROFIBUS 接口
5	X2	DC ±10V 模拟量或步进电动机接口输出，轴 1～轴 4
6	X3	轴 1 编码器接口
7	X4	轴 2 编码器接口
8	X5	轴 3 编码器接口
9	X6	轴 4 编码器接口
10	X11	数字量输出接口
11	X11	数字量输入接口
12		数字量输入输出的 LED 显示

11.4.3　IM174 的设置

使用 IM174 时，需要注意以下几点：

1) IM174 不是 PROFIdrive 协议下的标准的 DP 从站。例如，IM174 不支持非周期的通信。因此，IM174 只用于可支持此模块的 DP 主站，如 SIMOTION。

2) IM174 只能用于等时同步的 PROFIBUS DP 网络，最小的可设置 DP 周期是 1.5ms。

下面以 SIMOTION D435 连接 IM174 为例描述组态配置过程，见表 11-7。

表 11-7　SIMOTION D435 连接 IM174

序号	说明	图示
1	组态 SIMOTION D，建立一个 DP 网络，如 PROPIBUS（1）	
2	在硬件组态目录下（"PROFIBUS DP"→"Function modules"→"IM174"）将 IM174 拖拽到已建立的 DP 总线上。双击"IM174"模块，设置 DP 地址与拨码开关的设置一致	

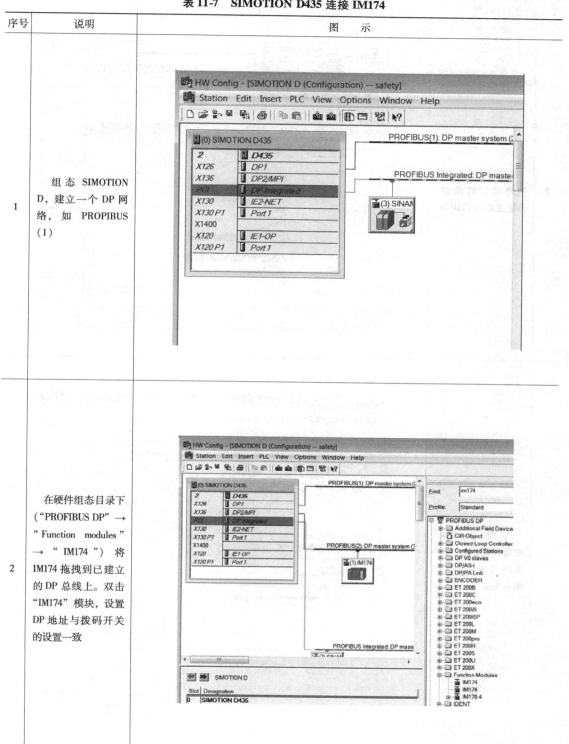

序号	说明	图示
3	双击 DP 线并进行网络属性的设置。传输速率为 12Mbps	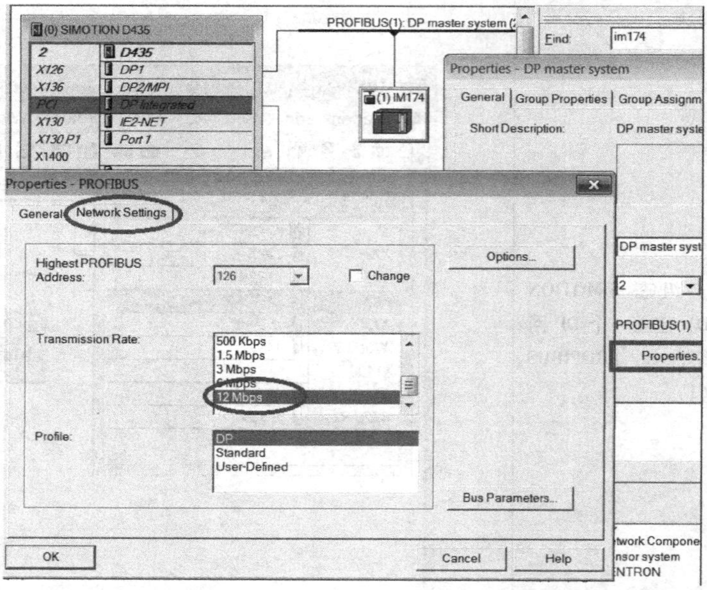
4	单击"Options"按钮设置 DP 总线的等时同步属性,本例为 3ms	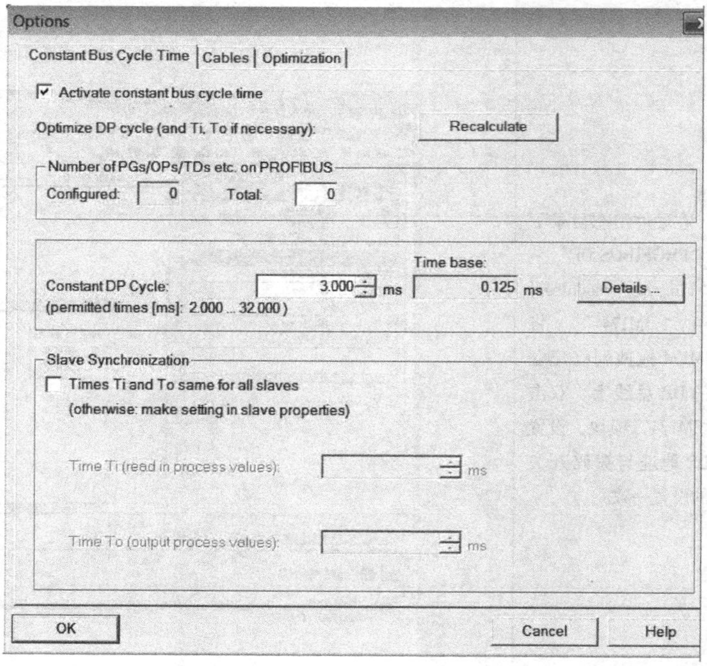

（续）

<table>
<tr><th>序号</th><th>说明</th><th>图　示</th></tr>
<tr><td>5</td><td>设置 IM174 的等时模式。可以单击“Match”按钮进行参数的对应</td><td>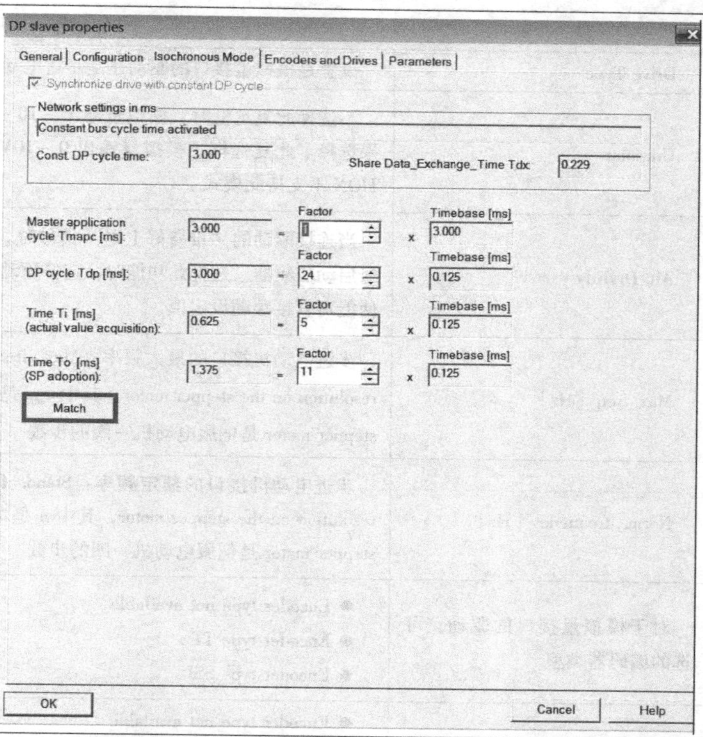
DP slave properties
General | Configuration | Isochronous Mode | Encoders and Drives | Parameters
Synchronize drive with constant DP cycle
Network settings in ms
Constant bus cycle time activated
Const. DP cycle time: 3.000
Share Data_Exchange_Time Tdx: 0.229
Factor
Timebase [ms]
Master application cycle Tmapc [ms]: 3.000 = 1 x 3.000
DP cycle Tdp [ms]: 3.000 = 24 x 0.125
Time Ti [ms] (actual value acquisition): 0.625 = 5 x 0.125
Time To [ms] (SP adoption): 1.375 = 11 x 0.125
Match
OK
Cancel
Help</td></tr>
<tr><td>6</td><td>设置 IM174 所带驱动的属性。根据实际的情况对 4 个驱动接口进行设置</td><td>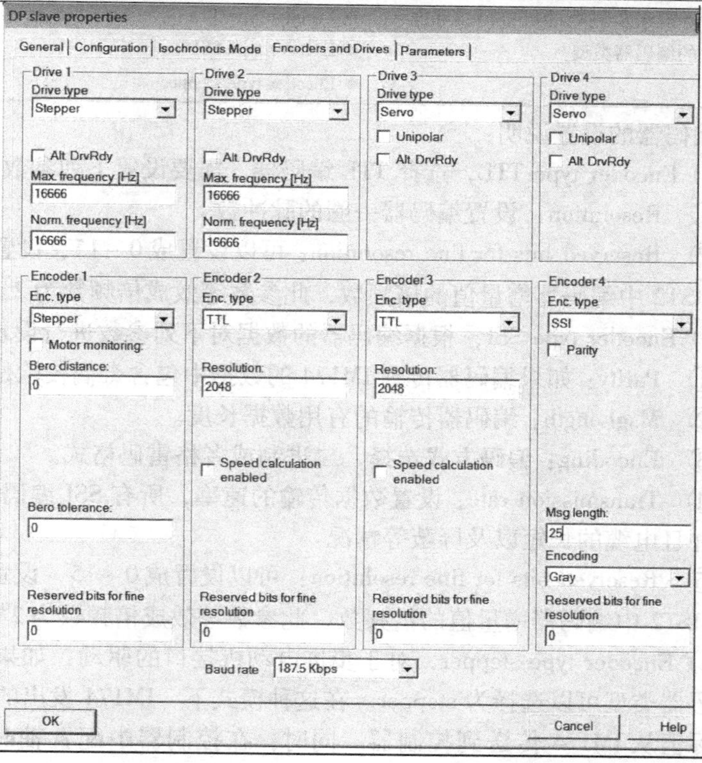
DP slave properties
General | Configuration | Isochronous Mode | Encoders and Drives | Parameters
Drive 1 Drive type Stepper Alt. DrvRdy Max. frequency [Hz] 16666 Norm. frequency [Hz] 16666
Drive 2 Drive type Stepper Alt. DrvRdy Max. frequency [Hz] 16666 Norm. frequency [Hz] 16666
Drive 3 Drive type Servo Unipolar Alt. DrvRdy
Drive 4 Drive type Servo Unipolar Alt. DrvRdy
Encoder 1 Enc. type Stepper Motor monitoring Bero distance: 0 Bero tolerance: 0 Reserved bits for fine resolution 0
Encoder 2 Enc. type TTL Resolution: 2048 Speed calculation enabled Reserved bits for fine resolution 0
Encoder 3 Enc. type TTL Resolution: 2048 Speed calculation enabled Reserved bits for fine resolution 0
Encoder 4 Enc. type SSI Parity Msg length: 25 Encoding Gray Reserved bits for fine resolution 0
Baud rate 187.5 Kbps
OK
Cancel
Help</td></tr>
</table>

IM174 配置编码器及驱动的参数说明见表 11-8。

表 11-8 编码器及驱动参数说明

号码	名称	作用
1	Drive Type	设置是模拟量接口的驱动还是步进电动机接口
2	Unipolar	不选择此复选框时,模拟量输出 -10~10V,驱动可以两个方向运行。如果选择了此复选框,模拟量输出 0~10V,方向由数字量输出决定,SIMOTION 不支持此模式
3	Alt. DrvRdy	当连接驱动的"准备好上电"信号时,不选择此复选框,此时需要启动信号启动变频器。选择此功能时,连接驱动的"准备好"信号,此时驱动器已使能可直接跟随设定值
4	Max. freq [Hz]	步进电动机接口的最大频率:Max. frequency(Hz)= n_{max}(r/min)/60 * resolution on the stepper motor,其中 n_{max} 是电动机的最大转速,resolution on the stepper motor 是伺服电动机一圈的步数
5	Norm. frequency [Hz]	步进电动机接口的额定频率:Stand. frequency [Hz] = n [r/min] /60 * resolution on the stepper motor,其中 n 是电动机的额定转速,resolution on the stepper motor 是伺服电动机一圈的步数
6	对于模拟量接口的驱动,可选的编码器类型	● Encoder type not available ● Encoder type TTL ● Encoder type SSI
7	对于步进电动机接口,可选的编码器类型	● Encoder type not available ● Encoder type TTL ● Encoder type SSI ● Encoder type stepper

编码器的设置说明:

1) Encoder type TTL,选择 TTL 编码器,需要设置下列参数:

① Resolution:设置编码器一圈的脉冲数。

② Reserved bits for fine resolution:可以设置成 0~15,设置编码器实际值 G1_XIST1 和 G1_XIST2 中编码器增量值的倍频数,此参数等效成倍频数为 $2^0=1$ 到 $2^{15}=32768$。

2) Encoder type SSI,根据编码器的数据对下列参数进行设置:

① Parity:如果编码器传到 IM174 的数据中包含奇偶校验位时选择此复选框。

② MsgLength:编码器传输的有用数据长度。

③ Encoding:编码方式选择,二进制或者格雷码格式。

④ Transmission rate:设置数据传输的速率,所有 SSI 编码器的速率要考虑编码器是否支持并且电缆的长短以及屏蔽等情况。

⑤ Reserved bits for fine resolution:可以设置成 0~15,设置编码器实际值 G1_XIST1 和 G1_XIST2 中编码器增量值的倍频数,此参数等效成倍频数为 $2^0 \sim 2^{15}$(1~32768)。

3) Encoder type stepper,对于步进电动机接口的驱动,如果没有编码器接到 IM174,那么编码器类型可以选择为 stepper。在这种模式下,IM174 发出的脉冲设定值被当做增量编码器实际值从 IM174 传送到控制器。同时,在控制器中配置轴时,编码器的类型选择 TTL/

HTL 增量编码器，编码器每圈的脉冲数设为伺服电动机每圈的步数。

① Motor monitoring：选择了此功能后，步进电动机的步数必须在预设的参考距离内被连续监控。

② BERO distance：输入两个开关信号（Bero）之间的距离步数，作为参考距离。

③ BERO tolerance：设置允许的步数偏差值，允许的步数限制如下：

Resulting step range = BERO distance ± 1/2 * BERO tolerance

④ Reserved bits for fine resolution：可以设置成 0~15。设置编码器实际值 G1_XIST1 和 G1_XIST2 中编码器增量值的倍频数，此参数等效成倍频数为 $2^0 \sim 2^{15}$（1~32768）。

11.4.4 IM174 轴组态

在 SCOUT 项目中插入由 IM174 控制的轴，配置步骤见表 11-9。

表 11-9 配置步骤

序号	说明	图示
1	在 SCOUT 中插入一个轴	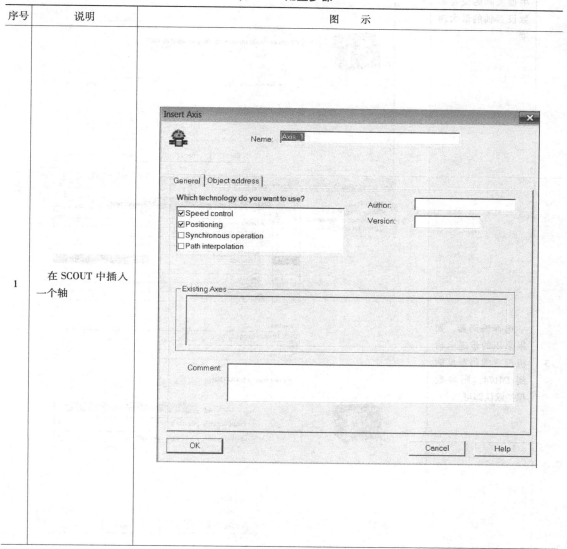

序号	说明	图示
2	在驱动配置中选择 IM174，选择轴号（轴1到轴4）。根据实际的设备参数设置轴的最大速度	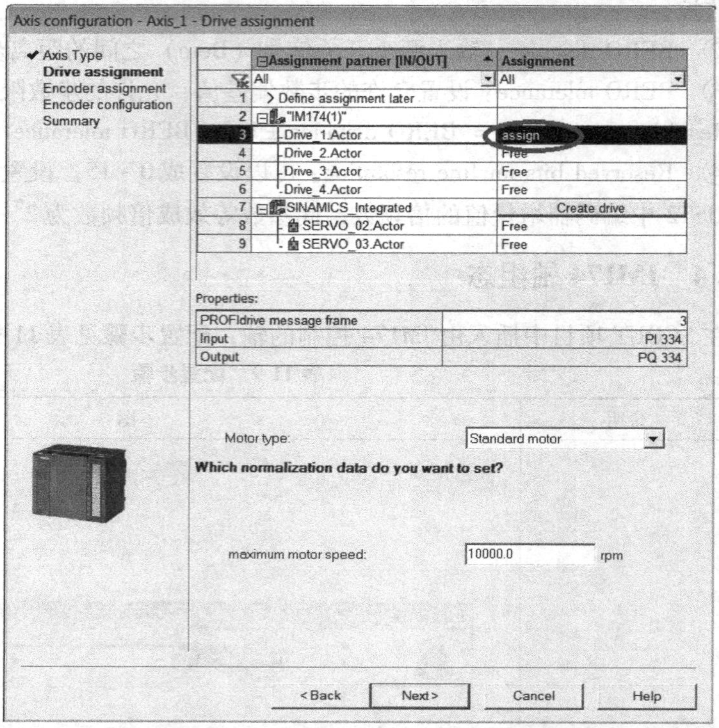
3	选择编码器，如果采用的步进电动机没有编码器反馈到 IM174，则参数保持默认即可	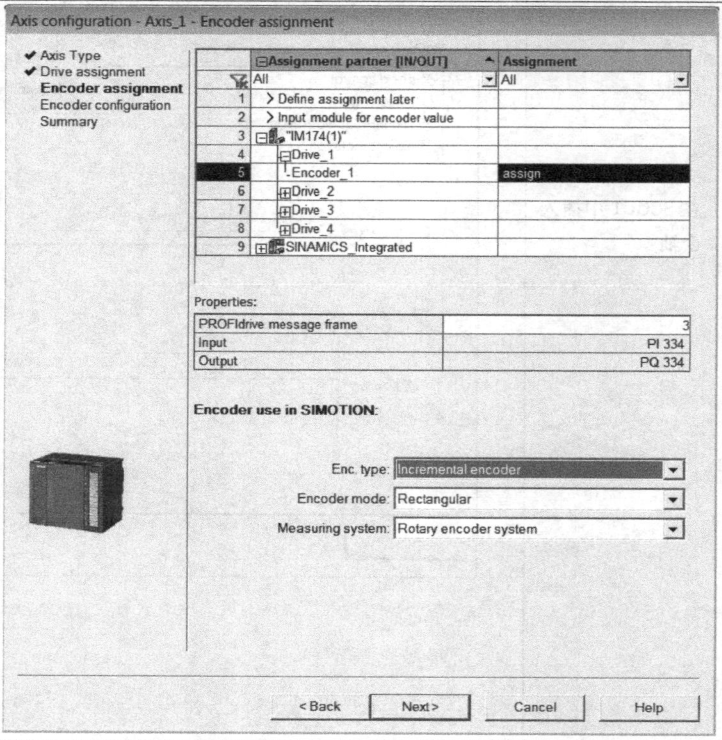

(续)

序号	说明	图示
4	设置电动机旋转一圈编码器产生的脉冲数目,在"Fine resolution"中设置倍频的数目,如果在硬件组态中倍频设置为2的0次方,在此设置数字1,如果在硬件组态中设置为2的11次方,则此处填写2048	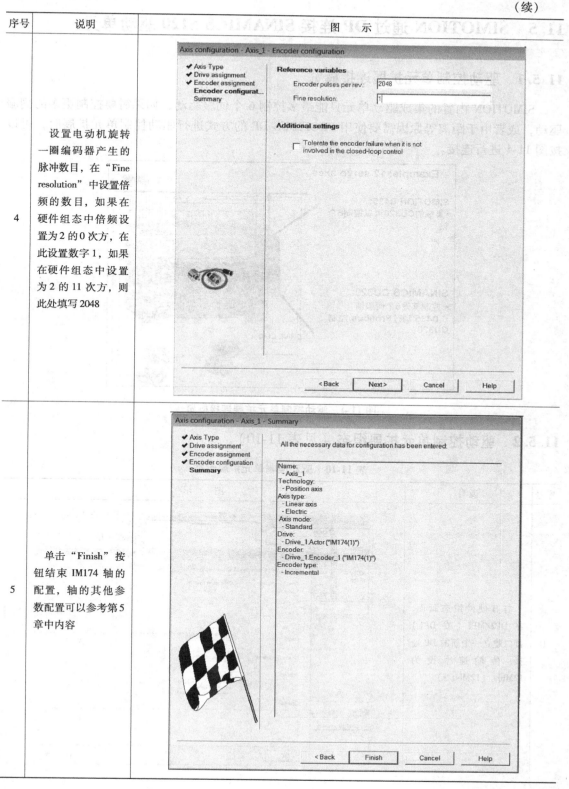
5	单击"Finish"按钮结束 IM174 轴的配置,轴的其他参数配置可以参考第5章中内容	

11.5 SIMOTION 通过 DP 连接 SINAMICS S120 驱动单元

11.5.1 驱动控制单元扩展连接概览

SIMOTION 内置的集成驱动单元只能最多控制 6 个伺服驱动，如果需要控制更多的伺服驱动，或者由于距离等原因需要使用 PROFIBUS DP 的方式进行驱动控制单元扩展时，可以按图 11-4 进行连接。

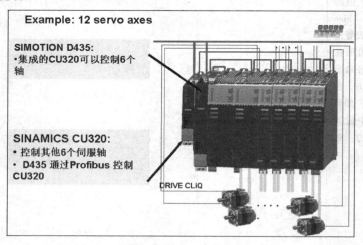

图 11-4 驱动控制单元扩展连接概览

11.5.2 驱动控制单元扩展组态（见表 11-10）

表 11-10 驱动控制单元扩展组态

序号	说明	图示
1	打开硬件组态画面，在 DP2/MPI（或 DP1）接口建立一个新的 DP 连接，传输速率设为 12Mbps（12Mbit/s）	

(续)

序号	说明	图示
2	先将扩展的 CU320-2DP 的站地址通过 DP 开关设定为 4,将扩展的 CU320-2DP 拖拽至总线上	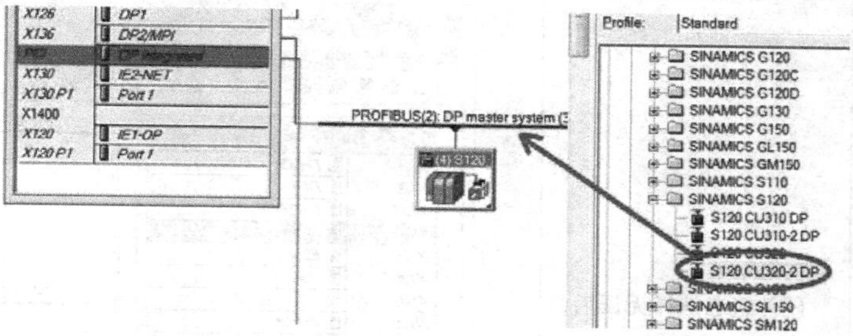
3	DP cycle 设置,激活恒定的总线循环时间,设定 "Constant DP Cycle" 为 3ms(与 "Integrated DP cycle" 相同)	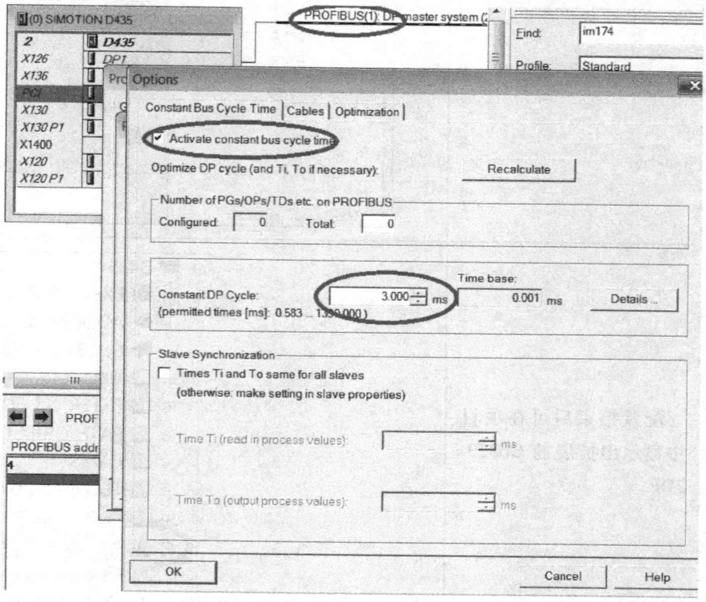
4	在从站中激活 DP cycle 的等时同步,在此显示等时的 DP cycle 时间	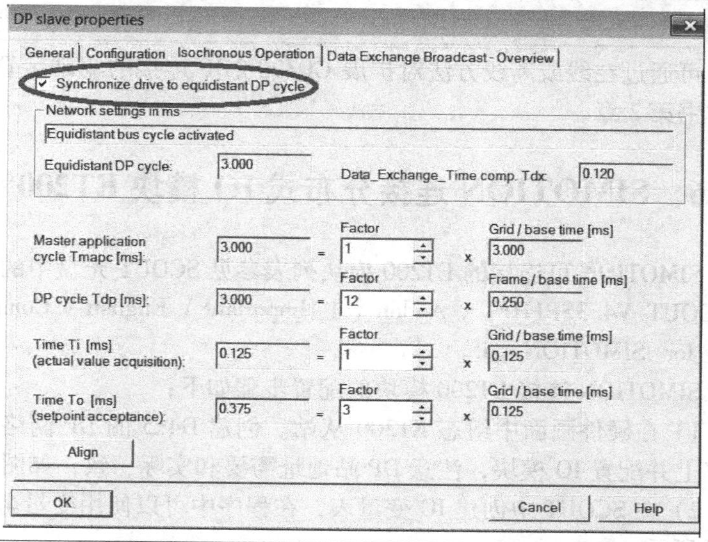

序号	说明	图示
5	硬件组态编译无误后，下载	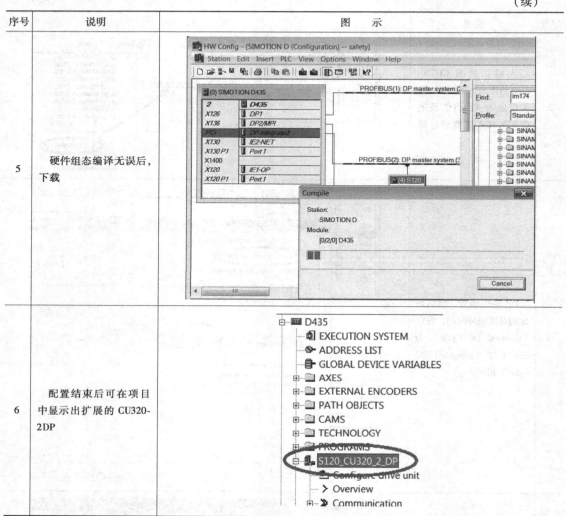
6	配置结束后可在项目中显示出扩展的CU320-2DP	

可通过在线或离线方法对扩展 CU320-2DP 连接的驱动装置进行配置，具体配置方法参见本书第 2 章。

11.6　SIMOTION 连接分布式 IO 模块 ET200

SIMOTION 可连接的 ET200 模块列表参见 SCOUT 光盘中的文档说明，文件存储路径为：\ SCOUT V4. 3SP1HF1 \ Addon \ 1_Important \ English \ Compatibility \ SIMATIC_IO_Modules_for_SIMOTION. pdf。

SIMOTION 连接 ET200 模块的配置步骤如下：

1）在硬件画面中组态 ET200 从站。创建 D4x5 的 DP 网络后，将 ET200 从站拖拽到 DP 网络上并配置 IO 模块，注意 DP 站地址需要和实际一致，如图 11-5 所示。

2）在 SCOUT 中创建 IO 变量表，在程序中可以使用变量名称访问站点中 IO 数据，如图 11-6 所示。

第 11 章 SIMOTION 的 PROFIBUS DP 通信

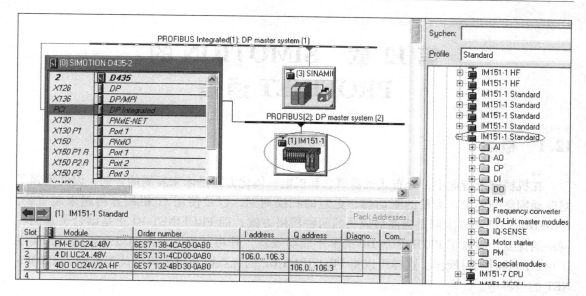

图 11-5 组态 ET200 从站

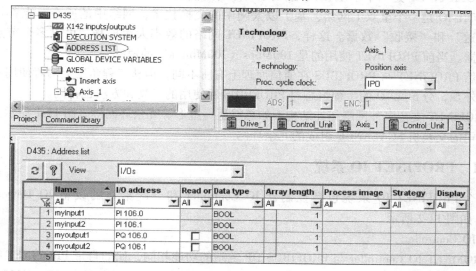

图 11-6 创建 IO 访问变量表

在 SIMOTION 中访问 ET200 的 IO 有三种方式：

1）直接数据访问如图 11-6 所示。

2）循环数据访问，需在 Process image 中指定数据刷新的循环程序。

3）背景刷新方式，即 0~63 字节默认在 Background task 中被刷新，可直接使用此区域数据。

第 12 章 SIMOTION 的 PROFINET 通信

12.1 概述

在机械制造行业中，分布式机器概念和机电一体化方案是未来发展的方向，因此增强了对驱动网络的要求。大量的驱动器、更短的扫描周期，以及使用 IT 机制显得越来越重要。PROFIBUS DP 和以太网是当前最成功的两种网络方案，而 PROFINET IO 正是结合了这两种网络的优点，吸取了 PROFIBUS DP 的多年成功经验，并将其与以太网的概念相结合，实现了用户的等时实时操作。这样可以将 PROFIBUS DP 的优点以及以太网的优势移植到 PROFINET 的世界中。

PROFIBUS DP 是一个半双工网络，同一时刻只能有一个节点有"发送"的权限。而 PROFINET IO 是一个全双工网络，基于以太网中的交换技术，网络中的所有节点都可以同时"发送"和"接收"数据。这样，PROFINET 网络的效率大大提高，可以多个节点同时发送数据。当前 PROFINET 使用的是 100Mbps（100Mbit/s）的速率。

虽然 PROFINET 与 PROFIBUS 在通信原理上有所不同，但从工程角度上两者使用相同的界面和外观，分布式 IO 的工程组态与 PROFIBUS 所使用的工具和方法也相同。

PROFINET 支持多种网络拓扑结构，如总线型、星形、冗余环网等。图 12-1 所示为由西门子公司的交换机 SCALANCE 组成的冗余环网。

12.1.1 PROFINET IO 系统

一个 PROFINET IO 系统包括控制器 IO Controller 和分配给它的设备 IO Device 或 I-Device，如图 12-2 所示。

1. IO Controller

PROFINET IO Controller 与 PROFIBUS DP 主站的功能相同，比如自带 PROFINET 接口的 D4x5-2 DP/PN 是一个 IO Controller，它可以与分配给它的 I/O 设备（比如 SINAMICS S120）周期性地交换数据。

2. IO Device

现场的分布式设备都可以归为 IO Device，比如 I/O 组件（ET200S PN 或 ET200M PN）或驱动设备（比如 CU320-2 PN），它的功能与 PROFIBUS DP 从站类似。

3. I Device

PROFINET I Device 的功能可以参照 PROFIBUS 的 I-Slave，比如 SIMOTION CPU 可以扮演 IO Device 的角色，与上游的 IO Controller 进行数据交换。不同的是，PROFIBUS 中一个接口不能既是主站又是从站，而 PROFINET 一个接口可以同时既是 IO Controller 又是 I-Device。

第 12 章 SIMOTION 的 PROFINET 通信

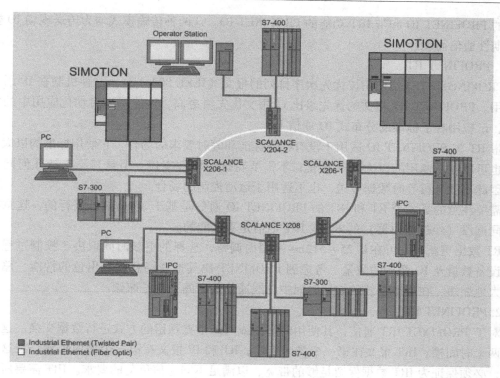

图 12-1　冗余环网示例

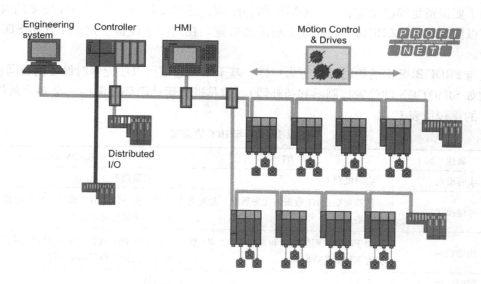

图 12-2　PROFINET 系统示例

12.1.2　PROFINET IO 的 RT 和 IRT

PROFINET 是基于以太网标准开发的，这意味着所有的基于以太网的标准协议（比如 HTTP, FTP, TCP, UDP 等）都可以在 PROFINET 上传输。除了我们所知的与办公应用相关的协议以外，PROFINET 还提供两种协议（传输模式）以满足自动化场合的需求，即带 RT

功能的 PROFINET IO 和带 IRT 功能的 PROFINET IO。这两种传输模式均为传送现场 IO 数据的周期性通信而设计。

1. PROFINET RT

PROFINET RT 通信使用按优先次序排列的报文（IEEE 802.1P），这种机制在 IP 语音已有应用。PROFINET RT 报文的优先级比 IT 报文优先级更高，这能保证自动化应用中的实时属性，已应用在了标准的分布式 IO 通信上。

带 RT 的 PROFINET IO 适用于没有特殊性能和等时要求的场合，它使用标准的以太网芯片，也可以使用商用的以太网交换机，不需要特殊的硬件支持。但是其不支持任何同步机制，因此不能进行等时数据传送，也不适用于运动控制的场合。

需要注意的是，带 RT 和 IRT 的 PROFINET IO 通信是基于 MAC 地址进行的，这意味着跨不同网段（经过路由器）的 RT 或 IRT 通信是不可能的。

RT 数据更新时间可在 0.25～512ms 范围内调整，选择的更新时间取决于控制过程的需求、设备数量及 IO 数据的数量。考虑到 PROFINET 比其他现场总线更出色的性能，总线周期大大地缩短，在整个系统的响应时间中总线通信的时间不再是瓶颈。

2. PROFINET IRT

对于 PROFINET IRT 通信，其使用时间槽或叫做带宽预留的方式进行数据交换。这意味着有两个时间槽。IRT 报文在第一个槽内传输，RT 和 IP 报文在第二个槽内传输。在这种方式下，必须保证为 IRT 数据保留足够的带宽，以满足不同通信负荷的要求。IRT 需要所有设备必须进行时间同步，以便于所有设备知道时间槽何时开始。

除了要保留足够的带宽，对于不同的拓扑结构，还需要组建一个周期性报文的时间表，这样可以使工程系统确定每一根网线上所需的带宽。在西门子设备上这个工作由 STEP 7 软件进行。

这与 PROFIBUS 中的等时操作行为一样，基于 IRT 通信可以使能等时设备内要同步的应用（比如 SIMOTION 的位置控制器和插补器），这是进行运动闭环控制的一个必要条件。RT 与 IRT 的比较见表 12-1。

表 12-1　RT 与 IRT 的比较

属性	RT	IRT（High Performance）
实时级别	实时级别 1	实时级别 3
传输模式	按照周期性 RT 数据的优先顺序，无需组态网络拓扑	基于拓扑信息由工程系统优化出保留的带宽，必须组态网络拓扑
决定机制	由于不同的网络结构和通信状态，RT 数据有不同的传输时间	周期性 IRT 数据的收发时间都精确定义，在各种拓扑结构下都有保证
等时应用	不支持	支持
使用特殊硬件芯片支持	不需要	需要

3. IRT 的同步域

IRT 通信需要一个比以太网高一级的时间槽。IRT 消息帧的时间槽与 RT 和 IP 消息帧的时间槽被保留，非 RT 的标准以太网通信在后者中运行。这种方式需要将 IRT 通信中所有的设备建立同步。一个同步域是一组同步于同一个时钟周期的 PROFINET 设备，同步主站设置发送时钟，同步从站与同步主站的时钟同步，一个同步域只能有一个同步主站。通过网络的同步操作，在 RT 通信中可能会出现的信号抖动也被大大降低。所有的 IRT 设备时间被同步到一个公用的同步主站上，如图 12-3 所示。

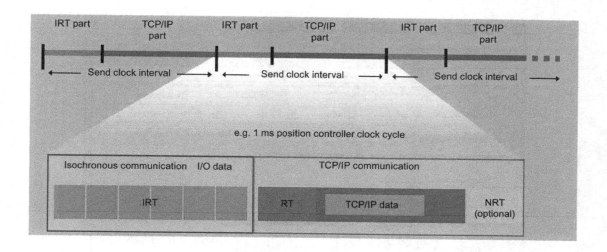

图 12-3　IRT 通信概览

对 IRT 通信的消息量进行时序安排，可以将数据传送效率进一步提高，因为只需要保留实际需要的带宽。

IRT 通信尤其适用于以下场合：

1) 通过 PROFINET IO 实现轴的控制与同步；

2) 转换时间短的快速等时集成 IO。

对于 IRT 通信，发送时钟可以在 250μs～4ms 之间。在与 RT 混用时，只有 250μs、500μs、1.0ms、2.0ms、4.0ms 可以设置。

实际发送时钟取决于以下因素：

1) 过程通信不应该比需要的快，这样可以降低总线和 CPU 负荷；

2) 总线负荷（设备数量和每个设备的 IO 数量）；

3) CPU 的运算能力；

4) PROFINET IO Device 所支持的发送时钟设备。

一个典型的发送时钟是 1ms，但是也可以设置为 250μs～4ms 之间的其他值。设备所支持的发送时钟可以在相应的手册中查到。只有某些设备支持 250μs 的周期，比如 SIMOTION P320-3、P350-3、D4x5-2 DP/PN、ET200S HS 模块等。

4. 发送时钟与更新时间

在 PROFINET 系统中需要区分两个时钟周期，即发送时钟与更新时间。发送时钟是周期性通信的基本循环时钟，更新时间则指示了在哪个周期设备中数据发生更新。

在 IRT 或 RT 通信中，发送时钟是相邻两个间隔之间的时间差。发送时钟是交换数据可能的最小时间间隔。所以，发送时钟对应了最短可能的更新时间。在这个时间内，IRT 数据和非 IRT 数据都传输，一个同步域内的所有设备都以相同的发送时钟工作。

每一个 IO Device 的更新时间可以单独配置，即指定数据从 IO Controller 或从 IO Device 输出的时间间隔，更新时间是发送时钟的整数倍（1，2，4，8，…，512），最短更新时间取决于 IO Controller 的最短发送时钟，如图 12-4 所示。

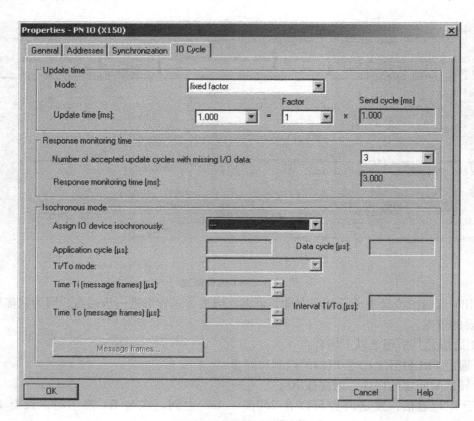

图 12-4　更新时间和系数

12.1.3　IO Device 的地址

与 PROFIBUS 设置 DP 地址拨码所不同的是，PROFINET 使用设备名称（Device name）来识别 PROFINET 设备。设备名称必须是唯一的。

在调试阶段，每一个 PROFINET 设备都要分配一个名称，这个名称会保存在断电保持数据区中，这个过程称为节点初始化。

另外，如果在系统中已保存了拓扑信息，那么设备会被控制器基于拓扑信息自动初始化。在启动时，控制器会优先使用设备名称识别设备，然后该站点就可以进行 IP 服务。如果设备被更换，比如设备坏了，一个带新 MAC 地址的设备添加进来，但如果它的类型与之前的设备相同，那么它仍然可以替代原设备正常工作，无须进行其他修改。

一个 PROFINET 设备有以下三种地址：

1）MAC 地址，以太网报文的一部分，保存在设备上，不能修改；
2）IP 地址，基于 IP 的通信，比如与调试软件的连接，必须分配；
3）设备名称（Device name）在 PROFINET IO 控制器启动时识别设备，必须分配。

12.2 SIMOTION 的 PROFINET 通信简介

运动控制的效果与现场总线的性能密切相关，将性能卓越的 PROFINET IRT 网络应用于运动控制当中，必将成为未来发展的方向。目前，SIMOTION 控制器也不断更新换代，推出了一系列崭新的控制器产品，这些控制器性能进一步提升，另外本身还集成了 PROFINET 接口，在运动控制中使用将更加方便。

从 SIMOTION V4.3 开始，使用 SIMOTION D4x5-2 DP/PN 控制器时，可以有两个独立的 PROFINET 接口：一个是本身集成的 PROFINET 接口 X150，另一个是通过 CBE30-2 扩展的 PROFINET 接口 X1400。它们可以设置不同的时钟周期 Servo 和 Servo_fast（可达 0.25ms）。如果系统中还有激活等时功能的 PROFIBUS 接口（见图 12-5），那么它与 Servo 周期同步。注意 CBE30-2 不能用于 D4x5-2 DP 控制器。

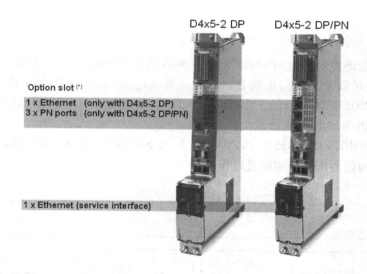

图 12-5 SIMOTION D4x5-2 DP/PN 的 PROFINET 接口

SIMOTION 设备要使用 PROFINET IO 功能，必须要有一个 PN 接口，可以使用控制器本身集成的 PN 接口或者插入选件板扩展的 PN 接口。可能的接口选择如下：

1) SIMOTION D4x5 带有选件板 CBE30；
2) SIMOTION D4x5-2 DP/PN；
3) SIMOTION D4x5-2 DP/PN 带有选件板 CBE30-2（V4.3）；
4) SIMOTION P350 PN 或 SIMOTION P320-3；
5) SIMOTION D410 PN/SIMOTION D410-2 DP/PN；
6) SIMOTION C240 PN。

SIMOTION 使用 PROFINET 的常见应用包括：

1) 与带 PROFINET 接口的 IO Device 进行 RT 通信，比如与普通外围分布式 IO 的数据交换；

2) 与带 PROFINET 接口的快速 IO Device 进行 IRT 通信，实现对外围 IO 的快速访问，比如与 ET200S HS 的数据交换；

3) 与带 PROFINET 接口的伺服驱动器（比如 SINAMICS S120）进行 IRT 通信，实现运动控制功能；

4) 与带 PROFINET 接口的 SIMOTION 控制器进行基于 IRT 通信的直接数据交换；

5) 作为 I-Device 与上游控制器进行 RT 或 IRT 通信；

6) 使用两个 PROFINET 接口实现灵活的工厂拓扑。

在 IRT 与 RT 混合操作时，必须保证所有的 IRT 设备相互之间直接连接。换句话说，IRT 设备之间不允许有非 IRT 的设备存在。因为非 IRT 设备会中断 IRT 设备间时钟信号的传递。

12.3　SIMOTION 与 SINAMICS S120 的 PROFINET IRT 通信配置

12.3.1　概述

SIMOTION 运动控制器与 SINAMICS S120 伺服驱动器之间的 PROFINET IRT 通信，是需要进行驱动扩展时最常见的应用场合。此时，系统包括一台 SIMOTION 作为 IO Controller，一个或多个带 PROFINET 接口的 S120 作为 IO Device，通过 PROFINET IRT 实现复杂的运动控制。IRT 通信网络如图 12-6 所示。

本节将以 SIMOTION D435-2 DP/PN V4.3 与 SINAMICS S120 CU310-2 PN V4.5 进行 PROFINET IRT 通信为例，介绍配置过程。

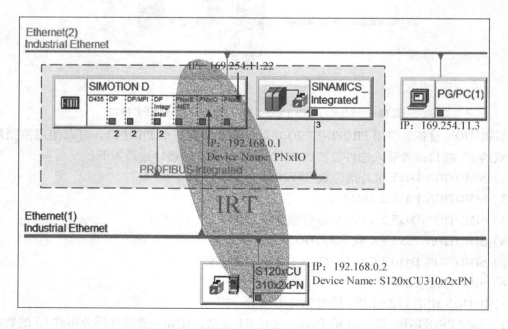

图 12-6　IRT 通信网络

配置过程需要包括以下步骤:
1) 插入 SIMOTION 和 SINAMICS 设备;
2) 分配设备地址与名称;
3) 配置拓扑结构;
4) 配置同步域、发送时钟和更新时间;
5) 完成 SINAMICS 驱动器基本调试(参考第 2 章中的内容);
6) 完成报文与轴的配置。

12.3.2　硬件组态以及设备名称分配(见表 12-2)

表 12-2　硬件组态以及设备名称分配

序号	说明	图示
1	在 SIMOTION SCOUT V4.3 软件中创建一个新项目,并且在项目导航栏中双击"Insert SIMOTION device"插入一个新设备,在列表中选择相应的设备及版本,单击"OK"按钮	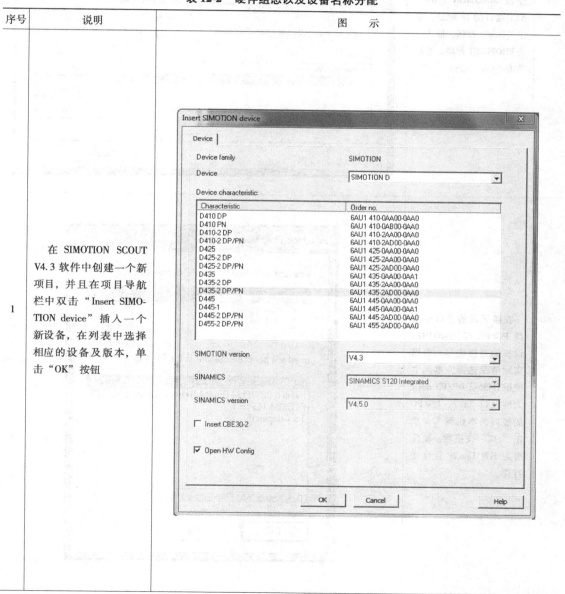

(续)

序号	说明	图示
2	在接下来的窗口中，修改 SIMOTION PROFINET 接口的 IP 地址，单击"New"按钮，插入一条 PROFINET 网络，然后单击"OK"按钮	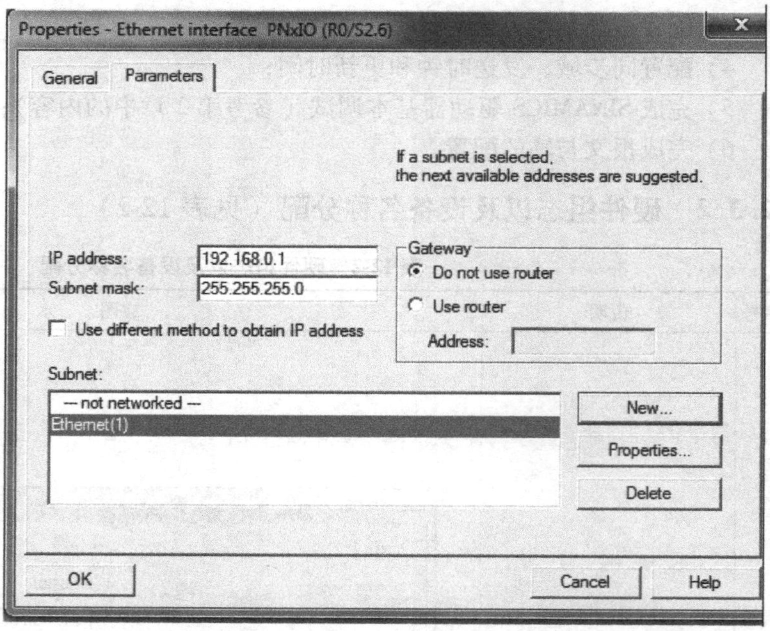 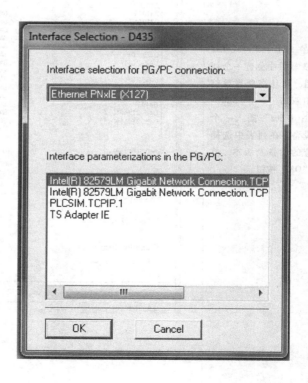
3	在接下来的窗口中选择 PG/PC 与 SIMOTION 设备的连接接口，根据实际情况选择，本例中使用 D435-2 DP/PN 的以太网接口 X127，PG/PC 的接口为本机网卡。单击"OK"按钮后，硬件组态 HW Config 会自动打开	

第 12 章 SIMOTION 的 PROFINET 通信

（续）

序号	说明	图示
4	自动打开硬件组态窗口。此时硬件组态画面显示如右图所示	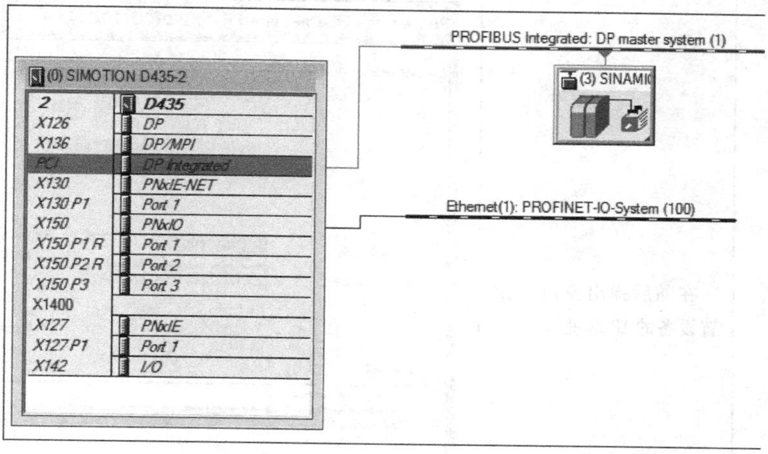
5	从右侧硬件目录中，依次找到"PROFINET IO"→"Drives"→"SINAMICS"→"SINAMICS S120"→"S120 CU310-2 PN"→"V4.5"，将设备拖拽到网络总线上	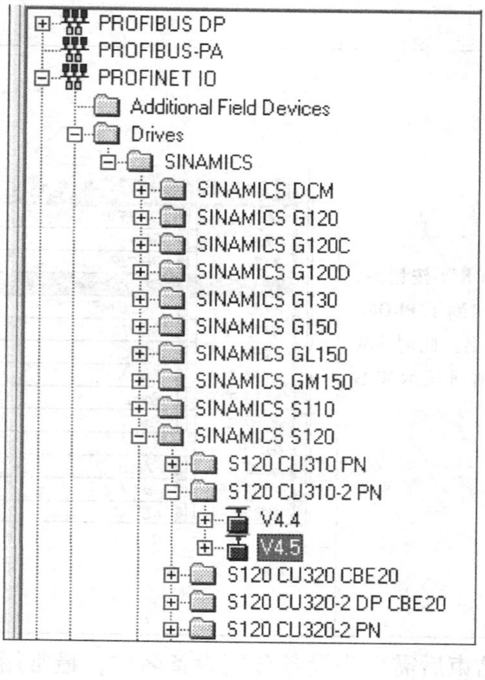

（续）

序号	说明	图示
6	在随后弹出窗口上设置设备的 IP 地址	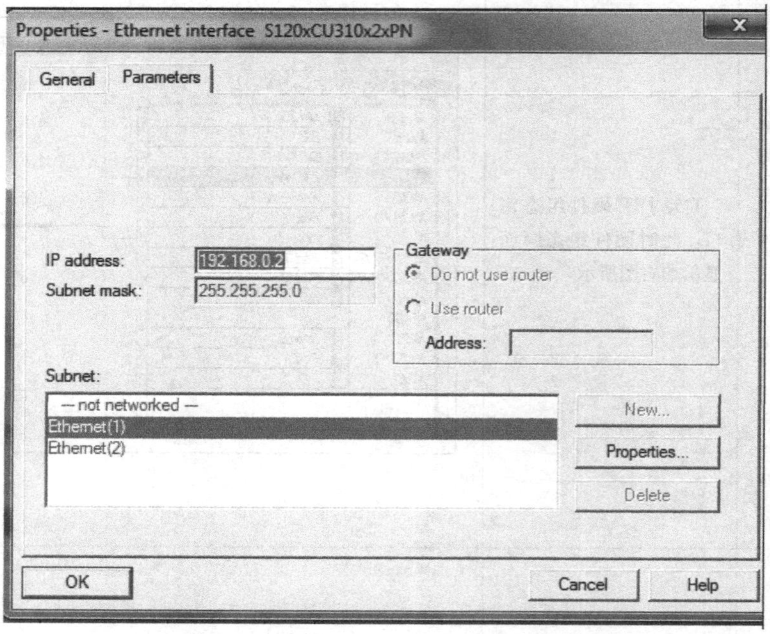
7	单击"OK"按钮后，设备就连接到了 PROFI-NET 网络上。此时 HW Config 的画面显示如右图所示	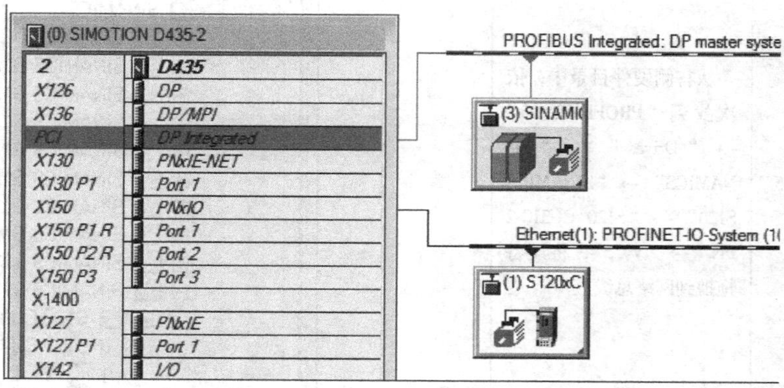

当组态结束后需要为设备分配设备名称，最常用的方法是使用 SIMATIC Manager 或 HW Config 的 Edit Ethernet Node 工具来分配 IP 地址和设备名称。

方法 1　使用 SIMATIC Manger 的 Edit Ethernet Node 工具时的设置步骤见表 12-3。

表 12-3 使用 SIMATIC Manger 的 Edit Ethernet Node 工具时的设置步骤

序号	说明	图示
1	首先将 PG/PC 与设备的 PROFINET 接口直接连接，然后在 SIMATIC Manager 中，依次选择主菜单中"PLC"→"Edit Ethernet node"，或者在 HW Config 软件中，依次选择主菜单中"PLC"→"Ethernet"→"Edit Ethernet node"，会弹出 Edit Ethernet Node 工具窗口	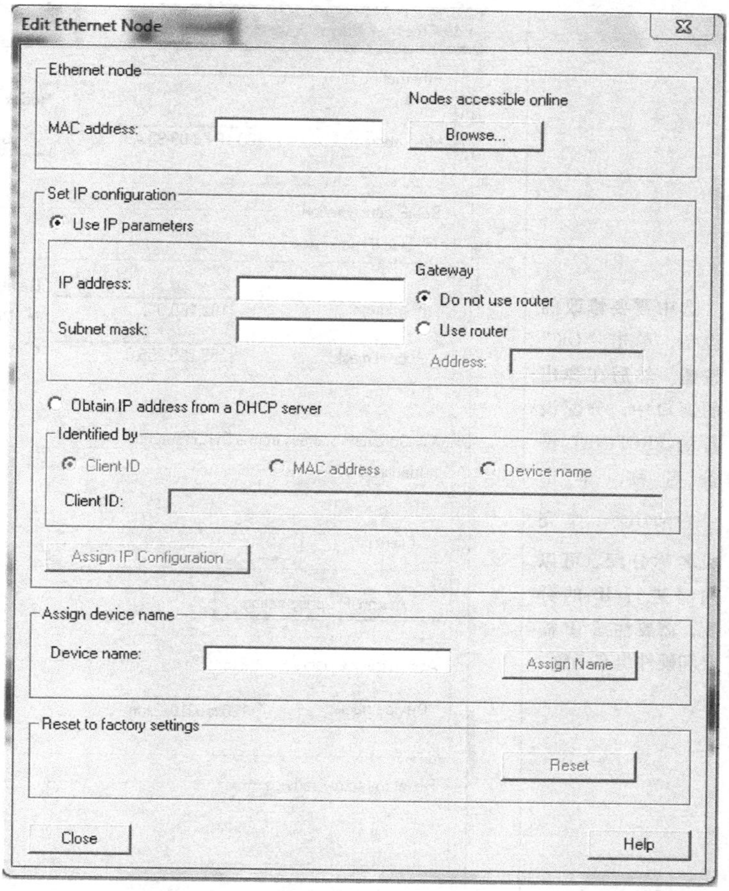
2	单击"Browse"浏览按钮，系统会搜索到连接的节点信息，如右图所示	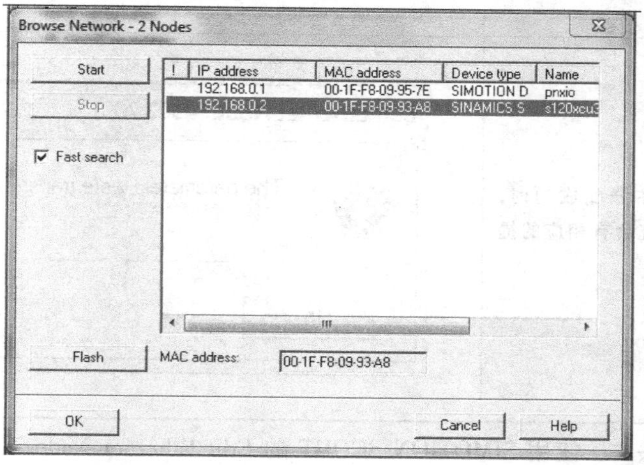

（续）

序号	说明	图示
3	选中需要修改的设备，单击"OK"按钮。然后在弹出的窗口中，分配设备的 PROFINET 设备名称，单击 Assign Name 完成名称分配。可以同时进行 IP 的分配，需要注意 IP 需要和硬件组态一致	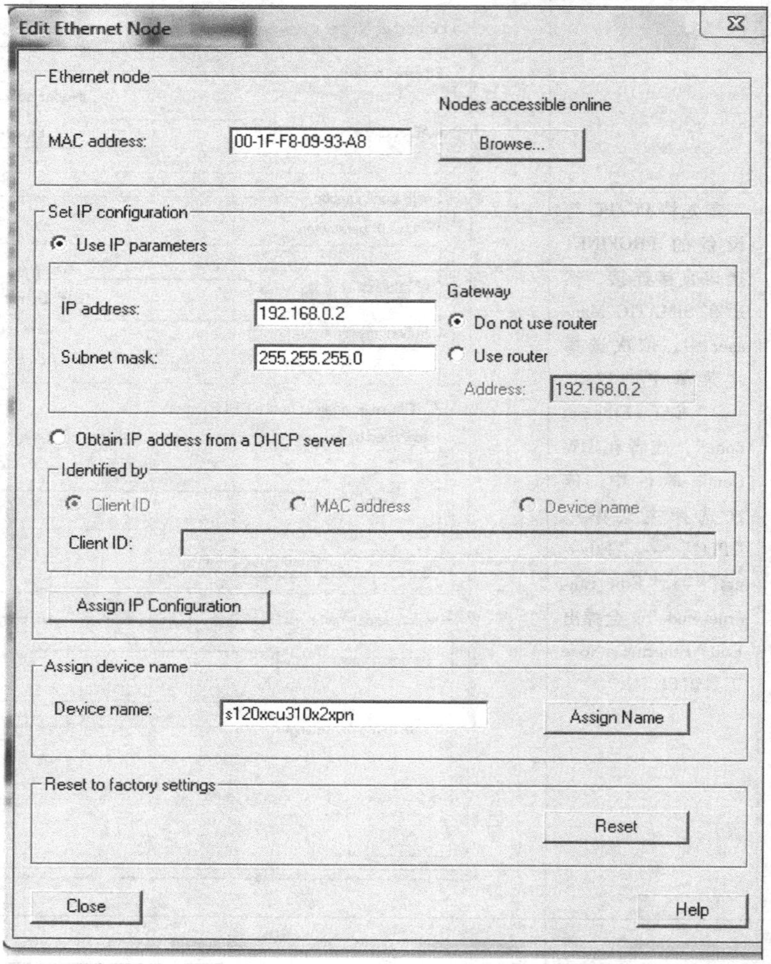
4	在分配成功时，系统会有相应的提示	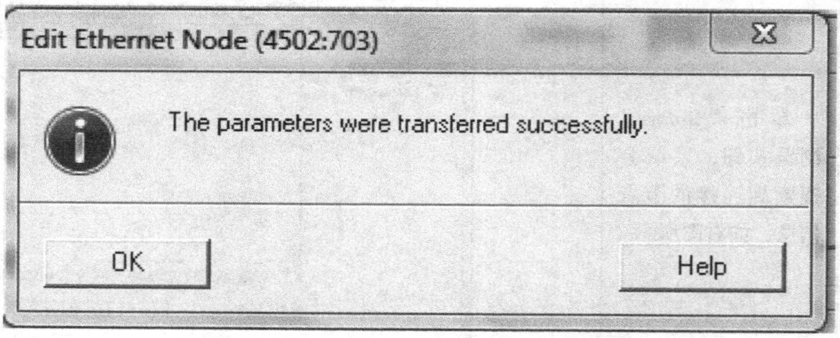

方法 2　使用 SIMOTION SCOUT 的 Edit Ethernet Node 工具来分配 IP 地址和设备名称，见表 12-4。

表 12-4 使用 SIMOTION SCOUT 的 Edit Ethernet Node 工具来分配 IP 地址和设备名称

序号	说明	图示
1	首先将 PG/PC 与设备的 PROFINET 接口直接连接，然后单击 SIMOTION SCOUT 菜单 "Project" → "Accessible nodes" 或单击工具栏上的  按钮，系统自动扫描网络，最后会显示扫描到的节点	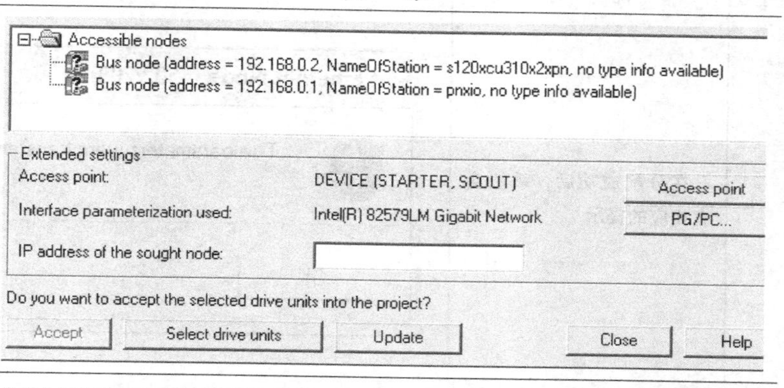
2	在扫描到的设备上单击鼠标右键，在弹出菜单中选择 "Edit Ethernet node"	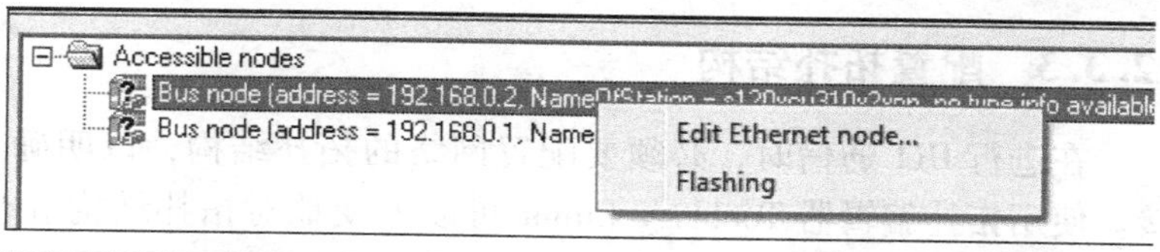
3	选中需要修改的设备，单击 "OK" 按钮。然后在右边的窗口中，分配设备的 PROFINET 设备名称，单击  Assign Name 完成名称分配。可以同时进行 IP 的分配，注意 IP 需要和硬件组态一致	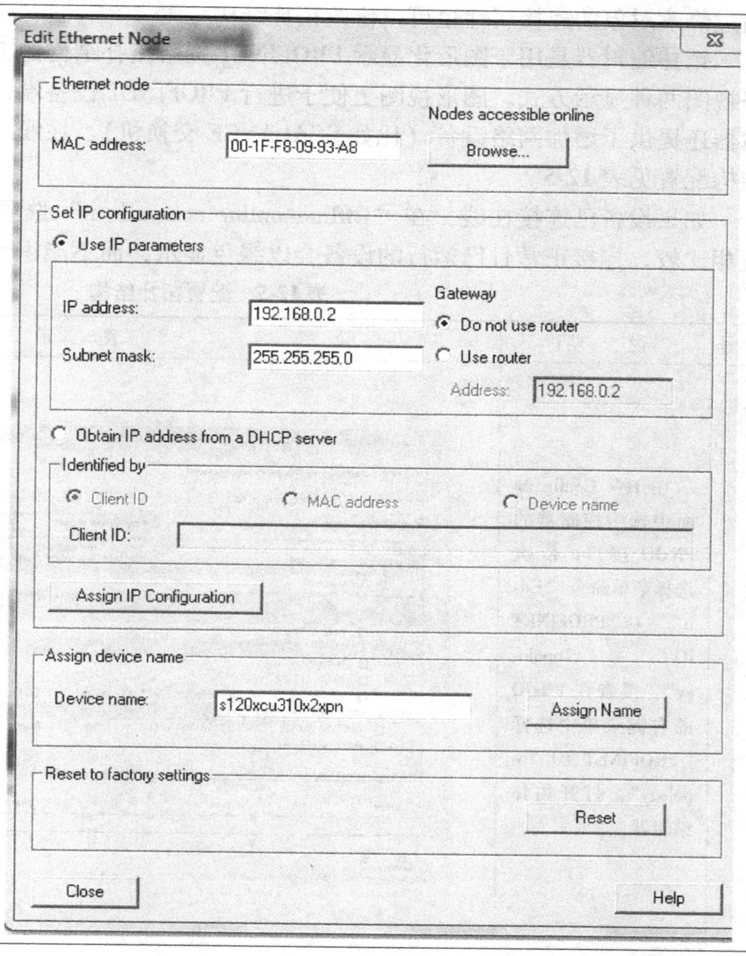

(续)

序号	说明	图示
4	在分配成功后，系统会有相应的提示	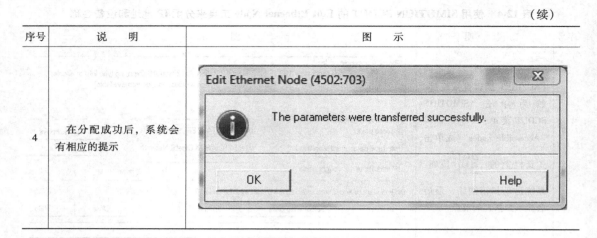

12.3.3 配置拓扑结构

在进行 IRT 通信时，必须要配置网络的拓扑结构，以明确各 PROFINET 设备端口的连接。使用拓扑编辑器 Topology Editor 可以方便地对拓扑结构进行配置（见表 12-5）。另外，通过修改对象的连接属性也可以修改拓扑结构。

拓扑编辑器是用于图形化显示 PROFINET 网络拓扑结构的工具，它提供了图形视图和表格视图两种显示方式。图形视图更便于进行 PROFINET 设备端口之间的连接。另外，拓扑编辑器还提供了增加网络设备（比如 SCALANCE 交换机）、在线与离线拓扑比较的功能。拓制结构配置见表 12-5。

如果设备已连接在线，在"Offline/online comparison"选项卡下，可以将离线与在线配置相比较，连接正常且已运行的设备会以绿色显示，而不能识别的设备会以问号显示。

表 12-5 配置拓扑结构

序号	说明	图示
1	在 HW Config 画面中选中控制器的 PNxIO 接口，依次选择菜单命令"Edit"→"PROFINET IO"→"Topology"，或者在 PNxIO 的右键菜单中选择"PROFINET IO Topology"，打开拓扑编辑器	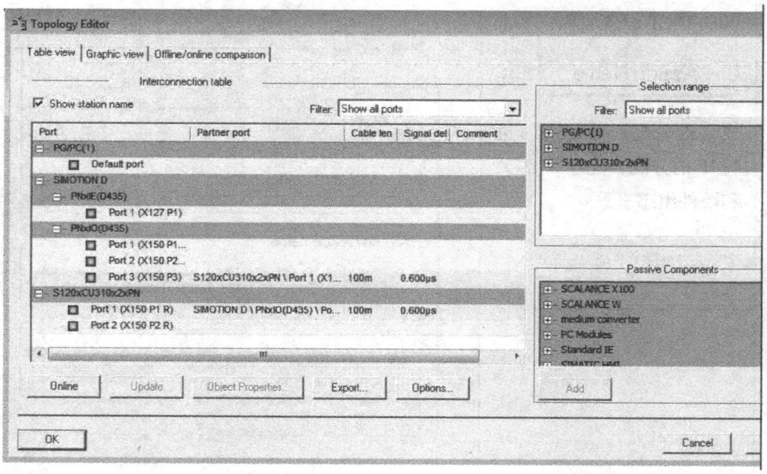

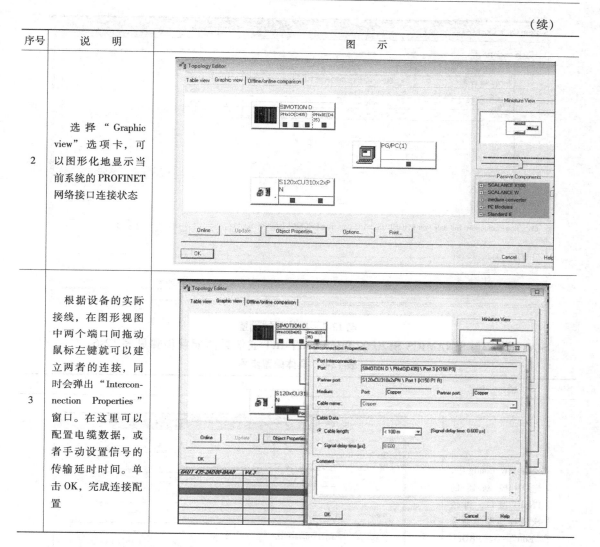

序号	说明	图示
2	选择"Graphic view"选项卡，可以图形化地显示当前系统的PROFINET网络接口连接状态	
3	根据设备的实际接线，在图形视图中两个端口间拖动鼠标左键就可以建立两者的连接，同时会弹出"Interconnection Properties"窗口。在这里可以配置电缆数据，或者手动设置信号的传输延时时间。单击OK，完成连接配置	

12.3.4 配置同步域、发送时钟和更新时间

在IRT通信中，同步从站的数据在每个周期都会更新，它的更新时间为同步时钟的周期。另外，在SIMOTION和SINAMICS的应用中，数据可能会每隔几个周期才会评估一次，这个周期为SIMOTION的Servo cycle clock。通过SIMOTION SCOUT软件的Set system cycle clock功能可以修改当前的系统时钟。本例中采用默认值，即Servo周期为1ms，如图12-7所示。

另外，当SINAMICS驱动器作为IO Device与SIMOTION D进行PROFINET IO IRT通信时，SIMOTION D内部集成的PROFIBUS DP周期必须与位置控制器周期相同，系统默认为3ms。在多数情况下，这个周期与PROFINET的发送时钟不同，如果DP周期与位置控制器周期不一致，那么在HW Config中进行编译时会出错，并有相应的信息提示。所以，一般在配置完成PROFINET的发送时钟以后，还需要修改内部集成PROFIBUS DP的周期，保证两者一致。

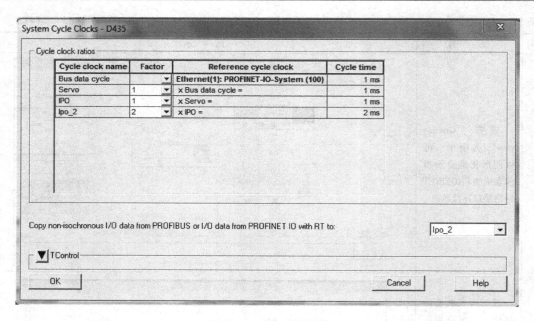

图 12-7 系统时钟设置

SIMOTION 与 SINAMICS S120 的 PROFINET IRT 通信具体配置步骤见表 12-6。

表 12-6 具体配置步骤

序号	说明	图示
1	在 HW Config 中，选中控制器的 PNxIO 接口，再依次选择主菜单命令"Edit"→"PROFINET IO"→"Domain Management"，或者在 PNxIO 的右键菜单中选择"PROFINET IO Domain Management"，打开同步域配置窗口。系统默认将所有的设备都分配到同一个同步域 sync-domain-default 中	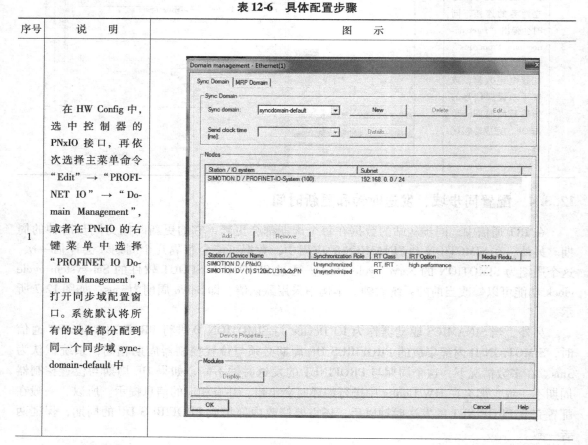

(续)

序号	说明	图示
2	用鼠标双击设备列表中的 SIMOTION D／PNxIO，可以打开设备属性窗口，设置"Synchronization role"为"Sync master"	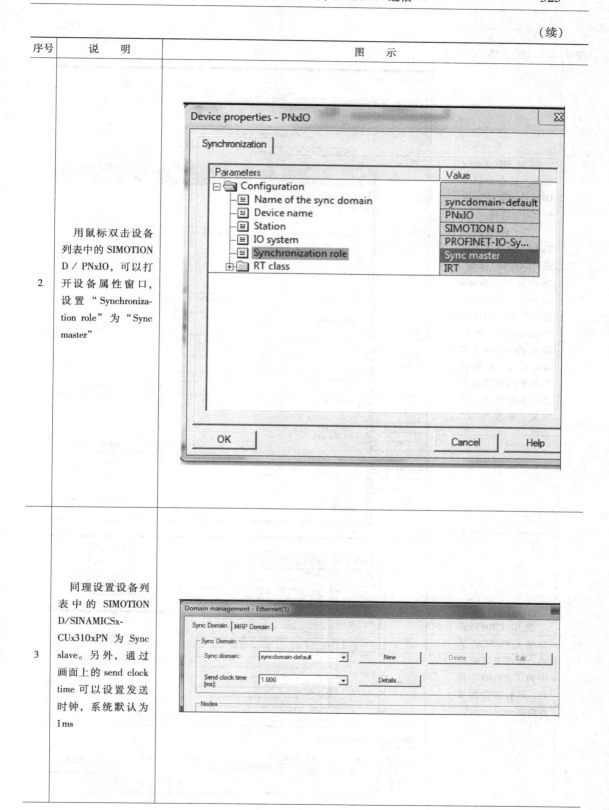
3	同理设置设备列表中的 SIMOTION D/SINAMICSx-CUx310xPN 为 Sync slave。另外，通过画面上的 send clock time 可以设置发送时钟，系统默认为 1ms	

(续)

序号	说 明	图 示
4	回到 HW Config 软件，双击控制器 D435 会打开它的属性窗口，选择"Isochronous Tasks"选项卡，单击"Details"按钮，在弹出的"Details for Servo"窗口中设置"Ti/To"模式为"Automatic"，这样所有 IO Device（即 sync slave）的时钟周期和时间常数都会由系统自动计算出来。单击"OK"按钮	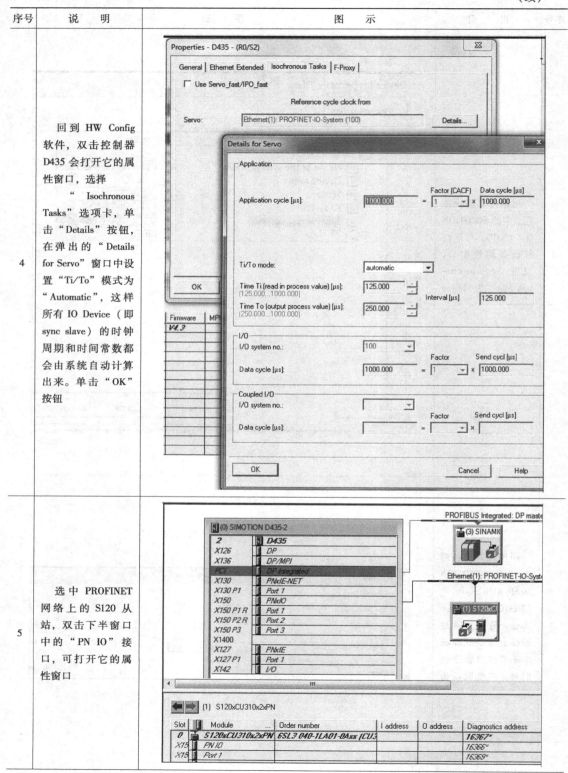
5	选中 PROFINET 网络上的 S120 从站，双击下半窗口中的"PN IO"接口，可打开它的属性窗口	

(续)

序号	说　明	图　示
6	在"IO cycle"选项卡下，在同步模式中设置"Assign IO device isochronously"为"Servo"模式，时间常数会自动计算。在当前窗口"Application cycle"中可以看到当前的时钟周期。单击"OK"按钮	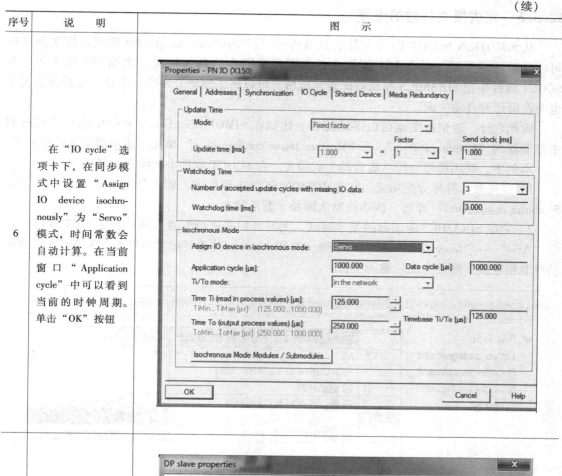
7	双击"SINAMICS_Integrated"会打开"DP slave properties"窗口。选择"Isochronous Operation"选项卡，将"DP cycle Tdp"设置为1ms，单击"OK"按钮，完成配置	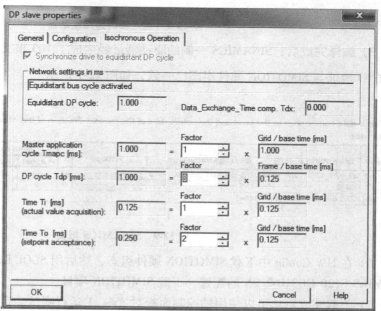

12.3.5 完成报文与轴的配置

从 SIMOTION SCOUT V4.2 开始,具有符号分配 Symbolic assignment 功能,报文消息帧可以自动进行分配。对于 IRT 通信,必须选择带同步信息的报文,比如 105 报文等。在 SCOUT 软件中把 SINAMICS 驱动器配置完成后,可以将该驱动分配给一个轴,这样通信报文也会在编译时自动生成。

除此之外,通信报文也可以手动配置。比如在 SIMOTION SCOUT 软件中也可以通过双击驱动器的"Communication"→"Message frame configuration"单独对驱动器报文进行配置。

本例中,使用符号分配功能自动生成报文。在 SCOUT 软件中的配置步骤如下:

1) 首先激活符号分配功能,在 SIMOTION SCOUT 软件中,依次单击"Project"→"Use Symbolic Assignment"即可。该功能默认即处于激活状态。

2) 完成 SINAMICS 驱动器的基本调试,无需对报文进行配置。然后在 SCOUT 软件中点击"Axis"→"Insert Axis"插入一个轴(见图 12-8),并通过配置向导与 SINAMICS 中的驱动对象相连接,配置完成后编译项目。

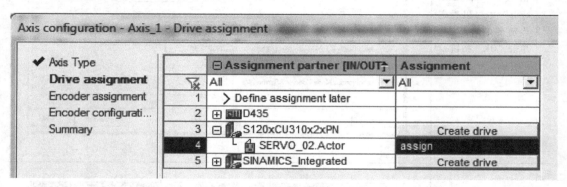

图 12-8 插入轴时选择驱动器

3) 编译完成后,SINAMICS 一侧的驱动器已经生成了 105 报文,报文后有 ✔ 符号表示报文 IO 地址与 SIMOTION 硬件组态已一致,如图 12-9 所示。

Object	Drive object	-No.	Message frame type	Settings	Input data Length	Input data Address	Output data Length	Output data Address	Techno
1	SERVO_02	2	SIEMENS telegram 105, PZD-10/10	Standard/automatic ✔	10	256..275	10	256..275	Axis_1
2	CU_S	1	SIEMENS telegram 390, PZD-2/2	Standard/automatic ✔	2	288..291	2	288..291	—

Without PZDs (no cyclic data exchange)

图 12-9 SINAMICS 报文

4) 在 HW Config 中下载 SIMOTION 硬件组态,然后用 SCOUT 软件在线连接设备下载 SINAMICS S120 CU310-2 PN 的配置,下载 SIMOTION 项目。

5) 下载完成后,可以使用轴控制面板对 Axis_1 运行测试。运行正常后,可以编写用户程序,完成后序工作。

12.4 SIMOTION 设备间基于 PROFINET IRT 的直接数据交换

12.4.1 概述

同一个 IRT 网络上的多个 SIMOTION 控制器间可以直接进行数据交换，这也可以称为控制器之间的数据广播。该功能要求各 SIMOTION 控制器必须位于同一个同步域，传输数据总长度约为 3KB，单条发送或接收通道的最大长度为 254 个字节。

接下来，在 12.3 节示例的基础上，将另一台带 CBE30 的 SIMOTION D435 V4.3 作为 sync slave 添加到这个同步域中，然后配置两个 SIMOTION 之间的直接数据通信，数据在收发方向各有 10 个字节。其网络视图如图 12-10 所示。

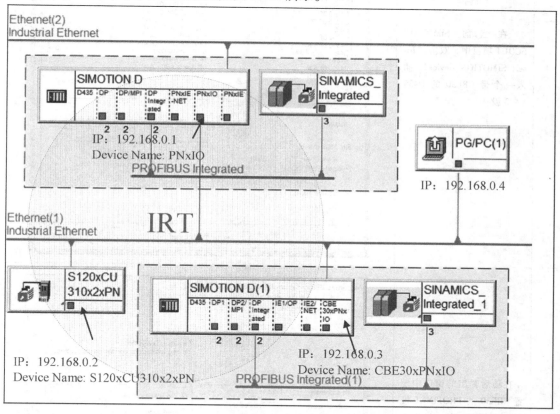

图 12-10 网络视图

配置过程需要包括以下操作步骤：
1）插入带 CBE30 的 D435 设备；
2）分配设备地址与名称；
3）配置拓扑结构；
4）配置同步域；
5）配置收发数据。

12.4.2 硬件组态配置步骤（见表 12-7）

表 12-7 硬件组态配置步骤

序号	说明	图示
1	在当前 SIMOTION SCOUT 项目中，双击 "Insert SIMOTION device" 插入一个带 CBE30 的 D435 V4.3 设备	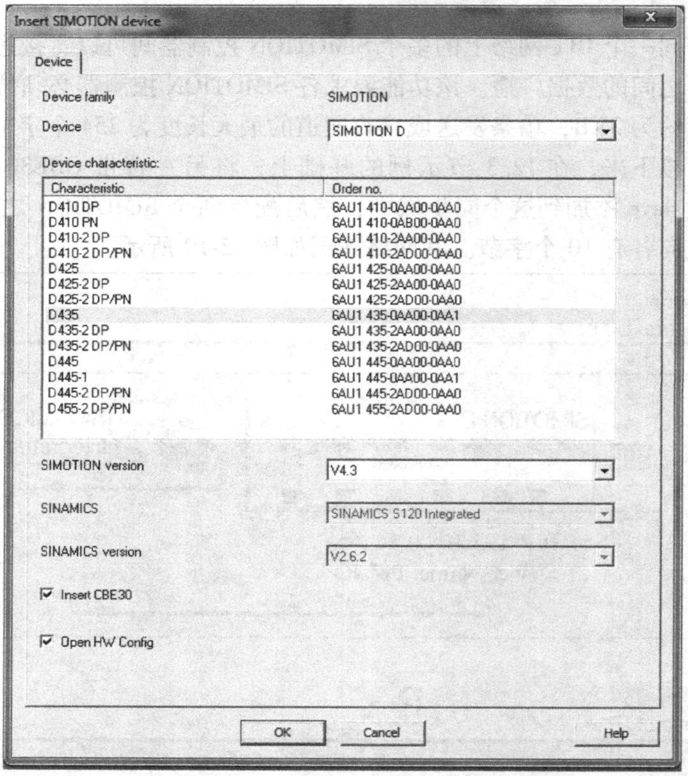
2	在随后弹出的窗口中配置 CBE30 的 PROFINET 接口的 IP 地址，并连接到之前的 PROFINET 网络 Ethernet(1) 上	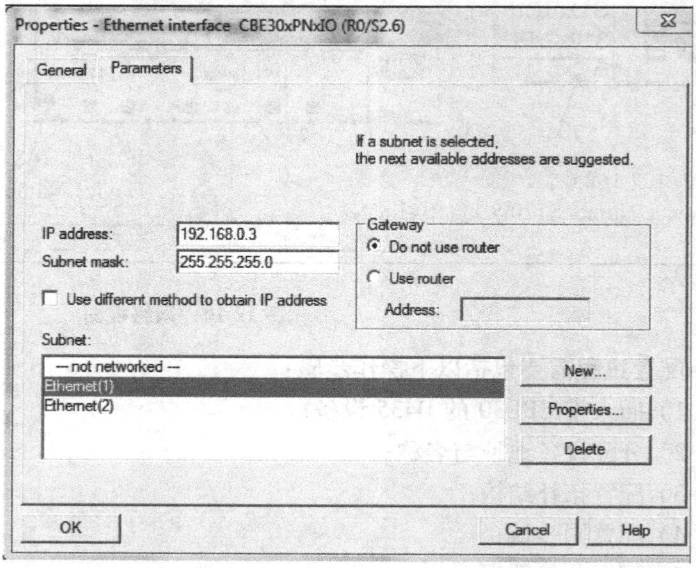

序号	说明	图示
3	如果在插入 SIMOTION D435 时没有勾选 ☐ Insert CBE30，那么仍然可以在 HW Config 右边的硬件目录中找到"SIMOTION Drive-based"→"SIMOTION D435"→"6AU1 435-0AA00-0AA1"→"V4.3-PN V2.2 SINAMICS S120 V2.6.2"，将其中的"CBE30 PN IO"拖动到 D435 框架中	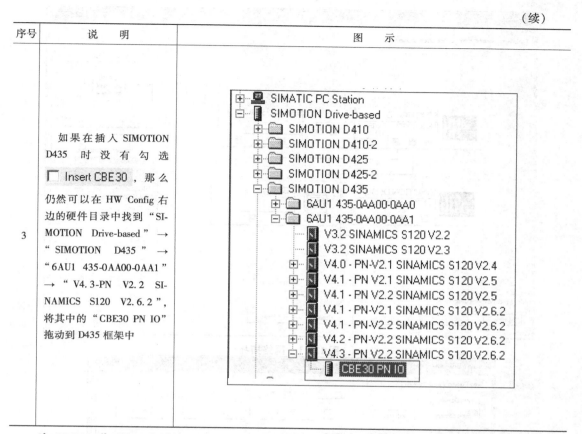

为 CBE30 分配 IP 地址为 192.168.0.3，设备名称为 CBE30xPNxIO，步骤请参考 12.3.2 节。

在 HW Config 中，根据实际情况配置 PROFINET 拓扑结构，步骤请参考 12.3.3 节。配置完成后，Topology Editor 如图 12-11 所示。

在 HW Config 中，参考 12.3.4 中的步骤，配置 CBE30xPNxIO 接口属于同步域"sync-domain-default"，将其属性修改为"sync slave"，发送时钟为 1ms，如图 12-12 所示。

为了保证 SIMOTION D 内部集成的 PROFIBUS DP 周期与位置控制器周期一致，在 HW Config 中，修改"SINAMICS_Integrated"的 DP Cycle 为 1ms，这个步骤与 12.3.4 节最后一步相同，不再赘述。

12.4.3 配置收发数据

为了便于对数据进行配置，一般按照先配置发送数据，后配置接收数据的顺序，全部配置完成后再编译，否则在一致性检查时会报错。

从 SIMOTION D435-2 向带 CBE30 的 D435 发送 10 Bytes 配置步骤见表 12-8。

这样从 D435-2 发往带 CBE30 的 D435 的 10 Bytes 直接数据通信配置完成，同理完成反向传输的 10 Bytes，配置完成后编译硬件组态。为了验证通信是否正常，可以回到 SIMOTION SCOUT 软件，在两个 SIMOTION 控制器的 ADDRESS LIST 中创建相关的 IO 变量，并监视其状态。

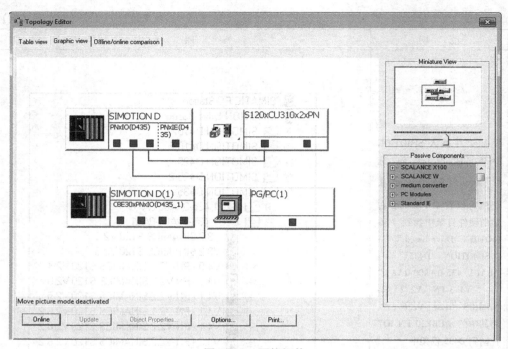

图 12-11　网络拓扑

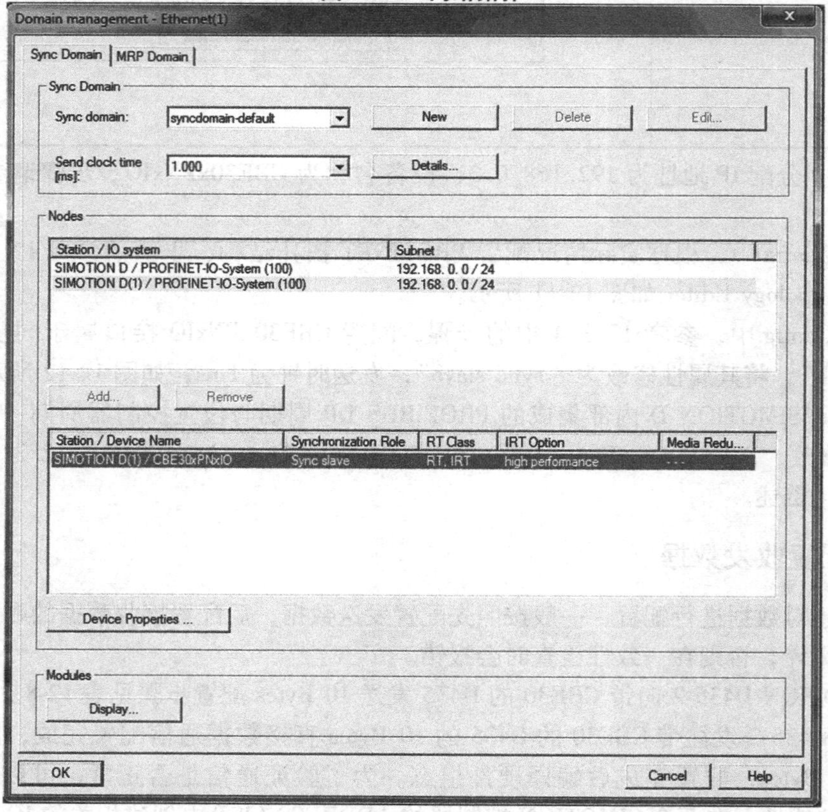

图 12-12　配置同步域

表 12-8 配置收发数据

序号	说 明	图 示
1	打开两个 SIMOTION 硬件组态，在 HW Config 中依次选择主菜单 "Window" → "Arrange" → "Vertical" 并排显示两个窗口，以便于配置	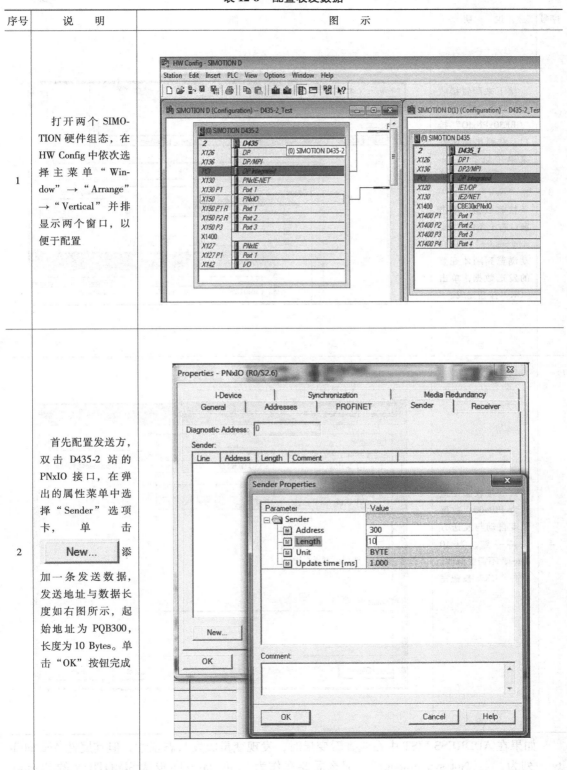
2	首先配置发送方，双击 D435-2 站的 PNxIO 接口，在弹出的属性菜单中选择 "Sender" 选项卡，单击 New... 添加一条发送数据，发送地址与数据长度如右图所示，起始地址为 PQB300，长度为 10 Bytes。单击 "OK" 按钮完成	

(续)

序号	说明	图示
3	接下来配置接收方，双击 D435 站的"CBE30xPNxIO"接口，在弹出的属性菜单中选择"Receiver"选项卡，单击"New"添加一条接收数据，单击窗口右上角的"Assign Sender"可以自动浏览到刚才配置的发送数据，单击"OK"按钮完成	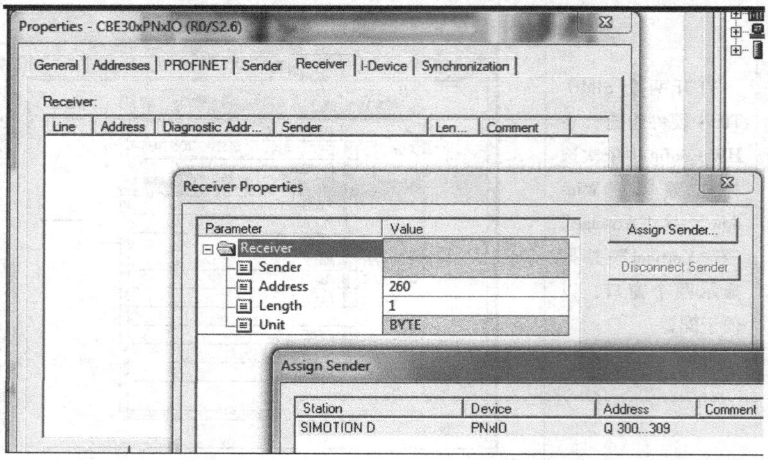
4	修改接收起始地址为 PIB400，数据长度自动与发送方保持一致，为 10 Bytes，不需要修改。单击"OK"按钮完成	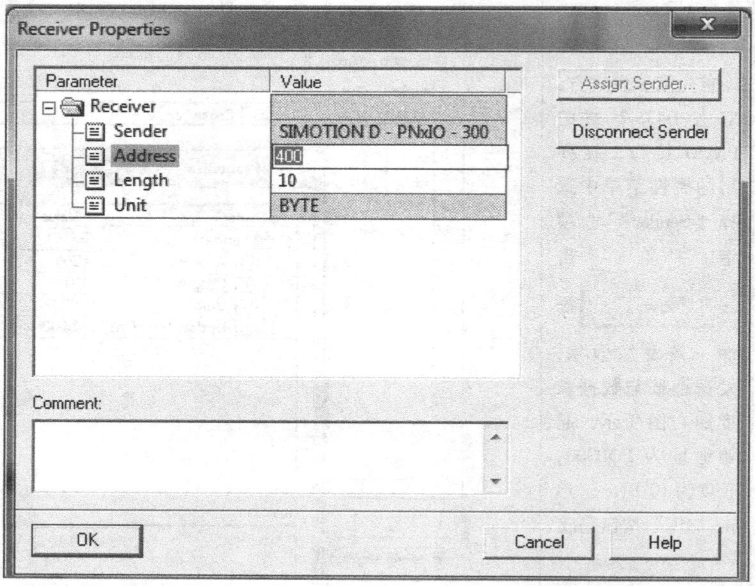

如果在 ADDRESS LIST 中在线查看变量时，发现变量收发状态正常，但其属性 Availability 一列为"4：Not synchronous"，那么需要在作为 Sync slave/同步从 SIMOTION 的 Startup-

Task 中调用一次 _enableDpInterfaceSynchronizationMode 系统功能。程序内容如下：

```
PROGRAM enableDpInterface
    myRetDINT : =
    _enableDpInterfaceSynchronizationMode (
    dpInterfaceSyncMode : =
            AUTOMATIC_INTERFACE_SYNCHRONIZATION
    );
END_PROGRAM
```

12.5 SIMOTION 与 PLC 之间通过 I-Device 进行通信

12.5.1 概述

在 SIMOTION V4.0 及以前，SIMOTION 与 PLC 之间通过 PROFINET 接口只能实现 TCP 或 UDP 通信，或者通过其他硬件（比如 PN/PN coupler 等）实现数据交换。从 SIMOTION V4.1.1.6 开始，一个与 PROFIBUS 通信类似的特性被引入到 PROFINET IO 通信中，可以将 SIMOTION 作为一个智能从站连接到 SIMATIC CPU 上，这个称为"I-Device"的功能同样适用于 PROFINET IO，该功能支持控制器之前通过 IO 区域进行数据交换。该功能不需要像 TCP 或 UDP 那样进行通信编程，只需对硬件进行配置即可。这样，之前通过 PN/PN Coupler 进行通信的硬件方案也可以被取代了。

在作为上游控制器的 IO Device 的同时，一个 I-Device 可以同时作为 IO Controller 带有自己本地的 IO Device，这两个角色可以在同一个 PROFINET 接口上实现。作为 I-Device 使用的 SIMOTION，它的两个角色不能同时为 IRT 通信。换句话说，一个 I-Device 只能隶属于一个同步域。另外，当 SIMOTION 与上游控制器进行 IRT 通信时，还要注意发送时钟要与上游控制器的保持一致。

在配置 I-Device 与上游控制器的通信时，两者之间的数据通信，需要使用 GSD 文件来组态。一般步骤是，首先配置好 I-Device 一侧的数据交换，再生成 GSD 文件，然后在 SIMATIC 的项目中导入该 GSD 文件并引用。如果想对配置的数据进行修改，那么需要重新生成 GSD 文件，重复以上操作，如图 12-13 所示。SIMOTION 项目与 SIMATIC 项目相互之间是独立的。

12.5.2 通过 I-Device 进行 RT 通信

在 12.3 示例的基础上，将该 SIMOTION D435-2 DP/PN V4.3 控制器作为 I-Device，与 SIMATIC CPU 315-2 PN/DP V3.2 进行 PROFINET IO RT 通信。其网络视图如图 12-14 所示。

基本配置步骤如下：
1）配置 SIMOTION 为 I-Device；
2）生成 GSD 文件；
3）创建 SIMATIC 项目，并导入 GSD 文件，完成 RT 通信配置；
4）测试连接。

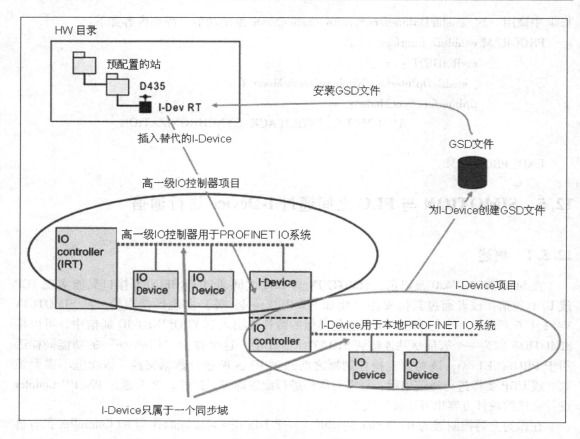

图 12-13 I-Device 配置

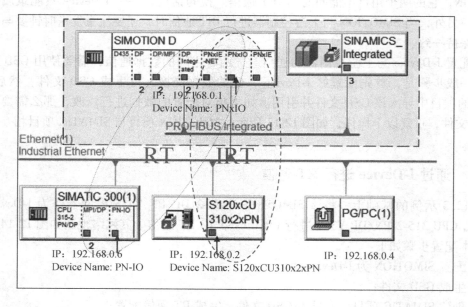

图 12-14 网络视图

12.5.3 配置 SIMOTION 为 I-Device（见表 12-9）

表 12-9 配置 SIMOTION 为 I-Device

序号	说明	图示
1	在 SIMOTION SCOUT 项目中，打开 HW Config，双击控制器的 PNxIO 接口，打开其属性窗口，在"I-Device"选项卡上，勾选 ☑ I-device mode 即可激活 I-Device 模式	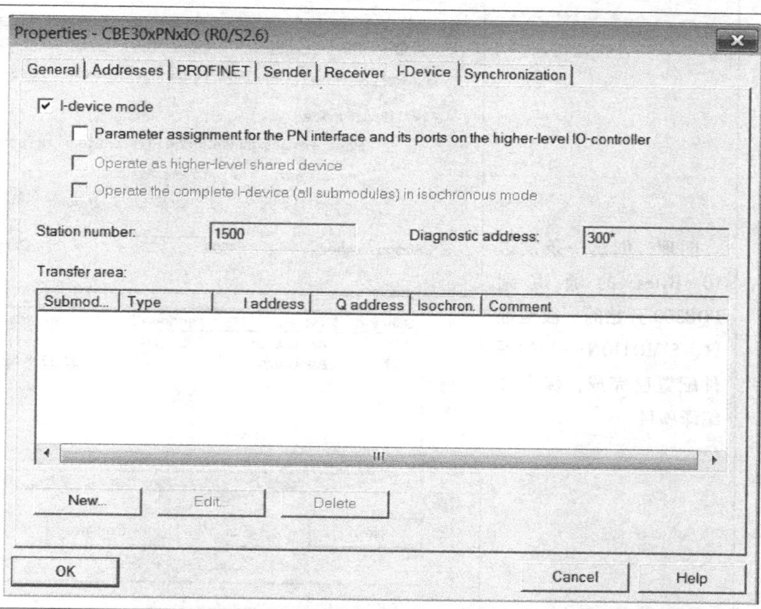
2	本例中，SIMOTION 与 SIMATIC 进行 RT 通信，不需要勾选其他选项。在 I-Device 选项卡下，单击"New"可以创建一条数据收发通道。比如创建一条数据接收通道，接收 10 Bytes 到 PIB300 开始的一段地址区内，如右图所示	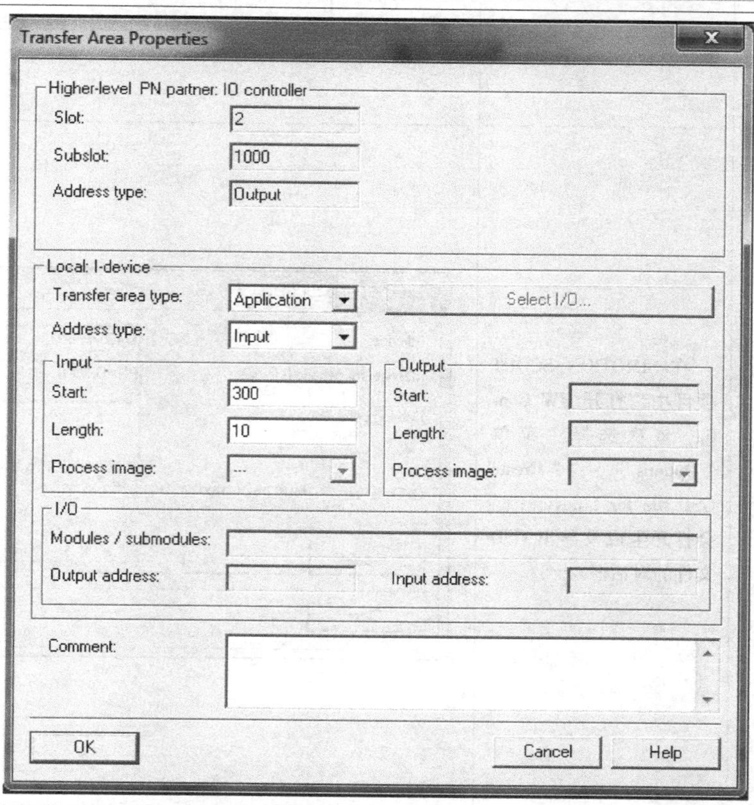

序号	说明	图示
3	同理，创建一条发送10 Bytes 的通道到 PQB300 开始的一段地址区。SIMOTION 一侧的硬件配置已完成，保存并编译项目	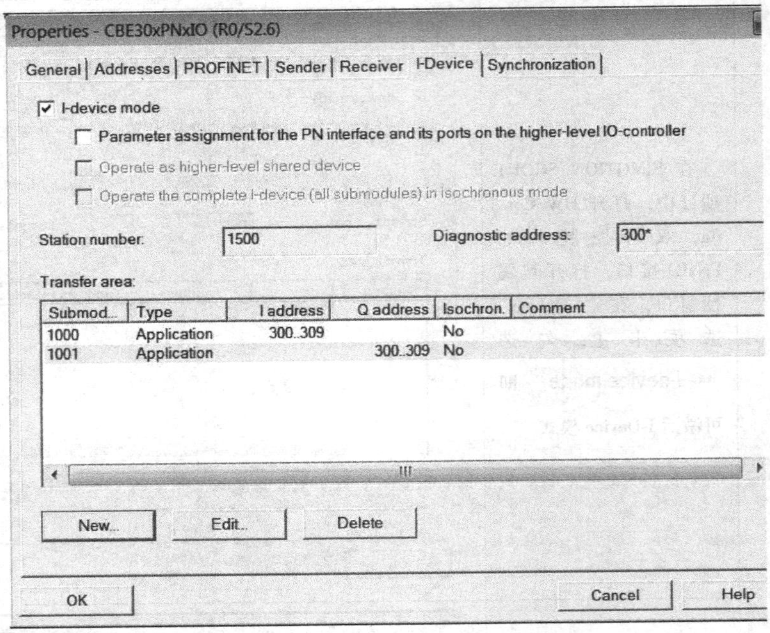
4	在 SIMOTION SCOUT 项目中，打开 HW Config，依次选择主菜单 "Options" → "Create GSD file for I device…" 会打开生成及导出 GSD 文件的对话框	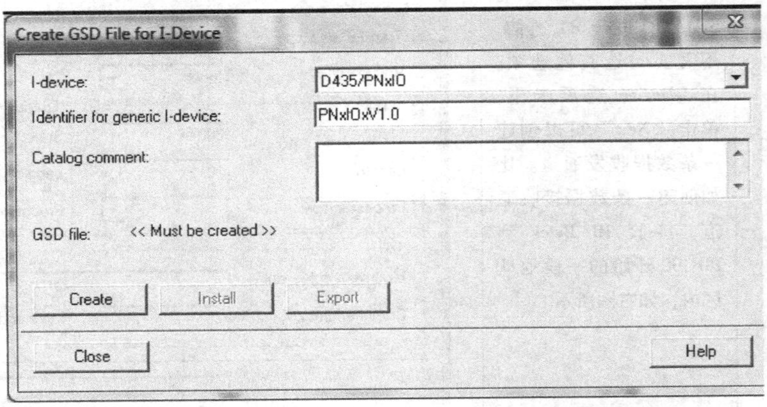

(续)

序号	说明	图示
5	编辑完成后,单击 Create 可生成 I-Device 的 GSD 文件,如果要导出此文件,则单击 Export。选择保存路径单击"OK"按钮后,会在相关路径下生成 GSD 文件。保存并关闭 SIMOTION SCOUT 项目	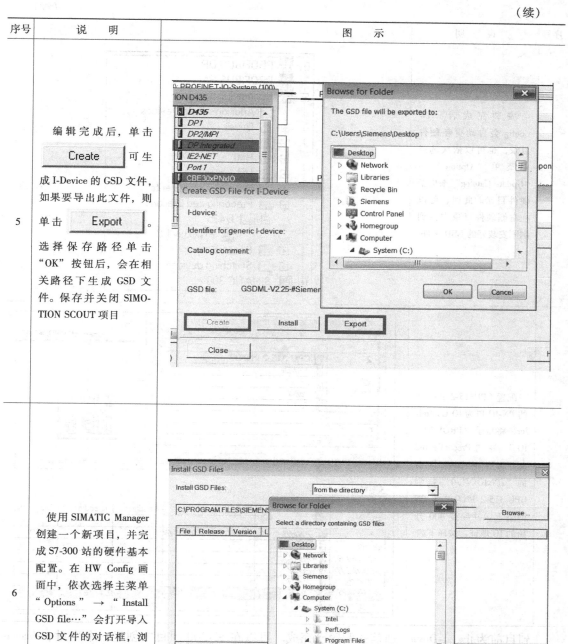
6	使用 SIMATIC Manager 创建一个新项目,并完成 S7-300 站的硬件基本配置。在 HW Config 画面中,依次选择主菜单"Options"→"Install GSD file…"会打开导入 GSD 文件的对话框,浏览到存储路径单击"Install"完成安装	

（续）

序号	说　明	图　示
7	安装完成后，HW Config 会自动更新硬件目录，也可以依次选择主菜单"Option"→"Update Catalog"来更新硬件目录。此时，可以在右侧硬件目录中找到刚刚安装好的 GSD 文件	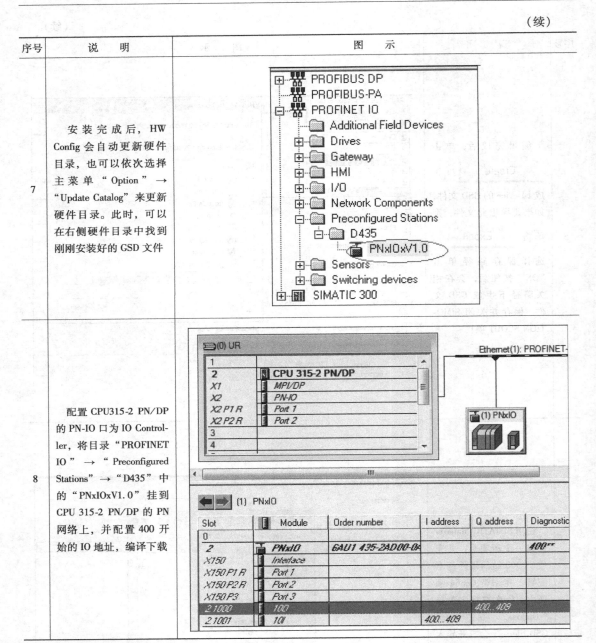
8	配置 CPU315-2 PN/DP 的 PN-IO 口为 IO Controller，将目录"PROFINET IO"→"Preconfigured Stations"→"D435"中的"PNxIOxV1.0"挂到 CPU 315-2 PN/DP 的 PN 网络上，并配置 400 开始的 IO 地址，编译下载	

到目前为止，I-Device 通信的配置已完成。可以在 S7-300 项目中创建一个变量表 Variable Table，在 SIMOTION 项目 ADDRESS LIST 中创建相应的 IO 变量，并在线连接设备，以验证通信是否正常。

12.5.4　通过 I-Device 进行 IRT 通信

这里另举一个例子，配置一台 SIMOTION D435-2 DP/PN V4.3 控制器作为 I-Device，与 SIMATIC CPU 315-2 PN/DP V3.2 进行 PROFINET IO IRT 通信。其网络视图如图 12-15 所示，具体步骤见表 12-10。

第 12 章 SIMOTION 的 PROFINET 通信

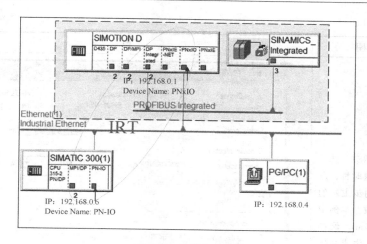

图 12-15 网络视图

基本配置步骤如下：
1) 配置 SIMOTION 为 I-Device；
2) 生成 GSD 文件；
3) 创建 SIMATIC 项目，并导入 GSD 文件；
4) 完成 IRT 通信配置；
5) 测试连接。

表 12-10 配置步骤

序号	说　明	图　示
1	在 SIMOTION SCOUT 项目中，打开 HW Config 画面，双击控制器的 PNxIO 接口，打开其属性窗口，在"I-Device"选项卡上，勾选 ☑ I-device mode 即可激活 I-Device 模式	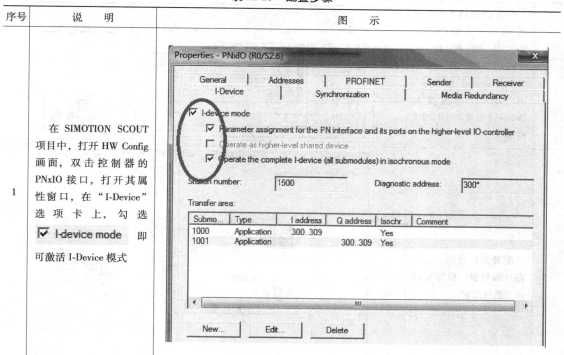
2	在"I-Device"选项卡下，单击"New"可以创建一条接收 10Bytes 的通道。同理，创建一条发送 10 Bytes 的通道	

（续）

序号	说明	图示
3	在"PROFINET"选项卡下设置发送时钟，发送时钟要与同步主站的发送时钟一致，本例中统一设置为1ms。保存并编译项目、生成并导入GSD。创建SIMATIC PLC项目，并完成S7-300站的硬件基本配置	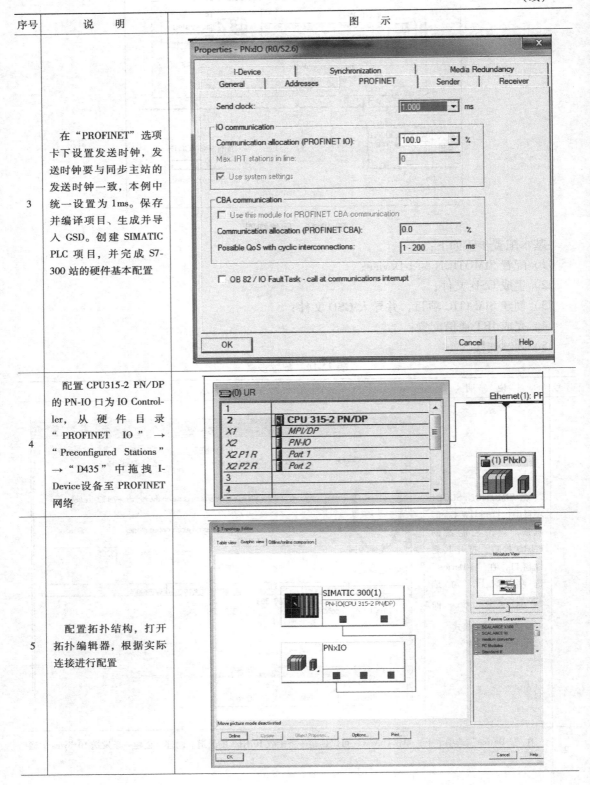
4	配置CPU315-2 PN/DP的PN-IO口为IO Controller，从硬件目录"PROFINET IO"→"Preconfigured Stations"→"D435"中拖拽I-Device设备至PROFINET网络	
5	配置拓扑结构，打开拓扑编辑器，根据实际连接进行配置	

第12章　SIMOTION 的 PROFINET 通信　　·343·

（续）

序号	说　明	图　示
6	配置同步域，S7-300 为同步主站，SIMOTION I-Device 为同步从站，发送时钟为 1ms	
7	用鼠标双击框架中的"CPU315-2 PN/DP"，会弹出 CPU 的属性窗口，在"Synchronous Cycle Interrupts"选项卡下，设置"OB61"的"IO system no."为 100，单击 Details 按钮，设置映像分区编号为"1"	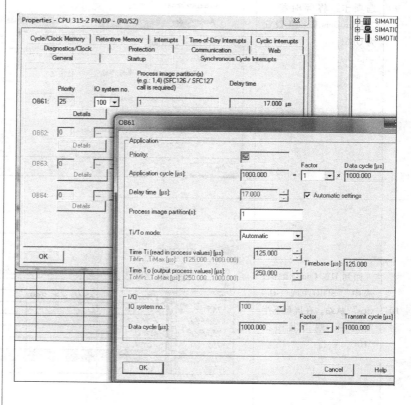

（续）

序号	说明	图示
8	回到 HW Config 画面上，选中"SIMOTION I device"从站，双击其中的"Interface"一行	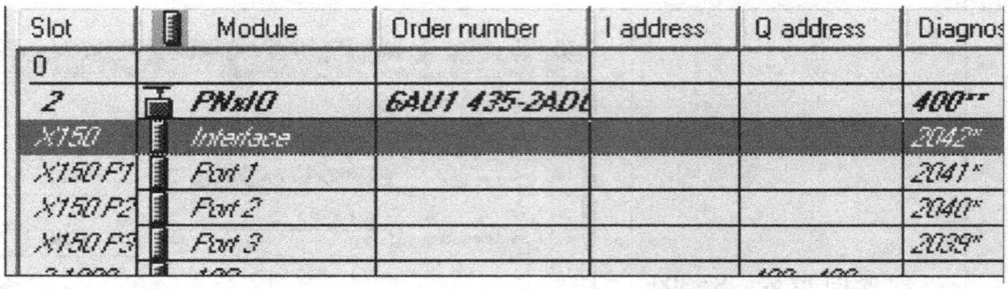
9	在弹出的接口属性窗口中，选择"IO Cycle"选项卡，将等时模式"Isochronous Mode"设置为 OB61	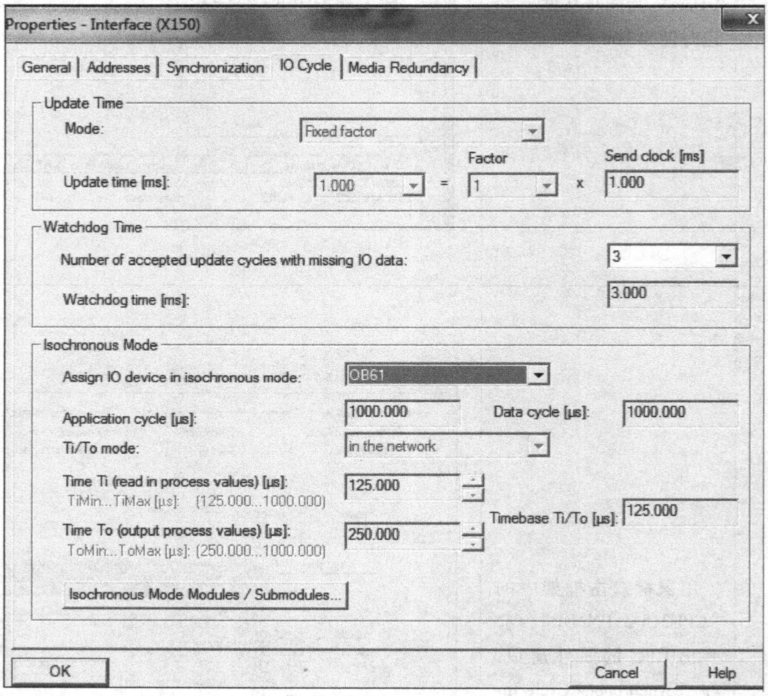
10	回到 HW Config 画面，选中"SIMOTION I-Device"从站，在屏幕下半窗口中，双击其中的"10O"一行	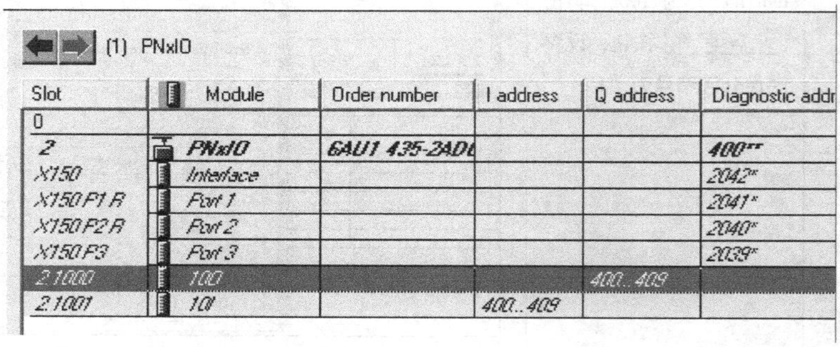

(续)

序号	说 明	图 示
11	在弹出的窗口中，设置从 S7-300 发送给 SIMOTION 的 10 Bytes 的逻辑地址，并设置其过程映像为 "PIP 1"	Properties - 10O General Addresses Outputs Start: 400 End: 409 Process image: PIP 1

在配置完成后，在 OB61 中编写相应程序即可。刷新数据输入使用 SFC126，刷新数据输出使用 SFC127，在输入和输出程序块中间编写 PLC 程序。

到目前为止，I-Device 通信的配置已完成。可以在 S7-300 项目中创建一个变量表 Variable Table，同时在 SIMOTION 项目的 ADDRESS LIST 中创建相应的 IO 变量，并在线连接设备，以验证通信是否正常。

如果在 ADDRESS LIST 中在线查看变量时，发现变量收发状态正常，但其属性 Availability 一列为 "4: Not synchronous"，那么需要在同步从 SIMOTION 的 StartupTask 中调用一次 _enableDpInterfaceSynchronizationMode 系统功能。程序内容如下：

```
PROGRAM enableDpInterface
    myRetDINT : =
    _enableDpInterfaceSynchronizationMode (
    dpInterfaceSyncMode : =
        AUTOMATIC_INTERFACE_SYNCHRONIZATION
    );
END_PROGRAM
```

在进行配置时应注意以下事项：

1) 对于 SIMOTION V4.1 的 I-Device，S7-300 CPU 必须至少为 FW V2.6 或更高版本，S7-400 CPU 必须至少为 FW V5.1.1 或更高版本。

2) 对于 SIMOTION V4.2 或更高版本的 I-Device，S7-300 CPU 必须至少为 FW V3.2 或更高版本，S7-400 CPU 必须至少为 FW V6.0 或更高版本。

12.6　SIMOTION 通过 PROFINET 连接 ET200 从站

SIMOTION 设备可以作为 PROFINET IO Controller 连接 IM151-3 PN 等 ET200 设备，可实现与 ET200 模块的 RT 或 IRT 通信。通过这种方式 SIMOTION 与带 PROFINET 接口的快速 IO 设备进行 IRT 通信，实现对外围 IO 的快速访问，比如与 ET200S HS/HF 的数据交换。

12.6.1　SIMOTION 与 ET200 的 RT 通信配置

SIMOTION 与 ET200 分布式 IO 的 RT 通信配置步骤见表 12-11。

表 12-11 SIMOTION 与 ET200 分布式 IO 的 RT 通信配置

序号	说明	图示
1	在 SIMOTION SCOUT 项目中，插入 SIMOTION 控制器	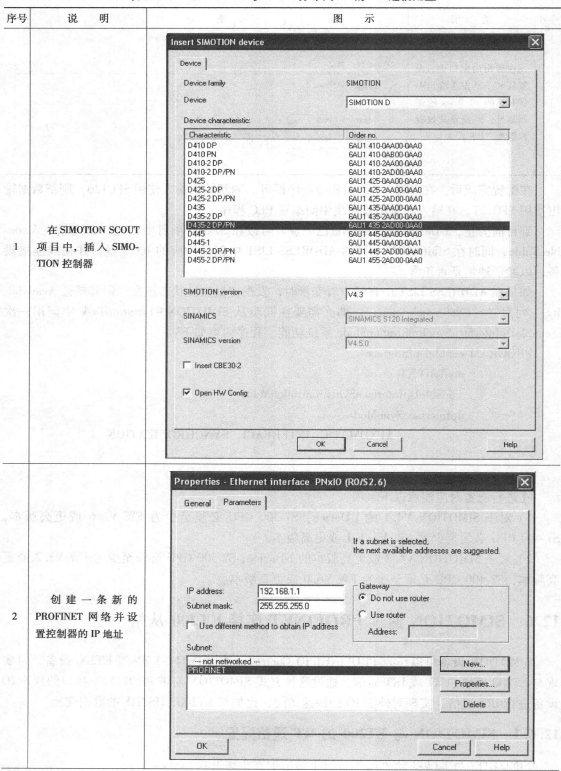
2	创建一条新的 PROFINET 网络并设置控制器的 IP 地址	

(续)

序号	说明	图示
3	将硬件组态"PROFINET"目录中的"ET200S"接口模块拖拽至PN网络	
4	设置ET200S的Device name设备名及IP地址,可通过编辑以太网节点的方式进行Device name设备名称分配	
5	在ET200S模块的子槽中插入使用的输入输出模块。编译无误后下载即可	

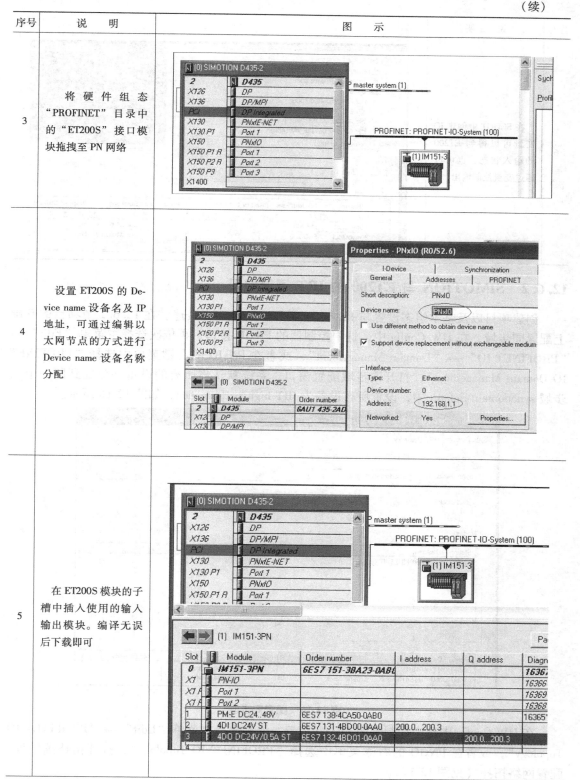

序号	说明	图示
6	在SCOUT中创建IO变量可以得到ET200的输入状态,也可以通过变量控制输出	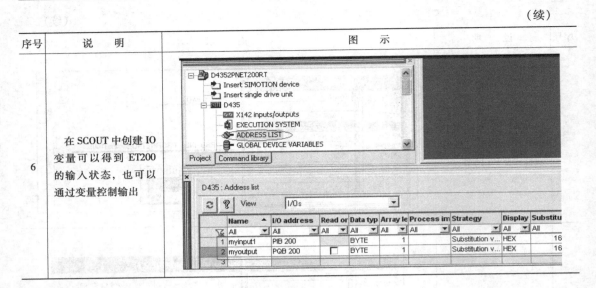

12.6.2 SIMOTION 与 ET200 的 IRT 通信配置

创建项目以及基本组态设置与12.6.1节相同,在此不做赘述。在12.6.1节项目的基础上配置同步域,在 HW Config 中,选中控制器的 PNxIO 接口,再依次选择主菜单"Edit"→ "PROFINET IO" → "Domain Management",或者在 PNxIO 的右键菜单中选择"PROFINET IO Domain Management",打开同步域配置窗口。系统默认将所有的设备都分配到同一个同步域 syncdomain-default 中,设置所有设备为 IRT high performance,如图12-16 所示。

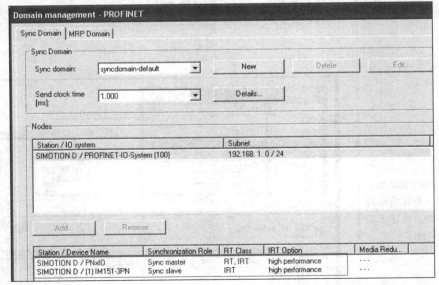

图12-16 配置同步域

在 HW Config 中选中控制器的 PNxIO 接口,依次选择主菜单"Edit"→ "PROFINET IO Topology",或者在 PNxIO 的右键菜单中选择"PROFINET IO Topology",打开拓扑编辑器,配置网络拓扑(见图12-17)。

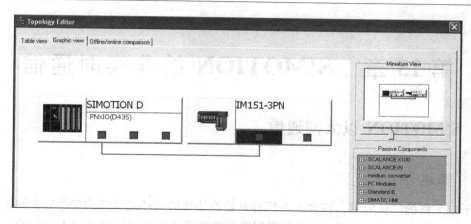

图 12-17　配置网络拓扑

完成上述配置后编译硬件组态并下载。之后在 SCOUT 中创建 IO 变量可以得到 ET200 的输入状态，也可以通过变量控制输出。

第 13 章 SIMOTION 的非实时通信

13.1 SIMOTION 以太网通信

13.1.1 概述

由于以太网的广泛应用,许多工业厂商开始将传统的现场总路线构架在以太网上。基于 IEEE802.3 标准,工业以太网提供了针对制造业控制网络的数据传输的以太网标准。将以太网高速传输技术引入到工业控制领域,推动了自动化技术与互联网技术的结合,是制造业自动化技术的发展趋势。在 SIMOTION 控制器中带有集成的工业以太网接口,通过此接口或通过选择 CBE30 PROFINET 选件板可实现与其他设备的以太网通信。通过以太网连接可获得以下通信功能:

1) 与编程设备进行通信;
2) 通过 UDP 和 TCP/IP 协议与 SIMOTION 设备、SIMATIC CPU 和非西门子公司的设备进行通信;
3) 与 HMI 面板进行通信;
4) 与安装有 SIMATIC NET OPC 的 PC 进行通信,PC 上需要运行 SIMATIC NET SOFT-NET 软件。

13.1.2 SIMOTION 以太网通信配置

本节以 SIMOTION D435 和 PLC 之间进行以太网通信为例,分别介绍 UDP 和 TCP 通信的配置及编程步骤。

UDP 通信配置和编程过程需要包括以下操作步骤:
1) 在硬件配置中设置以太网接口;
2) 在线联机设置以太网接口;
3) 编写 SIMOTION 通信程序。

具体实现方法如下:

(1) 在硬件配置中设置以太网接口

在 SCOUT 界面中双击"SIMOTION CPU",进入硬件配置界面,D435 的 X120 和 X130 为以太网接口,双击选择的通信接口,在弹出的界面中创建网络并定义 IP 地址和子网掩码,如图 13-1 所示。

注意:如果建立两条以太网,两个以太网通信接口不能设置在相同的网段中或使用相同的 IP 地址。

(2) 在线联机设置以太网接口

首先将编程器连接到 SIMOTION 以太网接口上,之后在控制面板"Set PG/PC Interface"中将访问点指向使用的编程网卡,例如"S7ONLINE(STEP7)→TCP/IP→ Intel(R)PRO/

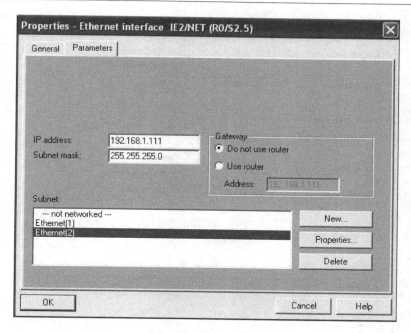

图 13-1 设定通信接口

1000 MT"。在硬件组态画面中，双击菜单命令"PLC"→"Edit Ethernet Nodes"在弹出的界面中选择"Browse"按钮浏览网络上所有的站点，图 13-2 中显示浏览出的所有站点。

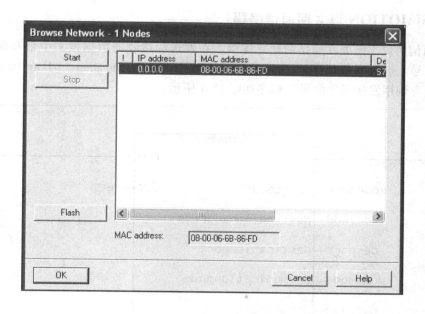

图 13-2 浏览网络上的站点

每一个接口在硬件的前面板标有网卡的 MAC 地址，在图 13-2 中选择站点后点击"OK"按钮，在"Edit Ethernet Nodes"界面中设置 IP 地址和子网掩码，点击"Assign IP Configuration"按钮传送设定的地址，如图 13-3 所示。

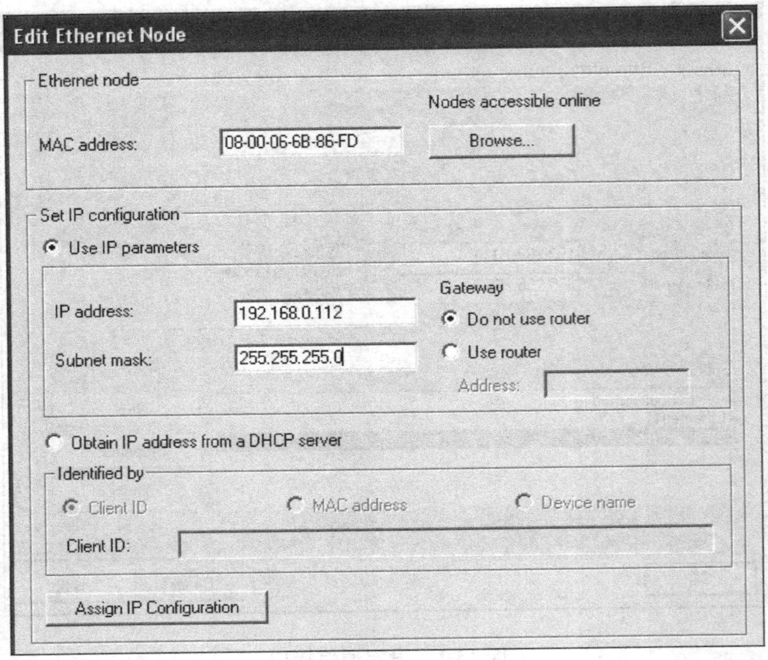

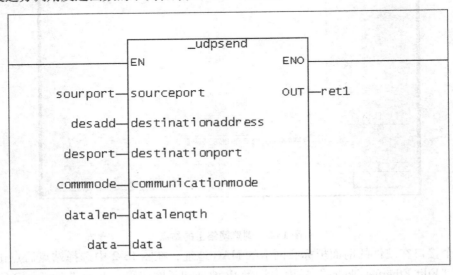

图13-3 设置站点地址

IP 地址设置完成后,可以使用以太网接口编程。

13.1.3 SIMOTION 以太网通信编程

UDP 通信协议不需要在通信前建立连接,在发送和接收的数据报文中带有通信方的 IP 地址和端口号。通信函数位于 Command library 中的"Communication → Data transfer"目录下,在发送方调用发送函数的示例程序如图 13-4 所示。

图13-4 UDP 发送程序

TCP 通信方式在发送接收数据前必须建立通信连接，连接需要在通信双方编程建立。主动连接的一方作为客户端，被动连接的一方作为服务器。下面以 SIMOTION D435 与 S7-300 CP343-1 通信为例介绍 TCP 通信方式。

TCP 配置和编程过程需要包括以下操作步骤：

（1）在 PLC 侧建立通信连接

在 STEP7 项目下创建 S7-300 站点，插入以太网通信处理器 CP343-1，选择与 SIMOTION 在相同的网络上。在 NetPro 中点击 CPU，在下面的连接表中插入一个连接如图 13-5 所示。

连接的站点选择"Unspecified"，连接方式选择"TCP connection"，点击"Apply"按钮确认，进入连接属性界面，如图 13-6 所示。

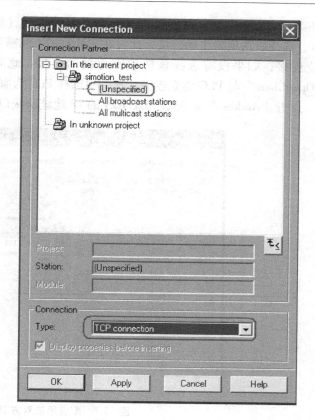

图 13-5　建立 TCP 连接

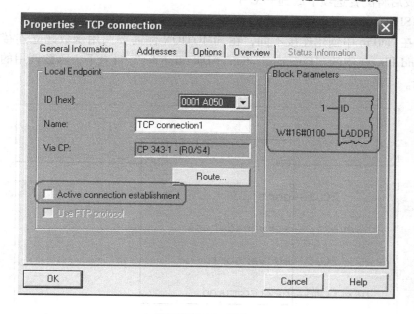

图 13-6　配置 TCP 常规信息

在"General Information"选项卡中，"Block Parameters"参数显示 CP343-1 的地址及连接号，这两个参数也是 PLC 调用发送和接收通信功能块的赋值参数。"Active connection establishment"选项决定通信双方哪一个是主动连接（客户端），哪一个是被动连接（服务器）。选择该选项为主动连接，此时在 SIMOTION 侧需要调用函数"_tcpOpenServer"与 PLC 建立连接；如果没有选择该选项则为被动连接，此时在 SIMOTION 侧需要调用函数"_tcpOpenClient"与 PLC 建立连接。本例中选择 PLC 为服务器，SIMOTION 为客户端。

点击"Address"栏配置 SIMTION 的 IP 地址及端口号，如图 13-7 所示。

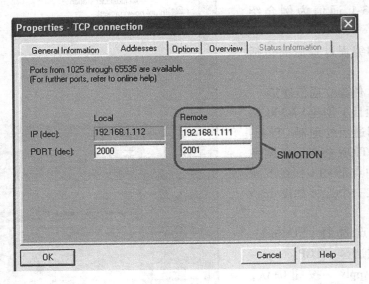

图 13-7　配置通信双方 IP 地址

配置完成后将配置选项下载到 PLC 中。

（2）在 SIMOTION 侧建立通信连接

与 PLC 在 NetPro 中创建连接不同，在 SIMOTION 侧需要调用函数建立连接，通信函数位于 Command library 中的"Communication→Data transfer"目录下，函数调用的示例程序如图 13-8 所示。

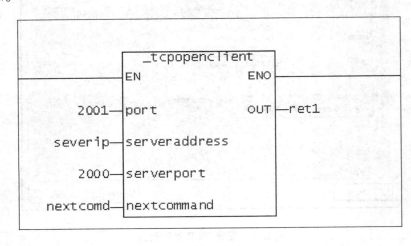

图 13-8　SIMOTION 侧建立 TCP 连接（客户端）

(3) 在 PLC 侧编写通信程序

通信连接建立后，在通信双方需要编写通信函数或通信功能块。在 S7-300 PLC 侧 OB35 中（间隔发送）调用发送功能块 FC5 AG_SEND（"Libraries" → "Standard Library" → "SIMATIC_NET_CP" → "CP300"），示例程序如下：

```
        CALL "AG_SEND"
        ACT   : = TRUE
        ID    : = 1
        LADDR : = W#16#100
        SEND  : = P#DB1.DBX 0.0 BYTE 60
        LEN   : = 60
        DONE  : = M1.2
        ERROR : = M1.3
        STATUS: = MW2
```

通信函数 FC5 的参数含义如下：

1) ACT：为 1 触发。

2) ID：参考本地 CPU 连接表中的块参数。

3) LADDR：参考本地 CPU 连接表中的块参数。

4) SEND：发送区。最大通信数据为 8192 字节。与 SIMOTION 之间最大 4096 个字节。

5) LEN：实际发送数据长度。

6) DONE：每次发送成功，产生一个上升沿。

7) ERROR：错误位。

8) STATUS：通信状态字。

示例程序中 S7-300 PLC 发送 DB1 中前 60 个字节。

在通信方 CPU OB1 中调用接收函数 FC6 AG_RECV（"Libraries" → "Standard Library" → "SIMATIC_NET_CP" → "CP300"），示例程序如下：

```
        CALL "AG_RECV"
        ID    : = 1
        LADDR : = W#16#100
        RECV  : = P#DB2.DBX 0.0 BYTE 60
        NDR   : = M10.1
        ERROR : = M10.2
        STATUS: = MW12
        LEN   : = MW14
```

通信函数 FC6 的参数含义如下：

1) ID：参考本地 CPU 连接表中的块参数。

2) LADDR：参考本地 CPU 连接表中的块参数。

3) RECV：接收区。接收区应大于等于发送区。

4) NDR：每次接收到新数据，产生一个上升沿。

5) ERROR：错误位。

6) STATUS：通信状态字。

7) LEN：实际接收数据长度。

示例程序中 S7-300 PLC 将接收的数据存储于本地数据区 DB2 的前 60 个字节中。

(4) 在 SIMOTION 侧编写通信程序

在 PLC 侧调用了发送和接收函数，在 SIMOTION 侧也需调用相应的发送和接收函数与之相匹配，通信函数位于 Command library 中的"Communication → Data transfer"目录下，发送函数调用的示例程序如图 13-9 所示，发送函数与 PLC 的接收函数相匹配。

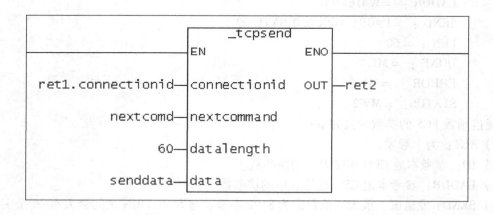

图 13-9　调用发送函数

上面介绍了 SIMOTION 与 PLC CP343-1 的 TCP 通信，PLC 作为服务器，同样 SIMOTION 也可以作为服务器，只是建立连接的初始化过程不同。SIMOTION 与 SIMOTION、SIMOTION 与 CPU 集成 PN 接口、SIMOTION 与 PC 通过 VB SOCKET 控件之间的通信可以参照上面的例子。

13.1.4　SIMOTION 以太网通信库 LCOM 简介

上述内容是对 SIMOTION 以太网通信的基本介绍，为了实现多设备间的优化以太网通信，西门子公司还提供了以太网通信的库文件以简化用户编程，在 SIMOTION SCOUT DVD \ Utilities_Applications \ src \ Applications \ InterbranchSolutions_TCPIP_Communication 中可找到以太网通信的 LCom 库，建议使用。

LCom 库基于 TCP/IP 协议，简化了用户编程的过程，提高了效率。使用 LCom 库的优点如下：

1) 便于多台机器间的通信，块中还有设备的时钟同步功能；

2) LCom 库包括一个功能块 FBLComMachineCom，它使能基于机器的 TCP/IP 通信；

3) 支持 SIMOTION、SIMATIC 控制器及 CF 卡；

4) 不使用 LCom 库时，最大用户数据长度为 4096 字节。而使用 LCom 库时，最多可传送 64kB 的用户数据；

5) LCom 库提供生命信号监视（如 500ms）；

6) LCom 库可以实现控制器间的时钟同步。

13.2 SIMOTION 的 MPI 通信

13.2.1 概述

MPI 是 S7-300/400PLC、SIMOTION 的编程接口，对通信数据及实时性要求不高的应用可以利用此编程接口进行通信。MPI 的通信速率为 19.2kbit/s～12Mbit/s，只有可以设置为 PROFIBUS 接口的 MPI 口才支持通信速率到 12Mbit/s，例如 S7-300PLC 中 CPU319-3PN/DP 及所有的 S7-400CPU、SIMOTION MPI 口都可以设定为 PROFIBUS 口，所以它们的 MPI 接口通信速率都可以设置为 12Mbit/s。MPI 接口缺省设置为 187.5kbit/s，无中继器情况下最大通信距离为 50m。通过中继器可以扩展网络长度，扩展的方式有两种。

第一种，两个站点中间没有其他站，如图 13-10 所示。

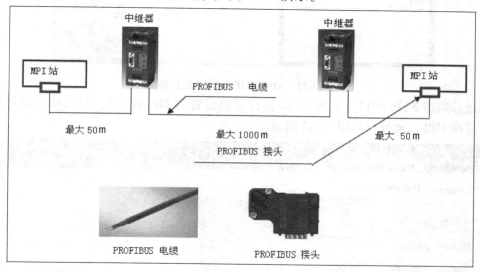

图 13-10 MPI 网络扩展

站点到中继器最长为 50m，两个中继器之间的距离为 1000m，最多可以增加 10 个，所以两个站之间的最长距离为 9100m。

第二种，如果在两个中继器中有 MPI 站点，那么每个中继器只能扩展 50m，在组态时要考虑这两种连接方式。

MPI 接口为 RS485 接口，连接电缆为 PROFIBUS 电缆（屏蔽双绞线），接头为 PROFIBUS 接头并带有终端电阻，如果用其他电缆和接头则不能保证通信距离。在 MPI 网络上最多可以有 32 个站，中继器、WinCC 站、操作面板 OP/TP 也要算一个站点。MPI 的站号及通信速率可以在 STEP7 或 SCOUT 硬件组态时修改，下载组态信息到 CPU 后，站号及通信速率将改变。

SIMOTION 通信函数_xsend 与_xreceive 适合在 SIMOTION 之间通过 MPI 接口、PROFIBUS 接口间进行数据交换，通信数据最大为 200 个字节，SIMOTION 可以通过调用通信函数_xsend 与_xreceive 实现与 S7-300/400 PLC（在 PLC 中调用 SFC65 X_SEND 与 SFC66 X_

REV）MPI 接口间的数据交换，由于受到 PLC 通信区的限制，最大通信数据为 64 个字节。

13.2.2 网络设置

下面以 SIMOTION D435 与 S7-300 PLC MPI 通信为例介绍配置过程。打开 SCOUT 软件插入 D435，进入硬件配置界面如图 13-11 所示。

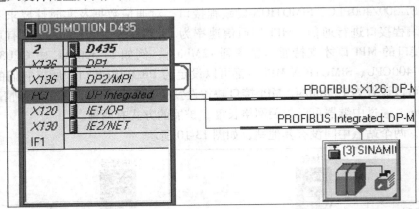

图 13-11　SIMOTION MPI 接口设置

用鼠标双击 X136 接口（只有 X136 接口可以设置为 MPI 接口），将该接口设置为 MPI 接口，选择 MPI 站地址，如图 13-12 所示。

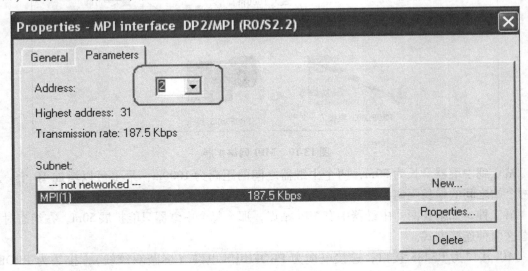

图 13-12　MPI 接口参数配置

注意，MPI 站地址与通信方的站地址不能冲突，同样在 STEP7 中设置 S7-300 PLC 的站地址，本例中 SIMOTION 的 MPI 地址为 2，PLC 的站地址为 4。

13.2.3 编程

1. SIMOTION 侧编程

在 D435 中的 PROGRAM 中插入编程单元 LAD/FBD UNIT（如 MPI），在 UNIT 中插入程

序（如 SEND 和 RECEIVE）编写发送和接收程序如图 13-13 所示，也可以将通信程序编写在同一个程序中。

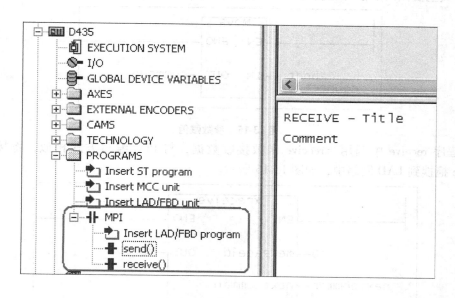

图 13-13　SIMOTION 程序的创建

本例中在 SEND 程序中编写发送程序，在 RECEIVE 程序中编写接收程序，发送和接收函数可以在 Command library 中的"Communication → Data transfer"目录下找到。

在程序 SEND 中调用_xsend 函数发送数据，与 PLC 编写方式相似，将发送函数_xsend 拖拽到 LAD 网络中，如图 13-14 所示。

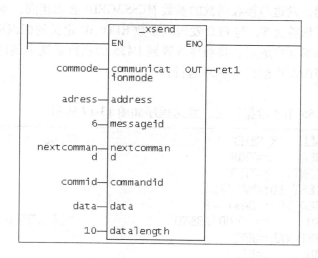

图 13-14　_xsend 函数块

communicationmode 为枚举数据类型，元素中包括"ABORT_CONNECTION"和"HOLD_CONNECTION"：

- "ABORT_CONNECTION"：通信完成之后释放连接资源。

- "HOLD_CONNECTION":通信完成之后占用连接资源。

枚举类型变量的赋值可以使用 MOVE 指令,如图 13-15 所示。

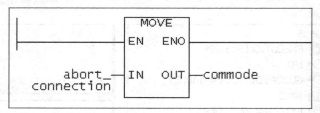

图 13-15 参数赋值

在程序 receive 中调用_xreceive 函数接收数据,与 PLC 编写方式相似,将接收函数 _xreceive 拖拽到 LAD 网络中,如图 13-16 所示。

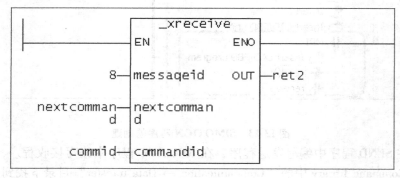

图 13-16 _xreceive 函数块

函数 _xreceive 的输入参数 MESSAGEID、COMMANDID 和 NEXTCOMMAND 与 _xsend 函数输入参数意义相同,发送与接收函数的参数 MESSAGEID 必须相同,本例中 _xreceive 输入参数定义的数据包标识符为 8,与 PLC 发送块参数 REQ_ID 定义的标识符必须相同。

通信程序编写和编译完成后,将程序放置到 D435 的执行系统中调用,本例中将通信程序放置于 BackgroundTask 中运行(循环运行)。

2. PLC 侧编程

PLC 侧调用 SFC65 用于数据发送,发送程序如图 13-17 所示。

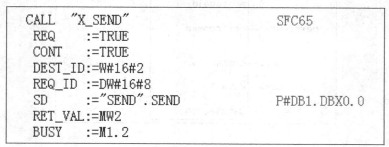

图 13-17 PLC 中调用发送程序

SFC65 的参数解释如下:

1) REQ:发送请求,为 1 时发送。

2) CONT：相当于 SIMOTION 发送函数_xsend 参数 communicationmode，为 0 时通信完成之后释放连接资源，为 1 时通信完成之后占用连接资源。

3) DEST_ID：通信方的 MPI 地址，本例中 SIMOTION 的 MPI 地址为 2。

4) REQ_ID：相当于 SIMOTION 发送函数_xsend 参数 MESSAGEID，定义发送报文的标识符，本例中与函数_xreceive 中参数 MESSAGEID 定义必须相同。

5) SD：发送区，以指针的格式，本例中将 DB1 中 DBB0 以后 10 个字节作为发送区，最大为 76 个字节。

6) RET_VAL：发送的状态字。

7) BUSY：为 1 时，端口占用。

PLC 侧调用发送块，在 SIMOTION 中需要调用函数_xreceive 接收数据。

PLC 侧调用 SFC66 用于接收数据，接收程序如图 13-18 所示。

```
CALL    "X_RCV"                    SFC66
 EN_DT   :=TRUE
 RET_VAL :=MW4
 REQ_ID  :=MD24
 NDA     :=M1.3
 RD      :="RECV".RECV             P#DB2.DBX0.0
```

图 13-18　PLC 中调用接收程序

SFC66 的参数解释如下：

1) EN_DT：为 1 使能接收功能。

2) RET_VAL：接收状态字。

3) REQ_ID：接收数据包的标识符，本例中接收 SIMOTION _xsend 函数 MESSAGEID 参数定义的报文的标识符 6。在 SIMOTION 中，接收、发送函数的 MESSAGEID 参数为输入参数，发送和接收的报文标识符必须提前定义，在 PLC 中发送块 REQ_ID 参数为输入参数，接收块 REQ_ID 参数为输出参数，识别接收数据包的标识符。

4) NDA：接收到新的数据包时产生脉冲信号。

5) RD：接收区，本例中接收 SIMOTION 发送的 10 个字节，并将接收的数据存储于 DB2 中 DBB0 以后的 10 个字节中。

将 PLC 中的通信程序编译下传到 PLC 中，通信建立。可以通过建立变量表和监控进行数据的监控测试。

13.3　SIMOTION 与人机界面的连接

13.3.1　概述

SIMOTION 作为运动控制系统，与人机界面的通信分为以下两种情况：

1) SIMOTION 可连接西门子公司的现场人机界面设备，例如 OP/TP/MP 操作屏，使用 WinCC flexible 人机界面编程软件可进行控制画面组态。WinCC flexible 提供了 SIMOTION 与人机界面的通信驱动,可以直接实现 SIMOTION 与操作屏之间的通信。

2) 对于 WinCC 或第三方上位机软件,可以采用 OPC 的方式进行通信。

如果在 PROFIBUS 或者 PROFINET 网络上有多个 SIMOTION 设备,则 HMI 设备可以显示 SIMOTION 设备中的变量、消息和报警。还可以通过 HMI 设备控制 SIMOTION 的程序执行。

HMI 人机界面可以通过 PROFIBUS DP、以太网及 MPI 网络与 SIMOTION 设备进行通信,"SIMOTION"协议可用于通信连接。

必备条件如下:

1) 配置软件 SIMATIC STEP 7;
2) 配置软件 SIMOTION SCOUT;
3) 配置软件 WinCC Flexible。

SCOUT 软件与 WinCC flexible 软件版本的兼容性列表见表 13-1。

表 13-1 软件版本的兼容性列表

Product name	Version	Order number	SCOUT V4.1 SP1 HF3	SCOUT V4.1 SP2	SCOUT V4.1 SP4	SCOUT V4.1 SP5	SCOUT V4.2 SP1	SCOUT V4.3 SP1
WinCC flexible	2007(V1.2HF3)	6AV661*-0AA51-2CA5	×	-	-	-	-	-
WinCC flexible	2008(V1.3)	6AV6611-0AA51-3CA5	-	×	-	-	-	-
WinCC flexible	2008 SP1(V1.3.1)	6AV6611-0AA51-3CA5	-	×	×	×	-	-
WinCC flexible	2008 SP1 HF5	6AV6611-0AA51-3CA5	-	-	-	×	-	-
WinCC flexible	2008 SP2(V1.3.2)	6AV6611-0AA51-3CA5	-	-	-	×	-	-
WinCC flexible	2008 SP2 Upd13(V1.3.2.13)	6AV6611-0AA51-3CA5	-	-	-	-	×	-
WinCC flexible	2008 SP3(V1.4)	6AV6611-0AA51-3CA5	-	-	-	-	-	×

目前,只有表 13-2 中列出的 HMI 设备可用于与 SIMOTION 设备的连接。

表 13-2 用于与 SIMOTION 设备连接的 HM 设备

	HMI 设备	操作系统
Standard PC	WinCC flexible Runtime	Windows XP
Multi Panel	MP 377 MP 370 MP 277 MP 270B	Windows CE
Mobile Panel	Mobile Panel 170 Mobile Panel 177 Mobile Panel 277	Windows CE
Panel	OP 277 TP 277 OP 270 TP 270 OP 177B TP 177B OP 170B TP 170B	Windows CE
SIMOTION Panel	PC-R P015K P015T P012K P012T	Windows XP

13.3.2 SIMOTION 与 HMI 的连接配置

SIMOTION 与 HMI 的连接配置有下述两种方法：

1）将 HMI 项目集成在 SIMOTION 项目中。通过打开 SCOUT 项目的网络连接画面（点击 NetPro 图标）插入 HMI 设备，可将 WinCC flexible 项目集成到 SIMOTION SCOUT 项目中进行编辑。

2）HMI 项目可独立于 SIMOTION 项目。WinCC flexible 使用项目向导在 "Integrate S7 project" 中选择使用的 SIMOTION 项目，则此 HMI 项目将被集成至此项目中。

打开 HMI 站的网络组态画面，创建 HMI 站与 SIMOTION 的网络连接，可选择 MPI、PROFIBUS DP 或 Ethernet 的网络连接方式。

SIMOTION 与 HMI 的连接配置步骤（以以太网连接为例）见表 13-3。

表 13-3 SIMOTION 与 HMI 的连接配置步骤

序号	说明	图示
1	在创建的 SIMOTION 项目中点击 "Open NetPro" 图标 ![图标]，打开项目的网络画面。将硬件目录中的 "SIMATIC HMI Station" 条目拖拽至网络上（本例 HMI 连接到 SIMOTION 上的 IE2 以太网接口）	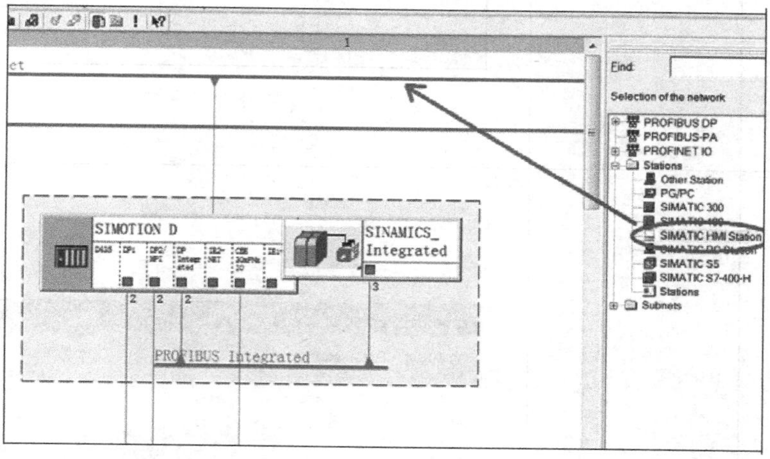
2	在弹出的画面中选择要连接的 HMI 设备	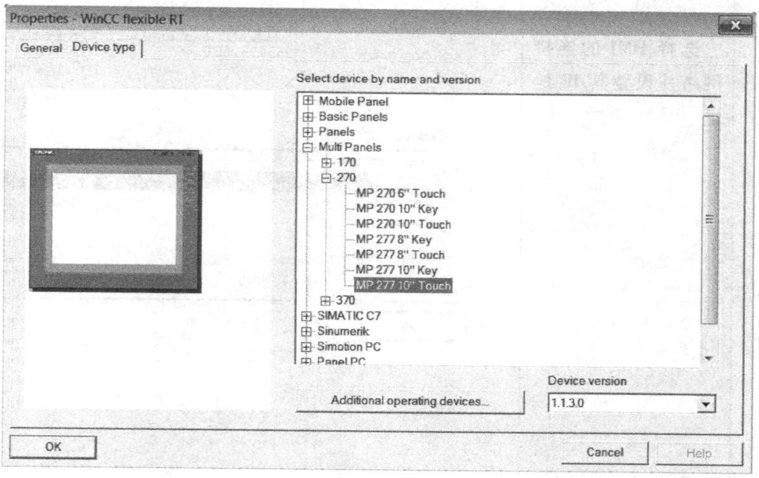

序号	说明	图示
3	在添加的 HMI 设备中双击网络连接接口 HMI IE	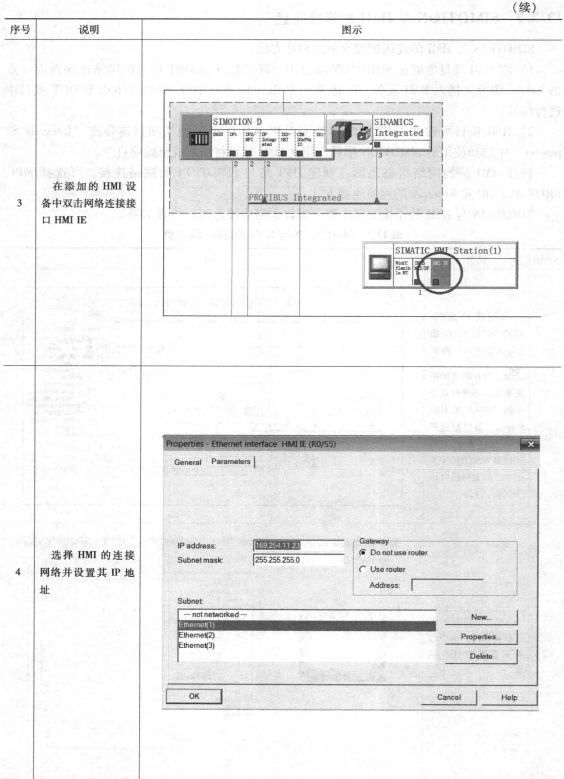
4	选择 HMI 的连接网络并设置其 IP 地址	

(续)

序号	说明	图示
5	将 HMI 设备连接到网络上	
6	用 SIMATIC Manager 打开此 SIMOTION 项目（或在 SCOUT 中打开集成的 WinCCflexible 项目），双击 WinCCflexible 中 "Communication → Connetion" 条目以创建通信连接	

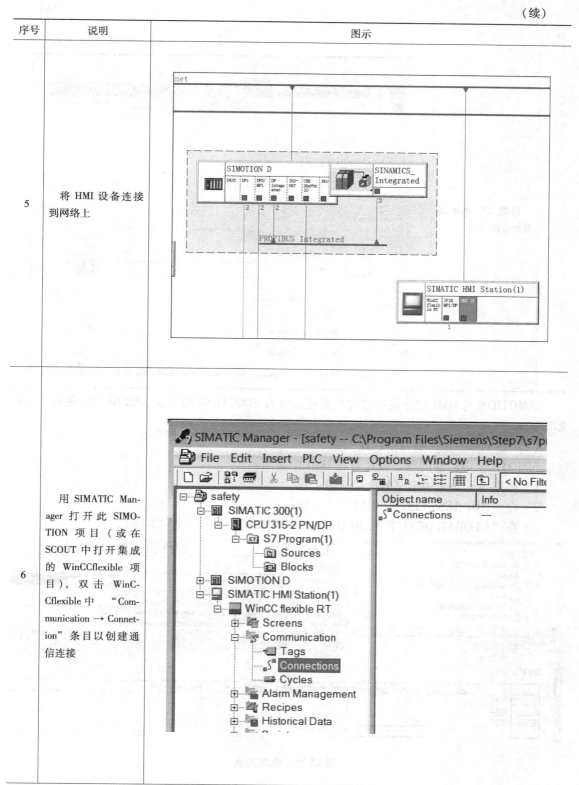

序号	说明	图示
7	设置 HMI 连接属性如右图所示	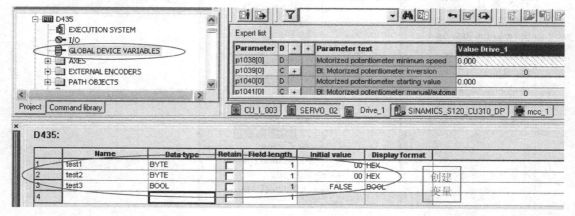

SIMOTION 与 HMI 的连接配置完成后还需要在 SIMOTION 项目及 HMI 中创建变量,步骤如下:

(1) 在 SIMOTION 项目中创建变量

SIMOTION 中创建的如下变量可在 HMI 中应用:

1) 程序单元 unit 中定义的全局变量;
2) 在 "ADDRESS LIST" 中定义的变量;
3) 在 "GLOBAL DEVICE VARIABLES" 中定义的变量 (见图 13-19)。

图 13-19 全局变量

(2) 在 HMI 项目中创建连接变量（见图 13-20）

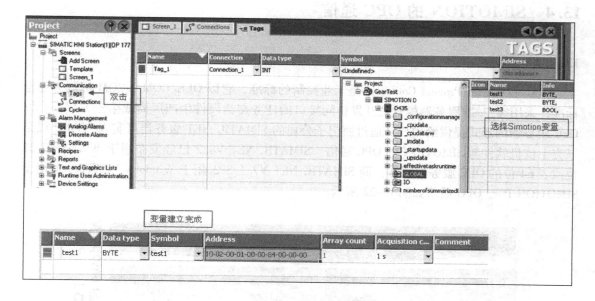

图 13-20 在 HMI 中创建变量

在 SCOUT 软件中可以直接打开 HMI 的项目，依次点击菜单"Options"→"Settings"，在打开的对话框中点击"WinCC flexible"选项卡，勾选"Use and display WinCC flexible component"选项即可，如图 13-21 所示。

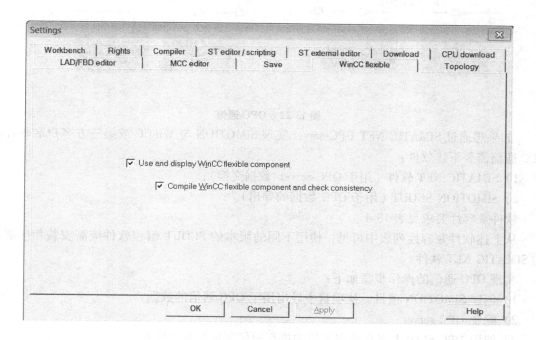

图 13-21 在 SCOUT 中打开集成的 HMI 项目

13.4 SIMOTION 的 OPC 通信

13.4.1 概述

OPC（OLE for Process Control）是工业控制的标准，它以 OLE/COM/DCOM 机制为通信标准，采用客户端/服务器模式把开发访问接口的任务交给硬件生产厂商或第三方厂商，以 OPC 服务器的形式提供给用户。通过西门子公司的 SIMATIC NET 服务器可实现 WinCC 或第三方上位机软件与 SIMOTION 的 OPC 通信。SIMATIC NET V8.2 已经发布用于 Windows 7 32 位或者 64 位的 OPC 服务器软件，而 SIMATIC NET V7.1 SP3 用于 Windows XP SP3（也用于 SIMOTION P）。OPC 通信如图 13-22 所示。

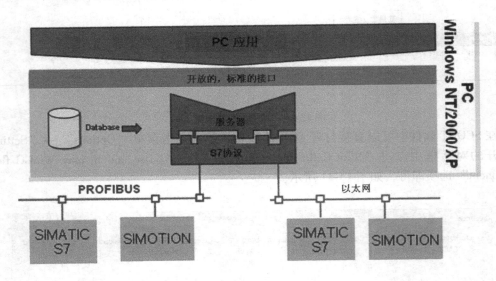

图 13-22 OPC 通信

如果想通过 SIMATIC NET OPC-server 实现 SIMOTION 与 WinCC 或第三方客户端软件的 OPC 通信需要下述软件：

1) SIMATIC NET 软件（用于 OPC-server/数据交换）；
2) SIMOTION SCOUT（用于 OPC 数据的导出）。

软件兼容性要求见表 13-4。

从上述软件兼容性列表中可见，使用不同的版本的 SCOUT 编程软件应需安装相应版本的 SIMATIC NET 软件。

实现 OPC 通信的操作步骤如下：

1) 创建 SIMOTION 项目，从项目中导出用于 OPC 通信的数据；
2) 配置 OPC-server；
3) 使用 OPC SCOUT 客户端测试软件进行通信测试及系统监控。

表13-4 软件兼容性列表

通过 IE OPC server/SIMATIC NET SOFTNET S7 与 SIMOTION 内核的兼容性要求

产品名称	版本	订货号	Kernel V2.0	Kernel V2.1	Kernel V3.0/SP1	Kernel V3.1.1	Kernel V3.2	Kernel V3.2 SP1	Kernel V4.0	Kernel V4.1 SP1	Kernel V4.1 SP2	Kernel V4.1 SP4	Kernel V4.1 SP5	Kernel V4.2 SP1	Kernel V4.3 SP1
SIMATIC NET SOFTNET S7 for IE	6.0 + SP2	6GK1704-1CW60-3AA0	×	-	-	-	-	-	-	-	-	-	-	-	-
SIMATIC NET SOFTNET S7 for IE	6.0 + SP4	6GK1704-1CW60-3AA0	-	×	-	-	-	-	-	-	-	-	-	-	-
SIMATIC NET SOFTNET S7 for IE	6.0 + SP5	6GK1704-1CW60-3AA0	-	×	×	×1)	×1)	×1)	-	-	-	-	-	-	-
SIMATIC NET SOFTNET S7 for IE	6.1	6GK1704-1CW61-3AA0	-	-	×	-	-	-	-	-	-	-	-	-	-
SIMATIC NET SOFTNET S7 for IE	6.1 + SP1	6GK1704-1CW61-3AA0	-	-	-	×	-	-	-	-	-	-	-	-	-
SIMATIC NET SOFTNET S7 for IE	6.2	6GK1704-1CW62-3AA0	-	-	-	×	-	-	-	-	-	-	-	-	-
SIMATIC NET SOFTNET S7 for IE	6.2 + SP1	6GK1704-1CW62-3AA0	-	-	-	-	×	×	-	-	-	-	-	-	-
SIMATIC NET SOFTNET S7 for IE	6.3	6GK1704-1CW63-3AA0	-	-	-	-	×	×	×	-	-	-	-	-	-
SIMATIC NET SOFTNET S7 for IE	6.3 HF6	6GK1704-1CW63-3AA0	-	-	-	-	-	-	×	-	-	-	-	-	-
SIMATIC NET SOFTNET S7 for IE	6.4	6GK1704-1CW64-3AA0	-	-	-	-	-	-	×	×	-	-	-	-	-
SIMATIC NET SOFTNET S7 for IE	7.0	6GK1704-5CW64-3AA0	-	-	-	-	-	-	-	-	×	-	-	-	-
SIMATIC NET SOFTNET S7 for IE	7.1	6GK1704-5CW64-3AA0	-	-	-	-	-	-	-	-	×	×	-	-	-
SIMATIC NET SOFTNET S7 for IE	7.1.1	6GK1704-5CW64-3AA0	-	-	-	-	-	-	-	-	×	×	×	-	-
SIMATIC NET SOFTNET S7 for IE	7.1.2	6GK1713-5CB71-3AA0	-	-	-	-	-	-	-	-	-	×	×	×	-
SIMATIC NET SOFTNET S7 for IE	7.1.3	6GK1713-5CB71-3AA0	-	-	-	-	-	-	-	-	-	-	-	×	×
SIMATIC NET SOFTNET S7 for IE	8.0.1	6GK1713-5CB71-3AA0	-	-	-	-	-	-	-	-	-	-	-	×	-
SIMATIC NET SOFTNET S7 for IE	8.1.1	6GK1713-5CB71-3AA0	-	-	-	-	-	-	-	-	-	-	-	-	×

13.4.2 从 SIMOTION 项目中导出 OPC 数据

用 SCOUT 软件打开项目，按表 13-5 中的步骤完成项目 OPC 数据的导出。

表 13-5　OPC 数据导出步骤

序号	说明	图示
1	打开 SOCUT 软件，选择 "Options" → "Export OPC data"	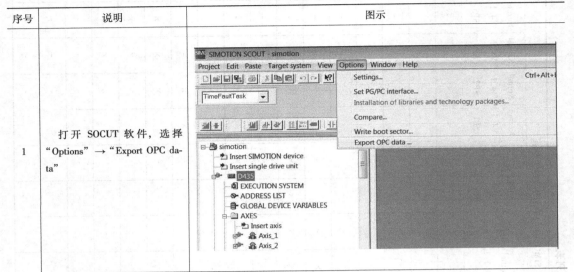
2	设置需要导出的数据，在 "Version" 版本处可以设置使用的 OPC 软件 SIMATIC NET 的版本，本例选择 8.1.1 在 "scope" 选项中选择要导出的 OPC 数据为全局导出还是导出 watch_table 中的变量。如果选择的是全局导出则可以通过 "Drives" 选项选择是否导出 SIMOTION 内部驱动器的变量 在 "options" 中可根据需要选择是否使用 OPC AE（alarm/event）功能。通常的 OPC DA 访问不需要勾选此选项。从 SCOUT V4.3 SP1 开始 OPC 导出文件为新格式 ".ati"，可以用于 8.1 或者 8.2 版本的 SIMATIC NET，如果使用的是老版本的 SIMATIC NET 软件则需要选择 ".sti" 的后缀文件导出	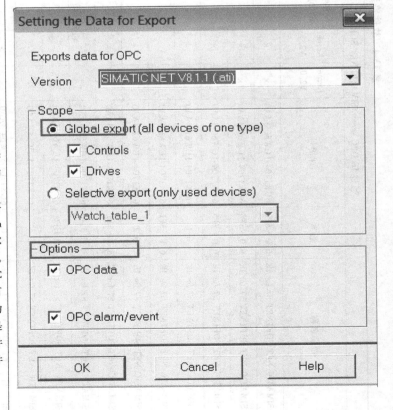

序号	说明	图示
3	如果导出 watch_table_1 的内容用作 OPC 数据访问,则按右图所示设置	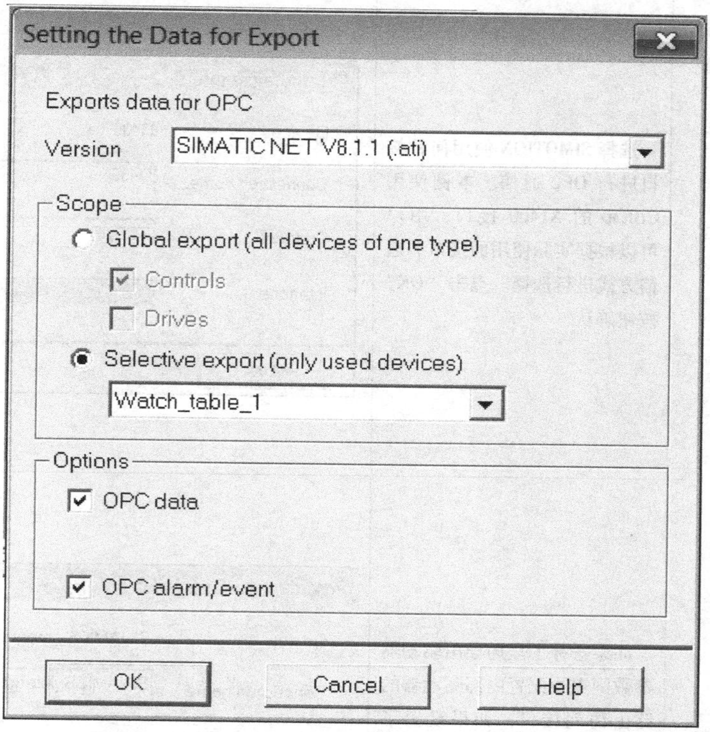
4	选择导出数据的存放路径,点击"OK"按钮确认	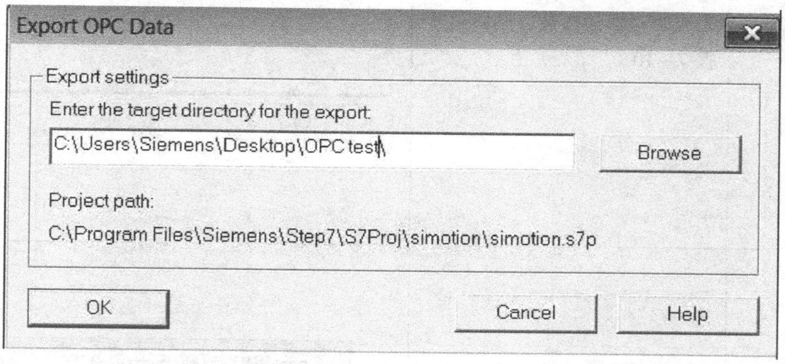
5	如果路径不存在则提示是否生成相应的文件夹,点击"Yes"按钮	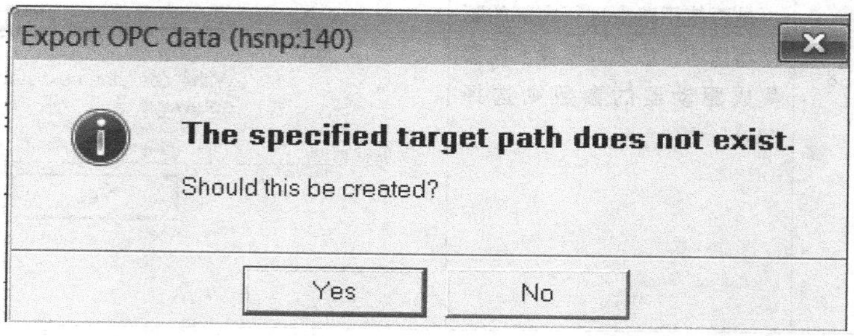

（续）

序号	说明	图示
6	选择 SIMOTION 使用何种接口进行 OPC 通信。本例使用 CBE30 的 X1400 接口，用户可以根据实际使用的接口和通信方式进行选择。点击“OK”按钮确认	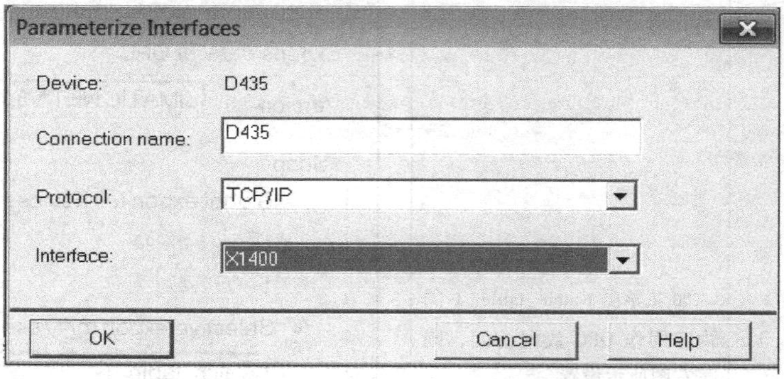Parameterize Interfaces Device: D435 Connection name: D435 Protocol: TCP/IP Interface: X1400 OK Cancel Help
7	如果选择了全局导出驱动器参数则需要配置内部驱动器的路由访问接口，如果设置了 watch table 或不需要导出内部集成驱动器的参数，则跳过步骤 7～10	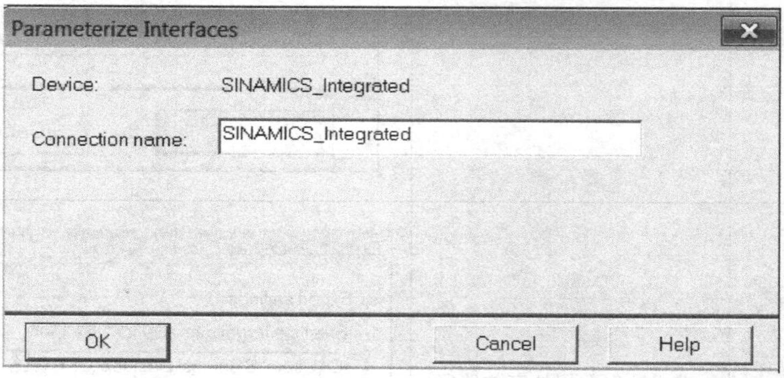Parameterize Interfaces Device: SINAMICS_Integrated Connection name: SINAMICS_Integrated OK Cancel Help
8	是否使用路由进行内部的驱动器访问，如果需要导出内部集成驱动器的参数则选择“Yes”	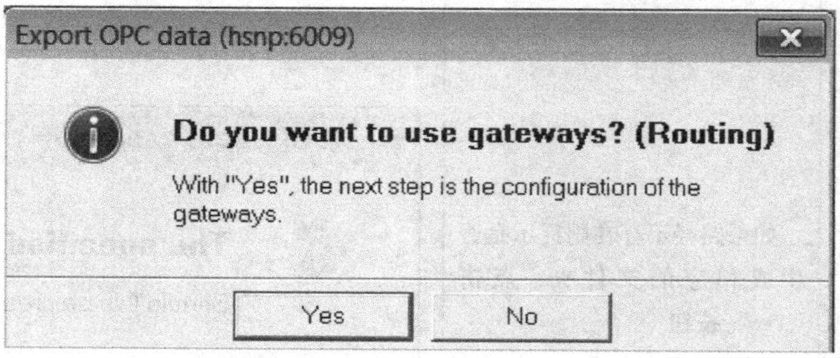Export OPC data (hsnp:6009) Do you want to use gateways? (Routing) With "Yes", the next step is the configuration of the gateways. Yes No

(续)

序号	说明	图示
9	选择 SIMOTION D435 作为网关进行路由访问	
10	点击"OK"按钮进行确认,完成 SCOUT 软件部分的 OPC 数据导出操作	
11	导出的结果如右图所示	

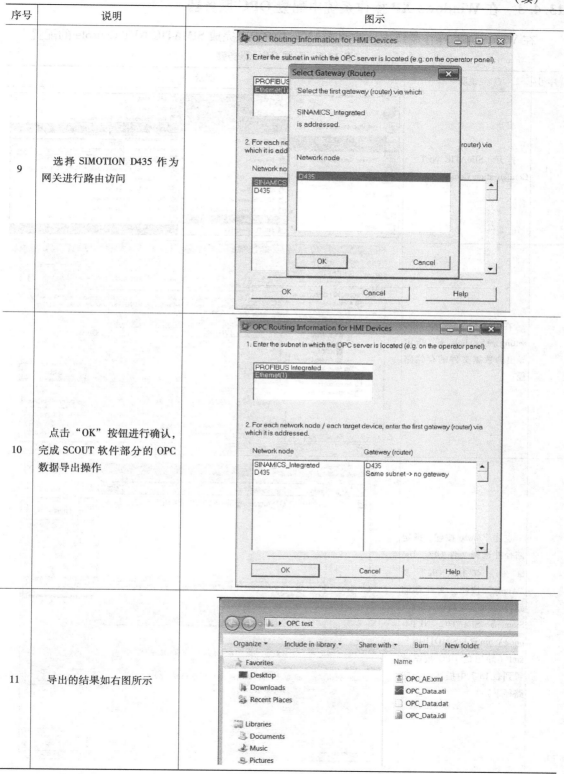

13.4.3 在 Windows XP 操作系统中配置 OPC 服务器

在 WindowsXP 操作系统中，按照表 13-6 中的步骤完成 SIMATIC NET Console 的配置。

表 13-6 配置 OPC 服务器

序号	说明	图示
1	打开：SIMATIC NET → Configuration Console	
2	在 Applications → OPC setting → Symbols 下，指定导出的数据文件的存储路径	
3	点击 Browse 按钮，指定路径并选择文件 OPC_Data.sti，点击"OK"及"Apply"按钮。文件存储路径为：C：\ Programme \ Siemens \ SIMATIC. NET \ opc2 \ binS7 \ SIMOTION \ xml（导出的 OPC 数据放置到表 13-7 中描述的指定路径下）	

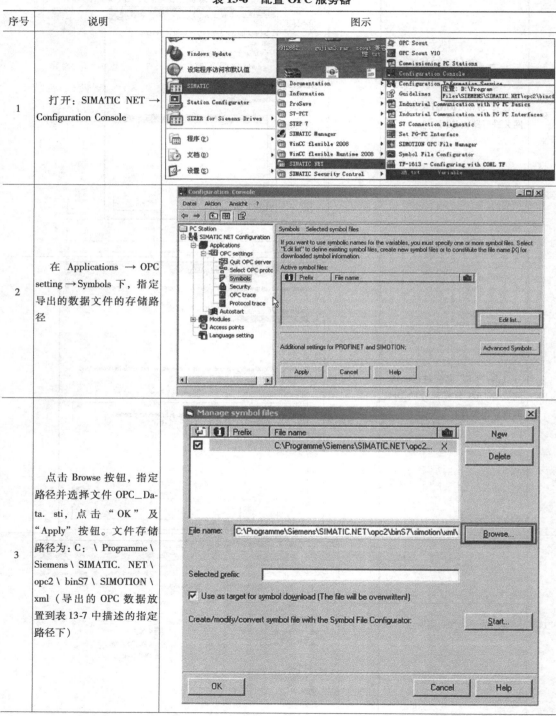

(续)

序号	说明	图示
4	设置模块的访问节点→ Access points：CP_SM_1 S7 Online，应选择计算机与 SIMOTION 的通讯接口。本例为：TCP/IP → USB 10/100 Ethernet adapter	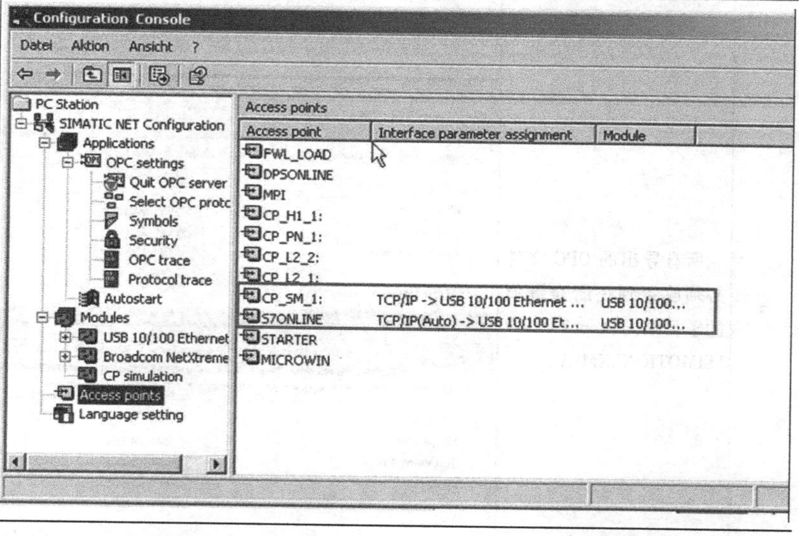

上述设置完成后，可以运行 OPC SCOUT 客户端测试程序来进行 OPC 通信的测试。

13.4.4 在 Windows 7 操作系统中配置 OPC 服务器（见表 13-7）

表 13-7 配置 OPC 服务器

序号	说明	图示
1	确认 OPC 文件放置的位置，点击开始菜单点击运行，输入"regedit"	
2	选择注册表："HKEY_LOCAL_MACHINE\SOFTWARE\SIEMENS\SIMATIC_NET\General\Paths"，"SINEC_DataPath"的键值	

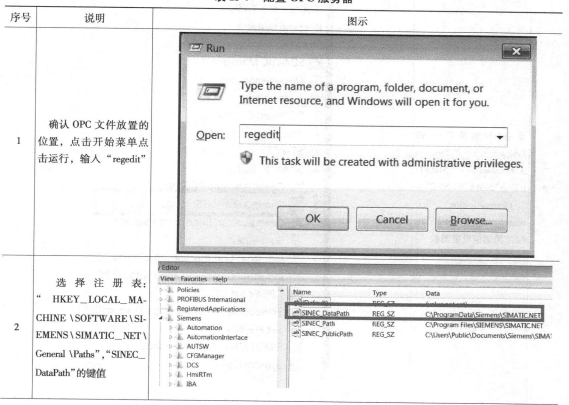

(续)

序号	说明	图示
3	所有导出的 OPC 文件必须放置到注册表键值的子目录内：\opc2\binS7\SIMOTION\XML\	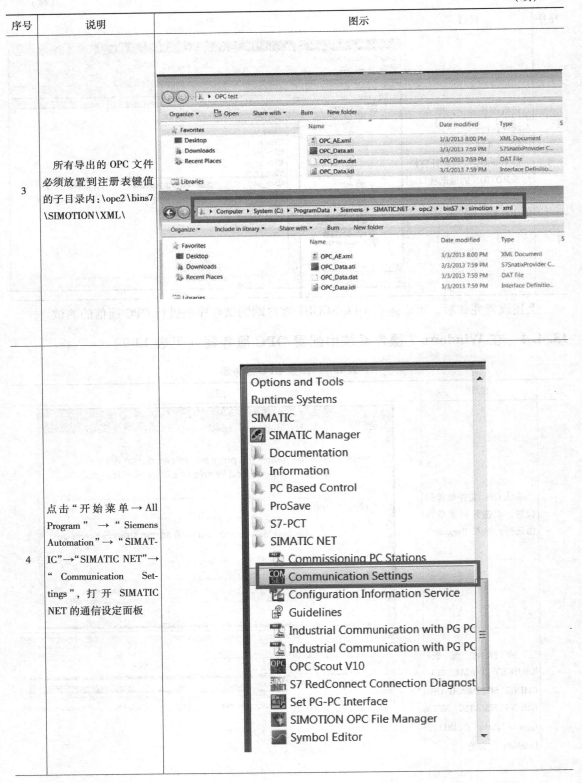
4	点击"开始菜单→All Program"→"Siemens Automation"→"SIMATIC"→"SIMATIC NET"→"Communication Settings"，打开 SIMATIC NET 的通信设定面板	

(续)

序号	说明	图示
5	在 OPC setting 中选择"Quit OPC server",点击"STOP"按钮,停止当前的 OPC 服务器	
6	点击"symbols"选择符号存储的路径(见步骤3),同时,选择计算机与 SIMOTION 的通信接口,点击"Apply"按钮进行确认	

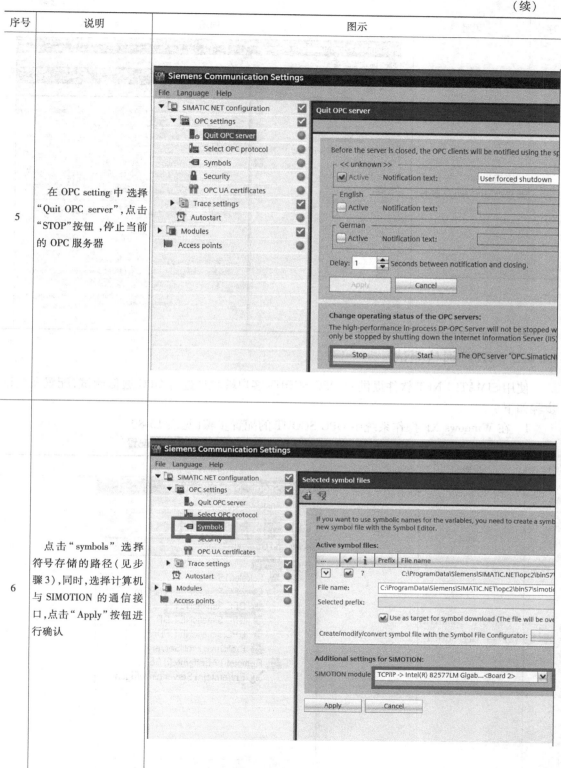

序号	说明	图示
7	点击"start"按钮,重新启动 OPC server 服务	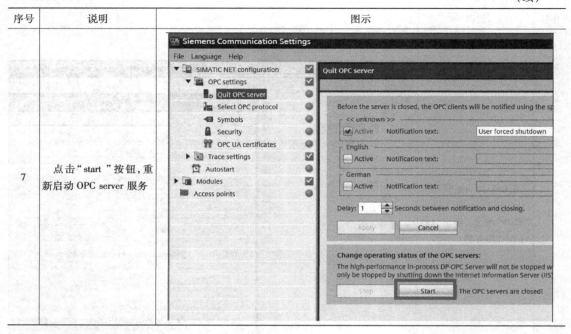

13.4.5 OPC 通信测试

使用 SIMATIC NET 软件提供的 OPC SCOUT 客户端软件进行 OPC 通信测试,配置及测试步骤如下。

1. 在 Windows XP 操作系统中 OPC SCOUT 的配置步骤(见表 13-8)。

表 13-8 在 Windows XP 操作系统中 OPC SCOUT 的配置

序号	说明	图示
1	打开"SIMATIC NET"→"OPC SCOUT"	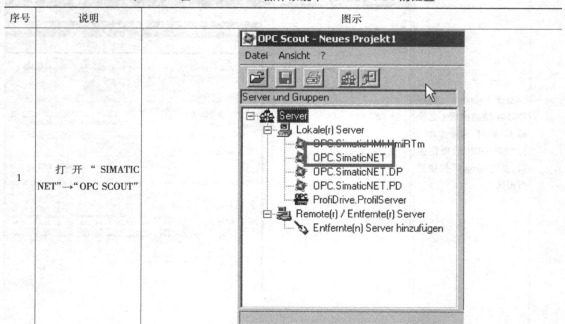

第 13 章　SIMOTION 的非实时通信　　　　　　　　· 379 ·

（续）

序号	说明	图示
2	连接 OPC.SimaticNET 服务器。双击 OPC.SimaticNET，在出现的画面中输入组名称，如 time_synch	
3	添加变量至该组中：双击 time_synch 组并选择所需变量，如 scada_day、scada_hour、scada_minute、scada_month、scada_second、scada_year 等，点击"OK"按钮	
4	生成监控变量表，如右侧画面所示，通过此表可改变或监控 SIMOTION 中的变量	

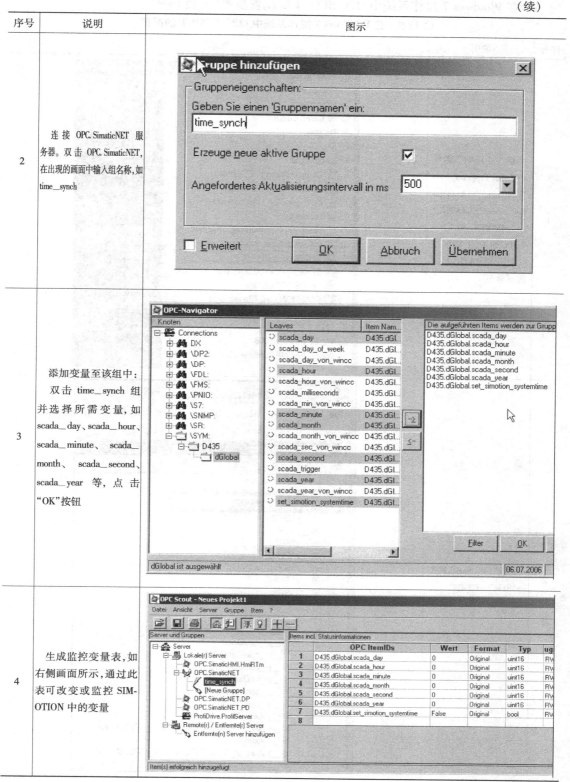

2. 在 Windows 7 操作系统中 OPC SCOUT 的配置步骤(见表13-9)。

表 13-9　在 Windows 7 操作系统中 OPC SCOUT 的配置

序号	说明	图示
1	点击"开始"菜单→"All Program"→"Siemens Automation"→"SIMATIC"→"SIMATIC NET"→"OPC SCOUT V10",打开 SIMATIC NET 测试软件	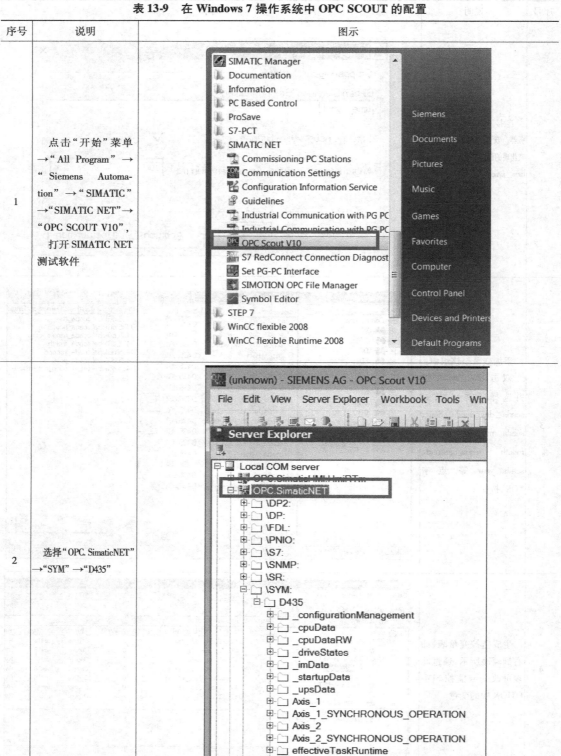
2	选择"OPC.SimaticNET"→"SYM"→"D435"	

(续)

序号	说明	图示
3	添加测试条目到 DA view1 中进行 OPC DA 的测试。添加方法为左键选中需要测试的条目,拖拽到 DA view1 中	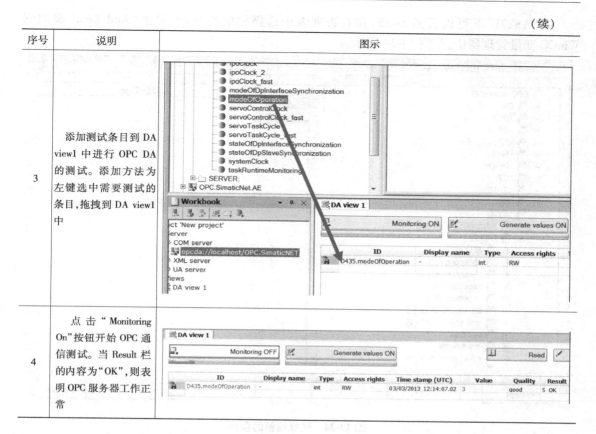
4	点击 "Monitoring On" 按钮开始 OPC 通信测试。当 Result 栏的内容为 "OK",则表明 OPC 服务器工作正常	

13.4.6 SIMOTION 与 WinCC 采用 OPC 方式进行通信测试

类似地,WinCC 可以作为 OPC 的客户端来连接 SIMOTION 符号表中的变量。打开 WinCC 项目管理器的变量管理器,添加 OPC 通道,在 OPC Item Manager 中选择 OPC.SimaticNET,单击 Browse Server,如图 13-23 所示。

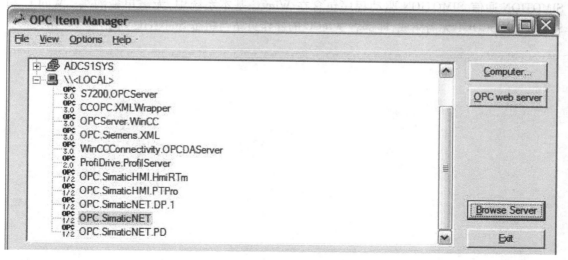

图 13-23 WinCC OPC 条目管理器

在"\SYM"下可以看到 D435,在右边列表中选择相应的变量,单击"Add Item"添加到 WinCC 变量管理器中,如图 13-24 所示。

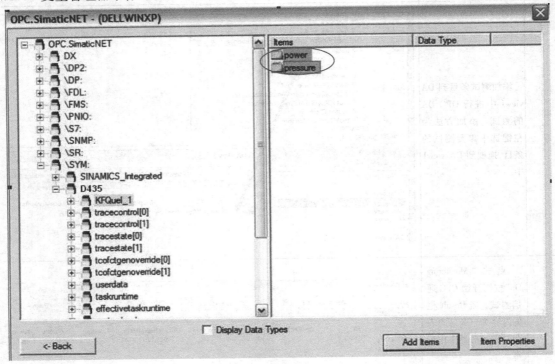

图 13-24 选择通信的条目

注意:在 WinCC V7.0 SP2 及以前版本中,未提供专用的驱动程序和 SIMOTION 通信,可以通过 SIMATIC NET 建立 SIMOTION 的 OPC 服务器,WinCC 作为 OPC 客户机与 SIMOTION 通信。

从 WinCC V7.0 SP3 开始,提供了专用的 SIMOTION 驱动程序,可以通过此驱动程序与 SIMOTION 通信。SIMOTION 驱动程序包含在 WinCC 基本系统中,无需单独购买。WinCC 和 SIMOTION SCOUT 无需集成,即部署 WinCC 的操作员站与组态 SIMOTION 的 PG/PC 无关。

第 14 章　SIMOTION D 通过 DRIVE-CLiQ 扩展 CX32-2 驱动控制单元

14.1　概述

SIMOTION D4x5-2 中内置了一个 CU320-2 驱动控制单元，最多可以控制 6 个伺服电动机，但如果需要控制更多的伺服电动机就需要扩展驱动控制单元，除了使用 SINAMICS S120 的控制单元（比如 CU310-2、CU320-2 等）以外，还可以通过 DRIVE-CLiQ 连接 CX32-2 来扩展驱动控制单元。与其他 DRIVE-CLiQ 组件不同，当使用 CX32-2 时需遵循一些特殊规则，本章将进行详细描述。

14.2　CX32-2 硬件介绍

CX32-2（Controller eXtension，CX）是专用于 SIMOTION D4x5-2 的控制器扩展，其外形如图 14-1 所示，它与 SIMOTION D 之间通过 DRIVE-CLiQ 方式连接。它与 SINAMICS S120 的控制单元 CU320-2 性能相同，最多可以同时控制 6 个伺服轴，或 6 个矢量轴，或 12 个 V/F 轴。CX32-2 上集成了 4 个 DRIVE-CLiQ 接口、6 个数字量输入接口和 4 个数字量输入输出接口。

与 CU320-2 相比，CX32-2 体积更小，其宽度只有 25mm，是 CU320-2 的一半。另外，CX32-2 不需要 CF 卡，其固件和数据保存在 SIMOTION D 的 CF 卡中，所以当替换 CX32-2 时只需更换硬件即可。CX32-2 通过内部集成的 PROFIBUS 总线与 SIMOTION 进行通信，通过 DRIVE-CLiQ 进行路由，其调试方法与 CU320-2 相同。

虽然 CX32-2 有很多优点，但是一个 SIMOTION D4x5-2 控制器可扩展的 CX32-2 数量是有限的，见表 14-1。

图 14-1　CX32-2 外形图

表 14-1　SIMOTION D4x5-2 连接 CX32-2 的数量

运动控制器	可扩展 CX32-2 的数量
D425-2 DP, DP/PN	3
D435-2 DP, DP/PN	5
D445-2 DP/PN	5
D455-2 DP/PN	5

另外，CX32 是专用于 SIMOTION 上一代控制器 D4x5 的扩展，其性能与 CU320 相同，其功能和配置方法与 CX32-2 类似，一个 SIMOTION D4x5 控制器可扩展的 CX32 数量也是有限，见表 14-2。需要注意的是，如果使用了 CX32，那么 SIMOTION D4x5 内部集成的 SINAMICS 带轴数量减 1。

表 14-2　SIMOTION D4x5 连接 CX32 的数量

运动控制器	可扩展 CX32 的数量
D425	0
D435	2
D445/D445-1	4

CX32-2 与 SIMOTION D 之间只允许星形拓扑连接，每个 CX32-2 必须直接连接到 SIMOTION D 的 DRIVE-CLiQ 接口上。图 14-2 是 CX32-2 与 SIMOTION D 的连接示意图。

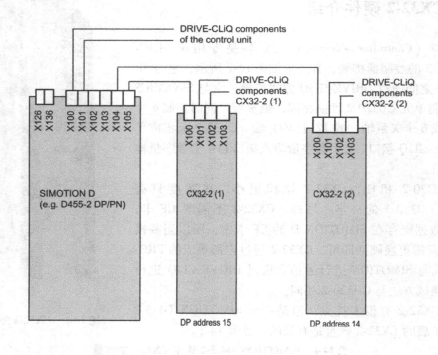

图 14-2　CX32-2 连接拓扑

14.3　CX32-2 的配置步骤

本节以 SIMOTION D435-2 DP/PN 与 CX32-2 连接为例，介绍 CX32-2 的配置步骤，所使用的软件为 SIMOTION SCOUT V4.3 SP1。本例中 CX32-2 连接到 SIMOTION 的第一个 DRIVE-

CLiQ 接口 X100 上。其配置步骤如下：

1) 在 SCOUT 软件中创建一个新项目，并插入 SIMOTION D435-2 DP/PN V4.3 控制器。

2) 打开硬件组态画面，在右侧硬件目录中找到"PROFIBUS DP"→"SINAMICS"→"SIMOTION CX32-2"，并将其拖拽至 PROFIBUS Integrated 总线上，如图 14-3 所示。

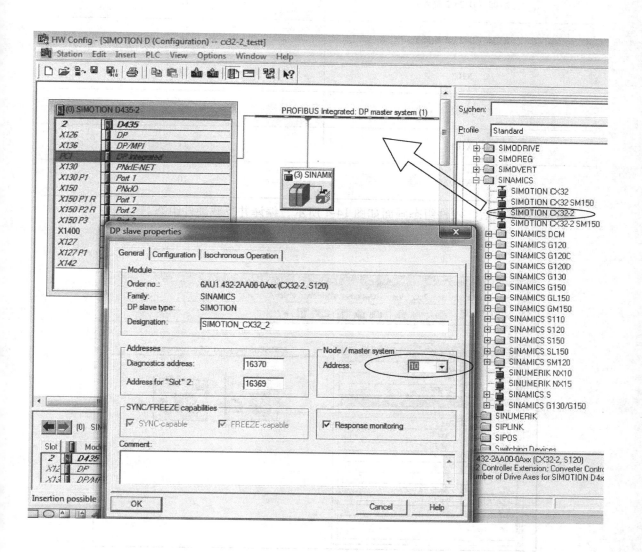

图 14-3 添加 CX32-2

3) 系统会自动弹出其属性窗口，根据 CX32-2 连接的 DRIVE-CLiQ 接口设定相应的 DP 地址，本例中 CX32-2 连接到 SIMOTION 的 X100 接口上，其 DP 地址应该设置为 10。CX32-2 的 DP 地址与 SIMOTION DRIVE-CLiQ 接口的对应关系见表 14-3。如果实际连接与配置不匹配会导致 DRIVE-CLiQ 组件拓扑错误。只有在硬件组态下载后，才能够在线连接 CX32-2。

表 14-3　CX32-2 的 PROFIBUS DP 地址

DRIVE-CLiQ 接口	PROFIBUS 地址
X105（D425-2 除外）	15
X104（D425-2 除外）	14
X103	13
X102	12
X101	11
X100	10

4）配置完成后，硬件组态画面如图 14-4 所示，编译并下载硬件组态。

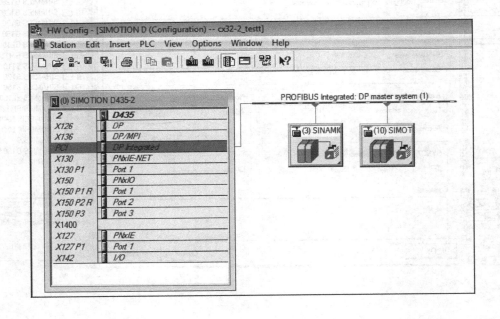

图 14-4　硬件组态完成

5）回到 SIMOTION SCOUT 软件界面，在线连接设备，如图 14-5 所示。接下来对 CX32-2 进行配置，其配置方法与 SIMOTION 内部集成的 SINAMICS 相同。

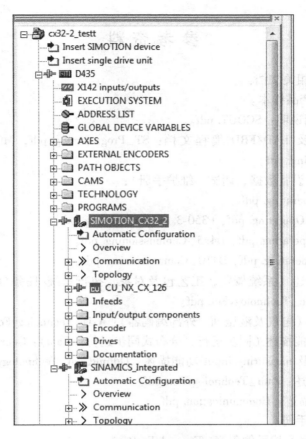

图 14-5　CX32-2 在项目导航栏的显示

参 考 资 料

1. SIMOTION 的相关文档：
(1) 一般文档/产品样本。
(2) SCOUT 使用说明：SCOUT. pdf。
(3) ST, MCC 及 LAD/FBD 编程文档：ST_Programming. pdf，MCC_Programming. pdf，LAD_FBD_Programming. pdf。
(4) 硬件描述（设备数据，调试，维护手册）：
 1) C2xx_Operating. pdf。
 2) P350-3_Operating. pdf；P350-3_Commissioning. pdf。
 3) D4x5_Operating. pdf，D4x5_Commissioning. pdf。
 4) D410_Operating. pdf，D410_Commissioning. pdf。
(5) 基本功能描述（系统概览，工艺包及对象，执行系统/任务/系统时钟周期，工艺对象故障处理）：Basic_TechnologyFct. pdf。
(6) 轴功能描述（电气及液压轴，外部编码器）：Axis_TechnologyFct. pdf。
(7) 同步运行功能描述（同步运行，分布式同步运行，Cam）：Gear_TechnologyFct. pdf。
(8) output cam 及 measuring input 功能描述：OutputCam_TechnologyFct. pdf。
(9) 路径功能描述：Path_TechnologyFct. pdf。
(10) 通信功能描述：Communication. pdf。
(11) S120 相关手册。
2. SIMOTION 项目实战示例程序：ExampleForBeginners. zip。

这些文档包含在 SCOUT 光盘中，也可从西门子公司网站下载。本书附带光盘中包含这些文档及项目示例。

资料下载链接

1. SIMOTION D 相关手册：
http://support.automation.siemens.com/WW/view/en/16512438/133300
2. SIMOTION 手册：
http://support.automation.siemens.com/WW/view/en/10805436/133300
3. SINAMICS S120 手册：
http://support.automation.siemens.com/WW/view/en/13305690/133300

推荐网址

驱动技术
西门子（中国）有限公司
工业自动化与驱动技术与楼宇科技集团 客户服务与支持中心
网站首页：www.4008104288.com.cn
驱动技术 下载中心：
http://www.ad.siemens.com.cn/download/DocList.aspx?TypeId=0&CatFirst=85
驱动技术 全球技术资源：
http://support.automation.siemens.com/CN/view/zh/10803928/130000
"找答案"驱动技术版区：
http://www.ad.siemens.com.cn/service/answer/category.asp?cid=1038